系统集成项目管理工程师

（适用第3版大纲）

一站通关

指尖疯 ◎ 编著

中国水利水电出版社
www.waterpub.com.cn
·北京·

内 容 提 要

本书由专注软考培训近十年的指尖疯编著完成，根据2024年最新版大纲编写，对系统集成项目管理工程师认证考试中涉及的182个核心考点通过“文字精讲＋考题实练＋视频解析”的方式进行了详尽阐述。

本书主要内容包括软考大数据分析、信息化发展、信息技术发展、信息技术服务、信息系统架构、软件工程、数据工程、软硬件系统集成、信息安全工程、项目管理概论、启动过程组、规划过程组、执行过程组、监控过程组、收尾过程组、组织保障、监理基础知识、法律法规和标准规范、职业道德规范的考点精讲，同时针对案例分析科目和计算专题进行了专项指导。

本书可作为系统集成项目管理工程师考试的配套辅导用书，帮助考生一站通关，拿到证书。

图书在版编目（CIP）数据

系统集成项目管理工程师（适用第3版大纲）一站通关 / 指尖疯编著. -- 北京 : 中国水利水电出版社, 2024. 7. -- ISBN 978-7-5226-2606-2

Ⅰ. TP311.5

中国国家版本馆CIP数据核字第202447B7M4号

策划编辑：周春元　　责任编辑：王开云　　封面设计：李　佳

书　名	系统集成项目管理工程师（适用第3版大纲）一站通关 XITONG JICHENG XIANGMU GUANLI GONGCHENGSHI （SHIYONG DI-SAN BAN DAGANG）YIZHAN TONGGUAN
作　者	指尖疯　编著
出版发行	中国水利水电出版社 （北京市海淀区玉渊潭南路1号D座100038） 网址：www.waterpub.com.cn E-mail：mchannel@263.net（答疑） sales@mwr.gov.cn 电话：（010）68545888（营销中心）、82562819（组稿）
经　售	北京科水图书销售有限公司 电话：（010）68545874、63202643 全国各地新华书店和相关出版物销售网点
排　版	北京万水电子信息有限公司
印　刷	三河市德贤弘印务有限公司
规　格	184mm×240mm　16开本　25.5印张　615千字
版　次	2024年7月第1版　2024年7月第1次印刷
印　数	0001—3000册
定　价	69.80元

序　　言

您好，相见是缘，欢迎打开本书，接下来我和您聊聊关于软考的思考，关于本书的想法，关于您想知道的，关于我想告诉您的一切。

系统集成项目管理工程师隶属于软考大家族，这些年在软考的改革浪潮中，也先后迎来了改版和机考的双重改革。新版考试大纲焕然一新，也不按常理出了三张牌！

不按常理出的第1张牌：字数暴增。系统集成项目管理工程师第3版的字数，从第2版的93万字，暴增到120万字，增长率近30%。这次改版后，中项（即系统集成项目管理工程师，下同）在字数方面几乎已经与高项（即信息系统项目管理师，下同）平起平坐，坐拥120万字之巨！

字数的增多意味着考试范围的增大和增细，同时也意味着考试难度的增大，从过往高项和中项考试难度看，中项的难度低于高项，这次字数暴增对中项考试难度的影响，大概率体现在考试广度的增加，而非深度的增加。

不按常理出的第2张牌：IT专业知识暴增。相比字数的增加，更大非常理牌是：IT专业知识篇幅的暴增。第2版中IT专业知识一共3章，篇幅为28%。但是第3版的IT专业知识暴增到了8章，篇幅暴增为51%，翻了一倍还要多，预估IT专业知识的出题比重在考试中也将相应增加。

仅仅从第2版篇幅看，感觉中项考试已经不是项目管理类考试，更像是IT专业的基础知识考试，前面8章的IT专业知识大量参考借鉴了高级教程，同时保留了自己的特色，比如信息技术服务章节。IT专业知识板块的增强可能对非科班出身的考生来说提升了难度，毕竟大量专业术语比起项目管理知识枯燥和难以理解了很多。

不按常理出的第3张牌：项目管理按过程组排版。不同于高项新版和中项旧版按知识域分章节，新版中项按照过程组来排列章节，这一点影响不大，章节排版的调整不会影响具体内容，但是未来案例分析科目的考查，可能会从过程组视角出题，也不排除依然从知识域视角出题。

新版系统集成项目管理工程师在2024年打出了这三张牌，叠加机考改革，作为考生，将如何有效应对、有效备考、用最短的时间拿下证书呢？

这就要回归到指尖疯历经9年考验，总结出来的备考体系上了！

整体来看，如果把拿证视为一场征途，那么这场征途需要经过4站，分别是：考点精华站、考题精练站、案例强化站、考前冲刺站，这4站构成了指尖疯四位一体备考体系，一站式通关到终点拿证！

第 1 站：考点精华站。

在本书中，编者凭借对过去数十年考题的深度分析，以及 9 年软考培训的经验，提炼出新版考试大纲中的核心考点共计 182 个，用最精练、简洁的语言和图表，讲解最核心的考点。毫不夸张地讲，这 182 个核心考点，至少可以覆盖 90% 的考题。

伴随核心考点一同呈现的，还有针对每个考点的“备考点拨”栏。每个考点的备考点拨栏，都会一针见血告诉您如何高效掌握当前考点，如何记忆、如何学习当前考点，并且按照学习难度星级和考试频度星级，对每个考点进行双星级评定，让您直观感受到当前考点的学习难度和考试频度。

这 182 个核心考点，都会在每一章的开头借助高颜值思维导图的形式，展示考点星级分布图，从而各个考点不再孤立化和碎片化，而是形成一张彼此关联的分布图，避免陷入云深不知处的尴尬，在备考途中，心中永远有幅指向一站式通关拿证的地图。

除此之外，在每一章的开头，都会言简意赅地告诉您本章的考情速览，让您快速洞悉本章包含的主要知识块以及在考试中的分值预测。

还有，针对具有代表性的热点考点和难点考点，随书提供了近 200 个精讲短视频，您可以直接扫描核心考点旁边的二维码收看精讲视频，让核心考点的掌握更加牢固。

无论哪一个科目，都离不开基础的理论知识，万丈高楼平地起，走过了第 1 站，您就打下了坚实的考点基础。

第 2 站：考题精练站。

走过第 1 站之后，基本上考点的体系框架，在头脑中就会有清晰的呈现，头脑中有了考点框架和基础后，就来到了第 2 站：考题精练站。

在本书中，精心挑选了上百道考题，用来以练促学、以练强学。这上百道考题，来自历年真题库和自研习题库，并且提供了考题解析，方便您用考题来检验自己核心考点的掌握程度，方便您对考题有直观的体验。

除了这上百道考题之外，您还可以在指尖疯公众号中，通过回复关键词“中项真题”，获取过去十多年历年真题合集资料：历年真题超级打印版。指尖疯历年真题超级打印版，被历届考生伙伴赞誉为：网上的历年真题合集只有两种，一种是指尖疯的超级打印版，一种是其他。走过了第 2 站，您就完成了查漏补缺和考题强化。

第 3 站：案例强化站。

在本书中，第 3 站解决决定考试成败的案例分析科目，案例分析科目一个是问答题型，一个是计算题型。过去的统计数据表明，如果能够拿下案例分析科目的计算题型，基本上案例分析科目能够锁定 80% 左右的胜率；案例问答题型有一定的主观判卷影响存在，但是仍可以从过去的考试经验和事后分析层面，总结出充足的问答案例技巧和策略。

问答题型案例分析，又分为理论记忆型和找错纠正型 2 类，针对理论记忆型案例问答，本书对高频案例理论记忆考点集中整理了近 100 个问题及回答，方便您对考点的一网打尽。

针对找错纠正型案例问答，本书整理了100多个具有代表性的高频找错纠正型案例问答的“关键词眼”以及对应的“条件反射”，集中优势兵力攻克找错纠正型案例问答。

计算题型案例分析，本书按照计算考点优先级顺序，对关键路径计算、时差计算、挣值计算、预测计算、三点估算计算、沟通渠道计算和决策树分析EMV计算，进行了手把手的考点讲解，考虑到计算题的学习场景，本书一并配套了对应的手把手精讲短视频， 您可以直接扫描对应计算考点旁边的二维码收看手把手视频，提前锁定计算题的得分。

第4站：考前冲刺站。

最后一站考前冲刺站的使命是“添油加醋”和“火上浇油”，给您的备考和拿证再添上一把火。本书在附录部分特地准备了5大过程组的输入、工具与技术和输出汇总表，特地准备了5大过程组、10大知识域和49个过程，特地准备了英文选择题必背单词集合，为你的集中冲刺提供集中“弹药”。

本书就是您考前冲刺最好的“弹药”，在考前，把本书从头到尾再通读一遍，再看看自己在书中标记的重点、写下来的笔记，我相信一站式通关将不负你的努力。

最后，本书是指尖疯历经数月、呕心沥血编著的成果，9年软考培训的积累毫不保留地展现在了本书中。实事求是地讲，在本书创作之初，我就定下了目标：这本书一定要自成体系，一定要能够帮您一站式通关！只要你拿到了此书，就无须报名任何线上线下的培训课程，当然也包含指尖疯的培训课程。

我坚信本书的目标一定能够达成，我坚信本书一定能够帮您一站式通关拿证，让你我拭目以待！

编者

2024年6月

目　录

序言

第 1 章　借力大数据，让自己更懂软考更知彼 1

1.1　用 8 个关键词揭开软考面纱 1
1.2　用五点价值测量软考含金量 2
1.3　系统集成项目管理工程师介绍 3
1.4　大数据扫描下的综合知识科目 4
1.5　大数据扫描下的案例分析科目 6
1.6　大数据扫描下的计算题题型 7

第 2 章　信息化发展考点精讲及考题实练 11

精讲视频：13 节

2.1　章节考情速览 11
2.2　考点星级分布图 11
2.3　核心考点精讲及考题实练 13
【考点 1】信息的定义与特征 13
【考点 2】信息传输模型和信息系统模型 14
【考点 3】信息系统生命周期 16
【考点 4】信息化的内涵、体系和趋势 18
【考点 5】新型基础设施建设 19
【考点 6】工业互联网平台体系 20
【考点 7】物联网与智慧城市 21
【考点 8】乡村振兴和两化融合 24
【考点 9】智能制造和消费互联网 26
【考点 10】数字经济 27
【考点 11】数字政府和数字生态 29
【考点 12】数字化转型 30
【考点 13】元宇宙主要特征及发展演进 32

第 3 章　信息技术发展考点精讲及考题实练...... 33

精讲视频：12 节

3.1　章节考情速览 33
3.2　考点星级分布图 33
3.3　核心考点精讲及考题实练 34
【考点 14】计算机软硬件分类 34
【考点 15】通信技术、网络分类和设备 35
【考点 16】OSI、TCP/IP、SDN 和 5G 37
【考点 17】存储类型 39
【考点 18】数据结构三模型 40
【考点 19】数据库与数据仓库 42
【考点 20】CIA 三要素和安全四层次 44
【考点 21】加密与解密 45
【考点 22】信息系统安全和网络安全技术 46
【考点 23】Web 威胁防护技术和 NGFW/NSSA 48
【考点 24】云计算与大数据 49
【考点 25】区块链 / 人工智能 / 虚拟现实 52

第 4 章　信息技术服务考点精讲及考题实练...... 54

精讲视频：10 节

4.1　章节考情速览 54
4.2　考点星级分布图 54
4.3　核心考点精讲及考题实练 55
【考点 26】服务和 IT 服务的特征 55
【考点 27】服务的内涵与外延 57

【考点 28】IT 服务原理组成要素......58
【考点 29】战略规划......59
【考点 30】设计实现......61
【考点 31】运营提升和退役终止......62
【考点 32】服务产业化三阶段......63
【考点 33】ITSS 5.0 主要内容......65
【考点 34】服务质量评价三模型......66
【考点 35】服务产品与组合......68

第 5 章 信息系统架构考点精讲及考题实练......70

精讲视频：19 节

5.1 章节考情速览......70
5.2 考点星级分布图......70
5.3 核心考点精讲及考题实练......72
【考点 36】架构基础和理解......72
【考点 37】总体框架......73
【考点 38】架构分类......74
【考点 39】常用架构模型......76
【考点 40】集成架构演进......78
【考点 41】TOGAF 架构开发方法......79
【考点 42】价值驱动的体系结构......81
【考点 43】四类架构的设计原则......82
【考点 44】四类局域网架构的特点......85
【考点 45】六类广域网架构的特点......88
【考点 46】移动通信网架构......92
【考点 47】安全威胁和三道防线......93
【考点 48】WPDRRC 模型......95
【考点 49】安全架构设计......96
【考点 50】OSI 安全架构......97
【考点 51】五类网络安全框架......98
【考点 52】数据库完整性设计......100
【考点 53】云原生架构作用和原则......101
【考点 54】云原生的七种架构模式......102

第 6 章 软件工程考点精讲及考题实练......104

精讲视频：13 节

6.1 章节考情速览......104
6.2 考点星级分布图......104
6.3 核心考点精讲及考题实练......106
【考点 55】需求三层次和 QFD 三类需求......106
【考点 56】结构化分析......107
【考点 57】面向对象分析......109
【考点 58】SRS 和需求跟踪变更......110
【考点 59】结构化设计......112
【考点 60】面向对象设计......114
【考点 61】统一建模语言（UML）......115
【考点 62】软件配置管理......117
【考点 63】程序设计风格与编码效率......118
【考点 64】软件测试......118
【考点 65】持续交付和持续部署......119
【考点 66】软件质量管理......121
【考点 67】软件过程能力成熟度......123

第 7 章 数据工程考点精讲及考题实练......124

精讲视频：11 节

7.1 章节考情速览......124
7.2 考点星级分布图......124
7.3 核心考点精讲及考题实练......125
【考点 68】数据采集......125
【考点 69】数据预处理......126
【考点 70】数据存储和归档......128
【考点 71】数据备份和容灾......129
【考点 72】元数据、数据标准化和数据质量......131
【考点 73】数据模型和建模......132
【考点 74】数据资产管理和编目......133
【考点 75】数据集成方法和访问接口标准......135

【考点 76】Web Services 和数据网格............136
【考点 77】数据挖掘..137
【考点 78】数据服务与可视化..........................139

第 8 章　软硬件系统集成考点精讲及考题实练...142

精讲视频：7 节

8.1　章节考情速览..142
8.2　考点星级分布图......................................142
8.3　核心考点精讲及考题实练......................143
【考点 79】弱电工程..143
【考点 80】网络集成..145
【考点 81】数据中心集成..................................147
【考点 82】操作系统..148
【考点 83】数据库和中间件..............................149
【考点 84】应用软件集成..................................151
【考点 85】业务应用集成..................................153

第 9 章　信息安全工程考点精讲及考题实练.... 155

精讲视频：6 节

9.1　章节考情速览..155
9.2　考点星级分布图......................................155
9.3　核心考点精讲及考题实练......................156
【考点 86】信息安全管理保障要求和管理内容..............................156
【考点 87】安全保护等级划分..........................157
【考点 88】纵深防御体系..................................159
【考点 89】信息安全空间..................................160
【考点 90】安全工程术语关系..........................161
【考点 91】ISSE-CMM 162

第 10 章　项目管理概论考点精讲及考题实练.. 164

精讲视频：14 节

10.1　章节考情速览..164
10.2　考点星级分布图....................................164
10.3　核心考点精讲及考题实练....................165
【考点 92】项目的特点......................................165
【考点 93】项目与项目集 / 项目组合 / 运营 / 产品管理..............................167
【考点 94】组织过程资产与事业环境因素..168
【考点 95】组织结构及项目经理角色..........169
【考点 96】项目生命周期特征与类型..........172
【考点 97】立项管理与立项申请..................174
【考点 98】可行性研究的内容......................175
【考点 99】辅助研究和初步可行性研究......176
【考点 100】详细可行性研究.......................177
【考点 101】项目评估....................................179
【考点 102】项目管理过程组.......................180
【考点 103】12 个项目管理原则..................181
【考点 104】项目管理知识域.......................184
【考点 105】价值交付系统...........................186

第 11 章　启动过程组考点精讲及考题实练...... 188

精讲视频：4 节

11.1　章节考情速览..188
11.2　考点星级分布图....................................188
11.3　核心考点精讲及考题实练....................189
【考点 106】项目章程....................................189
【考点 107】制订项目章程的输入、输出、工具与技术 190
【考点 108】识别干系人的输入、输出、工具与技术 192
【考点 109】启动过程组的重点工作............195

第 12 章　规划过程组考点精讲及考题实练 197

精讲视频：20 节

12.1　章节考情速览..197

12.2 考点星级分布图..197
12.3 核心考点精讲及考题实练........................199
【考点 110】制订项目管理计划的输入、输出、工具与技术..................199
【考点 111】规划范围管理的输入、输出、工具与技术..................201
【考点 112】收集需求的输入、输出、工具与技术..................203
【考点 113】定义范围的输入、输出、工具与技术..................206
【考点 114】创建 WBS 的输入、输出、工具与技术..................208
【考点 115】规划进度管理的输入、输出、工具与技术..................211
【考点 116】定义活动的输入、输出、工具与技术..................212
【考点 117】排列活动顺序的输入、输出、工具与技术..................213
【考点 118】估算活动持续时间的输入、输出、工具与技术..................216
【考点 119】制订进度计划的输入、输出、工具与技术..................219
【考点 120】规划成本管理的输入、输出、工具与技术..................224
【考点 121】估算成本的输入、输出、工具与技术..................225
【考点 122】制订预算的输入、输出、工具与技术..................228
【考点 123】规划质量管理的输入、输出、工具与技术..................230
【考点 124】规划资源管理的输入、输出、工具与技术..................232
【考点 125】估算活动资源的输入、输出、工具与技术..................234
【考点 126】规划沟通管理的输入、输出、工具与技术..................235
【考点 127】风险属性和分类........................237
【考点 128】规划风险管理的输入、输出、工具与技术..................239
【考点 129】识别风险的输入、输出、工具与技术..................241
【考点 130】实施定性风险分析的输入、输出、工具与技术..................243
【考点 131】实施定量风险分析的输入、输出、工具与技术..................245
【考点 132】规划风险应对的输入、输出、工具与技术..................247
【考点 133】规划采购管理的输入、输出、工具与技术..................249
【考点 134】合同的分类及内容....................251
【考点 135】规划干系人参与的输入、输出、工具与技术..................254

第 13 章 执行过程组考点精讲及考题实练 256

精讲视频：4 节

13.1 章节考情速览..256
13.2 考点星级分布图..256
13.3 核心考点精讲及考题实练........................257
【考点 136】指导与管理项目工作的输入、输出、工具与技术..................257
【考点 137】管理项目知识的输入、输出、工具与技术..................259
【考点 138】管理质量的输入、输出、工具与技术..................261
【考点 139】获取资源的输入、输出、工具与技术..................265
【考点 140】建设团队的输入、输出、工具与技术..................267
【考点 141】管理团队的输入、输出、工具与技术..................270

【考点 142】管理沟通的输入、输出、工具与技术 273
【考点 143】实施风险应对的输入、输出、工具与技术 274
【考点 144】实施采购的输入、输出、工具与技术 275
【考点 145】管理干系人参与的输入、输出、工具与技术 277

第 14 章 监控过程组考点精讲及考题实练 279

精讲视频：5 节

14.1 章节考情速览 279
14.2 考点星级分布图 279
14.3 核心考点精讲及考题实练 280
【考点 146】控制质量的输入、输出、工具与技术 280
【考点 147】确认范围的输入、输出、工具与技术 283
【考点 148】控制范围的输入、输出、工具与技术 285
【考点 149】控制进度的输入、输出、工具与技术 286
【考点 150】控制成本的输入、输出、工具与技术 288
【考点 151】控制资源的输入、输出、工具与技术 292
【考点 152】监督沟通的输入、输出、工具与技术 293
【考点 153】监督风险的输入、输出、工具与技术 294
【考点 154】控制采购的输入、输出、工具与技术 296
【考点 155】监督干系人参与的输入、输出、工具与技术 298
【考点 156】监控项目工作的输入、输出、工具与技术 300
【考点 157】实施整体变更控制的输入、输出、工具与技术 302

第 15 章 收尾过程组考点精讲及考题实练 305

精讲视频：1 节

15.1 章节考情速览 305
15.2 考点星级分布图 305
15.3 核心考点精讲及考题实练 306
【考点 158】结束项目或阶段的输入、输出、工具与技术 306
【考点 159】收尾过程组的重点工作 308

第 16 章 组织保障考点精讲及考题实练 310

精讲视频：6 节

16.1 章节考情速览 310
16.2 考点星级分布图 310
16.3 核心考点精讲及考题实练 311
【考点 160】信息系统信息分类 311
【考点 161】项目文档和质量分类 312
【考点 162】项目文档规则和方法 313
【考点 163】配置管理八大术语 314
【考点 164】配置管理目标与成功因素 316
【考点 165】配置管理活动 317
【考点 166】变更管理基础 320
【考点 167】变更工作程序 321
【考点 168】变更控制与版本发布回退 322

第 17 章 监理基础知识考点精讲及考题实练 324

精讲视频：2 节

17.1 章节考情速览 324
17.2 考点星级分布图 324
17.3 核心考点精讲及考题实练 325

【考点 169】监理技术参考模型......325
【考点 170】监理九大概念......326
【考点 171】监理内容和监理合同......328
【考点 172】监理服务能力......329

第 18 章 法律法规和标准规范考点精讲及考题实练......331

精讲视频：2 节

18.1 章节考情速览......331
18.2 考点星级分布图......331
18.3 核心考点精讲及考题实练......332
【考点 173】法律体系和效力......332
【考点 174】信息系统集成项目管理中常用的法律......333
【考点 175】标准化机构......334
【考点 176】标准分级分类......335
【考点 177】标准编号及有效期......336
【考点 178】常用标准规范......337

第 19 章 职业道德规范考点精讲及考题实练...339

精讲视频：1 节

19.1 章节考情速览......339
19.2 考点星级分布图......339
19.3 核心考点精讲及考题实练......340
【考点 179】道德与职业道德......340
【考点 180】项目管理工程师的职业道德规范......340
【考点 181】项目管理工程师的职责和权力......341
【考点 182】项目管理工程师对项目团队的责任......342

第 20 章 案例专项强化之问答题型......344

20.1 理论记忆型的案例问答......347
20.1.1 项目管理概论案例记忆点......347
20.1.2 启动过程组案例记忆点......347
20.1.3 规划过程组案例记忆点......348
20.1.4 执行过程组案例记忆点......349
20.1.5 监控过程组案例记忆点......349
20.1.6 收尾过程组案例记忆点......350
20.1.7 组织保障案例记忆点......350
20.1.8 监理基础知识案例记忆点......351
20.1.9 过程 ITO 的案例记忆点......351
20.2 找错纠正型的案例问答......351
20.2.1 启动过程组的关键词及条件反射.....352
20.2.2 规划过程组的关键词及条件反射.....352
20.2.3 执行过程组的关键词及条件反射.....355
20.2.4 监控过程组的关键词及条件反射.....356
20.2.5 收尾过程组的关键词及条件反射.....358
20.2.6 其他类别的关键词及条件反射......358

第 21 章 案例专项强化之计算题型......361

精讲视频：2 节

21.1 关键路径计算专题......361
21.2 时差计算专题......362
21.3 挣值计算专题......364
21.4 预测计算专题......364
21.5 三点估算专题......366
21.6 沟通渠道专题......367
21.7 决策树分析 EMV 专题......367

附录 必备必背集......369

附录 A 英文选择题必背单词集合......369
附录 B 五大过程组输入、工具与技术和输出汇总表......378
附录 C 五大过程组、十大知识域和 49 个过程......395

第 1 章

借力大数据，让自己更懂软考更知彼

1.1 用 8 个关键词揭开软考面纱

计算机软考全称是：全国计算机技术与软件专业技术资格（水平）考试，名字听起来非常长，但是只需要了解 8 个关键词，就透彻了解了软考，这 8 个关键词分别是：国家级考试，统一大纲、试题和证书，职业资格和职称资格考试，考试准入零门槛，日韩互认，五个专业领域，三个级别层次和 27 个专业资格。

第 1 个关键词："国家级考试"。软考是国家级考试，是在国家人力资源和社会保障部、工业和信息化部领导下的国家级考试，每个地区、直辖市、省都有相应的考试管理机构，负责本区域考试的组织实施工作。顺利通过考试，就能获得由中华人民共和国人力资源和社会保障部、工业和信息化部用印的计算机技术与软件专业技术资格（水平）证书，证书全国有效。这个关键词说明软考的含金量和重量级足够可以，这也侧面印证了近些年来软考考生越来越多的缘故。

第 2 个关键词："统一大纲、试题和证书"。软考统一范畴、统一大纲、统一试题、统一标准、统一证书，统一化能够让软考的生命力更强大。PMP 认证就是在 PMI 统一领导下，在全球各地实现了统一。即使目前软考每年可能会分多批次考试，但是大纲、题库、证书、教程依然是同一份。

第 3 个关键词："职业资格和职称资格考试"。这是软考的显著特点，软考既是职业资格考试，也是职称资格考试。软考在全国开展后，就不用再进行相应的任职资格评审工作，所以软考实现了以考代评，既是职业资格又是职称资格。

第 4 个关键词："考试准入零门槛"，软考不要求学历，因为软考本质上是水平类考试，只要达到了对应的专业技术水平，就可以报考，就可以拿证。

第 5 个关键词："日韩互认"。软考的专业岗位和考试标准跟日本和韩国实现了互认。互认意味着如果出国赴日韩工作，可以享受相应的待遇。

第 6 个关键词：“5 个专业领域”。软考一共有 5 个专业领域，分别是计算机软件、计算机网络、计算机应用技术、信息系统和信息服务。

第 7 个关键词：“3 个级别层次”。5 个专业领域又分 3 个层级，分别是高级、中级和初级。

第 8 个关键词：“27 个专业资格”。横向 3 个级别层次和纵向 5 个专业领域划分后，就可以从表 1-1 中看到软考一共有 27 个专业资格，你可以从这 27 个专业资格中，选择自己感兴趣或者擅长的领域报考。

表 1-1　软考资格设置

级别	计算机软件	计算机网络	计算机应用技术	信息系统	信息服务
高级资格	信息系统项目管理师，系统分析师，系统架构设计师，网络规划设计师，系统规划与管理师				
中级资格	软件评测师，软件设计师，软件过程能力评估师	网络工程师	多媒体应用设计师，嵌入式系统设计师，计算机辅助设计师，电子商务设计师	系统集成项目管理工程师，信息系统监理师，信息安全工程师，数据库系统工程师，信息系统管理工程师	计算机硬件工程师，信息技术支持工程师
初级资格	程序员	网络管理员	多媒体应用制作技术员，电子商务技术员	信息系统运行管理员	网页制作员，信息处理技术员

1.2　用五点价值测量软考含金量

除了软考本身，你可能会更加关心软考证书的价值，本书整理编排了软考的 5 大价值，如下：

第 1 点价值是软考证书可以用于抵扣个税。最新资料显示，截至 2024 年，国家职业资格目录依旧沿用 2021 年版本，2021 年年底颁布的国家职业资格目录，一共包含 59 项国家职业资格，软考位列第 36 项。顺便提下，国家职业资格目录近些年一直在“瘦身”，从前些年的好几百条，到今天仅剩 59 条，而软考在其中一直屹立不倒，可见软考的价值所在。

而只有列在国家职业资格目录里的证书才能够抵扣个税，具体而言，个税的抵扣规则中，有一项是专项附加扣除，专项附加扣除可以抵税，通过考证形式的继续教育就属于这一种，但仅限于国家职业资格目录里的证书。假如你在今年取得了软考证书，今年就可以申请个税抵扣，个税抵扣的钱直接抵回软考报名费和培训费。

第 2 点价值是软考证书可以用于职称资格。国人部颁发的〔2003〕39 号文件，规定了取得初级资格，就可以聘任技术员或助理工程师职务，中级资格可以聘任工程师职务，高级资格可以聘任高级工程师职务。

再看地方，无论是上海市人社局 2020 年的文件，还是北京市人社局的最新文件，都能找到相应的职业资格名字。我国的职称一般分止高级、副高级、中级和初级四个级别，职称的获取分为认定、评审、国家统一考试以及职业资格对应。软考职称的取得方式是国家统一考试以及职业资格对应，执行的是以考代评政策，考过了软考，就相当于直接具有了获取相应职称的资格。

请注意本书说的是资格，也就是软考证书代表国家承认你具有相应的职称资格，但是能不能评上相应职称，要看所在的城市和所在的单位，如果所在单位目前还有空余专业技术职务，自己又碰巧拿到了软考证书，你就可以直接向单位提出申请评聘，但能否评上，要根据单位的具体情况而定，但是不管怎样，拿到了软考证书，至少达到了门槛条件。

第3点价值是软考证书可以用于积分落户。软考对积分落户有一定作用，但是实话说并不会成为决定因素。你可以查阅相关的官方政策，比如上海市积分落户政策和广州市人才引进落户政策，这些政策中都有对应的软考或者职称加分项。但为什么本书又说不会成为决定因素呢？因为一线城市户口的紧缺是不争的事实，能不能最终拿到户口，取决于你跟竞争对手之间的对比，即使报名申请积分落户的人数再多，北上广等一线城市也只有固定名额，积分落户的难度在于此。

积分落户能不能成，有非常多的影响因素，而且政策可能未来会变化，软考对积分落户的加分，虽然不能带来质变，但是量变到一定程度就能质变，有加分总比没有的好，对吧？

第4点价值是软考证书可以用作择业敲门砖。软考证书本身可以在一定程度上充当敲门砖角色，当然仅靠这一块砖，并不能把门敲开，很可能要多块敲门砖的组合，但是终归多块个砖，就会多一份重量，多一份好处。世界的本质残酷一点说，就是竞争，物竞天择，生物之间彼此竞争，最终成功与否上天抉择。竞争推动世界往前发展，竞争推动生物体系往前进化，竞争推动社会往前演化，拥有一张软考证书至少是竞争加分项。

第5点价值是软考证书可以用于职场竞争力打造。本书甚至认为这个价值比前面讲的价值更重要。前面提到的四点价值，给你带来的收益肉眼可见，也意味着增值想象空间有限，不会给你带来本质变化。就拿系统集成项目管理工程师举例，如果你超越了软考拿证目标，将软考备考视为重塑个人职场竞争力的机会，重塑个人项目管理体系的机会，通过软考拿证，深度思考项目管理过程的输入、工具与技术和输出，深度思考如何在职场活学活用，相信考试结束时，你收获的不仅仅是一张证书，更是自身职场竞争力的脱胎换骨。未来当你做项目管理、项目治理，主导上亿级别的项目组合时，你也会更有底气，因为拥有了一整套深入骨髓的方法论来武装自己。

衷心希望你不仅仅拿下证书，而且要在之后持续提升自己的实战能力，有种不疯魔不成活的精神。只有这样，你才能真正把软考的考试机会，变成真正让你实现职场跃迁的机会，让你的旧有的知识体系和方法论，发生质的改变。

1.3　系统集成项目管理工程师介绍

系统集成项目管理工程师属于软考中级考试，主要考查考生的项目管理知识和系统集成IT知识。项目管理知识包含项目管理5大过程组，以及各个过程的输入、工具与技术、输出；系统集成IT知识考查系统集成相关知识，从软件到网络到集成到信息化再到安全应有尽有。由此可见，系统集成项目管理工程师对考生的要求有些高，高在了广度，而非深度。

首先看系统集成项目管理工程师的考试科目。系统集成项目管理工程师考试，一共两个科目，分别为综合知识科目和案例分析科目，综合知识科目为75道单项选择题，考查的是综合知识和基础理论知识，满分 75 分，45 分及格。案例分析科目通常 4 道案例分析题，其中有一道是必考的计算题，同样是满分 75 分，45 分及格。假如任何一个科目不及格，就直接宣告此次闯关失败，后续如果再考，所有科目都要重新再考，这一点让很多考友比较痛苦，也直接拉低了考试通过率。

自 2023 年下半年开始，所有软考开始采用上机考试，两个科目采用连考机制，也就是综合知识科目交卷完成后，自动进入案例分析科目的作答，综合知识科目省下的时长可供案例分析科目使用。考试时长方面，总时长为 240 分钟，长达 4 个小时，考试结束前 60 分钟内可以交卷离场，其中综合知识科目最短作答时长为 90 分钟，最长作答时长为 120 分钟。

这对系统集成项目管理工程师的备考有什么启示呢？个人感觉是个好消息，因为实现了选择题型在案例题型上的时长共享，从过去的通过率来看，案例场的通过率低于选择题场，这个联考举措，相当于给你更多的时间来回答 4 道案例题，当然前提在于你对选择题能够熟练作答，熟练作答的前提是对基础知识的掌握，所以务必要重视基础知识，这是万丈高楼的根基所在。但是长达 4 个小时的联考机制，对体力和耐力都是一个非常大的挑战，一定要注意身体、适当锻炼，迎接高强度的考试。

再说下系统集成项目管理工程师的报名和考试流程，首先考试报名各省区不一样，但通常都会在开考前的 2 ～ 3 个月时开放报名，绝大多数都是网上报名交费，非常方便。你可以通过官方网站或者指尖疯公众号获取每年的报名提醒信息。正式考试上半年通常在 5 月底，下半年在 11 月初，具体要以官方正式通知为准。考试成绩的查询通常在考试 1 ～ 2 个月之后。

1.4 大数据扫描下的综合知识科目

系统集成项目管理工程师考试的综合知识科目，为 75 道选择题，主要考查 3 大部分知识，分别为系统集成 IT 专业知识、项目管理知识和其他知识。本书统计了过去十多年以来历次考试的分值分布，并按照分类和章节进行了归类统计，整理出的分值预测见表 1-2。

表 1-2 系统集成项目管理工程师章节考点分值预测

分类	中项第 3 版	分值预测
系统集成 IT 专业知识	第 1 章 信息化发展	4
	第 2 章 信息技术发展	4
	第 3 章 信息技术服务	2
	第 4 章 信息系统架构	15
	第 5 章 软件工程	
	第 6 章 数据工程	
	第 7 章 软硬件系统集成	
	第 8 章 信息安全工程	2

续表

分类	中项第 3 版	分值预测
项目管理知识	第 9 章　项目管理概论	4
	第 10 章　启动过程组	35
	第 11 章　规划过程组	
	第 12 章　执行过程组	
	第 13 章　监控过程组	
	第 14 章　收尾过程组	
其他知识	第 15 章　组织保障	2
	第 16 章　监理基础知识	1
	第 17 章　法律法规和标准规范	1
	第 18 章　职业道德规范	
	英文	5
总分		75

需要特别强调的是，过去十多年，官方考纲和教程经历了 3 次改版，特别是最近这次的第 3 版，考纲进行了较大的改动，增加了新的系统集成 IT 专业知识，对项目管理知识调整为按照过程组编排，不可避免会存在部分过去的考题在新考纲中找不到对应，新考纲中的新考点在过去没有考过的现象，再加上预测普遍存在“你预判了我预判你的预判”悖论，所以分值预测仅供学习参考使用，毕竟很可能关键时刻的 1 分就能逆转战局。

不过虽然绝对的分值没有意义，但是从中看出的考试重心分布却有较大的参考意义。从分值预测表中可以看到，考试的绝对重心在项目管理知识和系统集成 IT 专业知识，两者占比已高达 88%，并且新版考试大纲明显增大了系统集成 IT 专业知识的篇幅，所以未来系统集成 IT 专业知识的分值占比很可能会进一步提升。

系统集成 IT 专业知识对应官方教程的第 1 ～ 8 章，几乎涵盖了计算机学科绝大多数的知识，几乎每一章都对应着大学好几本的教材，所以考试对系统集成 IT 专业知识的要求，重在广度而不是深度，不需要你透彻掌握每一个考点，你也不可能透彻掌握每一个考点，此时“不求甚解”可能是最好的备考策略，这部分内容的备考策略简单讲是：多看和多记，通常考试考到的也是原话。

项目管理知识对应官方教程的第 9 ～ 14 章，按照项目管理 5 大过程组的方式对各个知识域的各个过程的输入、工具与技术和输出进行考查。项目管理知识除了是综合知识科目的考查重点外，也是案例分析科目的考查重点，项目管理知识的备考策略就不是“不求甚解”了，而是“打破砂锅问到底”的策略，力求理解 5 大过程组和项目管理概论中的考点，在理解的基础上多看、多读、多记忆，效果会更好。

其他知识中的组织保障，相比另外 3 章内容会更加重要些，组织保障历年的考查重点在配置与变更管理。监理基础知识是新版考纲新增加的内容，预估不会超过 2 分。至于法律法规和标准规范及职业道德，可以不作为重点，从往年看可能会考 1 分，也可能不考。

1.5　大数据扫描下的案例分析科目

系统集成项目管理工程师考试的案例分析科目，一共 4 道案例分析题，其中必有一道计算题。本书统计了 2009—2023 年一共 32 套考题的案例分析考点，汇总整理结果见表 1-3。

表 1-3　2009—2023 年案例分析考点统计

考点	整体	范围	进度	成本	质量	人力	沟通	干系人	风险	采购	合同	配置	变更	收尾	IT 服务	立项管理	招投标	安全
2009 上半年	考		考		考													
2009 下半年		考	考	考	考						考							
2010 上半年	考			考	考						考	考						
2010 下半年		考	考	考					考			考						
2011 上半年		考		考	考									考	考			
2011 下半年			考		考						考		考			考		
2012 上半年			考	考	考						考	考	考					
2012 下半年	考			考	考		考				考							
2013 上半年			考		考							考		考				
2013 下半年				考							考		考			考		
2014 上半年			考	考							考	考						
2014 下半年		考	考	考							考	考			考	考		
2015 上半年			考	考		考					考		考		考			
2015 下半年		考	考	考							考		考	考				
2016 上半年			考	考							考		考					
2016 下半年			考	考	考					考	考	考						
2017 上半年			考						考							考	考	
2017 下半年			考				考	考				考	考	考				
2018 上半年	考		考			考			考				考					
2018 下半年	考			考	考					考							考	
2019 上半年			考	考	考				考	考								
2019 下半年	考		考	考		考												考
2020 下半年			考	考	考				考							考	考	
2021 上半年		考		考	考	考												
2022 下半年			考	考	考	考				考							考	
2023 上半年			考	考								考				考		
2023 下半年批次 1	考		考	考					考	考							考	
2023 下半年批次 2	考		考	考					考		考							
2023 下半年批次 3		考	考		考		考											
2023 下半年批次 4		考	考	考		考												
2023 下半年批次 5			考			考			考			考						
2023 下半年批次 6		考	考	考		考		考										

从表中可以看出案例分析的考点分布看似杂乱随机，但是隐约中还是能够发现2点启示。

第1点启示：案例分析的核心考点集中在进度和成本，其实这个不言而喻，因为进度和成本的考点用于计算案例题型的考查，而计算案例题型每年必考。由此可见，案例分析科目的重心应该放在计算题上，接下来的小节也会针对计算题题型再做进一步的大数据扫描。

第2点启示：沟通管理、干系人管理、安全过去十几年相对考得较少，其他考点考试出现的频率相对均衡，但是也有明显的区别，比如近些年范围管理和人力资源管理频频考到，但是前些年考查比较多的是变更管理和收尾管理，近些年没有怎么考过。其实刚才描述的都是数据分析，那么启示是什么呢？启示还是前面提到的，互相都在预判对方的预判，这种情况下与其想通过押题来投机取巧搏一把概率，还不如把考点“拿下”，以不变应万变。但是总归可以从表中看出来备考的优先级，那就是好久没有考到的考点，优先级相对更高一些，考查频次较高的考点，优先级相对更高一些。

1.6 大数据扫描下的计算题题型

众所周知，系统集成项目管理工程师的游戏规则是，案例分析科目总分75分，至少需要拿下45分才能通关，在这个分数线下，如果再深入研究出题规律，很容易发现，案例分析科目中必然有一道计算题，计算题分数通常高达20分以上，如果把这20分放在45分的及格线下，那就了不得了，如果不幸在计算题上折掉，那么基本上已经无法通过本次考试了，因为大概率注定了案例分析科目的折掉，而如果案例分析科目折掉，综合知识科目分数即使再高，最终也是折掉的命运。

反过来想，如果能够兵不血刃拿下计算题，案例分析科目大概率就能上岸，你的拿证概率是不是增加了50%？所以系统集成项目管理工程师的计算题就是这样的重要和傲骄！

幸运的是，系统集成项目管理工程师计算题的难度仅仅是小学水平，所以只要你是小学及以上学历，都可以大胆在战略上蔑视之。在战术上的攻略技巧，会在案例计算题攻关专题中详述。

幸运的是，因为计算题具有客观性，要么做对，要么做错，计算和数字不会骗人，但是像其他案例题，基本上是问答方式，针对你的文字回答，阅卷人还是有些主观评分空间的，而且计算题考什么都是明牌。

2023年下半年开始，软考全面切换到机考赛道，对计算题而言，其实是肉眼可见的利好，无论是计算的效率还是准确度，都会因为机考而提升，计算题的胜负之战，更加倾向于对考点的掌握、对计算公式的掌握，而非小学加减乘除的掌握。

本书把过去十多年的近30套考题翻了个底朝天，从中挑选出所有的和计算有关的真题，既包括计算选择题，也包括计算案例题，之后对挑选出来的计算真题，和最新版的官方考试大纲进行了关联映射，从中剔除掉旧考纲的考题，从两个维度进行了深入分析。第一个维度是计算题型分数占比，这个维度可以指引你投入计算题学习的精力大小；第二个维度是计算题型考点占比，这个维度可以指引你在不同计算考点上的精力分配。

首先看综合知识科目中的计算题型在过去10年的分值统计，如图1-1所示。

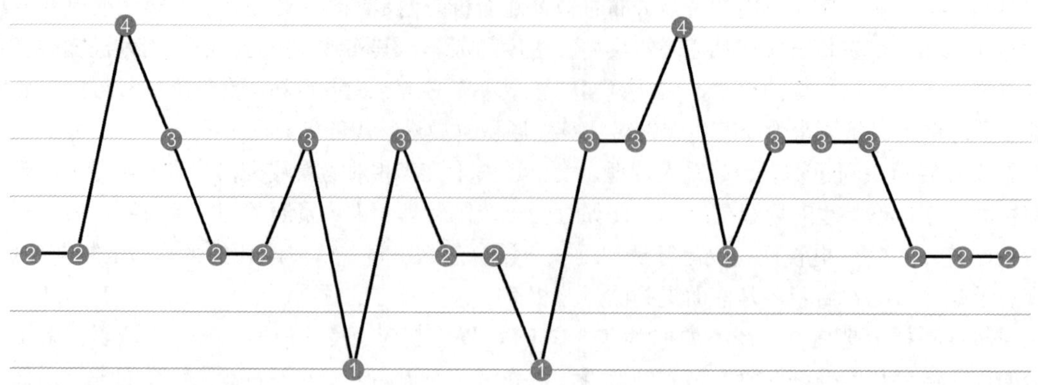

图 1-1　系统集成项目管理工程师计算选择题过去 10 年分值统计

从图 1-1 中可以看出，综合知识科目的计算题型，分数通常在 2 ～ 3 分，也就是每次会有 2 ～ 3 道选择题考查计算题，整体分数呈现趋于稳定的态势，计算题型占比在综合知识科目中不高，往往更加简单，所以一旦你掌握了计算考点，那么就相当于拿到了送分题。

综合知识科目的计算题型，过去曾经考查了哪些考点，而且哪些考点相对更加热门呢？可以参见图 1-2。

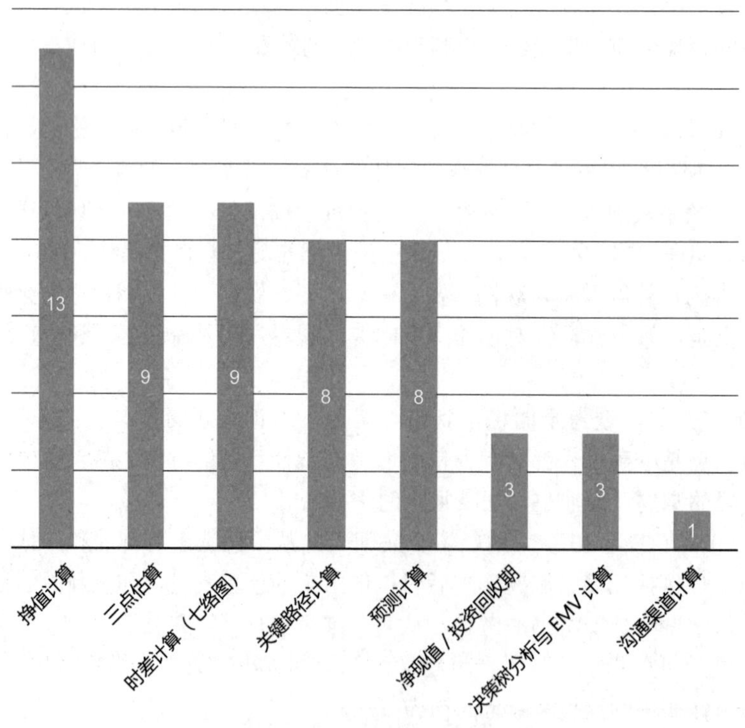

图 1-2　系统集成项目管理工程师计算选择题过去 10 年考点分布统计

从图 1-2 中可以看出，以 10 年的尺度统计，综合知识科目的计算题型考点，热度榜前五分别为：挣值计算、三点估算、时差计算、关键路径计算和预测计算。其中对挣值计算的考查遥遥领先，10 年间考查了 13 次，接下来的三点估算、时差计算、关键路径计算和预测计算的出现频次几乎不相上下，这其实已经指明了综合知识科目的计算题型考点的备考优先级。

看完综合知识科目的计算题型，再看案例分析科目的计算题型。图 1-3 展示了近 10 年案例分析科目的计算题型考点数量统计。

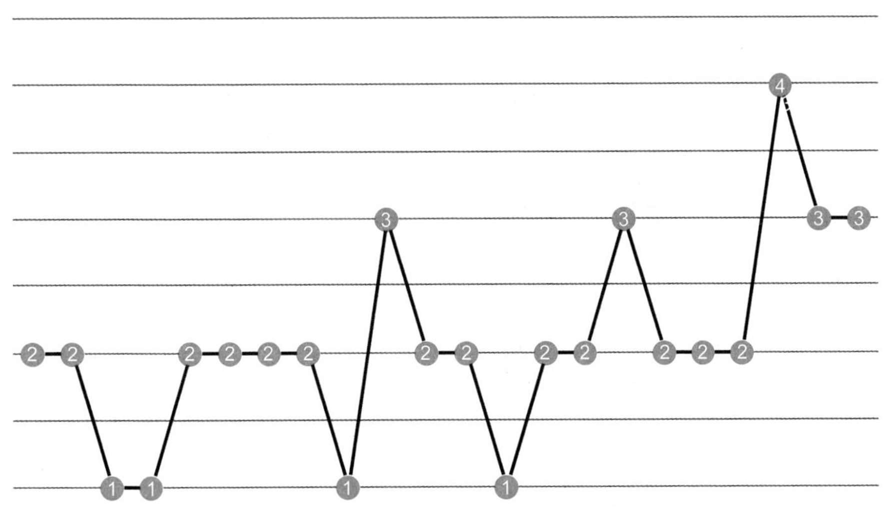

图 1-3　系统集成项目管理工程师计算案例题过去 10 年考点数值统计

你很可能发现，对案例分析科目计算题型的数据统计，并没有像综合知识科目那样基于分值，而是基于了考点数量。之所以这样，是因为历年的案例分析科目，计算题型的分值一直都很稳定，保持在 20 分左右，这样对分值的统计就失去了意义，统计图得到的仅仅是一条水平线，所以需要另辟蹊径采用考点数值统计法。

从考点数值看，虽然乍一眼看统计图波澜起伏，但是定睛再看，历年考点数值其实相差不大，案例分析科目考查特定场景下的综合分析能力，所以计算题型考点往往不止一个，通常综合考查 2 ～ 3 个考点，最多的时候能够达到 4 个考点。

那么案例分析科目的计算题型，过去曾经考查了哪些考点，而且哪些考点相对更加热门呢？可以参见图 1-4。

从图 1-4 中可以看出，以 10 年的尺度统计，挣值计算考查了 16 次，关键路径计算和时差计算考查了 12 次，预测计算考查了 9 次。非常直观的感受是，案例分析科目的计算题型考点是明牌，接下来的计算案例会考什么，其实这幅图都已经告诉你了，计算案例题几乎都集中在进度管理和成本管理两个知识域，这个发现对备考是绝对的利好，考点集中、敌明我暗，可以集中优势兵力聚焦“拿下”。由此，假如案例分析科目的计算题不幸全军覆没，可能需要问责的是自己，而不是抱怨考试太难。

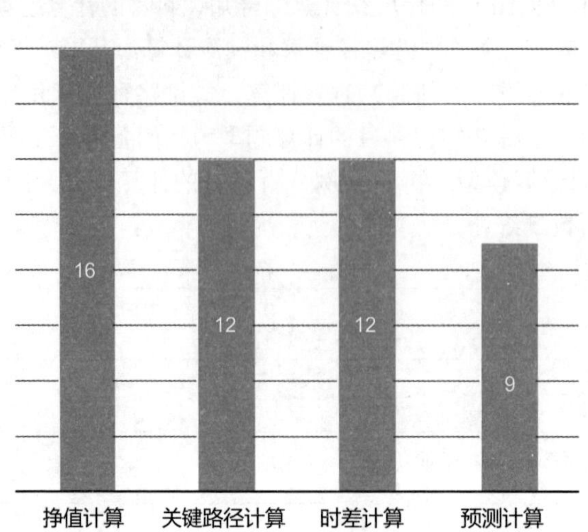

图 1-4　系统集成项目管理工程师计算案例题过去 10 年考点分布统计

简单总结下，可以从计算题型的大数据统计中获取的 2 点重要启示：

第 1 点启示：掌握章法就能满分。稍微跑个题，不仅仅是软考，工作生活中的任何方面，都可以应用这个启示：掌握章法就能满分。当然，可能这是句正确的废话，因为难点在于如何洞察到章法。不过幸运的是，考试有其规律可以遵循，特别是系统集成项目管理工程师的计算题。不同于分析问答题，计算题要么全会做，要么全不会做，计算题章法相对清晰，掌握了就能轻易满分。而且更幸运的是，计算难度仅仅是小学水平，你还有什么好担心的呢？

第 2 点启示：直接决定通过与否。这一点本书在开篇已经讲过，这里不再赘述，实际情况是不要小看每一分，选择题往往 1 分就能“定生死”，何况计算题占案例分析科目近 30% 的分值，案例分析科目的计算题如果失手，其他分数再高恐怕也很危险。

第2章 信息化发展考点精讲及考题实练

2.1 章节考情速览

信息化发展一共有5部分内容，分别是信息与信息化、现代化基础设施、产业现代化、数字中国、数字化转型与元宇宙。整体看理解难度不大，讲的都是基础知识和前沿技术应用，唯一需要下功夫的是记忆，相关的记忆考点已经整理为了后面的核心考点。

信息化发展按照往年的考试经验看，一般会考查4分左右，而且主要在综合知识科目进行考查，案例分析科目通常不会涉及。

2.2 考点星级分布图

本章涉及的主要考点分布及难度与频度双星级如图2-1所示。

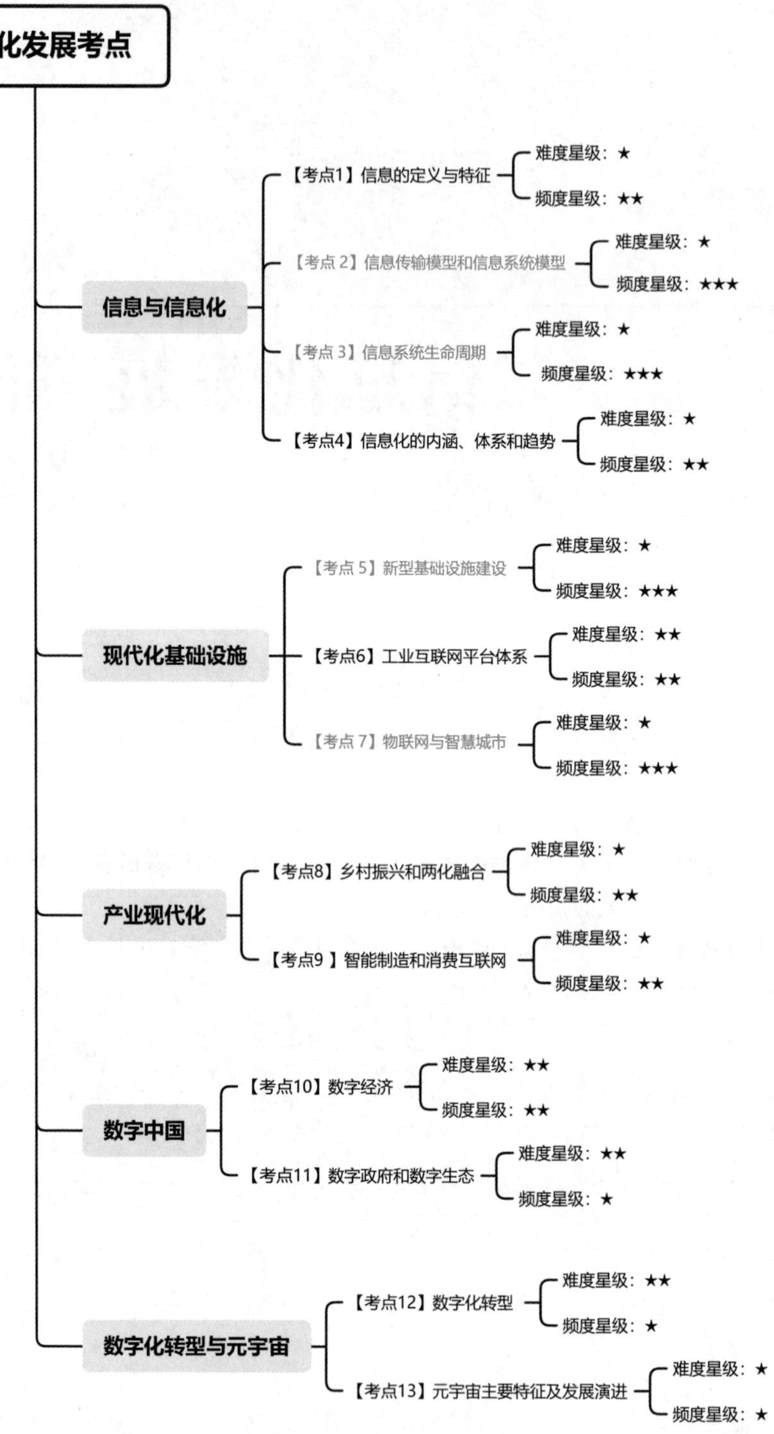

图 2-1　本章考点及星级分布

2.3 核心考点精讲及考题实练

信息基础

【考点1】信息的定义与特征

考点精华

信息是物质、能量及其属性的标示的集合，是确定性的增加。香农指出“信息是用来消除随机不定性的东西”，信息的目的是用来“消除不确定的因素”。

信息不是物质，也不是能力，它以一种普遍形式，表达物质运动规律，在客观世界中大量存在、产生和传递。

信息量的单位为比特（bit）。1 比特的信息量，在变异度为 2 的最简单情况下，是消除非此即彼不确定性所需的信息量。“变异度”可以认为是事物的变化状态空间维度，变异度为 2 就是二维，如好和坏、高和低、快和慢等。

获取信息可以满足人们消除不确定性的需求，因此信息具有价值，而价值的大小取决于信息的质量，没有质量的信息，也就没有了价值，但是信息的应用场合不同，信息质量的侧重面也不一样。比如，金融业信息最重要的质量特性是安全性，通信行业信息最重要的质量特性是及时性，餐饮行业信息最重要的质量特性是食品安全性。

备考点拨

本考点学习难度星级：★☆☆（简单），考试频度星级：★★☆（中频）。

本考点考查信息的定义和特征，信息的定义重要的是要记住：信息不是物质，也不是能力，而是用来消除不确定性的东西，既然信息能够消除不确定性，那么自然有存在的价值，而信息价值的大小可以用质量来衡量。你可以用天气预报信息来理解这个定义，天气预报信息是用来消除“天有不测风云”的不确定性，所以天气预报信息是有价值的，但是如果预报信息经常不准确，那也就意味着这份天气预报信息的质量低下。这样理解下来是不是容易了很多？

考题精练

1．关于信息的描述，不正确的是（　　）。

A．信息只有流动起来才能体现其价值，信息传输技术是信息技术的核心

B．香农认为信息可以理解为增加不确定性的度量

C．信息反映的是事物或事件确定的状态

D．信息是有价值的一种客观存在

【答案 & 解析】答案为B。香农认为信息是用来消除不确定性的东西。

2．关于信息的描述，不正确的是（　　）。

A．信息只有流动起来，才能体现其价值

B．信息是有价值的一种客观存在

C．信息的价值大小取决于信息中所包含的信息量

D．信息是客观事物状态和运动特征的一种普遍形式

【答案 & 解析】答案为 C。信息的价值大小取决于信息的质量。

3．对于信息系统的描述，不正确的是（　　）。

A．信息系统的组成部件包括硬件、软件、数据库、网络、存储设备、感知设备、外设，不包括人员和数据处理规程

B．信息系统可以是手工的，也可以是计算机化的

C．数据库是信息系统中最有价值和最重要的部分之一

D．信息系统是一种以处理信息为目的的专门的系统类型，一般包括电子商务系统、管理信息系统、电子政务系统

【答案 & 解析】答案为 A。信息系统的组成部件包括硬件、软件、数据库、网络、存储设备、感知设备、外设、人员以及把数据处理成信息的规程等。

【考点 2】信息传输模型和信息系统模型

信息系统模型

考点精华

1．信息传输模型包括信源、信宿、信道、编码器、译码器和噪声六个单元要素，信息传输模型如图 2-2 所示。

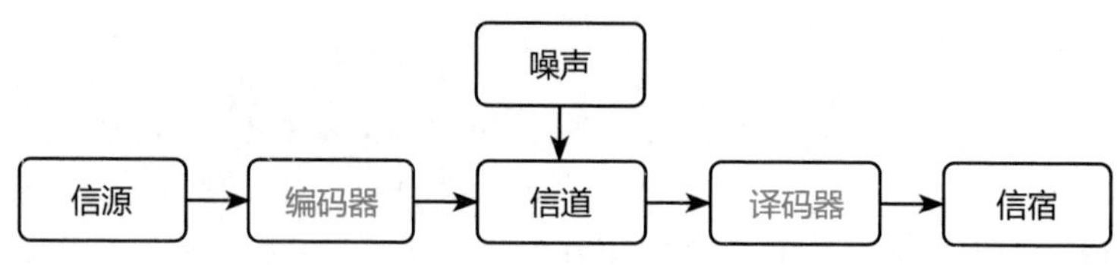

图 2-2　信息传输模型

（1）信源。信源是产生信息的源头，也就是信息的发送者。

（2）信宿。信宿是信息的归宿，也就是信息的接收者。

（3）信道。信道是传送信息的通道，信道可以是抽象信道（比如 TCP/IP 网络作为信道），也可以是物理通道（比如光纤、双绞线、移动通信网络、卫星等实际信道）。

（4）编码器。编码器是变换信号的设备，将信源发出的信号转换成适合信道传送的信号，常见的编码器有量化器、压缩编码器、调制器、加密解密设备等。

（5）译码器。译码器是和编码器逆着来的设备，是把从信道过来的信号转换成信宿可以接收的信号，常见的译码器有解调器和数模转换器等。

（6）噪声。噪声是信息传输过程中的干扰，噪声可能来自于任何一层，噪声过大会导致信息传输失败。

决定信息系统性能的关键在于编码器和译码器，主要是为了提高有效性和可靠性。有效性是传送尽可能多的信息，可靠性要求收到的信息尽可能与发出的信息一致。提高可靠性的措施为，在编码时增加冗余编码，但是过量的冗余编码将降低信道有效性和传输速率。

2．信息系统是管理模型、信息处理模型和系统实现条件的结合，其抽象模型如图 2-3 所示。

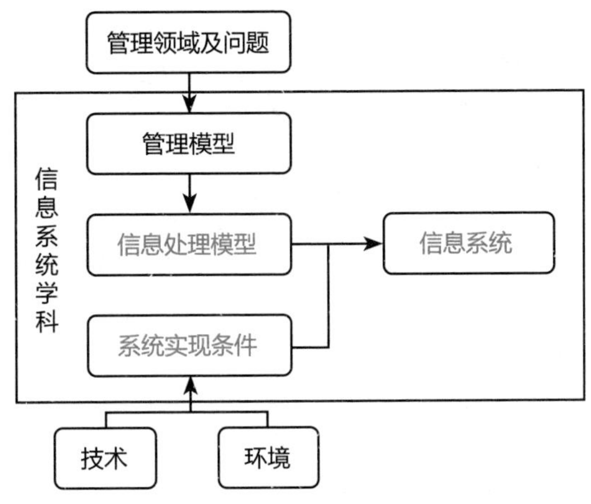

图 2-3　信息系统抽象模型

（1）管理模型是系统服务对象领域的专门知识，以及分析处理领域问题的模型，面向管理和支持生产是信息系统的显著特点。

（2）信息处理模型指系统处理信息的结构和方法，信息处理模型将管理模型中的理论和分析方法，转化为信息获取、存储、传输、加工和使用的规则。

（3）系统实现条件指计算机通信技术、相关人员，以及对资源的控制与融合。

备考点拨

本考点学习难度星级：★☆☆（简单），考试频度星级：★★★（高频）。

本考点考查两个模型。一个是信息的传输模型，关于传输模型可以对照传输模型的图来理解，传输模型中有信源、信宿、信道、编码器、译码器和噪声六个要素，其中信源和信宿很好理解，分别是信息的发送方和接收方；关于信道需要掌握两个分类，分别是抽象信道和物理信道，这两个分类对应的例子也要熟悉，因为有可能在这里考到选择题，比如问你移动通信网络是物理信道还是抽象信道。同样的，编码器和译码器的例子也要熟悉，过去曾经考过类似的选择题。

另外一个考查的模型是信息系统模型，这个模型的备考技巧同样是结合图来理解，理解信息系统学科是服务于管理领域及其问题，想要服务好，就需要技术和环境的支持。将信息处理模型和系统实现条件结合起来，就形成了信息系统。这个考点的理解效果大于死记硬背，可以结合日常在企业中的工作感受来辅助理解。

考题精练

1．关于信息系统有效性和可靠性的描述，不正确的是（　　）。

A．有效性和可靠性都是信息系统的性能指标

B．有效性就是在系统中传递尽可能多的信息

C．增加冗余代码可以提高有效性和可靠性

D．信宿与信源间的信息差异越大可靠性越低

【答案 & 解析】答案为 C。冗余代码的增加只能增加可靠性，不能提高有效性，而是降低了

有效性。为了提高可靠性，在信息编码时，可以增加冗余编码，类似重要的话说三遍，恰当的冗余编码可以在信息受到噪声影响时被恢复，而过量的冗余编码将降低信道的有效性和信息传输速率。

2．我们日常使用的即时聊天软件在信息传输模型中（　　）。

A．既是信源也是信宿　　B．既不是信源也不是信宿

C．是信源不是信宿　　D．是信宿不是信源

【答案 & 解析】答案为 A。信源是产生信息的实体。信宿是信息的归宿或接收者。即时聊天软件属于交互式沟通，聊天双方既是信源也是信宿。

3．关于信息系统的描述，正确的是（　　）。

A．信息系统是一种以处理信息为目的的专门的系统

B．面向用户和提供功能是信息系统的显著特点

C．系统是由一系列组件自由组合起来的

D．信息系统包括软件、硬件和数据，但不包括人员和规程，是一种以处理信息为目的的专门的系统类型

【答案 & 解析】答案为 A。面向管理和支持生产是信息系统的显著特点，所以选项 B 错误。系统是指由一系列相互影响、相互联系的若干组成部件，在规则的约束下构成的有机整体，这个整体具有其各个组成部件所没有的新的性质和功能，并可以和其他系统或者外部环境发生交互作用，所以选项 C 错误。信息系统的组成部件包括硬件、软件、数据库、网络、存储设备、感知设备、外设、人员以及把数据处理成信息的规程等。所以选项 D 错误。

4．网络服务器采用冗余技术是为了（　　）。

A．保证系统可靠性　　B．提升处理能力

C．提高网络带宽　　D．改善图形处理能力

【答案 & 解析】答案为 A。冗余技术是为了提高可靠性，性能可能会降低，选项 B、C、D 都是提升性能的表现。服务器为了保证足够的安全性，采用了大量普通电脑没有的技术，比如冗余技术、系统备份、在线诊断技术、故障预报警技术、内存纠错技术、热插拔技术和远程诊断技术等，使绝大多数故障能够在不停机的情况下得到及时修复，具有极强的可管理性。

【考点 3】信息系统生命周期

信息系统生命周期

考点精华

软件的生命周期通常包括：可行性分析与项目开发计划、需求分析、概要设计、详细设计、编码、测试、维护等阶段，可以借用软件的生命周期来表示信息系统的生命周期。

信息系统的生命周期可以简化为：系统规划（可行性分析与项目开发计划）、系统分析（需求分析）、系统设计（概要设计、详细设计）、系统实施（编码、测试）、系统运行和维护等阶段。

信息系统的生命周期还可以简化为立项（系统规划）、开发（系统分析、系统设计、系统实施）、运维及消亡四个阶段。

三类生命周期的对应关系如图 2-4 所示。

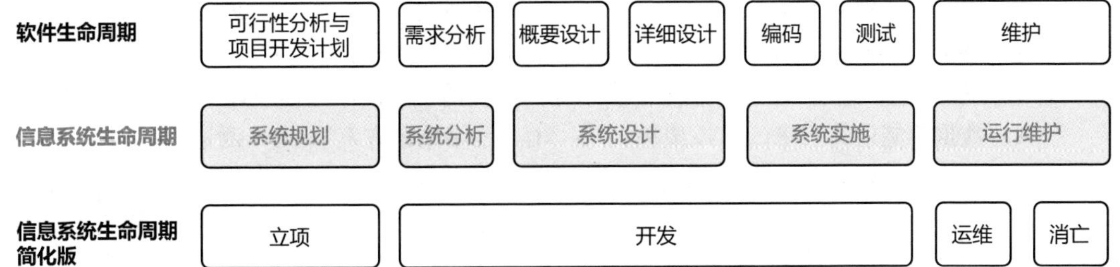

图 2-4 信息系统生命周期

1. 系统规划阶段根据组织目标和战略，来确定信息系统发展战略、研究建设新系统的必要性和可能性，给出建设系统的备选方案。系统规划阶段的输出物之一是可行性研究报告，可行性研究报告通过评审后，将根据新系统建设方案及实施计划编写系统设计任务书。

2. 系统分析阶段的任务是回答系统“做什么”的问题。系统分析阶段又称逻辑设计阶段，是系统建设关键阶段，也是信息系统建设与一般工程项目的重要区别。系统分析阶段根据系统设计任务书，对当前系统进行详细调查，描述系统的业务流程，发现系统不足，从而确定新系统的基本目标和逻辑功能要求，最终输出新系统的逻辑模型。系统分析阶段的产出物是系统说明书，系统说明书是用户确认需求的基础，是下阶段的依据，是验收系统的依据。

3. 系统设计阶段的任务是回答系统“怎么做”的问题。系统设计阶段根据系统说明书设计物理模型，所以又称物理设计阶段，分为总体设计（概要设计）和详细设计两个子阶段。系统设计阶段的产出物是系统设计说明书。

4. 系统实施阶段的任务包括设备购置、安装调试、程序编写调试、人员培训、数据文件转换、系统调试与转换等。系统实施按实施计划分阶段完成，每个阶段需要写出实施进展报告，系统测试后写出系统测试分析报告。

5. 系统运行和维护阶段。系统投入运行后需要进行维护和评价，记录系统运行情况。

备考点拨

本考点学习难度星级：★☆☆（简单），考试频度星级：★★★（高频）。

本考点考查信息系统的生命周期，这个属于基础考点，一共介绍了三类生命周期，其中相对重要的是这三类生命周期的对应关系，比如简化版信息系统生命周期中的开发阶段，其实对应了完整版信息系统生命周期的系统分析、系统设计和系统实施，而完整版信息系统生命周期的系统实施又对应了软件生命周期中的编码和测试，这会是考试中一个潜在的考点。

另外一个潜在的考点是信息系统生命周期五个阶段的特点，比如系统分析阶段的任务是回答系统“做什么”的问题，系统设计阶段的任务是回答系统“怎么做”的问题，这个过去曾经在选择题中考查过。其他相对重要的出题点已经在考点精华中着重做了标识，你在学习的时候特别留意就好。

考题精练

1. 信息系统的生命周期可以分为四个阶段，更正性维护属于系统的（ ）阶段。

A．运维　　B．消亡　　C．立项　　D．开发

【答案 & 解析】答案为 A。更正性维护属于系统的运维阶段。

2．系统方案设计包括总体设计和各部分的详细设计两个方面，总体设计中不包括（　　）。

A．数据存储设计　　B．总体架构　　C．网络系统方案　　D．测试用例

【答案 & 解析】答案为 D。写测试用例的时候，已经到了详细设计阶段。

【考点 4】信息化的内涵、体系和趋势

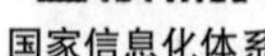
国家信息化体系

考点精华

信息化的内涵主要包括：信息网络体系、信息产业基础、社会运行环境、效用积累过程。

信息化内涵的启示：①信息化的主体是全体社会成员，包括政府，企业、集业、团体和个人；②信息化的时域是一个长期的过程；③信息化的空域是政治、经济、文化、军事和社会的一切领域；④信息化的手段是基于现代信息技术的先进社会生产工具；⑤信息化的途径是创建信息时代的社会生产力，推动社会生产关系及社会上层建筑的改革；⑥信息化的目标是使国家的综合实力、社会的文明素质和人民的生活质量得到全面提升。

国家信息化体系包括信息技术应用、信息资源、信息网络、信息技术和产业、信息化人才、信息化政策法规和标准规范六个要素，其中信息资源的开发和利用是国家信息化的核心任务；信息网络是信息资源开发和利用的基础设施；信息技术应用是信息化体系六要素中的龙头，是国家信息化建设的主阵地；信息技术和产业是信息化的物质基础；信息化人才是信息化的成功之本，合理的人才结构是信息化人才的核心和关键；信息化政策法规和标准规范是信息化保障。

组织信息化呈现产品信息化、产业信息化、社会生活信息化和国民经济信息化的趋势和方向。

1．产品信息化两层含义：①产品中信息比重增大、物质比重降低，产品从物质产品逐步向信息产品转变；②产品中加入了更多的智能化功能，从而产品的信息智能处理功能越来越强大。

2．产业信息化指传统产业（比如农业、工业、服务业）广泛利用信息技术，开发利用信息资源，建立各类产业互联网平台，实现产业资源要素的优化重组，助力产业升级。

3．社会生活信息化指整体的社会体系采用先进的信息技术，建立各类互联网平台网络，从而人们的精神生活、活动时空、信息内容均得到了丰富和提升。

4．国民经济信息化指在经济大系统内实现统一的信息大流动，使金融、贸易、投资、计划、营销等组成一个信息大系统，生产、流通、分配、消费等经济四环节通过信息连成整体。

备考点拨

本考点学习难度星级：★☆☆（简单），考试频度星级：★★☆（中频）。

本考点考查信息化的内涵、体系和趋势，一共三个细分考点。关于信息化的内涵，只需要简单理解就好，但是需要掌握信息化内涵的启示，因为这里可能会考到判断正误题，比如说信息化的主体是全体项目团队成员以及关键干系人，这句话严格讲是错的，不够严谨。严谨的说法是：信息化的主体是全体社会成员。类似的还有信息化的时域、空域、手段、途径和目标；关于信息化体系的六要素，过去在考试中常考，需要着重记住两点：一是信息化体系六要素的内容，也就

是包含了哪六个要素；另外一点是这六个要素的定位和作用，比如信息化体系的龙头是哪个要素；关于信息化的趋势，需要掌握产品信息化、产业信息化、社会生活信息化和国民经济信息化这条按照时间线推进的趋势就好。

考题精练

1．下列国家信息化体系的六要素中，（　　）是国家信息化的核心任务。

A．信息技术应用　　B．信息资源的开发和利用

C．信息网络建设　　D．信息化人才培养

【答案 & 解析】答案为 B。国家信息化体系包括信息技术应用、信息资源、信息网络、信息技术和产业、信息化人才、信息化政策法规和标准规范六个要素，六个要素构成有机整体，其中信息资源的开发和利用是国家信息化的核心任务。

2．组织信息化呈现的趋势和方向中，不包含（　　）。

A．产品信息化　　B．国民经济信息化

C．产业信息化　　D．企业信息化

【答案 & 解析】答案为 D。组织信息化呈现产品信息化、产业信息化、社会生活信息化和国民经济信息化的趋势和方向。

新基建 7 领域

【考点 5】新型基础设施建设

考点精华

“新型基础设施建设”主要包括 5G 基建、特高压、城际高速铁路和城际轨道交通、新能源汽车充电桩、大数据中心人工智能、工业互联网等七大领域。

新型基础设施主要包括三个方面：

1．信息基础设施。信息基础设施指基于新一代信息技术生成的基础设施，信息基础设施凸显“技术新”，包括：①以 5G、物联网、工业互联网、卫星互联网为代表的通信网络基础设施；②以人工智能、云计算、区块链等为代表的新技术基础设施；③以数据中心、智能计算中心为代表的算力基础设施等。

2．融合基础设施。融合基础设施指深度应用互联网、大数据、人工智能等技术，形成的融合基础设施，从而支撑传统基础设施转型升级。融合基础设施重在“应用新”，包括：智能交通基础设施、智慧能源基础设施等。

3．创新基础设施。创新基础设施指支撑科学研究、技术开发、产品研制等具有公益属性的基础设施。创新基础设施强调“平台新”，包括：重大科技基础设施、科教基础设施、产业技术创新基础设施等。

备考点拨

本考点学习难度星级：★☆☆（简单），考试频度星级：★★★（高频）。

本考点考查新基建，新基建的考点对记忆的要求多，比如要记住新基建的七大领域。新基建的三个方面的信息基础设施、融合基础设施和创新基础设施，分别对应的“技术新”“应用新”和

“平台新”需要掌握。另外，信息基础设施的三个分类以及对应的举例也需要掌握，通常可以从以上提到的几个考点中出选择题型。

考题精练

1. 新型基础设施建设中的融合基础设施凸显（　　）。

A. 应用新　　B. 平台新　　C. 设施新　　D. 技术新

【答案 & 解析】答案为 A。新型基础设施主要包括三个方面：信息基础设施凸显“技术新”，融合基础设施重在“应用新”，创新基础设施强调“平台新”。

2. 信息基础设施指基于新一代信息技术生成的基础设施，其中云计算属于（　　）。

A. 通信网络基础设施　　B. 新技术基础设施

C. 算力基础设施　　D. 创新基础设施

【答案 & 解析】答案为 B。信息基础设施指基于新一代信息技术生成的基础设施，信息基础设施凸显“技术新”，包括：①以 5G、物联网、工业互联网、卫星互联网为代表的通信网络基础设施；②以人工智能、云计算、区块链等为代表的新技术基础设施；③以数据中心、智能计算中心为代表的算力基础设施等。

【考点 6】工业互联网平台体系

工业互联网平台中枢

考点精华

工业互联网平台体系具有四大层级：它以网络为基础，平台为中枢，数据为要素，安全为保障。

1. 网络是基础

工业互联网网络体系包括网络互联、数据互通和标识解析三部分。网络互联包括企业外网和企业内网，主要实现要素之间的数据传输。内网技术发展有三个特征：① IT 和 OT 走向融合；②工业现场总线向工业以太网演进；③工业无线技术加速发展；数据互通涉及数据传输、数据语义语法等层面，数据互通通过对数据进行标准化描述和统一建模，实现要素间传输信息的相互理解；标识解析体系实现要素的标记、管理和定位，由标识编码、标识解析系统和标识数据服务组成。

2. 平台是中枢

工业互联网平台包括边缘层、IaaS、PaaS 和 SaaS 四个层级，相当于工业互联网的“操作系统”，它有四个主要作用：①数据汇聚。网络层面采集多源、异构和海量的数据，传输至工业互联网平台。②建模分析。对海量数据挖掘分析，实现数据驱动的科学决策和智能应用。③知识复用。将工业经验知识转化为平台上的模型库和知识库，通过工业微服务组件方式，进行二次开发和重复调用。④应用创新。面向企业多个场景，提供各类工业 App、云化软件帮助企业提质增效。

3. 数据是要素

工业互联网数据有三个特性：①重要性。数据是实现数字化、网络化、智能化的基础。②专业性。工业互联网数据的利用依赖行业知识和工业机理。③复杂性。工业互联网的数据来源于“研产供销服”各环节，“人机料法环”各要素，维度和复杂度远超消费互联网。

4．安全是保障

与传统互联网安全相比，工业互联网安全具有三大特点：①涉及范围广。工业互联网打破了传统工业相对封闭可信的环境，网络攻击可直达生产一线。②造成影响大。工业互联网覆盖制造业、能源等实体经济领域，一旦发生网络攻击破坏行为，安全事件影响严重。③企业防护基础弱。目前我国广大工业企业安全意识、防护能力仍然薄弱，整体安全保障能力有待进一步提升。

备考点拨

本考点学习难度星级：★★☆（适中），考试频度星级：★★☆（中频）。

本考点考查工业互联网，工业互联网的四大层级："网络为基础，平台为中枢，数据为要素，安全为保障"需要掌握，这里面既可以考到四大层级的名字，也可以考到其作用定位。除此之外，工业互联网体系网络的三部分，平台的四层级，数据的三特性，安全的三特点，也需要有所了解，特别是工业互联网平台包括的边缘层、IaaS、PaaS 和 SaaS 四个层级需要掌握记住，网络体系包括的网络互联、数据互通和标识解析三部分，需要以理解为主。

考题精练

1．工业互联网平台包括（　　）、IaaS、PaaS 和 SaaS 四个层级，相当于工业互联网的"操作系统"。

A．汇聚层　　B．边缘层　　C．物理层　　D．网络层

【答案 & 解析】答案为 B。工业互联网平台包括边缘层、IaaS、PaaS 和 SaaS 四个层级，相当于工业互联网的"操作系统"。

2．以下特点描述中，（　　）不属于工业互联网的安全特点。

A．涉及范围广　　B．造成影响大　　C．复杂性高　　D．企业防护基础弱

【答案 & 解析】答案为 C。与传统互联网安全相比，工业互联网安全具有三大特点：①涉及范围广；②造成影响大；③企业防护基础弱。

物联网 3 特征

【考点 7】物联网与智慧城市

考点精华

物联网（Internet of Things）是指通过信息传感设备，基于协议将任何物品与互联网相连接，进行信息交换和通信，以实现智能化识别、定位、跟踪、监控和管理的网络。

物联网的主要特征有三个：①通信与识别。物联网必须具备极强的识别功能，才能够有效识别和获取物联网上海量、不同类型的传感器信息，是在识别之后，也需要完善的通信系统。②智能化。物联网需要利用云计算、智能识别等技术实现对传感器的智能化管控。③互联性。物联网需要适应各类网络协议，以便保证数据传输的正确和及时。

物联网架构分三层：感知层、网络层和应用层。感知层是物联网识别物体、采集信息的来源，感知层由各种传感器构成，比如温度传感器、二维码标签、RFID 标签和读写器、摄像头、GPS 等；网络层是物联网的中枢，负责传递和处理感知层获取的信息，由互联网、广电网、网络管理系统和云计算平台等组成；应用层是物联网和用户的接口，与行业需求结合实现物联网的智能应用。

物联网的关键技术有传感器技术、传感网和应用系统框架等。

1．传感器技术。射频识别技术（Radio Frequency Identification，RFID）是物联网中使用的传感器技术。RFID 通过无线电信号识别特定目标并读写相关数据，无须建立机械或光学接触。

2．传感网。微机电系统（Micro-Electro-Mechanical Systems，MEMS）是由微传感器、微执行器、信号处理和控制电路、通信接口和电源等部件组成的一体化的微型器件系统，MEMS 赋予了普通物体新的“生命”，使物联网能够通过物品实现对人的监控与保护。

3．应用系统框架。物联网应用系统框架是以机器终端智能交互为核心的网络化应用服务。它使对象实现智能化控制，涉及五个重要技术部分：机器、传感器硬件、通信网络、中间件和应用。

智慧城市的重要特征有三个：①系统感知。智慧城市中的人和物可实现相互感知，随时获得所需的各种信息及数据。②传递可靠。通过物联网的互联性，智慧城市需要做到可靠的信息传递。③高度智能。通过物联网的信息收集处理功能，对物体进行有效的智能管理，从而让智慧城市的信息管控能力更有深度、更加智能。

智慧城市基本原理图如图 2-5 所示，从图中可以看出，智慧城市有五个核心能力要素，分别是数据治理、数字孪生、边际决策、多元融合和态势感知。

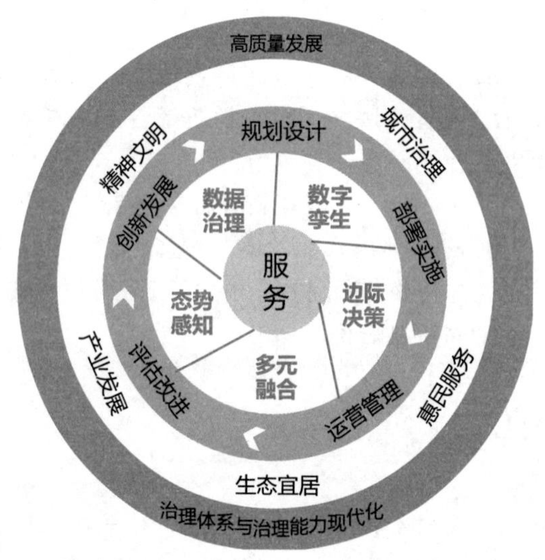

图 2-5　智慧城市基本原理图

1．数据治理：围绕数据生产要素进行能力构建，包括数据责权利管控、全生命周期管理及开发利用。

2．数字孪生：围绕现实世界与信息世界的互动融合进行能力构建，包括社会孪生、城市孪生和设备孪生等，推动城市空间摆脱物理约束进入数字空间。

3．边际决策：基于决策算法和信息应用等进行能力构建，强化执行端决策能力，达到快速反应、高效决策的效果，满足对社会发展的敏捷需求。

4．多元融合：强调社会关系和社会活动的动态性及其融合的高效性，实现服务可编排和快速集成，满足各项社会发展的创新需求。

5. 态势感知：围绕对社会状态的本质反映及模拟预测等进行能力构建，洞察可变因素与不可见因素对社会发展的影响，提升生活质量。

智慧城市成熟度划分为规划级、管理级、协同级、优化级、引领级五个等级。

1. 一级（规划级）：围绕智慧城市的发展进行策划，明确相关职责分工和工作机制，初步开展数据采集和应用，确保相关活动有序开展。

2. 二级（管理级）：明确智慧城市发展战略、原则、目标和实施计划，推进城市基础设施智能化改造，多领域实现信息系统单项应用，对智慧城市全生命周期实施管理。

3. 三级（协同级）：管控智慧城市各项发展目标，实施多业务、多层级、跨领域应用系统集成，持续推进信息资源的共享与交换，推动惠民服务、城市治理、生态宜居、产业发展等融合创新，实现跨领域协同改进。

4. 四级（优化级）：聚焦智慧城市与城市经济社会发展深度融合，基于数据与知识模型实施城市经济、社会精准化治理，推动数据要素的价值挖掘和开发利用，推进城市竞争力持续提升。

5. 五级（引领级）：构建智慧城市敏捷发展能力，实现城市物理空间、社会空间、信息空间的融合演进和共生共治，引领城市集群治理联动，形成高质量发展共同体。

备考点拨

本考点学习难度星级：★☆☆（简单），考试频度星级：★★★（高频）。

本考点考查物联网和智慧城市，物联网和智慧城市在多个章节有所涉及，而且关系紧密，所以本书放在一起备考。这个考点也是高频考点，物联网需要掌握三个特征、三个架构层次以及三个物联网技术。三个特征以理解为主，三个架构层次需要记住，不仅要记住架构层的名字，还需要理解各层架构的作用以及构成，三个物联网技术以理解为主，比如 RFID 过去曾经多次考过。

关于智慧城市，有三个特征、五个能力要素和五个成熟度等级，三个特征和五个能力要素同样以理解为主，至于五个成熟度等级，除了掌握名字之外，还需要知道每个级别的特点，特别是不同级别的差异化，出题的思路有两个：要么给出一个级别，让你选出这个级别的特点；要么给出一段特点描述，问你是智慧城市的哪个成熟度级别。

考题精练

1.（　　）不是智慧城市的典型场景。

A. 智慧医疗和健康服务　　B. 智慧农业种植管理

C. 智慧交通管理　　D. 智慧环保监测与管理

【答案 & 解析】答案为 B。可以使用排除法，农业种植不属于智慧城市的场景。

2. 关于智慧城市的描述，不正确的是（　　）。

A. 大数据为政府决策提供科学支持

B.“城市管理精细化”提升城市基础设施的数字化、精准化水平

C.“市民服务”全面保障了居民个人信息安全

D.“政务云”成为实现数字政府的重要抓手

【答案 & 解析】答案为C。市民服务和个人信息安全关系不大，“网络安全长效化”全面保障了居民个人信息安全。

3．关于物联网的描述，不正确的是（　　）。

A．信息传感设备是物联网的重要组成部分

B．物联网具有整合感知识别、传输互联和计算处理等能力

C．物联网是一种物理上独立存在的完整网络

D．物联网按约定的协议将物与物、人与物进行智能化连接

【答案 & 解析】答案为C。物联网不是一种物理上独立存在的完整网络，而是架构在现有互联网或下一代公网或专网基础上的联网应用和通信能力，是具有整合感知识别、传输互联和计算处理等能力的智能型应用。

4．（　　）不是建设智慧城市的主要内容。

A．城市治理网络化　　B．城市消费数字化

C．城市建设智能化　　D．城市人口均衡化

【答案 & 解析】答案为D。城市人口均衡化不是建设智慧城市的主要内容，和“智慧”关系不大。

5．（　　）不属于物联网感知层的关键技术。

A．虚拟化技术　　B．传感器自动识别技术

C．自组织组网技术　　D．无线传输技术

【答案 & 解析】答案为A。感知层作为物联网架构的基础层面，主要是达到信息采集并将采集到的数据上传的目的，感知层的技术主要包括：产品和传感器（条码、RFID、传感器等）自动识别技术，无线传输技术（WLAN、Bluetooth、ZigBee），自组织组网技术和中间件技术。即使没有掌握这个考点，也可以通过四个选项的对比来选出最接近的答案。

6．关于“物联网”的描述，不正确的是（　　）。

A．物联网不是一种物理上独立存在的完整网络，而是具有整合感知识别、传输互联和计算处理等能力的智能型应用

B．网络层主要完成信息采集并将采集到的数据上传

C．物联网的产业链包括传感器和芯片、设备、网络运营及服务、软件与应用开发和系统集成

D．物联网可以分为感知层、网络层和应用层

【答案 & 解析】答案为B。感知层作为物联网架构的基础层面，主要完成信息采集并将采集到的数据上传。

【考点 8】乡村振兴和两化融合

乡村振兴

考点精华

乡村振兴战略重点建设基础设施、发展智慧农业和建设数字乡村方面：①建设基础设施。一手抓新建、一手抓改造，推动农村千兆光网、5G、移动物联网与城市同步规划建设。②发展智慧

农业。建立和推广应用农业农村大数据体系，推动物联网、大数据、人工智能、区块链等新一代信息技术与农业生产经营深度融合。③建设数字乡村。构建线上线下相结合的乡村数字惠民便民服务体系，推进“互联网 +”政务服务向农村基层延伸，深化乡村智慧社区建设。

两化融合是信息化和工业化的高层次的深度结合，是指以信息化带动工业化、以工业化促进信息化，走新型工业化道路；两化融合的核心就是信息化支撑，追求可持续发展模式。

信息化与工业化主要在技术、产品、业务、产业四个方面进行融合：①技术融合。技术融合是工业技术与信息技术的融合。②产品融合。产品融合是指电子信息技术渗透到产品中，增加产品的技术含量。③业务融合。业务融合是指信息技术应用到企业研发设计、生产制造、经营管理、市场营销等各个环节。④产业衍生。产业衍生是指两化融合可以催生出的新产业，形成新兴业态。

备考点拨

本考点学习难度星级：★☆☆（简单），考试频度星级：★★☆（中频）。

本考点考查乡村振兴和两化融合。乡村振兴战略重点建设的三个方面：基础设施、智慧农业和数字乡村。需要掌握这三个方面的名字，两化融合最基础的考点就是考查是哪两个方面的融合，一定要记住是工业化和信息化的融合，这个是基础知识。两化融合之间的关系也需要掌握，这里容易考到的是判断题，比如判断信息化和工业化是谁带动谁？又是谁来促进谁？在此基础上需要进一步掌握两化融合四个方面的融合，分别是技术融合、产品融合、业务融合和产业衍生，至于每种融合的特点简单理解下就好。

考题精练

1. 两化融合是（　　）的高层次深度结合。

A. 数字化和工业化　　B. 信息化和工业化

C. 信息化和数字化　　D. 信息化和产业化

【答案 & 解析】答案为B。两化融合是信息化和工业化的高层次的深度结合，是指以信息化带动工业化、以工业化促进信息化，走新型工业化道路。

2. 乡村振兴战略重点的建设，不包括以下（　　）。

A. 推动农村千兆光网、5G、移动物联网与城市同步规划建设

B. 建立和推广应用农业农村大数据体系

C. 推进“互联网 +”政务服务向农村基层延伸，深化乡村智慧社区建设

D. 推动家电下乡、汽车下乡等举措，实现惠农强农目标需要，拉动乡村消费带动生产

【答案 & 解析】答案为D。乡村振兴战略重点建设基础设施、发展智慧农业和建设数字乡村方面：①建设基础设施。一手抓新建、一手抓改造，推动农村千兆光网、5G、移动物联网与城市同步规划建设。②发展智慧农业。建立和推广应用农业农村大数据体系，推动物联网、大数据、人工智能、区块链等新一代信息技术与农业生产经营深度融合。③建设数字乡村。构建线上线下相结合的乡村数字惠民便民服务体系，推进“互联网 +”政务服务向农村基层延伸，深化乡村智慧社区建设。

【考点9】智能制造和消费互联网

考点精华

智能制造是由智能机器和人类专家共同组成的人机一体化智能系统，把制造自动化的概念更新扩展到柔性化、智能化和高度集成化。

《智能制造能力成熟度模型》（GB/T 39116—2020）明确了智能制造能力建设服务覆盖的能力要素、能力域和能力子域。能力要素包括人员、技术、资源和制造。人员包括组织战略、人员技能两个能力域；技术包括数据、集成和信息安全三个能力域；资源包括装备、网络两个能力域；制造包括设计、生产、物流、销售和服务五个能力域。

智能制造能力成熟度等级分为五个等级，如图2-6所示，自低向高分别是一级（规划级）、二级（规范级）、三级（集成级）、四级（优化级）和五级（引领级）。较高的成熟度等级涵盖了低成熟度等级的要求。

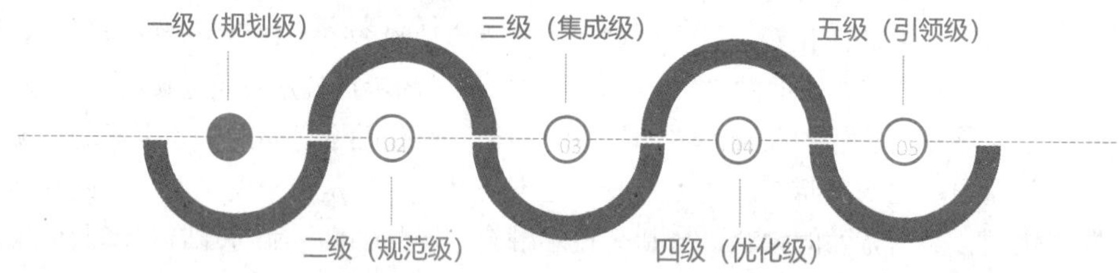

图2-6 智能制造能力成熟度等级

1. 一级（规划级）：企业应开始对实施智能制造的基础和条件进行规划，能够对核心业务活动（设计、生产、物流、销售、服务）进行流程化管理。

2. 二级（规范级）：企业应采用自动化技术、信息技术手段对核心装备和业务活动等进行改造和规范，实现单一业务活动的数据共享。

3. 三级（集成级）：企业应对装备、系统等开展集成，实现跨业务活动间的数据共享。

4. 四级（优化级）：企业应对人员、资源、制造等进行数据挖掘，形成知识、模型等，实现对核心业务活动的精准预测和优化。

5. 五级（引领级）：企业应基于模型持续驱动业务活动的优化和创新，实现产业链协同并衍生新的制造模式和商业模式。

消费互联网本质是个人虚拟化，增强个人生活消费体验。消费互联网具有的属性包括：①媒体属性：由自媒体、社会媒体以及资讯为主的门户网站；②产业属性：由在线旅行和为消费者提供生活服务的电子商务等其他组成。

备考点拨

本考点学习难度星级：★☆☆（简单），考试频度星级：★★☆（中频）。

本考点考查智能制造和消费互联网，其中智能制造是相对的重点。智能制造考点的备考，首先要理解智能制造的含义，这里的关键句是“智能机器和人类专家共同组成”，智能制造的能力要素、能力域和能力子域，掌握的优先级依次递减，也就是最重要的是掌握人员、技术、资源和制造构成的能力要素，重要度其次的是各个能力要素的能力域，至于能力子域简单了解就好。

智能制造能力的五个成熟度等级，学习起来也是从差异点切入来备考，通常低等级的成熟度落脚在流程层面，中等级的成熟度落脚在数据共享层面，高等级的成熟度落脚在预测以及商业模式层面，具体的区别请参考考点精华中的描述，这里不再赘述。

至于消费互联网考点，理解起来很简单，都是生活中普遍能够接触到的，有所了解即可。

考题精练

1．《智能制造能力成熟度模型》（GB/T 39116—2020）明确了能力要素包括（　　）。

A．人员、技术、数据、制造　　B．人员、技术、数据、资源

C．人员、技术、流程、数据　　D．人员、技术、资源、制造

【答案 & 解析】答案为D。《智能制造能力成熟度模型》（GB/T 39116—2020）明确了智能制造能力建设服务覆盖的能力要素、能力域和能力子域。能力要素包括人员、技术、资源和制造。

2．智能制造能力成熟度等级分为五个等级，企业应对装备、系统等开展集成，实现跨业务活动间的数据共享，属于（　　）。

A．二级（规范级）　B．三级（集成级）　C．四级（优化级）　D．五级（引领级）

【答案 & 解析】答案为B。三级（集成级）：企业应对装备、系统等开展集成，实现跨业务活动间的数据共享。

数字中国

【考点10】数字经济

考点精华

数字中国由三大部分组成：数字经济、数字社会和数字政府，如图2-7所示。

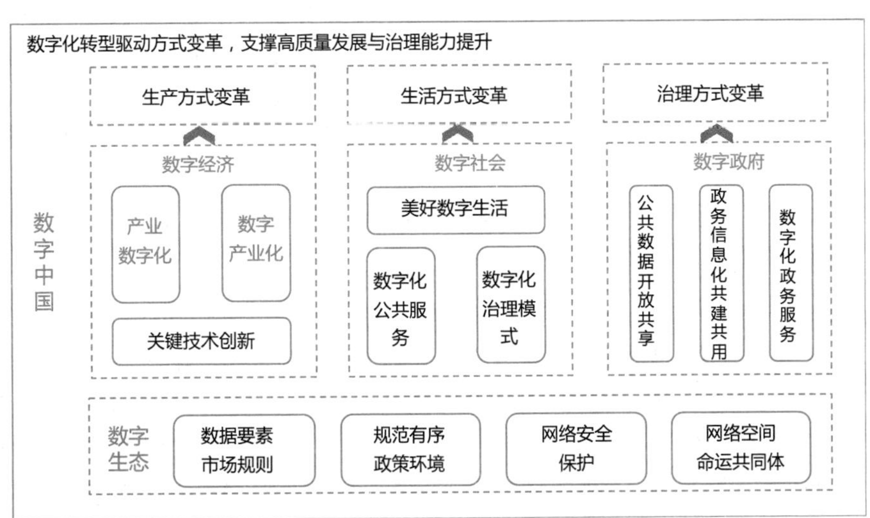

图2-7　数字中国概览示意图

其中数字经济从产业构成来看，包括数字产业化和产业数字化两大部分。《数字经济及其核心产业统计分类（2021）》中的数字经济分类是：数字产品制造业、数字产品服务业、数字技术应用业、数字要素驱动业和数字化效率提升业，其中，前四类为数字产业化部分，第五类为产业数字化部分。

从整体构成上看，数字经济包括数字产业化、产业数字化、数字化治理和数据价值化四个部分。

1．数字产业化。数字产业化是指为产业数字化发展提供数字技术、产品、服务、基础设施和解决方案，以及完全依赖于数字技术、数据要素的各类经济活动，包括电子信息制造业、电信业、软件、信息技术、互联网行业等。数字产业化发展重点包括：云计算、大数据、物联网、工业互联网、区块链、人工智能、虚拟现实和增强现实。

2．产业数字化。产业数字化是指在新一代数字科技支撑和引领下，以数据为关键要素，以价值释放为核心，以数据赋能为主线，对产业链上下游的全要素数字化升级、转型和再造的过程。产业数字化的典型特征包括：以数字科技变革生产工具；以数据资源为关键生产要素；以数字内容重构产品结构；以信息网络为市场配置纽带；以服务平台为产业生态载体；以数字善治为发展机制条件。

3．数字化治理。数字化治理指依托互联网、大数据、人工智能等技术应用，创新社会治理方法与手段，优化社会治理模式，推进社会治理的科学化、精细化、高效化，助力社会治理现代化。数字化治理的核心特征是全社会的数据互通、数字化全面协同与跨部门的流程再造，形成“用数据说话、用数据决策、用数据管理、用数据创新”的治理机制。

数字化治理的内涵包含：①对数据的治理，治理对象扩大到数据要素；②用数据进行治理，运用数字与智能技术优化治理技术体系，提升治理能力；③对数字融合空间进行治理，随着经济社会活动搬到线上，治理场域也拓展到数字空间。

4．数据价值化。数据价值化是指以数据资源化为起点，经历数据资产化、数据资本化阶段，实现数据价值化的经济过程。数据价值化的“三化”框架包括数据资源化、数据资产化、数据资本化。

（1）数据资源化使无序、混乱的原始数据成为有序、有使用价值的数据资源。数据资源化是激发数据价值的基础，其本质是提升数据质量，形成数据使用价值的过程。

（2）数据资产化是数据通过流通交易带来经济利益的过程。数据资产化是实现数据价值的核心，其本质是形成数据交换价值，初步实现数据价值的过程。

（3）数据资本化主要包括两种方式，数据信贷融资与数据证券化。数据资本化是拓展数据价值的途径，本质是实现数据要素的社会化配置。

备考点拨

本考点学习难度星级：★★☆（适中），考试频度星级：★★☆（中频）。

本考点考查数字经济，数字经济包含数字产业化和产业数字化，仅仅做了词语前后顺序的颠倒，就带来了区别显著的含义。数字产业化特指那些天生就带着数字基因的企业，比如互联网、人工智能等行业，产业数字化指可能千百年前都已经存在的传统企业，比如交通运输业、农业等，让传统企业积极拥抱数字化，最终形成产业数字化。

而数字化治理针对的是社会这个更大的级别，通过数字化治理实现全社会数据互通、全面协同和流程再造。这里要掌握数字化治理的三个内涵，分别是对数据的治理、运用数据进行治理和对数字融合空间进行治理。

最后数据价值化相对比较好理解，毕竟数据如果没了价值，可能连垃圾都不如，妥妥的数据垃圾。这里要掌握数据价值化的起点是数据资源化，另外数据价值化的“三化”框架也要掌握。

所以数字经济考点的学习，需要理解和记忆并重，单纯靠死记硬背的效果其实并不好，因为都是类似的枯燥词汇，所以先求理解、再求记住是数据经济考点的学习策略。

考题精练

1．数据价值化的起点是（　　）。

A．数据产业化　　B．数据资产化　　C．数据资源化　　D．数据资本化

【答案 & 解析】答案为C。数据价值化是指以数据资源化为起点，经历数据资产化、数据资本化阶段，实现数据价值化的经济过程。

2．数字经济包括数字产业化、产业数字化、（　　）和数据价值化四个部分。

A．数据资产化　　B．数字化治理　　C．数据资源化　　D．数据资本化

【答案 & 解析】答案为B。从整体构成上看，数字经济包括数字产业化、产业数字化、数字化治理和数据价值化四个部分。

【考点11】数字政府和数字生态

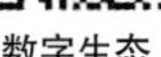
数字生态

考点精华

数字政府是以新一代信息技术为支撑，以“业务数据化、数据业务化”为着力点，通过数据驱动重塑政务信息化的管理架构、业务架构和组织架构，形成“数据决策、数据服务、数据创新”的现代化治理模式。从大众服务视角，数字政府体现在“一网通办”“跨省通办”和“一网统管”。

数字政府的新特征包含五点：①协同化：强调组织互联互通，实现高效协同管理服务；②云端化：政务上云是促成各地各部门集约式规划建设、政府整体转型的必要条件；③智能化：智能化治理是政府应对社会治理多元化、多样化的关键手段；④数据化：数据化是数字政府建设重点；⑤动态化：数字政府在数据驱动下的动态发展过程。

作为新型生产要素，数据具有劳动工具和劳动对象的双重属性。数据作为劳动对象，通过采集、加工、存储、流通、分析环节，具备了价值和使用价值；数据作为劳动工具，通过融合应用提升生产效能，促进生产力发展。

数据要素市场是将尚未完全由市场配置的数据要素转向由市场配置的动态过程，实现数据流动价值或者数据在流动中产生价值。数据要素市场化配置是一种结果，而不是手段。

国家工业信息安全发展研究中心提出了全球数字营商环境评价指标体系。评价体系包含五个一级指标：①数字支撑体系，包含普遍接入、智慧物流设施、电子支付设施；②数据开发利用与安全，包含公共数据开放、数据安全；③数字市场准入，包含数字经济业态市场准入、政务服务便利度；④数字市场规则，包含平台企业责任、商户权利与责任、数字消费者保护；⑤数字创新环境，包

含数字创新生态、数字素养与技能、知识产权保护。

备考点拨

本考点学习难度星级：★★☆（适中），考试频度星级：★☆☆（低频）。

本考点考查数字政府和数字生态，这两个考点达到理解的程度即可，数字政府在“一网通办”“跨省通办”和“一网统管”上面的体现，可以简单了解，数字政府的五点新特征也是了解即可。至于数字生态考点中，可能全球数字营商环境的评价体系读起来有些枯燥，不过站在生态缔造者的视角就比较好理解了。要构建一套生态体系，需要有底层的支撑，对应评价体系的就是数字支撑体系，生态还需要确保安全以及有基本的规则，那么对应的分别就是数据开发利用与安全、数字市场规则，进入生态的玩家可不是谁都能当的，那么对应的就是数字市场准入，最后如果想要让生态万物生长、生机勃勃，就离不开营造好的环境，那么对应的就是数字创新环境。

考题精练

1.《“十四五”国家信息化规划》中提出，深入推进“放管服”改革，加快政府职能转变，打造（　　）、法治化、国际化营商环境。

A．市场化　　B．智能化　　C．协同化　　D．数据化

【答案 & 解析】答案为 A。提到营商环境，能够想到的就是市场化，做好保障和基础服务，而不是 IT 相关的细节。《“十四五”国家信息化规划》中提出，深入推进“放管服”改革，加快政府职能转变，打造市场化、法治化、国际化营商环境。

2．以下关于数据的描述，不正确的是（　　）。

A．数据具有劳动工具和劳动对象的双重属性

B．数据要素市场化配置既是手段，也是必然的结果

C．政务上云是促成各地各部门集约式规划建设、政府整体转型的必要条件

D．数字支撑体系，包含普遍接入、智慧物流设施、电子支付设施

【答案 & 解析】答案为 B。数据要素市场是将尚未完全由市场配置的数据要素转向由市场配置的动态过程，实现数据流动价值或者数据在流动中产生价值。数据要素市场化配置是一种结果，而不是手段。

智慧转移 SD 模型

【考点 12】数字化转型

考点精华

数字化转型建立在数字化转换、数字化升级基础上，进一步触及组织核心业务，以新建一种业务模式为目标的高层次转型。

数字化转型驱动范式整理如下：

1．生产力飞升：第四次科技革命。每次科技革命都对应一个科学范式，第四科学范式为数据密集型研究范式，由传统的假设驱动向基于数据探索的方法转变。计算机实施第一、第二、第三科学范式，第四科学范式通过新型信息技术的数据洞察，从大数据中自动化挖掘实战经验、理论原理并自行开展模拟仿真，完成基于数据的自决策和自优化。

2．生产要素变化：数据要素的诞生。数据作为与土地、劳动力、资本和技术并列的生产要素，证明数据是未来社会数字化、智能化发展的重要基础。过去的信息化建设把智慧解构为知识，把知识分解为信息，把信息拆解为数据。随着人工智能、区块链和大数据等技术的出现，分散在各个环节的数据，被重新归集为显性信息、知识和智慧。

3．信息传播效率突破：社会互联网新格局。社交网络信息传输具有永生性、无限性、即时性以及方向性的特征。互联网的特性是信息可以跨越时间和地理障碍在网络上迅速传播，在互联网上传播信息已经成为信息扩散的主渠道。

4．社会“智慧主体”规模：快速复制与“智能+”。如今社会的“智慧主体”已经不单纯是自然人，新兴“智慧主体”的规模和种类快速扩张，将引发人类社会的深层次变革，自然人的竞争力聚焦在新兴“智慧主体”不会具备的领域，也就是以“服务”为典型代表的领域，这个领域面对更复杂的交互过程、更多的风险融合应对和情感因素管控。

智慧转移的S&D模型基于DIKW模型，构筑了“智慧-数据”“数据-智慧”两大过程的八个转化活动，如图2-8所示：①“智慧-数据”过程是“信息化过程”，指信息系统规划、建设、运行过程；②“数据-智慧”过程是“智慧化过程”，指数据的开发利用和资源管理的过程。

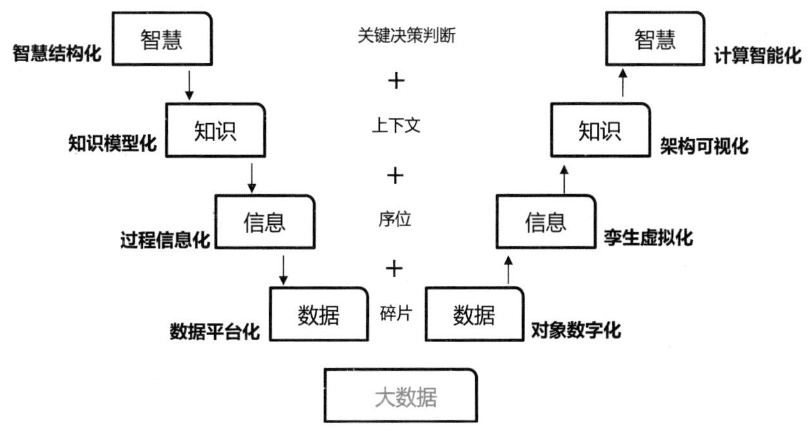

图2-8 智慧转移的S&D模型

组织能力因子数字化“封装”的持续迭代包含四项活动，即信息物理世界（也称数字孪生，CPS）建设、决策能力边际化（PtoE）部署、科学社会物理赛博机制构筑（CPSS）、数字框架与信息调制（DFIM）。

备考点拨

本考点学习难度星级：★★☆（适中），考试频度星级：★☆☆（低频）。

本考点考查数字化转型，一个数字化转型考点隐含了三个子考点，分别是数字化转型驱动范式、智慧转移的S&D模型和组织能力因子数字化“封装”的持续迭代。如果要把这三个子考点按照优先级排序，智慧转移的S&D模型能够排第一个，S&D模型的样子是一个大写的“V”，对S&D模型的掌握关键在于理解，理解左边从上到下的信息化，理解右边从下到上的智慧化，左右构成“V”的斜线作用也是潜在的出题点；排第 2 优先级的是数字化转型驱动范式，范式的四个要素的名字要记住，至于要素的介绍理解即可；排最后的是组织能力因子数字化“封装”，这个知道四项活动就好。

考题精练

1．数字化转型驱动范式包括生产力飞升、（　　）、信息传播效率突破和社会“智慧主体”规模。

A．生产要素变化　B．生产关系变革　C．数据自决策　D．数字化封装

【答案 & 解析】答案为 A。数字化转型驱动范式整理如下：①生产力飞升：第四次科技革命。②生产要素变化：数据要素的诞生。③信息传播效率突破：社会互联网新格局。④社会“智慧主体”规模：快速复制与“智能 +”。

【考点 13】元宇宙主要特征及发展演进

元宇宙特点

考点精华

元宇宙作为现实世界的孪生空间和虚拟世界，其物理属性被淡化，社会属性被强化，元宇宙的主要特征包括：①沉浸式体验；②虚拟身份；③虚拟经济；④虚拟社会治理。

元宇宙首先会在社交、娱乐和文化领域发展，形成虚拟“数字人”，逐步再向虚拟身份方向演进，形成“数字人生”，此时的元宇宙偏向个体用户需求。随着元宇宙中虚拟经济的发展和现实中组织数字化转型的深入，元宇宙向“数字组织”领域延伸，从而影响现实世界的经济与社会发展整体数字化转型升级，形成“数字生态”。之后元宇宙的虚拟世界形态持续迭代，形成“数字社会治理”，实现物理空间、社会空间和信息空间三元空间的协同发展新格局。

备考点拨

本考点学习难度星级：★☆☆（简单），考试频度星级：★☆☆（低频）。

本考点考查元宇宙，首先元宇宙的四个主要特征需要掌握，考试的时候有可能会问元宇宙的主要特征包括什么或者不包括什么。元宇宙理解起来相对门槛不高，毕竟最接近大众的元宇宙类消费电子咱们都或多或少接触过。

考题精练

1．下列（　　）不属于元宇宙的特征。

A．沉浸式体验　B．虚拟身份　C．真实经济　D．虚拟社会治理

【答案 & 解析】答案为 C。元宇宙的主要特征包括：①沉浸式体验；②虚拟身份；③虚拟经济；④虚拟社会治理。

第3章

信息技术发展考点精讲及考题实练

3.1 章节考情速览

第 2 章讲的是信息化发展，这一章讲信息技术发展，所以这一章不可避免会涉及技术，对没有技术储备的考生而言，这一章可能是个不小的挑战，但是这一章并非最大的挑战，最大的挑战可能会在信息系统架构章节出现，所以可以视为这一章是大战之前的小战。

本章内容分为 2 大部分，分别是信息技术及其发展和新一代信息技术及应用。信息技术及其发展主要是讲软硬件、网络、存储数据库、安全方面的基础知识，这些技术偏传统，而新一代信息技术及应用所涉及的技术偏向高精尖，比如今天大火的物联网、云计算、大数据、区块链、人工智能、虚拟现实等，都将在这一章"一网打尽"。说"一网打尽"其实是开玩笑，因为闭着眼睛随便选一门新技术，都需要三年五载才能精通。这里只用了半章讲 6 门高科技，能讲到多少呢？想一想就知道。

所以这一章的学习一定要"不求甚解"，而不是"打破砂锅问到底"，因为如果想要求"甚解"，面对的大概率是无底洞。这一章的学习，需要从考试出发，从潜在出题点出发，能理解的地方理解，不能理解的地方就图个眼熟，能够记住自然更好。

信息技术发展按照往年的考试经验看，和第 2 章类似，考点也在 4 分左右，同样也主要在综合知识科目进行考查，案例分析科目通常不会涉及。

3.2 考点星级分布图

本章涉及的主要考点分布及难度与频度双星级如图 3-1 所示。

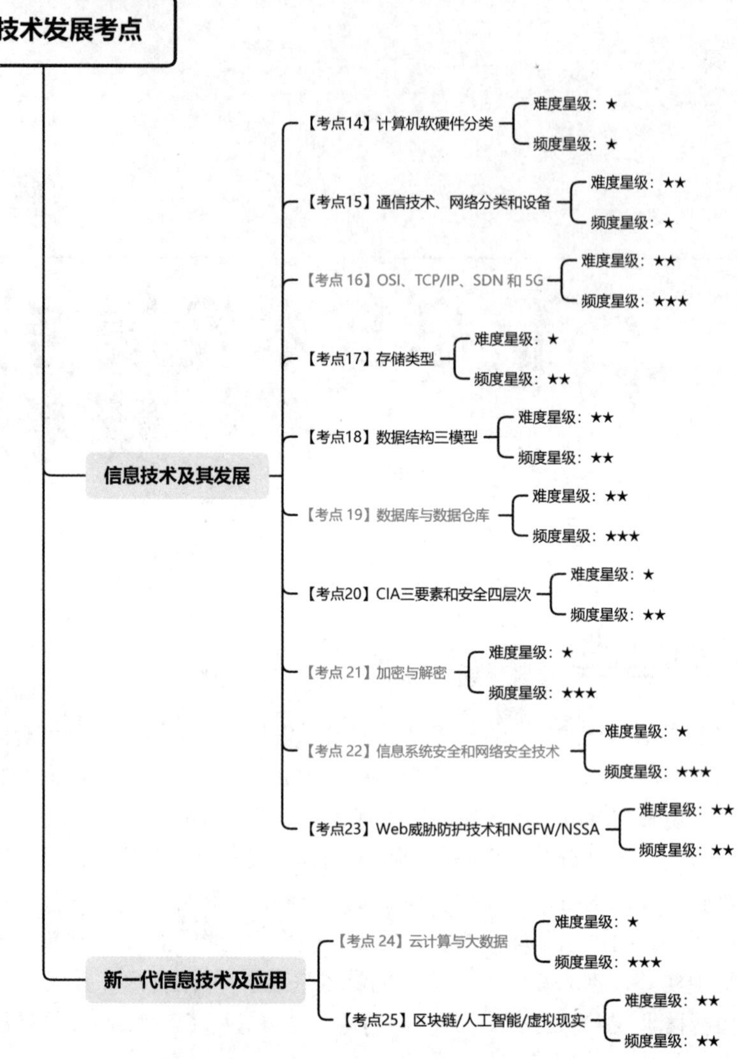

图 3-1　本章考点及星级分布

3.3　核心考点精讲及考题实练

【考点 14】计算机软硬件分类

考点精华

计算机硬件主要分为：控制器、运算器、存储器、输入设备和输出设备。

1．控制器是计算机的中枢神经，对程序规定的控制信息进行解释并根据其要求进行控制，调度程序、数据和地址，协调计算机工作及内存与外设的访问。

2. 运算器对数据进行算术和逻辑运算等加工处理任务。运算器的操作由控制器进行指挥。

3. 存储器存储并提供程序、数据、信号和命令等信息。存储器分为内部存储器（内存）和外部存储器（外存）。

4. 输入设备将程序、原始数据、文字、字符、控制命令或现场采集的数据等信息输入计算机。

5. 输出设备把计算机的中间结果或最后结果信息进行输出。输出设备和输入设备合称外设。

计算机软件分为系统软件、应用软件和中间件。

1. 系统软件控制和协调计算机及外部设备，支持应用软件开发和运行，无须用户干预。

2. 应用软件是使用程序设计语言编制的应用程序集合，分为应用软件包和用户程序。

3. 中间件处于操作系统和应用程序之间，达到资源共享和功能共享的目的。针对不同的操作系统和硬件平台，只需进行中间件的升级更新，应用软件几乎不需要进行修改，保证了应用软件持续稳定运行。

备考点拨

本考点学习难度星级：★☆☆（简单），考试频度星级：★☆☆（低频）。

本考点考查计算机软硬件，这个属于信息技术的基础知识，这个考点的学习就是掌握硬件的分类和软件的分类，以及不同类别的特点。这里可能要留意的是平时接触少的分类，这些分类往往出题概率更大，比如硬件里面的控制器和运算器的特点和彼此之间的关系，比如软件里面的系统软件和中间件。至于我们熟知的输入设备和输出设备大概率不会考到，即使考到也相当于送分题。

考题精练

1. 以下关于计算机软硬件的说法中，（　　）的说法是错误的。

A. 系统软件控制和协调计算机及外部设备，无须用户干预

B. 中间件处于操作系统和系统软件之间，达到资源共享的目的

C. 运算器的操作由控制器进行指挥

D. 控制器负责调度程序、数据和地址，协调计算机工作及内存与外设的访问

【答案 & 解析】答案为B。中间件处于操作系统和应用程序之间，达到资源共享和功能共享的目的。

【考点15】通信技术、网络分类和设备

现代通信技术

考点精华

1. 现代通信的关键技术有数字通信技术、信息传输技术和通信网络技术。

（1）数字通信技术是用数字信号作为载体来传输消息，可传输电报、数字数据等数字信号，也可传输经过数字化处理的语音和图像等模拟信号。

（2）信息传输技术是用于管理和处理信息所采用的各种技术，应用计算机科学和通信技术来设计、开发、安装和实施信息系统及应用软件。

（3）通信网络技术将孤立的设备进行物理连接，实现人、计算机彼此间的信息交换链路，达

到资源共享和通信目的。

2．按照网络作用范围，网络分为个人局域网、局域网、城域网、广域网。

（1）个人局域网是在个人工作的地方把个人的电子设备用无线技术连接起来的自组网络，作用范围通常在 10m 左右。

（2）局域网是用微型计算机或工作站通过高速通信线路相连，作用范围通常在 1km 左右。

（3）城域网的作用范围可跨越几个街区甚至整个城市，作用范围通常为 5 ～ 50km。

（4）广域网使用节点交换机连接各主机，广域网的作用范围为几十千米到几千千米。

3．按照网络使用者划分，网络分为公用网与专用网。

（1）公用网也称为公众网，指电信公司出资建造的面向大众提供服务的大型网络。

（2）专用网指某部门为满足本单位特殊业务工作所建造的网络，不向本单位以外的人提供服务。

4．网络设备包含中继器、网桥、路由器、网关、集线器、二层交换机、三层交换机和多层交换机。

（1）中继器工作在物理层，对信号进行再生和发送，起到扩展传输距离的作用，使用个数有限。

（2）网桥工作在数据链路层，根据帧物理地址进行信息转发，可以缓解网络通信繁忙度，提高效率，但是只能连接相同 MAC 层的网络。

（3）路由器工作在网络层，通过逻辑地址进行信息转发，可完成异构网络间的互联互通，但是只能连接使用相同网络层协议的子网。

（4）网关工作在高层（4 ～ 7 层），连接网络层以上执行不同协议的子网。

（5）集线器工作在物理层，属于多端口中继器。

（6）二层交换机工作在数据链路层，是传统意义上的交换机或多端口网桥。

（7）三层交换机工作在网络层，是带路由功能的二层交换机。

（8）多层交换机工作在高层（4 ～ 7 层），是带协议转换的交换机。

备考点拨

本考点学习难度星级：★★☆（适中），考试频度星级：★☆☆（低频）。

本考点考查通信技术、网络分类和网络设备三项，前面两个记忆起来不是难事，毕竟通信技术只有三种，数量并不多，而网络分类的这几类人们在工作生活中大部分都有接触。唯一可能需要重点记忆的是网络设备，不过并不是去把相关的八种网络设备的名字记住，而是要掌握不同网络设备的特点以及工作在哪一层，特别是工作在哪一层，是一个很明显的出题点，记忆的小技巧是分类记忆法，比如工作在物理层的是中继器和集线器，工作在数据链路层的是网桥和二层交换机，工作在网络层的是路由器和三层交换机，工作在高层的是网关和多层交换机。

考题精练

1．现代通信的关键技术不包括（　　）。

A．数字通信技术　　B．通信网络技术

C．信息传输技术　　D．移动通信技术

【答案 & 解析】答案为D。现代通信的关键技术有数字通信技术、信息传输技术和通信网络技术。

2. 以下关于网络设备的描述，不正确的是（　　）。

A. 二层交换机工作在数据链路层，是传统意义上的交换机或多端口网桥

B. 中继器工作在物理层，对信号进行再生和发送

C. 集线器工作在物理层，属于多端口中继器

D. 网桥工作在网络层，可以缓解网络通信繁忙度，提高效率

【答案 & 解析】答案为D。网桥工作在数据链路层，根据帧物理地址进行信息转发，可以缓解网络通信繁忙度，提高效率，但是只能连接相同MAC层的网络。

SDN的优势

【考点16】OSI、TCP/IP、SDN和5G

考点精华

开放系统互连参考模型（Open System Interconnect，OSI）采用了分层的结构化技术，从下到上共分物理层、数据链路层、网络层、传输层、会话层、表示层和应用层。

TCP/IP将OSI的七层简化为四层，见表3-1：① OSI的应用层、表示层和会话层三个层次，在TCP/IP中被合并为应用层；② OSI的传输层和网络层，在TCP/IP中依然被作为独立的两个层次；③ OSI的数据链路层和物理层，在TCP/IP中被合并为网络接口层。

表3-1　OSI与TCP/IP协议

OSI协议层	TCP/IP协议层	代表协议
应用层	应用层	HTTP、Telnet、FTP、TFTP、SMTP、DHCP、DNS、SNMP
表示层		
会话层		
传输层	传输层	TCP、UDP
网络层	网络层	IP、ICMP、IGMP、ARP、RARP
数据链路层	网络接口层	
物理层		

应用层的协议主要有FTP（文件传输协议）、TFTP（简单文件传输协议）、HTTP（超文本传输协议）、SMTP（简单邮件传输协议）、DHCP（动态主机配置协议）、Telnet（远程登录协议）、DNS（域名系统）、SNMP（简单网络管理协议）等。

传输层的协议主要有TCP和UDP（用户数据报协议）两个协议，负责提供流量控制、错误校验和排序服务。

网络层中的协议主要有IP、ICMP（网际控制报文协议）、IGMP（网际组管理协议）、ARP（地址解析协议）和RARP（反向地址解析协议）等，这些协议处理信息的路由和主机地址解析。

软件定义网络（Software Defined Network，SDN）是网络虚拟化的实现方式，通过软件编程的形式定义和控制网络，将网络设备的控制面与数据面分开，实现了网络流量的灵活控制，使网络变得更加智能。

SDN 的整体架构由下到上分为数据平面、控制平面和应用平面，如图 3-2 所示。数据平面由交换机等网络通用硬件组成，网络设备之间通过 SDN 数据通路连接；控制平面包含 SDN 控制器，SDN 控制器掌握全局网络信息，负责各种转发规则的控制；应用平面包含各种基于 SDN 的网络应用，用户无须关心底层细节就可以编程和部署应用。控制平面与数据平面之间通过 SDN 控制数据平面接口 CDPI 进行通信，最主要应用的是 OpenFlow 协议。控制平面与应用平面之间通过 SDN 北向接口 NBI 进行通信，NBI 允许用户根据自身需求定制开发各种网络管理应用。

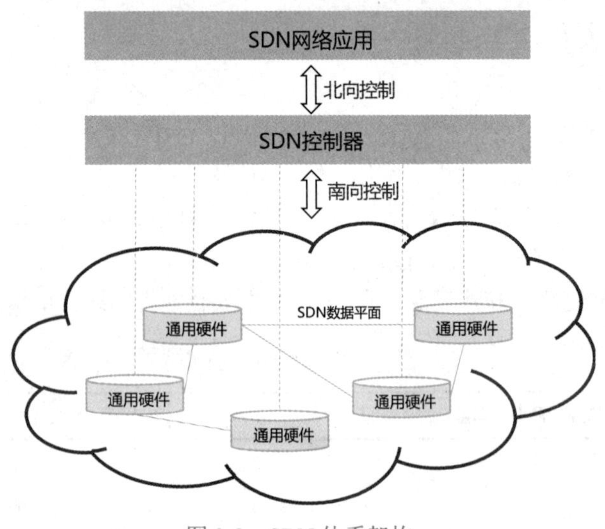

图 3-2　SDN 体系架构

第五代移动通信技术 5G 在频段方面，考虑到中低频资源有限，与 4G 支持中低频不同，5G 同时支持中低频和高频频段，其中中低频满足覆盖和容量需求，高频满足在热点区域提升容量的需求。

国际电信联盟（International Telecommunication Union，ITU）定义 5G 的三大类应用场景：增强移动宽带、超高可靠低时延通信和海量机器类通信。增强移动宽带主要面向移动互联网流量爆炸式增长，为移动互联网用户提供更加极致的应用体验；超高可靠低时延通信主要面向工业控制、远程医疗、自动驾驶等对时延和可靠性有极高要求的垂直行业应用需求；海量机器类通信主要面向智慧城市、智能家居、环境监测等以传感器和数据采集为目标的应用需求。

备考点拨

本考点学习难度星级：★★☆（适中），考试频度星级：★★★（高频）。

本考点考查 OSI、TCP/IP、SDN 和 5G，都是和网络有关系的子考点。其中 OSI 的七层和 TCP/IP 的 4 层以及对应关系是必须要牢记的。另外，不同层的协议名字也是必须要牢记的，因为是考试的热点。而理解软件定义网络（SDN）的关键是，理解 SDN 是通过软件编程的形式定义和控制网络，具体的控制过程通过自下而上的数据平面、控制平面和应用平面来实现，这个考点更加需要理解三者之间的关系。最后的 5G 了解就好，对 5G 的了解不是什么难事，结合日常生活的体验去理解 5G 的三大类应用场景会更容易些。

考题精练

1．某单位网络出现问题，通过 PING 命令访问 IP 地址可以正常返回数据，但无法使用浏览器浏览网页。则故障可能出现在（　　）。

A．数据链路层　　B．网络层　　C．会话层　　D．物理层

【答案 & 解析】答案为 B。PING 命令使用 ICMP 协议，而 ICMP 属于网络层中的协议，即使不知道 ICMP 协议，也可以通过题干得知遇到的是网络问题，那么很可能是根源在网络层。

2．关于开放系统互连参考模型（OSI）的描述，不正确的是（　　）。

A．应用层负责对软件提供接口以使程序能提供网络服务

B．OSI 的目的是为计算机互联提供一个共同基础和标准框架

C．网络层负责将接收到的数据分割成可被物理层传输的帧

D．OSI 采用分层的结构化技术，从上到下共分为七层

【答案 & 解析】答案为 C。数据链路层控制网络层与物理层之间的通信，主要功能是将从网络层接收到的数据分割成特定的可被物理层传输的帧。

3．（　　）协议属于数据链路层。

A．TCP　　B．HTTP　　C．HDLC　　D．IP

【答案 & 解析】答案为 C。数据链路层常见的协议有 IEEE 802.3/2、HDLC、PPP、ATM。TCP 协议属于传输层，HTTP 协议属于应用层，IP 协议属于网络层。

4．（　　）将数据按照网络能理解的方式进行格式化，如同应用程序与网络之间的翻译官。

A．表示层　　B．会话层　　C．传输层　　D．应用层

【答案 & 解析】答案为 A。表示层如同应用程序和网络之间的翻译官，在表示层，数据将按照网络能理解的方式进行格式化，这种格式化也因所使用网络的类型不同而不同，表示层管理数据的解密加密、数据转换、格式化和文本压缩。常见的协议有 JPEG、ASCII、GIF、DES、MPEG 等。

【考点 17】存储类型

NAS 存储

考点精华

根据服务器类型，存储分为封闭系统存储和开放系统存储。封闭系统主要指大型机等服务器，开放系统指基于麒麟、欧拉、UNIX、Linux 等操作系统的服务器。开放系统存储分为内置存储和外挂存储。外挂存储根据连接方式分为直连式存储（Direct-Attached Storage，DAS）和网络化存储（Fabric-Attached Storage，FAS）。网络化存储根据传输协议又分为网络接入存储（Network-Attached Storage，NAS）和存储区域网络（Storage Area Network，SAN）。

DAS 直连式存储也叫服务器附加存储（Server-Attached Storage，SAS）。DAS 通过电缆直接连接到服务器或客户端的数据存储设备，本身是硬件的堆叠，不带有任何存储操作系统。DAS 的

传输对象是数据块，适合中小组织服务器。

NAS 网络接入存储也叫网络直联存储设备或网络磁盘阵列，NAS 基于 LAN 局域网，按照 TCP/IP 协议进行通信，以文件的 I/O 方式进行数据传输。NAS 的传输对象是文件，管理难度容易，适合中小组织、SOHO 族和组织部门。

SAN 存储区域网络是通过光纤集线器、光纤路由器、光纤交换机等连接设备将磁盘阵列、磁带等存储设备与相关服务器连接起来的高速专用子网。SAN 由接口、连接设备和通信控制协议三个基本的组件构成。这三个组件加上附加的存储设备和独立的 SAN 服务器，就构成了 SAN 系统。SAN 主要包含 FC SAN 和 IP SAN，FC SAN 的网络介质为光纤通道，IP SAN 使用标准以太网。SAN 的传输对象是数据块，管理难度通常很难。

存储虚拟化（Storage Virtualization）是“云存储”的核心技术之一，它把来自一个或多个网络的存储资源整合起来，向用户提供一个抽象的逻辑视图，用户通过视图中的统一逻辑接口来访问被整合的存储资源。用户在访问数据时并不知道真实的物理位置。

绿色存储（Green Storage）技术是指从节能环保的角度出发，用来设计生产能效更佳的存储产品，降低数据存储设备的功耗，提高存储设备每瓦性能的技术。以绿色理念为指导的存储系统最终是存储容量、性能、能耗三者的平衡。

备考点拨

本考点学习难度星级：★☆☆（简单），考试频度星级：★★☆（中频）。

本考点考查存储类型，在这个考点中重点是掌握 DAS、NAS 和 SAN 的特点和区别，这里面的很多特点都可以拿出来成为考题，比如传输对象是数据块的是哪类存储类型，再比如 NAS 存储的优点是什么，从过往的考试来看，对 NAS 的考查相对会更多一些，至于存储虚拟化和绿色存储，了解一下能够理解就好。

考题精练

1.（　　）不属于网络存储结构。

A. SAN　　B. NAS　　C. SAS　　D. DAS

【答案 & 解析】答案为 C。网络存储结构包括直连式存储 DAS、网络存储设备 NAS 和存储网络 SAN。

2. 疯疯购买了带有联网功能的存储设备来搭建自己的私有云，这种方式属于（　　）技术。

A. SAS　　B. SAN　　C. DAS　　D. NAS

【答案 & 解析】答案为 D。NAS 是网络存储技术，目前个人家庭搭建联网存储私有云，用得更多的是 NAS。

【考点 18】数据结构三模型

数据结构模型

考点精华

常见的数据结构模型有三种：层次模型、网状模型和关系模型，层次模型和网状模型又统称为格式化数据模型。

1. 层次模型

层次模型是最早使用的模型，它用“树”结构表示实体集之间的关联，其中实体集（用矩形框表示）为节点，树中各节点之间的连线表示彼此的关联。层次模型对应的层次数据库系统只能处理一对多的实体联系，每个记录类型可包含若干个字段，记录类型描述的是实体，字段描述实体属性。各个记录类型、同一记录类型中各个字段不能同名。层次模型的基本特点是任何一个给定的记录值只能按其层次路径查看，没有一个子女记录值能够脱离双亲记录值而独立存在。

层次模型的优点包括：①层次模型的数据结构简单清晰；②层次数据库查询效率高，性能优于关系模型，不低于网状模型；③层次模型提供了良好的完整性支持。

层次模型的缺点包括：①层次模型不能表示节点之间的多对多联系；②如果一个节点具有多个双亲节点，用层次模型表示就很笨拙，只能通过引入冗余数据或创建非自然的数据结构来解决；③对数据插入和删除操作的限制比较多，应用程序编写比较复杂；④查询子女节点必须通过双亲节点；⑤结构严密，层次命令趋于程序化。

2. 网状模型

网状数据库系统采用网状模型作为数据组织方式，网状模型用网状结构表示实体类型及其实体之间的联系。网状模型解决了层次模型不能表示非树状结构的限制。两个或两个以上的节点都可以有多个双亲节点，将有向树变成了有向图。

网状模型中以记录作为数据的存储单位。记录包含若干数据项。每个记录有唯一内部标识符，称为码（Database Key，DBK），DBK 是记录的逻辑地址，可作记录的“替身”或用于寻找记录。网状数据库是导航式数据库，用户在操作数据库时不但说明要做什么，还要说明怎么做。

网状模型的优点包括：①能够更直接地描述客观世界，可表示实体间的多种复杂联系；②具有良好的性能，存取效率较高。

网状模型的缺点包括：①结构比较复杂，用户不容易使用；②数据独立性差，应用程序访问数据时要指定存取路径。

3. 关系模型

关系模型在关系结构数据库中用二维表格表示实体及实体间的联系。关系模型的基本原理是信息原理，所有信息都表示为关系中的数据值，关系变量在设计时相互无关联。

关系模型的主要优点包括：①数据结构单一，关系模型中实体及实体间的联系，都用关系表示，关系对应一张二维数据表，数据结构简单、清晰；②关系规范化，关系中每个属性不可再分割；③概念简单，操作方便，关系模型最大的优点是简单、容易理解和掌握。

关系模型的主要缺点包括：①存取路径对用户透明，查询效率不如格式化数据模型；②为提高性能，必须对用户查询请求优化，增加开发数据库管理系统的难度。

备考点拨

本考点学习难度星级：★★☆（适中），考试频度星级：★★☆（中频）。

本考点考查数据结构，数据结构可以简单理解为数据库的根基，一共有三类数据结构，分别是层次模型、网状模型和关系模型。层次模型可以想象成一棵树的样子，网状模型可以想象成一张网的样子，关系模型可以想象成一张表格的样子，然后在学习过程中，不断在头脑中回放各自的样子去理解这三类数据结构的特点，这样的学习方式，无论是理解效率还是记忆效率都会提高不少，而且也能够对各自的优缺点有更加深刻的印象。

考题精练

1．以下关于层次数据结构模型的描述，不正确的是（　　）。

A．层次模型对应的层次数据库系统只能处理一对多的实体联系

B．层次数据库查询效率和性能不如关系模型

C．层次模型对数据插入和删除操作的限制比较多，应用程序编写比较复杂

D．层次模型提供了良好的完整性支持

【答案 & 解析】 答案为 B。层次数据库查询效率高，性能优于关系模型，不低于网状模型。

【考点 19】数据库与数据仓库

非关系型数据库

考点精华

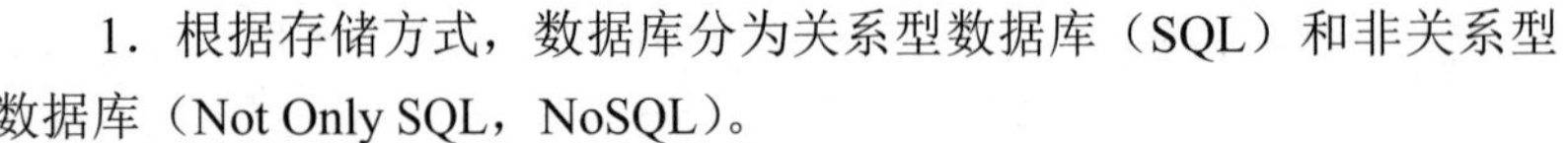

1．根据存储方式，数据库分为关系型数据库（SQL）和非关系型数据库（Not Only SQL，NoSQL）。

关系型数据库采用关系模型作为数据组织方式，关系型数据库支持事务 ACID 原则，即原子性（Atomicity）、一致性（Consistency）、隔离性（Isolation）、持久性（Durability），ACID 原则保证事务处理时的数据正确性。

非关系型数据库是分布式、非关系型、不保证遵循 ACID 原则的数据存储系统。非关系型数据库不需要固定的表结构，也不存在连接操作，在大数据存取上具备关系型数据库无法比拟的性能优势。常见的非关系型数据库有如下四种：

（1）键值数据库：类似哈希表，通过 key 来添加、查询或者删除数据库，优势是简单、易部署、高并发。

（2）列存储数据库：将数据存储在列族中，一个列族存储经常被打包查询，列存储数据库通常用来应对分布式存储海量数据。

（3）面向文档数据库：数据以文档的形式存储，查询效率高于键值数据库，允许之间嵌套键值。

（4）图形数据库：数据以图的方式存储，实体作为顶点，实体间的关系作为边。

关系型数据库的优点：①关系模型相对网状、层次等模型更容易理解；②通用的 SQL 语言使得操作关系型数据库非常方便；③丰富的完整性降低了数据冗余和数据不一致的概率。

关系型数据库的缺点：①大数据、高并发下读写性能不足；②扩展困难；③多表关联查询导致性能欠佳。

非关系型数据库的优点：①大数据、高并发下读写能力较强；②易于扩展；③简单，弱结构化存储。

非关系型数据库的缺点：①事务支持较弱；②通用性差；③复杂业务场景支持差。

2．数据仓库是一个面向主题的、集成的、非易失的且随时间变化的数据集合，用于支持管理决策。

（1）数据源是数据仓库系统的基础，是系统的数据源泉。通常包括组织内部信息和外部信息。

（2）数据的存储与管理是数据仓库系统的核心。数据仓库按数据的覆盖范围分为组织级数据仓库和部门级数据仓库（通常称为“数据集市”）。

（3）联机分析处理（OLAP）服务器。OLAP 分为基于关系数据库的 OLAP（ROLAP）、基于多维数据组织的 OLAP（MOLAP）和基于混合数据组织的 OLAP（HOLAP）。ROLAP 基本数据和聚合数据存放在 RDBMS 之中；MOLAP 基本数据和聚合数据存放于多维数据库中；HOLAP 基本数据存放于 RDBMS 中，聚合数据存放于多维数据库中。

（4）前端工具。前端工具包括查询工具、报表工具、分析工具、数据挖掘工具以及基于数据仓库或数据集市的应用开发工具。其中数据分析工具针对 OLAP 服务器，报表工具、数据挖掘工具针对数据仓库。

备考点拨

本考点学习难度星级：★★☆（适中），考试频度星级：★★★（高频）。

本考点考查数据库与数据仓库，数据库主要掌握关系型数据库和非关系型数据库，两者的优缺点可以结合起来学习，记忆的效果会更好些。关于关系型数据库还需要知道其所遵从的事务 ACID 原则，事务 ACID 原则分别代表什么。关于非关系型数据库还需要知道其分类，键值数据库、列存储数据库、面向文档数据库和图形数据库的特点如果能够掌握最好掌握，因为算是个较容易出题的点，虽然不是高频考点，但是没有掌握的话，一旦考到就会丢分。

数据仓库是这个考点的重点，过往也考得相对多一些。数据仓库需要掌握两个方面：一方面是数据仓库的特点，数据仓库是面向主题的，里面有一系列主题，这是数据仓库非常鲜明的特点，而且它把很多数据集成在一块，时间变化、它也会变化，里面不仅有汇总数据，也有明细数据，同时是稳定的历史数据集合，这是数据仓库五个非常重要的特点，需要掌握；另一方面是数据仓库是由四部分组成的，组成的四个部分过去考得比较多的是联机分析处理（OLAP）服务器，不过其他三个部分也需要一起学习，毕竟扎扎实实打下基础才能以不变应万变，何况其他三部分相对更简单一些。

考题精练

1.（　　）是数据仓库系统的一个主要应用，支持复杂的分析操作，侧重决策支持，并且提供直观查询结果。

A．ETL　　B．OLAP　　C．OLTP　　D．数据集市

【答案 & 解析】答案为 B。OLAP 是数据仓库系统的主要应用，支持复杂的分析操作，侧重决策支持，并且提供直观易懂的查询结果。

2.（　　）不是数据仓库必须具备的特点。

A．面向主题　　B．反映实时变化

C．集成性　　D．相对稳定性

【答案 & 解析】答案为 B。数据仓库是一个面向主题的、集成的、相对稳定的、反映历史变化的数据集合，用于支持管理决策。

【考点 20】CIA 三要素和安全四层次

信息安全三属性

考点精华

1．信息安全的 CIA 三要素包括保密性、完整性和可用性。

（1）保密性（Confidentiality）：信息不被未授权者知道，确保传输的数据只被期望的接收者获取。可以使用加密、访问控制、信息隐写方式实现保密性。

（2）完整性（Integrity）：信息正确、完整无缺且没有被篡改，收到的数据就是发送的数据，从三个方面检验完整性：①阻止未授权主体的修改；②阻止授权主体做未授权的修改；③确保数据没有被改变。

（3）可用性（Availability）：信息随时正常使用的属性。可用性确保数据在需要时能够被使用。

CIA 三元组可以作为规划、实施量化安全策略的基本原则，但需要认识到局限性。CIA 三元组关注重心为信息，但对信息系统安全而言，仅考虑 CIA 是不够的。信息安全的复杂性决定了还存在其他重要因素。

2．信息系统安全划分四个层次：设备安全、数据安全、内容安全和行为安全。

（1）设备安全是信息系统安全的物质基础，既包含硬件设备安全，也包含软件设备安全。信息系统设备安全包括三方面：①设备稳定性，设备一定时间内不出故障的概率；②设备可靠性，设备一定时间内正常执行任务的概率；③设备可用性，设备随时正常使用的概率。

（2）数据安全属性包括秘密性、完整性和可用性。对数据安全的危害行为具有高隐蔽性，用户往往不知情，危害性很高。

（3）内容安全是信息安全在政治、法律、道德上的要求。内容安全包括：内容在政治上健康；内容符合法律法规；内容符合道德规范。广义的内容安全还包括内容保密、知识产权保护、信息隐藏和隐私保护等。如果数据中充斥着不健康、违法、违背道德的内容，即使它是保密、未被篡改的，也是不安全的。

（4）行为安全是动态安全，包括：①行为的秘密性。行为过程和结果不能危害数据秘密性。②行为完整性。行为过程和结果不能危害数据完整性，行为过程和结果可预期。③行为的可控性。行为过程出现偏离预期时，能够发现、控制和纠正。

备考点拨

本考点学习难度星级：★☆☆（简单），考试频度星级：★★☆（中频）。

本考点考查 CIA 三要素和安全四层次，CIA 三要素的名字以及特点，过去都曾经被过考，不过幸好理解起来比较简单，唯一需要做的就是记住就好。信息安全四层次分别是设备安全、数据安全、内容安全和行为安全，其中设备安全除了包含硬件设备安全，也包含了软件设备安全的特点需要留意，因为可能和直觉感受不一样，类似的“坑”在内容安全也出现过，也被考过，内容安全也包含道德上的要求，违背道德的内容也是不安全的，是不是也和人们的直觉感受不一样？考题就是抓住了这一点进行出题，有些考生就不小心踩“坑”了。另外，设备安全的三方面、数据安全的三属性、行为安全的三特点也是需要掌握的子考点。

考题精练

1．某公司开展保密项目，根据需要设置了相关人员的访问权限。体现信息安全基本要素的（　　）。

A．可审查性　　B．机密性　　C．完整性　　D．可用性

【答案 & 解析】答案为 B。机密性是确保信息不暴露给未授权的实体或进程。

2．（　　）不属于网络安全的基本要素。

A．完整性　　B．易用性　　C．保密性　　D．可用性

【答案 & 解析】答案为 B。信息安全的 CIA 三要素包括保密性、完整性和可用性。

【考点 21】加密与解密

加密解密

考点精华

加密技术包括算法和密钥两个元素，数据加密技术分为对称加密（私人密钥加密）和非对称加密（公开密钥加密）。对称加密以数据加密标准（DES）算法为代表，非对称加密以 RSA 算法为代表。对称加密的加密密钥和解密密钥相同，非对称加密的加密密钥和解密密钥不同，加密密钥可以公开，但是解密密钥需要保密。

Hash 函数是所有报文位的函数，具有错误检测能力，改变报文的任何一位或多位，都会导致 Hash 码的改变。在认证过程中，发送方将 Hash 码附于要发送的报文之后，再发送给接收方，接收方通过重新计算 Hash 码来认证报文，从而实现保密性、报文认证及数字签名的功能。

数字签名证明当事者的身份和数据真实性的信息，利用 RSA 密码可以同时实现数字签名和数据加密。数字签名体系应满足：①签名者事后不能抵赖签名；②其他人不能伪造签名；③如果当事双方对签名真伪发生争执，能够通过仲裁者验证签名来确认真伪。

认证是证实某事是否名副其实或是否有效的过程，属于安全保护的第一道防线。认证和加密的区别在于：加密用以确保数据的保密性，阻止对手截取、窃听等被动攻击；认证确保报文发送者和接收者的真实性以及报文完整性，阻止对手冒充、篡改、重播等主动攻击。

认证和数字签名技术的三个区别：①认证用于鉴别对象真实性的数据是收发双方共享的保密数据，数字签名用于验证签名的数据是公开数据；②认证只允许收发双方互相验证真实性，不允许第三者验证，数字签名允许收发双方和第三者验证；③数字签名具有发送方不能抵赖、接收方不能伪造和公证人解决纠纷的能力，认证不一定具备这些能力。

备考点拨

本考点学习难度星级：★☆☆（简单），考试频度星级：★★★（高频）。

本考点考查加解密，对称加密和非对称加密的区别在于对应的加解密密钥，对称加密的加密和解密密钥一样，而非对称的加解密密钥不同，加密公开、解密保密，解密密钥就相当于保险箱的钥匙，所以需要保密，这些典型的特点和区别需要掌握。另外，还需要掌握的是代表算法，这个过去曾经考过多次，对称加密的代表算法是 DES，非对称加密的代表算法是 RSA。

Hash 函数一方面需要了解其实现原理，通过在报文后面附加 Hash 码的方式实现，另一方面

需要掌握其三个功能，分别是保密性、报文认证和数字签名。提到数字签名，完全可以和生活中的签字确认来进行联想式理解，这里用到了前面提到过的非对称加密代表算法 RSA，用 RSA 同时实现数字签名和数据加密。

认证这个子考点，掌握考点精华中提到的两个区别即可：一个是认证和加密的区别；另一个是认证和数字签名的区别。这里面随便一点区别都可以拿出来做判断正误考题。

考题精练

1. 以下关于认证和数字签名的描述，不正确的是（　　）。

A. 认证只允许收发双方互相验证真实性，不允许第三者验证

B. 认证和数字签名都具有发送方不能抵赖、接收方不能伪造和公证人解决纠纷的能力

C. 数字签名用于验证签名的数据是公开数据

D. 数字签名允许收发双方和第三者验证

【答案 & 解析】答案为 B。数字签名具有发送方不能抵赖、接收方不能伪造和公证人解决纠纷的能力，认证不一定具备这些能力。

【考点 22】信息系统安全和网络安全技术

网络安全技术

考点精华

1. 信息系统安全包括计算机设备安全、网络安全、操作系统安全、数据库系统安全和应用系统安全。

（1）除完整性、机密性和可用性外，计算机设备安全还要包括：①抗否认性。通过数字签名提供抗否认服务。②可审计性。对计算机信息系统工作过程进行审计并发现问题。③可靠性。计算机在规定条件和时间内完成预定功能的概率。

（2）网络威胁包括：网络监听、口令攻击、拒绝服务（DoS）攻击及分布式拒绝服务（DDoS）攻击、漏洞攻击、僵尸网络、网络钓鱼、网络欺骗、网站安全威胁、高级持续性威胁。

（3）操作系统安全威胁包括：计算机病毒、逻辑炸弹、特洛伊木马、后门、隐蔽通道。

（4）数据库安全主要指数据库管理系统安全，数据库的安全问题是用于存储的数据安全，而非传输的数据安全。

（5）应用系统安全以计算机设备安全、网络安全和数据库安全为基础，围绕 Web 的安全管理是应用系统安全最重要的内容之一。

2. 网络安全技术主要包括：防火墙、入侵检测与防护、VPN、安全扫描、网络蜜罐技术、用户和实体行为分析技术等。

（1）防火墙是建立在内外网络边界上的过滤机制，防火墙可以监控进出网络的流量，仅让安全、核准的信息进入，同时抵御企业内部发起的安全威胁。防火墙的实现技术有数据包过滤、应用网关和代理服务等。

（2）入侵检测与防护技术有两种：入侵检测系统（IDS）和入侵防护系统（IPS）。入侵检测系统（IDS）是被动防护，通过监视网络或系统资源，寻找违反安全策略的行为或攻击迹象并发出报

警。入侵防护系统（IPS）是主动防护，通过直接嵌入到网络流量中实现主动防护，IPS 预先对入侵活动和攻击性网络流量进行拦截，这样有问题的数据包以及后续数据包，就会被 IPS 设备清除掉。

（3）虚拟专用网络（VPN）是在公用网络中建立的专用的、安全的数据通信通道。VPN 是加密和认证技术在网络传输中的应用，由客户机、传输介质和服务器组成，VPN 的连接不是采用物理传输介质，而是使用“隧道”技术作为传输介质，隧道建立在公共网络或专用网络基础之上。

（4）安全扫描包括漏洞扫描、端口扫描和密码类扫描。扫描器软件是最有效的网络安全检测工具之一，可以自动检测远程或本地主机、网络系统的安全弱点以及系统漏洞。

（5）网络蜜罐技术是主动防御技术，包含漏洞的诱骗系统，通过模拟一个或多个易受攻击的主机和服务，给攻击者提供容易攻击的目标，延缓对真正目标的攻击，便于研究入侵者的攻击行为。

（6）用户和实体行为分析（User and Entity Behavior Analytics，UEBA）以用户和实体为对象，利用大数据，结合规则及机器学习模型，并通过定义基线，对用户和实体行为进行分析和异常检测，快速感知内部用户和实体的可疑或非法行为。UEBA 系统包括数据获取层、算法分析层和场景应用层。

备考点拨

本考点学习难度星级：★☆☆（简单），考试频度星级：★★★（高频）。

本考点考查同属于安全的信息系统安全和网络安全两个子考点。关于信息系统安全，重点要提到的是设备安全，设备安全的几个特性主要掌握，知道不同特性的含义即可，另外“数据库的安全问题是用于存储的数据安全，而非传输的数据安全。”这句话容易给你挖坑，比如让你判断“数据库安全既用于存储的数据安全，也用于传输的数据安全”这句话是否正确，不假思索的情况下大概率会认为是正确的，但是实际上却是错误的。

至于网络安全子考点，重点是了解不同网络安全技术的特点，经常会给你一段特点的描述，让你选择出正确的网络安全技术，六种网络安全技术几乎每一种都曾经在考试中出现过，所以不要厚此薄彼，都需要掌握，其中入侵检测系统（IDS）和入侵防护系统（IPS）在技术层面的区别也需要掌握，这些都是高频的出题点。

考题精练

1.（　　）通常用来鉴别数据包的进出。

A．安全审计系统　B．防火墙　C．防毒软件　D．扫描器

【答案 & 解析】答案为 B。防火墙通常被比喻为网络安全的大门，用来鉴别什么样的数据包可以进出企业内部网。

2．某云盘软件对所有的文档的上传和下载均用 MD5 进行信息摘要的校验，对文档的所有修改均记录修改人和被更改的内容，并且所有文档均加密传输和保存。这体现了信息安全的（　　）。

①机密性　②完整性　③可用性　④可控性　⑤可审查性

A．①②⑤　B．①④⑤　C．①②③④⑤　D．②③④

【答案 & 解析】答案为 A。某云盘软件对所有的文档的上传和下载均用 MD5 进行信息摘要的校验，体现了完整性；“对文档的所有修改均记录修改人和被更改的内容”体现了可审查性；“所有文档均加密传输和保存”体现了机密性。

3．关于传统防火墙的描述，正确的是（　　）。

A．控制内部网络违规行为　　B．检测病毒入侵

C．阻止非信任地址的访问　　D．用来管理进出企业内部网的数据

【答案 & 解析】答案为 C。防火墙通常被比喻为网络安全的大门，用来鉴别什么样的数据包可以进出企业内部网。在应对黑客入侵方面，可以阻止基于 IP 包头的攻击和非信任地址的访问。但传统防火墙无法阻止和检测基于数据内容的黑客攻击和病毒入侵，同时也无法控制内部网络之间的违规行为。

下一代防火墙

【考点 23】Web 威胁防护技术和 NGFW/NSSA

考点精华

1．Web 威胁防护技术主要包括：Web 访问控制技术、单点登录技术、网页防篡改技术和 Web 内容安全等。

（1）Web 访问控制技术保证网络资源不被非法访问者访问，访问 Web 站点需要对用户名、用户口令进行识别和验证，对用户账号进行默认限制检查。任何一关没有通过，用户均不能访问 Web 站点。

（2）单点登录（SSO）采用数字证书加密和数字签名技术，基于用户身份认证和授权控制，对用户实行集中管理和身份认证，从而实现“一点登录、多点访问”。

（3）网页防篡改技术包括时间轮询技术、核心内嵌技术、事件触发技术、文件过滤驱动技术。时间轮询技术以轮询方式读出要监控的网页，通过与真实网页比较来判断网页内容完整性，对于被篡改的网页进行报警和恢复；核心内嵌技术即密码水印技术，将篡改检测模块内嵌在 Web 服务软件里，对于篡改网页进行实时访问阻断，并予以报警和恢复；事件触发技术在网页文件被修改时进行合法性检查，对于非法操作进行报警和恢复；文件过滤驱动技术是一种简单、高效且安全性极高的防篡改技术，对 Web 服务器所有文件夹中的文件内容进行实时监测，若发现属性变更，则用备份替换，使得公众无法看到被篡改页面。

（4）Web 内容安全分为电子邮件过滤、网页过滤，反间谍软件三项技术。

2．下一代防火墙（Next Generation Firewall，NGFW）是全面应对应用层威胁的高性能防火墙。由于传统防火墙基本无法探测到利用僵尸网络作为传输方法的威胁，所以在传统防火墙数据包过滤、网络地址转换（NAT）、协议状态检查以及 VPN 功能基础上，NGFW 新增如下功能：①入侵防御系统（IPS）。②基于应用识别的可视化，NGFW 通过分析第七层（应用程序层）的流量，基于数据包去向，阻止或允许数据包。传统防火墙之所以不具备这个能力，是因为传统防火墙只分析第三层和第四层的流量。③智能防火墙。智能防火墙可收集防火墙外的各类信息，用于改进阻止决策或优化阻止规则。

3．网络安全态势感知（Network Security Situation Awareness）在大规模网络环境中，对引起网络态势发生变化的安全要素进行获取、理解、显示，并预测未来的网络安全发展趋势。安全态势感知的前提是安全大数据，在安全大数据的基础上进行数据整合、特征提取，然后应用态势评估算法生成网络的态势状况，应用态势预测算法预测态势的发展状况，并使用数据可视化技术，

将态势状况和预测情况提供给安全人员，方便安全人员直观了解网络当前状态及预期风险。网络安全态势感知的关键技术包括：海量多元异构数据的汇聚融合技术、面向多类型的网络安全威胁评估技术、网络安全态势评估决策支撑技术、网络安全态势可视化等。

备考点拨

本考点学习难度星级：★★☆（适中），考试频度星级：★★☆（中频）。

本考点考查 Web 威胁防护技术、下一代防火墙和网络安全态势感知。Web 威胁防护技术的备考同样是关注不同防护技术的特点，重在理解，这样考题中让你判断属于哪种防护技术时，才能够从四个选项中选择出正确的答案；下一代防火墙的学习，把重心放在新增的三个功能上，分别是入侵防御系统（IPS）、第七层应用程序层的流量分析和智能防火墙；网络安全态势感知 NSSA 的前提是安全大数据，这句话过去曾经考过，不过建议不仅仅要掌握这句话，连带其他的特点都需要一并了解。

考题精练

1．网络安全态势感知在（　　）的基础上，进行数据整合特征提取，应用一系列态势评估算法，生成网络的整体态势情况。

A．安全应用软件　B．安全基础设施　C．安全网络环境　D．安全大数据

【答案 & 解析】答案为 D。安全态势感知的前提是安全大数据，在安全大数据的基础上进行数据整合、特征提取，然后应用态势评估算法生成网络的态势状况，应用态势预测算法预测态势的发展状况。

【考点 24】云计算与大数据

云计算特点

考点精华

云计算分为基础设施即服务（Infrastructure as a Service，IaaS）、平台即服务（Platform as a Service，PaaS）和软件即服务（Sofware as a Service，SaaS）三种服务类型。

云计算技术包括虚拟化技术、云存储技术、多租户和访问控制管理、云安全技术。

1．虚拟化技术与多任务、超线程技术完全不同。多任务指在一个操作系统中多个程序同时并行运行；虚拟化技术则可以同时运行多个操作系统，每个操作系统中都有多个程序运行，每个操作系统都运行在一个虚拟的 CPU 或虚拟主机上；超线程技术是单 CPU 模拟双 CPU 来平衡程序运行性能，两个模拟出来的 CPU 不能分离，只能协同工作。

容器（Container）技术是全新的虚拟化技术，属于操作系统虚拟化范畴，由操作系统提供虚拟化支持。Docker 使用容器技术将应用隔离在独立的运行环境中，这个独立环境称为“容器”，容器技术可以减少运行程序带来的额外消耗，而且可以在任何地方以相同的方式运行。

2．云存储技术能够快速、高效地对海量数据进行在线处理，通过多种云技术平台的应用，实现数据的深度挖掘和安全管理。

3．多租户和访问控制管理。基于 ABE 密码机制的云计算访问控制包括四个参与方：数据提供者、可信第三方授权中心、云存储服务器和用户。多租户及虚拟化访问控制是云计算的典型特征，

在云环境下，租户之间的通信由访问控制保证，每个租户都有自己的访问控制策略。目前对多租户访问控制的研究主要集中在对多租户的隔离和虚拟机的访问控制方面。

4．云安全技术。云安全研究包含两方面内容：①云计算技术本身的安全保护工作，涉及数据完整性及可用性、隐私保护性以及服务可用性；②借助云服务的方式来保障客户端用户的安全防护需求，通过云计算技术实现互联网安全，涉及基于云计算的病毒防治、木马检测技术。

大数据主要特征包括：

1．数据海量：大数据的数据体量巨大。

2．数据类型多样：大数据数据类型繁多，分为结构化数据和非结构化数据。

3．数据价值密度低：数据价值密度的高低与数据总量的大小成反比。

4．数据处理速度快：为了从海量数据中快速挖掘数据价值，要对不同类型数据进行快速处理，这是大数据区分传统数据挖掘的最显著特征。

大数据技术架构包含大数据获取技术、分布式数据处理技术、大数据管理技术、大数据应用和服务技术。

1．大数据获取技术。大数据获取技术主要集中在数据采集、整合和清洗三方面。

2．分布式数据处理技术。主流的分布式计算系统有 Hadoop、Spark 和 Storm。Hadoop 用于离线、复杂的大数据处理；Spark 用于离线、快速的大数据处理；Storm 用于在线、实时的大数据处理。

3．大数据管理技术。大数据存储技术有三方面：①采用 MPP 架构的新型数据库集群；②围绕 Hadoop 衍生出相关的大数据技术；③具有良好稳定性、扩展性的大数据一体机。

4．大数据应用和服务技术。大数据应用和服务技术包含分析应用技术和可视化技术。

备考点拨

本考点学习难度星级：★☆☆（简单），考试频度星级：★★★（高频）。

本考点考查云计算和大数据技术两个子考点。云计算的 IaaS、PaaS 和 SaaS 三种服务类型过去考的次数太多，以至于如果以后再考，我会直接视为送分题，所以一定要掌握这个送分考点。恰恰是云计算的四种技术，可能更需要留心多多掌握，比如虚拟化技术、多任务和超线程技术三者的区别，容器技术的特点，多租户和访问控制管理技术的参与方及特点，云安全技术的两个方面。

大数据子考点方面，四个特征必须要掌握：海量、类型多样、价值密度低和速度快，其中价值密度低乍一看感觉是负面缺点，但是这的确是大数据的特征，正是因为海量的大数据和较少的有价值数据之间的强烈反差，所以才需要后续的人工智能介入支持。而大数据的四大技术中，更加具备出题潜质的是分布式数据处理技术和大数据管理技术，具体而言，Hadoop、Spark 和 Storm 的特点需要掌握，大数据管理技术的三个方面需要了解。

考题精练

1．目前国内外的专家学者对大数据在数据规模上达成共识，“大数据”是（　　）级别及其以上的数据。

A．TB　　B．GB　　C．PB　　D．EB

【答案 & 解析】答案为 C。目前国内外的专家学者对大数据只是在数据规模上达成共识，“超大规模”表示的是 GB 级别的数据，“海量”表示的是 TB 级的数据，而“大数据”则是 PB 级别及以上的数据。

2．在云计算技术架构中，（　　）负责资源控制。

A．基础设施　　B．云计算操作系统　C．虚拟主机　　D．Web 应用

【答案 & 解析】答案为 B。云计算技术架构包括云计算基础设施和云计算操作系统，其中云计算基础设施由数据中心基础设施和信息网络存储资源组成，云计算操作系统负责调度、管理和控制相关资源，支持对外提供 IaaS、PaaS、SaaS 等服务。

3．（　　）是大数据的实际应用。

A．智能电表实现电量上报　　B．手机在地震时收到的预警信息

C．某知名专家一对一在线诊疗　　D．导航软件中智能躲避拥堵

【答案 & 解析】答案为 D。只有选项 D 属于大数据的实际应用，相对比较容易选对正确答案。

4．（　　）向用户提供多租户、可定制的应用能力服务。

A．SaaS　　B．IaaS　　C．DaaS　　D．PaaS

【答案 & 解析】答案为 A。SaaS（软件即服务），向用户提供应用软件（如 CRM、办公软件等）、组件、工作流等虚拟化软件的服务，SaaS 采用 Web 技术和 SOA 架构，通过 Internet 向用户提供多租户、可定制的应用能力，大大缩短了软件产业的渠道链条，减少了软件升级、定制和运行维护的复杂程度，并使软件提供商从软件产品的生产者转变为应用服务的运营者。

5．某短视频平台的精准推送是（　　）。

A．大数据　　B．VR/AR　　C．区块链　　D．物联网

【答案 & 解析】答案为 A。精准推送基本上都是采用大数据技术。

6．（　　）属于 IaaS 服务。

A．提供计算能力、存储空间等基础设施方面的服务，部署操作系统、应用软件

B．由用户使用操作系统将软件开发平台通过网络交付给用户

C．用户自行购买服务器、网络、存储构建的数据中心

D．将应用程序通过网络交付给用户，用户通过浏览器访问应用

【答案 & 解析】答案为 A。IaaS（基础设施即服务），向用户提供计算机能力、存储空间等基础设施方面的服务。

7．云计算中的虚拟化技术（　　）。

A．统一调度管理资源池中的资源　　B．提供用户交互界面

C．提供计算机基础设施　　D．实现数据多副本容错

【答案 & 解析】答案为 A。云操作系统通过虚拟化技术对资源池中的各种资源进行统一调度管理。

8．大数据的关键技术不包括（　　）。

A．数据管理　　B．数据分析　　C．数据采集　　D．数据产生

【答案 & 解析】答案为 D。大数据所涉及的技术很多，主要包括数据采集、数据存储、数据管理、数据分析与挖掘四个环节。

9．（　　）不是 SaaS（软件即服务）的特点。

A．基于 Web 的租用方式　　B．由提供商管理软件更新和安全

C．需要自行安装和维护软件　　　　D．无须购买软件

【答案 & 解析】答案为 C。SaaS 不需要用户自行安装和维护软件。

10．关于云计算的描述，不正确的是（　　）。

A．从应用范围来看，云计算分为公有云和私有云两种

B．从对外提供的服务能力来看，云计算的架构可以分为三个层次：基础设施即服务（IaaS）、平台即服务（PaaS）和软件即服务（SaaS）

C．云计算使用了数据多副本容错、计算节点同构可互换等措施来保障服务的高可靠性

D．云计算通过互联网来提供大型计算能力和动态易扩展的虚拟化资源

【答案 & 解析】答案为 A。从应用范围来看，云计算分为公有云、私有云和混合云三种。

【考点 25】区块链 / 人工智能 / 虚拟现实

虚拟现实

考点精华

区块链以非对称加密算法为基础，以改进的默克尔树为数据结构，使用共识机制、点对点网络、智能合约等技术的分布式存储数据库技术，区块链分为公有链、联盟链、私有链和混合链四大类。

区块链的典型特征包括：多中心化、多方维护、时序数据、智能合约、不可篡改、开放共识、安全可信。

区块链的关键技术包含：

1．分布式账本。分布式账本是区块链技术的核心之一。分布式账本的核心思想是交易记账由分布在不同地方的多个节点共同完成，每个节点保存唯一、真实账本的副本，它们可以监督交易合法性，也可以共同作证；账本的任何改动会在所有副本中反映出来，反应时间在几分钟甚至几秒内。

2．加密算法。加密算法分为散列（哈希）算法和非对称加密算法。典型的散列算法有 MD5、SHA 和 SM3，目前区块链主要使用 SHA 中的 SHA256 算法。典型的非对称加密算法包括 RSA、ElGamal、D-H、ECC（椭圆曲线加密算法）。

3．共识机制。共识机制的思想是在没有中心点总体协调的情况下，某个记账节点提出区块数据增加或减少时，需要把该提议广播给所有节点，所有节点根据规则机制，对提议能否达成一致进行计算处理。

人工智能的关键技术包括机器学习、自然语言处理、专家系统。

1．机器学习。机器学习自动将模型与数据匹配，并通过训练模型对数据进行“学习”。神经网络是机器学习的一种，类似于神经元对信号的处理。深度学习是通过多等级特征和变量来预测结果的神经网络模型，深度学习模型中的每个特征对人类而言意义不大，所以深度学习模型的使用难度很大且难以解释。强化学习是机器学习的另外一种，指机器学习制订了目标且每一步都会得到奖励。

2．自然语言处理。自然语言处理（NLP）是计算机科学与人工智能领域中的重要方向。自然语言处理研究人与计算机之间用自然语言进行通信的理论方法。当前深度学习技术是自然语言

处理的重要技术支撑。

3．专家系统。专家系统是模拟人类专家解决领域问题的计算机程序系统，由人机交互界面、知识库、推理机、解释器、综合数据库、知识获取六个部分构成。

虚拟现实（Virtual Reality，VR）是可以创立和体验虚拟世界的计算机系统，虚拟现实技术的主要特征为沉浸性、交互性、多感知性、构想性（也称“想象性”）和自主性；虚拟现实的关键技术涉及人机交互技术、传感器技术、动态环境建模技术和系统集成技术等。

备考点拨

本考点学习难度星级：★★☆（适中），考试频度星级：★★☆（中频）。

本考点考查区块链、人工智能和虚拟现实三个子考点，其中区块链需要掌握的是区块链的七个特征和三项技术，人工智能需要掌握的是三项关键技术，这里面提到了多种AI相关的专业术语，比如机器学习、神经网络、深度学习、强化学习、NLP等，这些专业术语的定义需要理解，比如过去就曾经针对NLP出过对应的考题。最后的虚拟现实子考点可以不作为备考重点，了解即可。

考题精练

1．Natural Language Processing (NLP) is an important direction in the fields of（　　）.

A．AI　　B．VR　　C．AR　　D．IoT

【答案 & 解析】答案为A。题目能看懂，就能选对正确答案。自然语言处理是（　　）的一个重要分支。

A．人工智能　　B．虚拟现实技术　　C．增强现实技术　　D．物联网

2．关于人工智能的描述，不正确的是（　　）。

A．人工智能不仅有计算机，也必须有人参与到处理控制中

B．人工智能是由人类设计和开发的智能系统

C．更高效、更精细的模型和算法是人工智能未来的一个发展方向

D．人工智能模仿、延续和扩展了人类的智能功能和智力

【答案 & 解析】答案为D。人工智能是研究、开发用于模拟、延伸和扩展人的智能的理论、方法、技术及应用。它是一门模拟、延伸和扩展人类大脑功能的新技术。

3．根据人工智能当前的发展现状，（　　）不是人工智能的基本特征。

A．情感和意识　　B．推理、判断和决策

C．数据分析和计算　　D．自适应学习

【答案 & 解析】答案为A。目前情感和意识不是人工智能（AI）的特征。

4．微信中语音转换为文字的功能，主要应用了（　　）技术。

A．虚拟现实　　B．专家系统　　C．自然语言处理　　D．大数据

【答案 & 解析】答案为C。人工智能的关键技术有三个，分别是机器学习、自然语言处理和专家系统。自然语言处理主要应用于机器翻译、舆情监测、自动摘要、观点提取、文本分类、问题回答、文本语义对比、语音识别、中文OCR等方面。

第 4 章

信息技术服务考点精讲及考题实练

4.1 章节考情速览

信息技术服务章节，学习起来会感觉到有些平淡，因为比较偏理论，但是不是特别技术的理论，想要达到理解的程度，大概率能够看懂，但是很可能学完之后不会留下特别深刻的感觉和印象。

对于这种既没有深奥技术，也没有生动场景的章节，可能最好的学习方法是记忆。的确这一章需要记忆的内容比较多，但是全部记下来，性价比又很低，因为从考试大纲角度和历年考试看，这一章并非绝对重点。不过仍然建议学有余力的同学，能够尽可能多地记忆，特别是考前突击记忆，利用短期记忆优势撑到考试通关。

信息技术服务章节讲的是信息技术服务，也就是狭义的运维，但是不仅仅是运维，其中包含了内涵与外延、原理与组成、服务生命周期、服务标准化、服务质量评价、服务发展、服务集成与实践七个知识块。这七个知识块中间的四个，也就是原理与组成、服务生命周期、服务标准化、服务质量评价是这一章的学习重点。

信息技术服务按照往年考试经验看，一般会考查 2 ～ 3 分，主要会在综合知识科目进行考查，案例分析科目通常不会涉及。

4.2 考点星级分布图

本章涉及的主要考点分布及难度与频度双星级如图 4-1 所示。

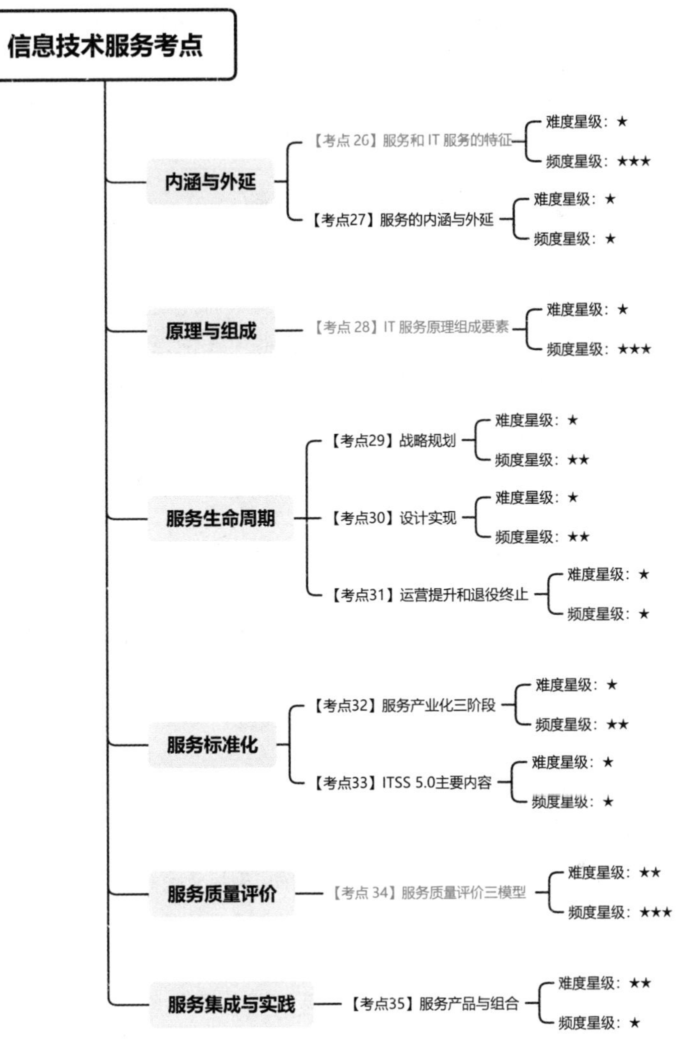

图 4-1　本章考点及星级分布

4.3　核心考点精讲及考题实练

服务特征

【考点 26】服务和 IT 服务的特征

考点精华

1. 服务的特征包括：无形性、不可分离性、可变性和不可储存性。

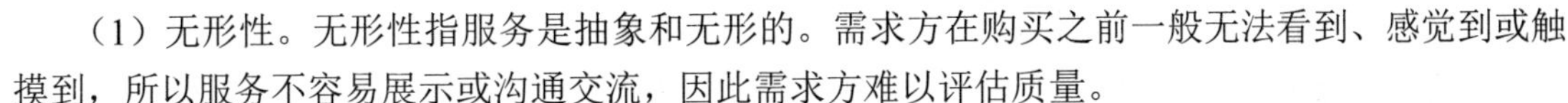

（1）无形性。无形性指服务是抽象和无形的。需求方在购买之前一般无法看到、感觉到或触摸到，所以服务不容易展示或沟通交流，因此需求方难以评估质量。

（2）不可分离性。不可分离性又叫同步性，指生产和消费同时进行，需求方只有参与到服务的生产过程中才能享受服务。这一特性决定了服务质量管理对供应方的重要性。

（3）可变性。可变性也叫异质性，指服务质量水平受到多因素影响经常发生变化。同一服务的品质因操作者不同而不同，即使是同一操作者，由于时间、地点与心态的变化，服务质量也会随之变化。

（4）不可储存性。不可储存性也叫易逝性、易消失性，指服务无法被储藏起来以备将来使用等。

2．IT 服务业具有高知识和高技术含量、高集群性、服务过程的交互性、服务的非独立性、知识密集性、产业内部呈金字塔分布、法律和契约的强依赖性以及声誉机制八大特征。

（1）高知识和高技术含量。IT 服务业具有人力资源、技术、知识密集的特点，IT 服务业向需求方转移高度专业化的知识，是区别于其他服务业的显著特征。

（2）高集群性。IT 服务业在空间上具有高集群性，集中在大型中心城市的特点，为 IT 服务业发展提供了良好的条件。

（3）服务过程的交互性。想要实现隐性知识的传播，需要需求方参与服务过程，并与专业人员进行大量互动。

（4）服务的非独立性。IT 服务涉及多领域知识，促使 IT 服务业与高等院校、科研机构形成联盟、相互合作。

（5）知识密集性。个人知识是 IT 服务业的关键资源，缺乏高素质人才，IT 服务业就会成为无本之木。

（6）产业内部呈金字塔分布。IT 服务产品差异性较大、进入壁垒较低。行业内部呈金字塔分布，也就是存在少数大型组织和多数小型组织。

（7）法律和契约的强依赖性。IT 服务通过签订服务协议确定服务事项，因此 IT 服务业与法律和契约间具有强依赖关系。

（8）声誉机制。IT 服务业的需求方事先无法观察供应方的服务质量，所以主要依靠供应方声誉来决定购买意愿。因此声誉机制对 IT 服务业发展起决定作用。

备考点拨

本考点学习难度星级：★☆☆（简单），考试频度星级：★★★（高频）。

本考点考查服务的特征和 IT 服务的特征，服务的特征有四点，分别是无形性、不可分离性、可变性和不可储存性。对服务特征的理解可以结合指尖疯的培训课程来理解，首先，培训课程是无形的，在你购买之前你很难完整体验到；其次，培训中的直播课是生产和消费同时进行、不可分离；再次，即使是同一位老师多次讲同样的内容，可能每次培训的状态效果都不一样，这就是服务的可变性；最后，服务是不可存储的，比如直播培训服务，过了时间点就过了。这样理解下来是不是更容易一些？

IT 服务的特征有八点，相比服务的特征数量直接翻倍，这么多特征不用完全达到默写的程度，把备考的重心放在对这八点特征的理解上，比如如果问 IT 服务业区别其他服务业的显著特征是什么，可以从四个选项中选出“高知识和高技术含量”这个正确选项。

考题精练

1. 以下（　　）不属于服务的基本特征。

A. 有形性　　B. 不可分离性　　C. 可变性　　D. 不可储存性

【答案 & 解析】答案为A。服务的特征包括：无形性、不可分离性、可变性和不可储存性。需求方在购买之前一般无法看到、感觉到或触摸到，所以服务不容易展示或沟通交流，存在无形性的特征。

【考点 27】服务的内涵与外延

IT 服务的外延

考点精华

IT 服务除了具备服务的基本特征，还具备本质特征、形态特征、过程特征、阶段特征、效益特征、内部关联性特征、外部关联性特征等。

1. 本质特征。IT 服务的组成要素包括人员、过程、技术和资源。由具备匹配知识、技能和经验的人员，合理运用资源，并通过规定过程向需求方提供 IT 服务。

2. 形态特征。服务形态有 IT 咨询服务、设计与开发服务、信息系统集成服务、数据处理和运营服务、智能化服务及其他 IT 服务等。

3. 过程特征。IT 服务从项目级、组织级、量化管理级，数字化运营逐步发展，具有连续不断和可持续发展的特征。

4. 阶段特征。IT 服务无终极目标，需要抓重点、分层次、分阶段地推进 IT 服务。

5. 效益特征。IT 服务从整体上提高组织核心竞争力和管理水平，效益是多方面的。

6. 内部关联性特征。IT 服务不仅依赖于技术创新，更依赖于业务模式创新，保持技术创新和业务模式创新的相互促进、有机融合，从机制上为 IT 服务发展创造条件。

7. 外部关联性特征。IT 服务依赖国民经济和良性竞争市场环境的形成，依赖社会信息网络的不断进步，依赖政府政策支撑、配套人才培养和产业链上下游组织 IT 应用的逐渐完善。

IT 服务包括基础服务、技术创新服务、数字化转型服务和业务融合服务。

1. 基础服务。基础服务指面向 IT 的基础类服务，包括咨询设计、开发服务、集成实施、运行维护、云服务和数据中心等。

2. 技术创新服务。技术创新服务面向新技术加持下的新业态新模式，包含智能化服务、数字服务、数字内容处理服务和区块链服务。

3. 数字化转型服务。数字化转型服务包括数字化转型成熟度推进服务、评估评价服务、数字化监测预警服务。

4. 业务融合服务。业务融合服务指信息技术服务与各行业的融合，如面向政务、广电、教育等行业。

备考点拨

本考点学习难度星级：★☆☆（简单），考试频度星级：★☆☆（低频）。

本考点考查服务的内涵与外延，具体而言是 IT 服务的七个特征和 IT 服务的四个组成，IT 服务的特征和组成还是以了解和理解为主，七个服务特征通常不会让你每个默写下来，但是 IT 服务的四个组成倒是有可能，所以 IT 服务包含的基础服务、技术创新服务、数字化转型服务和业务融合服务最好还是要记下来。

考题精练

1. IT 服务不包括（　　）。

A. 基础服务　　B. 技术创新服务　　C. 业务融合服务　　D. SOA 服务

【答案 & 解析】 答案为 D。IT 服务包括基础服务、技术创新服务、数字化转型服务和业务融合服务。

IT 服务要素

【考点 28】IT 服务原理组成要素

考点精华

ITSS 描述的 IT 服务基本原理，如图 4-2 所示。其中 ITSS 能力要素简称 PPTR，由人员（People）、过程（Process）、技术（Technology）和资源（Resource）组成，也就是由具备技术的人员，合理运用资源，通过规定过程向需求方提供服务。

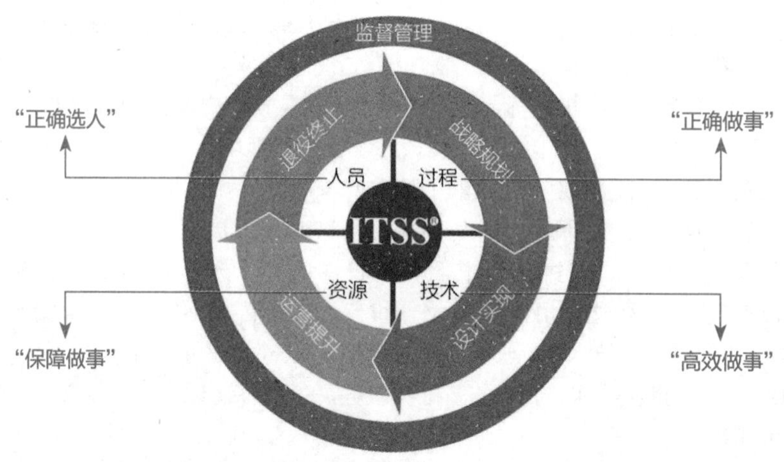

图 4-2　ITSS 基本原理

1. 人员。ITSS 规定了 IT 服务人员需具备的知识、经验和技能要求，指导 IT 服务提供商"正确选人"。针对咨询设计、集成实施、运行维护和运营等典型的 IT 服务，需要的人员包括项目经理、系统分析师、架构设计师、系统集成工程师、信息安全工程师、系统评测工程师、服务工程师、服务定价师、客户经理和日常服务人员等。

2. 过程。过程是利用资源将输入转化为输出的一组活动，指导 IT 服务提供商"正确做事"。ITSS 规定了应建立的过程及关键绩效指标（KPI），指导服务人员正确地做事。过程作为 IT 服务的核心要素之一，有明确的目标，而且可重复、可度量，是提高管理水平和确保服务质量的关键要素。

3. 技术。技术是指 IT 服务使用的技术或具备的技术能力，以及提供 IT 服务的分析方法、架构和步骤。技术确保IT服务提供商"高效做事",通过自有核心技术研发和非自有核心技术学习，提升发现问题和解决问题的能力，是提高IT服务质量的重点要素。

4．资源。资源是提供IT服务所依赖和产生的有形及无形资产，如提供服务所必须具备的知识、经验和工具等。资源确保IT服务提供商"保障做事"，由人员、过程和技术要素中被固化的成果和能力转化而成，同时又对人员、过程和技术要素提供支撑保障。

备考点拨

本考点学习难度星级：★☆☆（简单），考试频度星级：★★★（高频）。

本考点考查IT服务原理组成要素，组成要素包括人员、过程、技术和资源四项，人员指导IT服务提供商"正确选人"、过程指导IT服务提供商"正确做事"、技术确保IT服务提供商"高效做事"、资源确保IT服务提供商"保障做事"，这四句话亮明了组成要素的作用和立场，务必要掌握，其他的特点做到了解即可。

考题精练

1.（　　）确保IT服务提供商"高效做事"。

A．人员　　B．过程　　C．技术　　D．资源

【答案 & 解析】答案为C。人员指导IT服务提供商"正确选人",过程指导IT服务提供商"正确做事"，技术确保IT服务提供商"高效做事"，资源确保IT服务提供商"保障做事"。

【考点29】战略规划

战略规划报告原则

考点精华

从组织战略出发，以需求为中心，参照ITSS对IT服务进行战略规划，为IT服务设计实现做好准备，确保提供满足供需双方需求的IT服务。

1.规划活动。服务战略规划需考虑服务目录、组织架构和管理体系、指标体系和服务保障体系，以及内部评估机制。

（1）服务目录定义了供应方提供服务的全部种类及服务目标，这些服务包括正在提供的和能够提供的全部服务。服务目录的定义需要结合自身业务能力、客户需求以及内外部环境策划三个因素。

（2）规划如何建立组织架构和服务保障体系来支持服务目录中内容的实施。根据组织总体战略目标和组织治理架构确立组织架构，考虑到组织架构稳定周期相对较长，所以需要确保一定时期内对IT服务能力的支撑，通过两种方式实现：一是参照当前的组织结构定义服务内容；二是先根据业务目标确定服务内容，再据此设立或优化当前组织架构。

（3）在组织架构基础上确定制度保障，固化IT服务保障能力。制度体系既包括组织级制度，如质量、财务、安全、人力资源等，也包括IT服务本身的制度，如行为规范、数据质量等。对人员、资源、技术和过程四要素涉及的策划内容，也需包含在服务保障体系中。

（4）任何IT服务的服务绩效都可以通过绩效指标来衡量，通过制定服务指标体系，衡量IT服务实施的绩效，检查供应方是否达到目标。

战略规划阶段的关键成功因素主要包括：①确保全面考虑业务战略、团队建设、管理过程、

技术研发、资源储备的战略规划；②确保战略规划的内容和结果得到决策层、管理层的承诺和支持；③确保战略规划的内容和结果得到相关干系人的理解和支持；④对战略规划的内容和结果进行测量、分析、评审和改进。

2．规划报告。战略规划报告针对确定的服务目录、服务级别和业务需求来确立组织架构、服务保障体系和能力要素建设，是战略规划阶段的核心成果之一。战略规划报告的确立、发布和实施遵循的原则包括：

（1）遵从政策法规要求，满足法规过程、技术标准、行业规范及指导组织意见。

（2）关键业务优先原则，有限的能力要素须保证关键业务过程的支持和恢复。

（3）风险管理原则，有效分析和管理风险，建立风险无处不在的意识。

（4）面向体系化的管理原则，制订和实施完善的能力管理，并遵从过程进行活动和管理。

（5）质量管理原则，遵循计划、实施、检查、改进的质量管理周期过程。

（6）成本合理原则，对于能力管理，做到成本和能力的平衡、需求与提供的平衡。

备考点拨

本考点学习难度星级：★☆☆（简单），考试频度星级：★★☆（中频）。

本考点考查服务战略规划，在任何管理学的方法论中，第一步肯定都是做规划，而且规划要从战略做起才符合方法论的要求，IT 服务管理也是如此。服务战略规划的活动一共有四项，分别是服务目录、组织架构和管理体系、指标体系和服务保障体系，以及内部评估机制。这四项中服务目录应该是服务管理的特色，因为服务是面向外部的，有了一部外部可以查阅的目录自然体验极佳，服务目录就像菜单一样，列出了正在提供的和能够提供的全部服务，外部服务需求方就可以像点菜查看菜单一样，查看服务目录来获取所需要的服务。

良好的服务提供离不开组织架构和管理体系的支撑，对 IT 服务能力的支撑一共有两种方式：第一种是参照当前的组织结构定义服务内容，也就是量入为出，根据拥有的来定义输出的；第二种是先根据业务目标确定服务内容，再据此设立或优化当前组织架构。这种方式是目标导向，先不管拥有什么，先看想要什么。同样的，服务到底做得好还是不好，需要有高说服力的证据能够拿出来，这个证据最好是客观的，那么就是指标体系了，最后还需要有配套的服务保障体系。

服务战略规划输出的是规划报告，规划报告是战略规划阶段的核心成果之一，关于规划报告有六点原则，可以做对应的了解即可。

考题精练

1．服务目录的定义需要结合（　　）三个因素。

A．自身业务能力、客户需求、服务发展趋势

B．客户需求、内外部环境策划、服务发展趋势

C．自身业务能力、客户需求、内外部环境策划

D．客户需求、公司战略、内外部环境策划

【答案 & 解析】答案为 C。服务目录的定义需要结合自身业务能力、客户需求以及内外部环境策划三个因素。

【考点30】设计实现

服务部署

考点精华

设计实现依据战略规划，定义IT服务的体系结构、组成要素、要素特征以及要素之间的关联关系，建立管理体系、部署专用工具以及服务解决方案。

1．服务设计。组织基于业务战略、运营模式及业务流程特点，设计与开发服务，以确保满足需求方的需求。

服务设计的输出通常会形成文档化信息，包括：①服务名称、适用范围和交付内容；②完成服务部署所需的组织方式；③服务质量度量指标或服务级别定义；④服务交付验收标准；⑤服务交付方式及成果说明；⑥服务计量和计费方式。

在服务设计过程中，需要识别和控制的风险有：技术风险、管理风险、成本风险和不可预测风险。

（1）技术风险。技术风险包括技术工具确认，技术支持过程确认、技术要求变更、关键技术人员变更等。

（2）管理风险。管理风险包括资源及预算是否到位、范围是否可控、边界是否清晰、内容是否满足需求、终止标准是否可衡量可达到等。

（3）成本风险。成本风险包括人力、技术、工具及设备、环境、服务管理等成本是否可控。

（4）不可预测风险。不可预测风险包括火灾、自然灾害、重大信息安全事件等。

2．服务部署。作为服务设计与服务运营的中间活动，服务部署将服务设计中的所有要素导入组织环境，为服务运营打下基础，服务部署根据服务设计方案，落实设计开发服务，建立服务管理过程和制度规范并完成服务的交付。服务实施不仅可以对某个项目的服务需求进行部署实施，也可以对整体服务需求进行部署实施。

部署实施分为计划、启动、执行和交付四个阶段。服务部署的关键成功因素主要包括：①确定可度量的里程碑、交付物以及交付物的验收标准；②对服务资源的准确预测并确保资源可用性和连续性；③管理和统一服务相关干系人的期望；④服务目标清晰；⑤形成标准操作程序或作业指导书。

备考点拨

本考点学习难度星级：★☆☆（简单），考试频度星级：★★☆（中频）。

本考点考查服务设计及部署，服务设计的构成内容和潜在风险可以做对应的了解，以理解为主。服务部署是位于服务设计和服务运营的中间，一共分了计划、启动、执行和交付四个阶段，这四个阶段很好理解，对应的服务部署五个关键成功因素也是以了解和理解为主。

考题精练

1．在服务设计过程中，需要识别和控制的风险不包括（　　）。

A．技术风险　　B．客户风险　　C．管理风险　　D．不可预测风险

【答案 & 解析】答案为B。在服务设计过程中，需要识别和控制的风险有：技术风险、管理风险、成本风险和不可预测风险。

【考点 31】运营提升和退役终止

考点精华

运营提升是采用过程方法实现业务运营与 IT 服务运营相融合，评审 IT 服务满足业务运营的情况以及缺陷，提出优化提升策略及方案，对 IT 服务进行进一步规划。服务运营阶段占服务整体生命周期的比重为 80% 左右，不仅影响组织运行效率和效益，也影响需求方对服务的感知及供需双方未来合作的连续性。

1．运营活动的相关活动包括：①根据服务部署成果实施管理活动，输出符合要求的服务；②建立正式、非正式的沟通渠道，获取用户反馈并保留记录文档；③持续控制服务范围、服务级别协议、关键里程碑、交付物等；④建立服务运营的投诉管理机制；⑤建立服务交付成果及交付质量评价机制；⑥与外部供应方明确技术、资源、质量、时间等各项要求。

2．要素管理的相关活动包括：①完成人员细化管理并开展培训，通过绩效考核制度确保人员具备应有的能力；②对服务涉及的技术进行管理，包括前瞻性研究、知识显性化管理、自研或购买服务效率提升工具、技术评估优化等；③提供、配置、评估、优化和维护各类资源，确保资源合理利用；④对服务过程实施监控、测量、评估和考核，并对相关记录有效管理。

3．监督与测量的相关活动包括：①确定测量方式、标准、频率、时间及地点；②监督服务过程和结果，包括建立监督组织及职责、建立阈值基线、采集数据，建立预警机制，建立纠正措施启动机制等；③分析测量结果并提出改进建议；④根据分析和改进成果定期评价服务。

4．风险控制的相关活动包括：①识别人员、资源、技术及过程的风险和机遇；②识别导致服务中断的风险，制订措施确保服务连续性；③对服务运营风险采取措施降低影响；④控制风险，监视服务级别协议完成情况，分析不达标条款，提出解决方案，转移、回避或者接受风险。

退役终止是对趋近退役期的 IT 服务进行残余价值分析，规划新的 IT 服务，部分或全部替换原有的 IT 服务，对没有利用价值的 IT 服务停止使用。如果要终止服务，往往要有书面的服务终止计划，服务终止应及时通知需求方及相关方，做好服务终止风险控制，处理好终止后的事务。

需要做好服务终止确认文件的收集、资金、人力资源、基础设施、信息资源的回收确认，做好数据清理和资源释放，做好需求方和相关方应履行的事项。需要协商所有数据、文件和系统组件的所有权。需要建立服务终止的风险列表并评估风险等级，风险列表包括数据风险、业务连续性风险、法律法规风险、信息安全风险等，对风险等级较高的风险应制订应对方案。

备考点拨

本考点学习难度星级：★☆☆（简单），考试频度星级：★☆☆（低频）。

本考点考查服务运营和退役终止。服务运营关注的是业务，其实整体的 IT 服务关注的都是业务，服务的都是业务，这一点在学习的时候要时刻牢记。服务运营是业务运营与 IT 服务运营的融合，如果考题问 IT 服务生命周期中哪个阶段的占比最多，毫无疑问是服务运营，占比近 80%。关于服务运营的考点，有大量的活动，比如运营相关的六条活动、要素管理相关的四条活动、监督测量相关的四条活动、风险控制相关的四条活动，这么多活动基本上讲的都是正确的话，是看到后马上就会认同的普遍的正确，虽然好处是理解起来容易，但是缺点是记忆起来有些难，我所总结的记忆窍门是提炼关键词，比如要素管理的四条活动，关键字很明显就是四个要素：人员、过程、技术和资源。再比如风险控制活动的关键词是：要素风险、中断风险、运营风险和 SLA 风险。鼓励你自己总结关键词出来，一方面可能会总结得更好，另一方面自己总结记得更牢。关键词总结出来之后就可以在理解中记忆，但是也没有必要全部记住，尽量熟悉就好。

至于退役终止阶段，了解退役终止的定义和动作，以及相关的风险分类就可以。

考题精练

1. 以下关于服务退役终止的描述中，不正确的是（　　）。

A. 退役终止需要对趋近退役期的 IT 服务进行残余价值分析，并且规划新的 IT 服务

B. 如果要终止服务，需要有书面的服务终止计划

C. 服务终止之后，客户会进行服务终止风险列表和风险等级评估等工作

D. 服务退役终止时，需要协商所有数据、文件和系统组件的所有权

【答案 & 解析】答案为 C。服务退役终止时，需要建立服务终止的风险列表并评估风险等级，风险列表包括数据风险、业务连续性风险、法律法规风险，信息安全风险等，对风险等级较高的风险应制订应对方案。不能等到服务终止后才做此事，而且需要服务提供方主导开展。

【考点 32】服务产业化三阶段

产品服务化

考点精华

IT 服务的产业化进程分为产品服务化、服务标准化和服务产品化三个阶段，如图 4-3 所示。

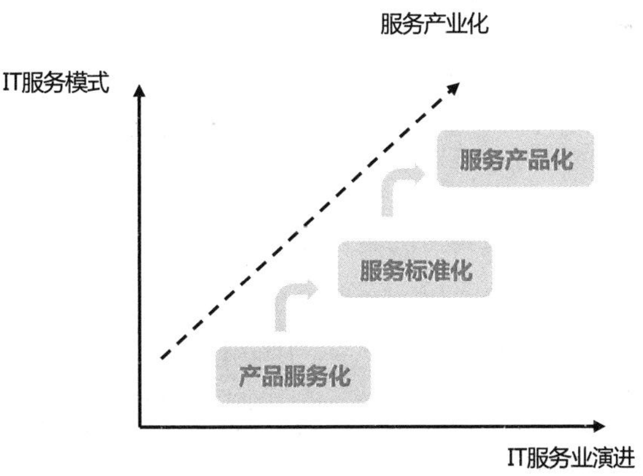

图 4-3　IT 服务产业化

1. 产品服务化。软件即服务、平台即服务、基础设施即服务等业态的出现，促使软硬件组织以产品为基础向服务转型。产品服务化的特征包括：①产品服务化以产品为主线，服务依附于产品；②服务过程中对服务没有明确考核；③产品与服务不可分割、相互融合。

产品服务化的价值从需求方角度看，产品的交付使用是为了有效支撑需求方业务运营，通过

供应方为需求方提供服务实现，包括以产品和服务的方式提供服务，实现产品作用和价值最大化。

产品服务化的价值从供应方角度看，新产品或新解决方案，需要通过研发和应用的有效互动来持续改进，在提供服务过程中不断提升产品，实现供应方发展战略。

2. 服务标准化。标准化是实现服务专业化、规模化的前提，也是规范服务的重要手段。标准化的核心作用是确定服务范围和内容，规范服务要素，为服务规模化生产和消费奠定基础。服务标准化的特征包括：①建立标准过程、实施规范及相关制度；②具有明确的有形化产出物描述及相关模板；③实施服务的过程有记录，记录可追溯、可审计；④建立完善的服务质量考核指标体系。

服务标准化的价值从供应方看，是服务标准化使服务规模化成为可能。服务标准化的价值从需求方看，在接受服务的过程中能够更加有效地获取服务。

3. 服务产品化。产品化是实现产业化的前提和基础，只有需求方对服务产品达到一致认识时，服务的规模化生产和消费才会成为可能。服务产品化的特征包括：①具有清晰的服务目录；②具有独立的价值、明确的功能和性能指标；③具体服务有服务级别要求；④服务有明确的考核指标；⑤对服务产品实施全生命周期管理。

服务产品化的价值从需求方角度看，服务产品化之后，需求方能以产品组合的形式定制规范化服务，具有清晰的标准、质量和收益。

服务产品化的价值从供应方角度看，能够满足需求方不同阶段的服务需求，对需求方提供统一、规范的服务交付内容、过程及界面，有效提升服务效率和服务级别协议达成率，使需求方获得更大的满意度。

备考点拨

本考点学习难度星级：★☆☆（简单），考试频度星级：★★☆（中频）。

本考点考查服务的产业化三阶段，分别是产品服务化、服务标准化和服务产品化三个阶段，其中产品服务化是前提，服务标准化是保障，服务产品化是趋势。每个阶段的特征需要理解，作用需要掌握。对这三个阶段的学习，最好是结合自己熟悉的场景来对照学习，这样理解起来会更加深刻。

举个例子，产品服务化的场景你可以对照培训学习行业，通常某行的培训业刚起步时，培训机构都会相安无事，因为都能赚到钱，但是随着规模提升和消费者要求提高，培训产品同质化越来越严重，这样下去只有内卷和两败俱伤的结局，所以有些培训机构开始考虑走差异化路线，也就是在产品中嵌入服务，通过产品的载体给学员提供个性化和差异化服务，慢慢演进成了产品服务化。

服务标准化的场景可以对照经典的麦当劳、肯德基式的服务体系，当然培训行业标准化的例子如北大青鸟 APTECH，餐饮服务标准化的例子还有海底捞等，结合这些具体的场景例子来理解服务标准化的特征和作用。

服务产品化看起来和产品服务化颠倒了一下，但是却有着本质的不同，服务产品化是把服务当成产品来看待，让服务达到质量可衡量、服务体系可视、定价清晰、标准统一的目的。服务产品化的具体场景比如各种云服务的提供商。

考题精练

1．软件产品为主营业务的企业开始服务化转型时，首先开展的工作是（　　）。

A．服务产品化　　B．服务标准化　　C．产品定制化　　D．产品服务化

【答案 & 解析】答案为 D。IT 服务的产业化进程分为产品服务化、服务标准化和服务产品化三个阶段。

ITSS 5.0 内容

【考点 33】ITSS 5.0 主要内容

考点精华

ITSS 5.0 的主要内容包括：

1．通用标准。通用标准是适用于所有 IT 服务的共性标准，包括 IT 服务的业务分类及原理、质量评价方法、基本要求、从业人员能力要求、成本度量和服务安全等。

2．保障标准。保障标准是指对 IT 服务提出保障要求的标准，包括服务管控标准和外包标准。服务管控标准是通过对 IT 服务的治理、管理和监理活动要求，确保 IT 服务管控权责分明、经济有效和服务可控；服务外包标准对通过外包形式获取服务应采取的业务和管理措施提出要求。

3．基础服务标准。基础服务标准是面向 IT 服务基础类服务的标准，包括咨询设计、开发服务、集成实施、运行维护、云服务、数据中心等标准。

4．技术创新服务标准。技术创新服务标准是面向新技术加持下的新业态、新模式标准，包含智能化服务、数据服务、数字内容处理服务和区块链服务等标准。

5．数字化转型服务标准。数字化转型服务标准是支撑和服务组织数字化转型服务开展和创新融合业务发展的标准，包含数字化转型成熟度模型、就绪度评估、效果评估、中小企业指南、数字化监测预警等标准规范和要求。

6．业务融合标准。业务融合标准是支撑 IT 服务与各行业融合的标准，包括面向政务、广电、教育、应急、财会等行业建立具有行业特点的信息技术服务相关标准。

备考点拨

本考点学习难度星级：★☆☆（简单），考试频度星级：★☆☆（低频）。

本考点考查 ITSS 5.0 的六点内容。ITSS 是一套完整的 IT 服务标准体系框架，其中包含了通用标准、保障标准、基础服务标准、技术创新服务标准、数字化转型服务标准和业务融合标准。对这六项标准的掌握可以使用分类理解的技巧，总结下来就是 1 个底座、2 根支柱，两个引领和 1 个实现。

1 个底座是指基础服务标准，基础服务标准是 ITSS 框架的底座，提供了面向 IT 服务基础类服务的标准；2 根支柱分别是通用标准和保障标准，构成了 ITSS 框架的两根支柱；占据 C 位的是两个标准，分别是技术创新服务标准和数字化转型服务标准，这两个标准引领着 ITSS 框架；底座、支柱和引领，共同支撑业务融合的实现，业务融合标准是支撑 IT 服务与各行业融合的标准。

考题精练

1．ITSS 5.0 中，咨询设计、开发服务、集成实施、运行维护、云服务、数据中心等标准属于（　　）。

A．通用标准　　B．保障标准　　C．基础服务标准　　D．技术创新服务标准

【答案&解析】答案为C。基础服务标准是面向IT服务基础类服务的标准，包括咨询设计、开发服务、集成实施、运行维护、云服务、数据中心等标准。

【考点34】服务质量评价三模型

服务质量模型

考点精华

1．相关方模型

IT服务涉及服务需求方、供应方和第三方等服务相关方，如图4-4所示。

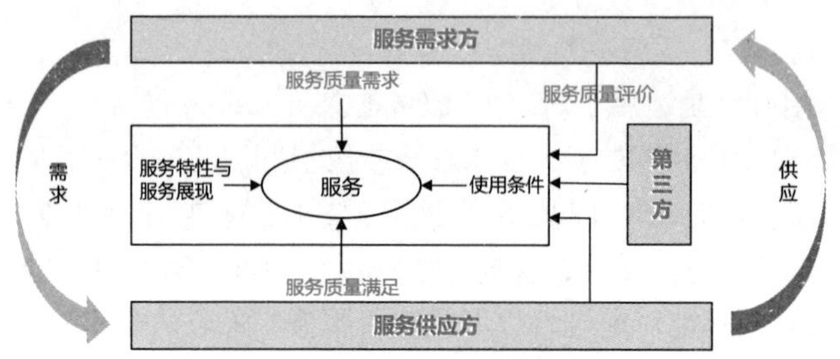

图4-4　相关方模型

服务需求方提出服务质量需求，作为服务质量衡量或评价的基准，服务质量需求以供需双方签订的服务级别协议体现，服务需求方有时也行使服务质量评价职能。

服务供应方负责提供满足服务质量需求的服务，同时在提供服务过程中，有职责和义务配合服务需求方和第三方开展质量监督和评价工作，以及开展内部质量监督和评价。

第三方受服务需求方或服务供应方委托，以中立视角参照服务质量需求，应用服务质量评价工具，对服务过程的服务质量进行客观评价。

2．互动模型

服务需求方和供应方间通过服务质量特性进行互动，如图4-5所示。

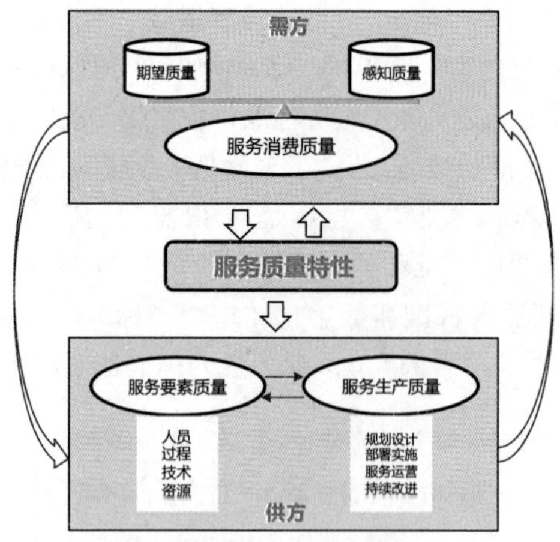

图4-5　互动模型

需求方的期望质量是需求方对供应方服务提出的服务质量要求，感知质量是供应方在提供服务过程中被需求方感受到的服务质量。期望质量和感知质量通过服务质量特性的评价指标进行量化体现，期望质量与感知质量的差异将影响服务需求方满意度，如果期望质量大于感知质量，服务需求方不满意，如果期望质量小于等于感知质量，服务需求方满意。

服务供应方的服务要素质量和服务生产质量应满足的服务质量要求，决定了服务质量特性。服务要素质量涉及人员、过程、技术、资源等方面；服务生产质量是供应方提供服务的过程，覆盖了服务的全生命周期。服务要素质量支撑服务生产质量，服务生产质量依赖服务要素质量，通过服务质量特性的评价影响需求方质量感知。

3．质量模型

质量模型定义了服务质量的各项特性，质量模型分为五大类：安全性、可靠性、响应性、有形性和友好性。每类服务质量特性进一步细分为子特性。特性和子特性均是IT服务供应方的视角，用来定义各类IT服务评价指标，如图4-6所示。

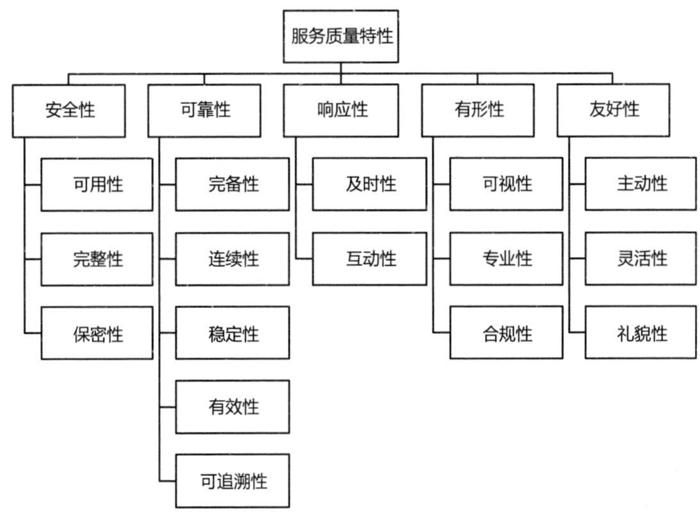

图4-6　质量模型

（1）安全性指保障需求方信息安全的程度。子特性包括可用性、完整性和保密性。

（2）可靠性指在规定条件和时间内履行服务协议的程度。子特性包括完备性、连续性、稳定性、有效性和可追溯性。

（3）响应性指按照协议及时受理需求方服务请求的程度，子特性包括及时性和互动性。

（4）有形性指通过实体证据展现服务的程度。实体证据包括人员形象、服务设施、流程、工具及交付物等，子特性包括可视性、专业性和合规性。

（5）友好性指为需求方着想和特别关注的程度。子特性包括主动性、灵活性和礼貌性。

备考点拨

本考点学习难度星级：★★☆（适中），考试频度星级：★★★（高频）。

本考点考查服务质量评价模型，评价模型有三，分别是相关方模型、互动模型和质量模型，结合图形来学习三个模型，能够起到事半功倍的效果。在IT服务的全生命周期中，涉及到三个相关方，分别是服务需求方、服务供应方和第三方，三个相关方之间的关系理解起来不是难事；互动模型的学习，需要抓住双方互动的纽带：服务质量特性，本质上需方和供方之间的互动，就是围绕服务质量特性展开；质量模型用于定义服务质量的各项特性，分为五大类：安全性、可靠性、响应性、有形性和友好性，每个大类服务质量特性进一步细分为若干的子特性，需要记住五大类的特性，至于子特性了解定义即可，这些子特性基本上通过名字都能了解八九不离十，如果选择题的题干描述了一段定义，考查是哪个子特性，可以从ABCD四个选项中使用排除法拿到分数。

考题精练

1．期望质量和感知质量通过服务质量特性的评价指标进行量化体现，这是（　　）的特征。

A．相关方模型　　B．互动模型　　C．质量模型　　D．期望模型

【答案&解析】答案为B。互动模型是服务需求方和供应方间通过服务质量特性进行互动，期望质量和感知质量通过服务质量特性的评价指标进行量化体现。

【考点35】服务产品与组合

服务融合集成

考点精华

服务集成基于需求方、供应方、环境和过程四个要素，在过去关注技术融合的基础上，在软硬件面向“稳态”集成后，强调数据融合下的“敏态”集成能力建设，面向数字化转型和服务化发展进行的新实践。服务集成以“服务产品”为集成对象，以服务水平量化管理为抓手，以跨组织、跨团队的服务动态融合为关注点，以服务交付管理为项目管理主要内容，以服务绩效和服务价值为成果评价关键点。

1．服务供应业务域识别

服务供应业务域的识别，重点是采用系统工程的分阶段模式与信息系统全生命过程管理体系，对参与服务集成的业务类型或组织类型进行识别分析。对不同的服务集成项目，采用不同的识别方法和关系模式。

2．服务产品定义与组合

服务产品是实施服务集成的基本单元，是服务编排、计划与调度的基础，服务产品是一组服务活动和资源的集合，包括标准化的输入输出接口和服务水平控制。服务产品定义和组合是服务集成项目实施的基础，伴随全部的服务集成生命周期。

3．服务接口标准与控制

服务接口是产品共享交换和融合集成的基础，服务接口既涵盖了服务的四个基本要素：人员、过程、技术和资源，也涵盖了服务机构的服务能力管理。

备考点拨

本考点学习难度星级：★★☆（适中），考试频度星级：★☆☆（低频）。

本考点考查服务产品与组合，服务集成的对象、抓手、关注点、内容和评价点分别是什么，

需要在学习中掌握，本书已经在考点精华中总结好了。至于服务供应业务域识别、服务产品定义与组合和服务接口标准与控制还是重在理解。

考题精练

1．服务集成以（　　）作为关注点。

A．服务产品

B．服务水平量化管理

C．跨组织、跨团队的服务动态融合

D．服务绩效和服务价值

【答案 & 解析】答案为 C。服务集成以“服务产品”为集成对象，以服务水平量化管理为抓手，以跨组织、跨团队的服务动态融合为关注点，以服务交付管理为项目管理主要内容，以服务绩效和服务价值为成果评价关键点。

第 5 章

信息系统架构考点精讲及考题实练

5.1 章节考情速览

信息系统架构章节，是系统集成项目管理工程师考试中的难点，完全难在技术本身。架构是IT技术的高阶话题，通常也是走技术路线人员的终极发展方向之一，所以足见信息系统架构的难度。虽然系统集成项目管理工程师考试并非对架构要求很高，但是学习和理解起来可能依然会感觉到吃力。

信息系统架构章节，包含了架构基础、系统架构、应用架构、数据架构、技术架构、网络架构、安全架构和云原生架构八个知识块，内容相对比较多。信息系统架构是第3版新增的章节，预计会考查3～5分，而且以综合知识科目考查为主。

5.2 考点星级分布图

本章涉及的主要考点分布及难度与频度双星级如图5-1所示。

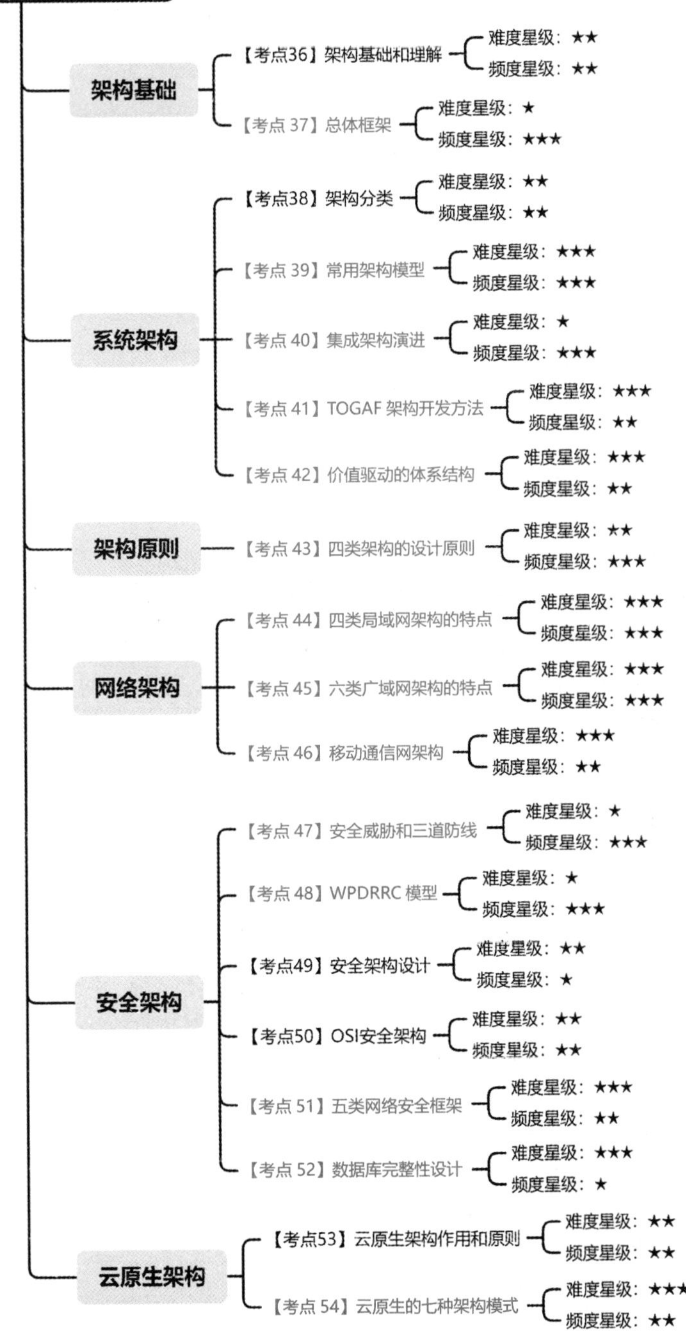

图 5-1　本章考点及星级分布

5.3 核心考点精讲及考题实练

【考点 36】架构基础和理解

考点精华

信息系统架构的本质是在权衡各方因素之后的决策，集成架构向上承接组织发展战略和业务架构，向下指导信息系统方案实现，通常包括系统架构、数据架构、技术架构、应用架构、网络架构和安全架构。

架构规划的设计原则需要面向未来，并得到相关方高层领导的认可，太多的原则会降低架构的灵活性，通常将数目限制在 4 ～ 10 项。

信息系统集成架构服务于建设目标达成，各项业务目标也都是服务于建设目标。建设目标是集成建设的最终目的，相关方高层领导提出的构想、愿景等通常就是建设目标。

对于大规模的复杂系统，对总体的系统结构设计比计算算法和数据结构的选择更加重要。信息系统架构伴随技术发展和环境的变化，处于持续演进和发展中。

信息系统架构的六个理解：

（1）架构是对系统的抽象，内部实现的细节不属于架构。

（2）架构由多个结构组成，结构从功能角度描述元素间的关系。

（3）任何软件都存在架构，但不一定有对该架构的具体表述文档。

（4）元素及其行为的集合构成架构内容，静态方面关注系统的大粒度，动态方面关注系统关键行为的共同特征。

（5）架构具有基础性，涉及通用方案以及重要决策。

（6）架构隐含有决策，是架构设计师进行设计与决策的结果。

影响架构的因素包括：①项目干系人对软件系统的不同要求；②开发项目组不同人员的知识结构；③架构设计师素质与经验；④当前技术环境。

备考点拨

本考点学习难度星级：★★☆（适中），考试频度星级：★★☆（中频）。

本考点考查架构的基础概念以及对架构的理解。内容相对比较零碎些，其中相对大的知识块有对信息系统架构的六方面理解。提到架构，通常立马能够想到的是人体骨骼，骨骼就是人体的架构，对人体起着支撑作用。而信息系统架构也起到支撑作用，向上支撑组织的发展战略和业务架构，换种说法是，信息系统架构服务于发展战略、服务于业务架构，这是信息系统架构的定位。有了信息系统架构之后，就可以向下指导信息系统具体方案的实现，起到了承上启下的作用。

考题精练

1．以下关于信息系统架构的描述中，不正确的是（　　）。

A．太多的架构设计原则会降低架构的灵活性，通常将数目限制在 4 ～ 10 项

B．相关方高层领导提出的构想和愿景，通常不能直接作为建设目标

C．大规模的复杂系统，总体系统的结构设计比计算算法和数据结构选择更重要

D．信息系统集成架构和业务目标都服务于建设目标

【答案 & 解析】答案为B。建设目标是集成建设的最终目的，相关方高层领导提出的构想、愿景等通常就是建设目标。

2．以下不属于信息系统架构的是（　　）。

A．数据架构　　B．业务架构　　C．网络架构　　D．安全架构

【答案 & 解析】答案为B。信息系统架构通常包括系统架构、数据架构、技术架构、应用架构、网络架构和安全架构。

架构总体框架

【考点37】总体框架

考点精华

信息系统体系架构总体框架由战略系统、业务系统、应用系统和信息基础设施四个部分组成。这四个相互关联的组成部分与管理金字塔有着一致的层次，如图5-2所示。

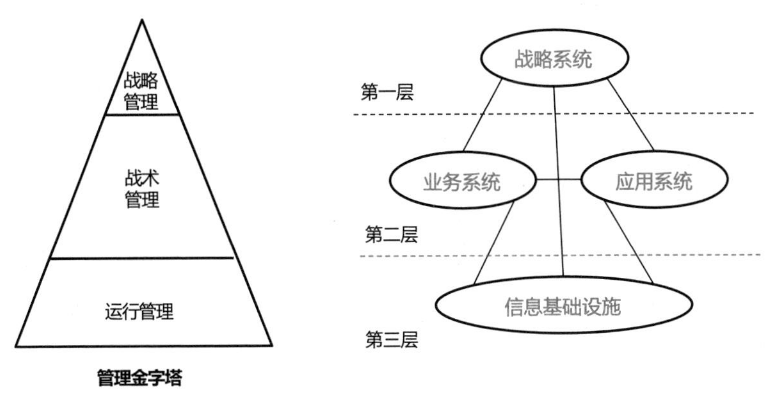

图5-2　信息系统体系架构总体框架

战略系统是与战略制定、高层决策有关的管理活动和计算机辅助系统。战略系统位于第一层，对应管理金字塔的战略管理层，战略系统由两个部分组成：以信息技术为基础的高层决策支持系统和战略规划体系，战略系统既向第二层的业务系统提出创新、重构与再造要求，也向第二层的应用系统提出集成要求。

第二层的业务系统和应用系统对应管理金字塔的战术管理层，业务系统在业务处理流程的优化上对组织进行管理控制和业务控制。

业务系统是由完成业务功能的各部分组成的系统。业务过程可以分解成一系列相互依赖的业务活动，业务活动的完成有先后次序，每个业务活动都有执行角色处理相关数据。

业务系统的作用是在组织战略指导下，对现有业务系统、过程和活动进行建模和业务过程优化重组，并对重组后的业务领域、过程和活动再次进行建模，进而确定出相对稳定的数据，以此数据为基础，进行应用系统开发和基础设施建设。

应用系统是信息系统中的应用软件部分。应用系统从架构视角包含内部功能实现部分和外部界面部分。

功能实现部分处理的数据相对变化较小，而程序算法和控制结构变化较多，主要由用户对应用系统功能需求的变化和对界面形式要求的变化引起；界面部分是应用系统中相对变化较多的部分，由用户对界面形式要求的变化引起。

第三层的信息基础设施对应管理金字塔的运行管理层，是组织实现信息化和数字化的基础，为应用系统和战略系统提供计算、传输和数据支持。同时也为组织业务系统实现重组提供有效、灵活响应的技术与管理支持平台。

信息基础设施分为技术基础设施、信息资源设施和管理基础设施三部分：①技术基础设施由计算机设备、网络、系统软件、支持性软件、数据交换协议等组成；②信息资源设施由数据与信息本身、数据交换的形式与标准、信息处理方法等组成；③管理基础设施指信息系统部门的组织架构、信息资源设施管理人员的分工、组织信息基础设施的管理方法与规章制度等。

备考点拨

本考点学习难度星级：★☆☆（简单），考试频度星级：★★★（高频）。

本考点考查信息系统体系架构总体参考框架，这个框架包含战略系统、业务系统、应用系统和信息基础设施四部分，考点的学习可以结合图形来理解，结合管理金字塔对比进行学习。

位于第一层的战略系统，与管理金字塔的战略管理层的功能类似，从图中可以看出，战略系统向下连接业务系统和应用系统，并且分别提出了不同的要求；业务系统和应用系统同在第二层，属于战术管理层，业务系统聚焦业务流程优化，应用系统聚焦 IT；信息基础设施处在第三层，相当于运行管理层。这是从整体角度，三层四类构成的总体框架图，需要学习掌握。

考题精练

1. 以下（　　）不属于信息系统体系架构总体参考框架中的信息基础设施。

A. 技术基础设施　B. 信息资源设施　C. 通信基础设施　D. 管理基础设施

【答案 & 解析】答案为 C。信息基础设施分为技术基础设施、信息资源设施和管理基础设施三部分。

物理架构

【考点 38】架构分类

考点精华

信息系统架构分为物理架构与逻辑架构，物理架构不考虑系统各部分的实际工作与功能，只抽象考查硬件系统的空间分布。逻辑架构是信息系统各种功能子系统的综合体。

1. 物理架构分为集中式与分布式两类。

（1）集中式架构。集中式架构是物理资源在空间上集中配置。最典型的集中式架构是早期的单机系统，另外分布在不同地点的多个用户通过终端共享资源的多用户系统，也属于集中式架构。

集中式架构的优点是资源集中、便于管理、资源利用率高。集中式架构的缺点是维护管理困难，难以调动用户在系统建设中的积极性，资源集中造成系统的脆弱和易瘫痪。

（2）分布式架构。分布式架构通过网络把不同地点的计算机硬件、软件和数据整合在一起，从而实现资源共享。

分布式架构的优点是可以根据需求来配置资源，提高了系统的应变能力，系统扩展方便，安全性好，某处节点出现的故障不会导致系统停摆。分布式架构的缺点是由于资源分散、协调困难，不利于对整个资源的规划与管理。

分布式架构分为一般分布式与客户端/服务器模式。一般分布式架构的服务器只提供软件、计算与数据服务，各计算机根据权限存取服务器上的数据与程序文件；客户端/服务器架构中的计算机分客户端与服务器两类。服务器包括文件服务器、数据库服务器、打印服务器等，用户通过客户端向服务器提出服务请求，服务器根据请求向用户提供经过加工的信息。

2．逻辑架构

信息系统的逻辑架构是功能综合体和概念性框架。信息系统通常包含多个功能子系统，每个子系统可以完成事务处理、操作管理、管理控制与战略规划等各层次的功能。每个子系统有自己的专用文件，有各自的应用系统，可以共享信息系统数据，可以调用公共程序以及系统模型库，子系统之间的联系通过网络与数据等接口实现。

3．系统融合

想要达到子系统之间的协调一致。就需要在构造时对子系统进行统一规划和整体融合，融合方式包括横向融合、纵向融合和纵横融合。

（1）横向融合将同一层次的职能与需求融合在一起。

（2）纵向融合是把某种职能和需求的各层次的业务组织在一起，纵向融合打通了上下级间的联系，能够形成一体化处理过程。

（3）纵横融合从信息模型和处理模型两方面进行融合，从而实现提取通用部分、信息集中共享和程序模块化。

备考点拨

本考点学习难度星级：★★☆（适中），考试频度星级：★★☆（中频）。

本考点考查信息系统架构分类，信息系统架构分为物理架构与逻辑架构，关于物理架构与逻辑架构的区别需要掌握，物理架构不考虑功能，只考虑硬件分布，逻辑架构正好相反，主要考虑功能。

物理架构分为集中式与分布式两类。同样的备考学习方法，需要掌握集中式和分布式物理架构各自的特点区别以及优缺点，同样对比起来学习效率会更好些。

逻辑架构的概念可以了解下，主要需知道其描述和包含了多种功能，从概念上对系统架构的功能组成进行了阐述。

系统融合需要知道三种融合方式，分别是横向融合、纵向融合和纵横融合。

考题精练

1．关于软件架构设计的描述，不正确的是（　　）。

A．软件架构设计的核心是实现架构级的软件重用

B．软件架构设计的重点是数据结构、算法和开发语言的选择

C．软件架构模式描述了某一特定应用领域中系统的组织方式

D．软件架构模式反映了应用领域中众多系统所共有的结构和特性

【答案 & 解析】答案为 B。在软件工程发展的初期，通常将软件设计的重点放在数据结构和算法的选择上。随着软件系统规模越来越大、越来越复杂，整个系统的结构设计和规范说明越来越重要，软件架构的重要性日益凸显。

2.（　　）是将系统整体分解为更小的子系统和组件，从而形成不同的逻辑层或服务。

A．系统架构　　B．系统功能　　C．系统函数　　D．系统模块

【答案 & 解析】答案为 A。系统架构是将系统整体分解为更小的子系统和组件，从而形成不同的逻辑层或服务。

【考点 39】常用架构模型

SOA 架构

考点精华

常用架构模型有单机应用模式、客户端 / 服务器模式、面向服务架构（SOA）模式、组织级数据交换总线四种。

单机应用模式最简单，运行在一台物理机器上的应用程序，单机应用模式的简单并不代表单机系统的简单，可能有时候单机系统会更加复杂。

客户端 / 服务器模式最常见。客户端 / 服务器模式的架构原理是客户端向服务器发送 TCP 或 UDP 包，服务器接收到请求并处理后，向客户端回送 TCP 或 UDP 数据包。作为最常见的客户端 / 服务器模式，通常一共包含如下四种模式：

1. 两层 C/S 结构。也就是“胖客户端”模式，也就是前台客户端 + 后台数据库管理系统的模式。

2. 三层 C/S 结构。三层 C/S 的前台界面与后台服务间必须通过协议进行通信，可以使用的协议如下所示。

（1）基于 TCP/IP 协议的情况下，适合功能简单的小型系统。

（2）前台与后台的通信通过自定义消息机制实现，基于此构建大型分布式系统。

（3）基于 RPC 编程。

（4）基于 CORBA/IIOP 协议。

（5）基于 Java RMI。

（6）基于 J2EE JMS。

（7）基于 HTTP 协议。

B/S 模式是典型的三层 C/S 结构应用模式。Web 浏览器是用于检索和显示，通过超文本传输协议 HTTP 与 Web 服务器相连，当 Web 浏览器连到服务器上请求文件或数据时，服务器处理后将文件或数据发送回浏览器。B/S 模式的浏览器与 Web 服务器之间的通信是 TCP/IP，但是将协议格式在应用层做了标准化，所以说 B/S 模式是采用了通用客户端界面的三层 C/S 结构。

3. 多层C/S结构。多层C/S结构指三层以上的结构，通常用得最多的是四层结构，分别为前台界面、Web服务器、中间件及数据库服务器。多层客户端/服务器模式用于较大规模的信息系统建设。相比多出的中间件层完成三方面工作：①提高系统可伸缩性，增加并发性能；②完成请求转发或与应用逻辑相关的处理，此时中间件可以作为请求代理或应用服务器；③增加数据安全性。

4. 模型-视图-控制器MVC模式。在J2EE架构中，View表示层指浏览器层，用于图形化展示请求结果；Controller控制器指Web服务器层，Model模型层指应用逻辑实现及数据持久化部分。MVC模式要求表示层（视图）与数据层（模型）代码分开，控制器用于连接不同的模型和视图。从分层体系角度看，MVC层次结构的控制器与视图处于Web服务器一层，根据模型是否将业务逻辑处理分离成单独服务处理，MVC可以分成三层或四层体系。

面向服务架构（SOA）模式最流行。面向服务架构的服务是指提供一组整体功能的独立应用系统，SOA将由多层服务组成的节点应用视为单一服务，支持两个多层C/S结构的应用系统间通信，面向服务架构的本质是消息机制或远程过程调用RPC，通常借助中间件实现SOA通信，Web Service是面向服务架构的最典型、最流行的应用模式。

组织级数据交换总线是不同组织应用间进行信息交换的公共通道。组织级数据交换总线同时具有实时交易与大数据量传输功能，但是通常企业数据交换总线主要为实时交易设计，对可靠的大数据量级传输需求往往单独设计。

备考点拨

本考点学习难度星级：★★★（困难），考试频度星级：★★★（高频）。

本考点考查四种常用的架构模型，分别是单机应用模式、客户端/服务器模式、面向服务架构（SOA）模式、组织级数据交换总线。单机应用模式和客户端/服务器模式相对比较简单，无论是工作生活中接触较多还是描述本身的简单化，都能够让学习理解没有难度，其中客户端/服务器模式包含的四种分类分别是：两层C/S结构、三层C/S结构、多层C/S结构和MVC模式。三层C/S结构的代表是B/S模式，多层C/S结构用得最多的是四层，分别为前台界面、Web服务器、中间件及数据库服务器。MVC模式的三个层需要掌握，分别是M模型层、V视图层、C控制层，另外还需要掌握MVC的特点，表示层（视图）与数据层（模型）代码分开，控制器用于连接不同的模型和视图。

面向服务架构（SOA）模式可能有过开发经验的同学比较熟悉，简单讲，面向服务的SOA架构就是对外提供一系列的服务接口，服务使用方不需要了解具体的内部实现，比如一部汽车，提供了行驶、转向、刹车、智能辅助驾驶等驾驶服务，但是驾驶员不需要了解其工作原理。面向服务架构的典型代表是Web Service。组织级数据交换总线可以不严谨地理解为一条做数据交换的通道线，这条通道线具备实时交易与大数据量传输的功能。

考题精练

1. 在客户端/服务器模式（Client/Server，C/S）中，（ ）主要负责数据操作和事务处理。

A. 网络　　B. 客户端　　C. 服务器　　D. 用户

【答案 & 解析】答案为 C。客户端 / 服务器模式将应用一分为二，服务器作为后台负责数据操作和事务处理，客户作为前台完成与用户的交互任务。

集成架构演进

【考点 40】集成架构演进

考点精华

集成架构的演进路线为：以应用功能为主线架构、以平台能力为主线架构和互联网为主线架构。主线架构的选择取决于企业业务发展的程度，也就是企业数字化转型的成熟度。

1．以应用功能为主线架构。对于中小型或者处于信息化、数字化初期的工业企业而言，往往采用直接采购成熟应用软件的模式，也就是以应用功能为主线架构的模式。因为企业在该阶段重点关注的是职能的细化分工以及行业最佳实践导入。此时组织的信息化建设往往以部门或职能为单元，采用统一规划、分步实施的方式进行，核心关注点在信息系统的软件功能。

2．以平台能力为主线架构。随着工业企业的发展和数字化转型成熟度的提升，企业会从直接获取行业最佳实践，进入自主知识沉淀和自主创新的阶段。在这个阶段，企业开始构建以平台化为基础，支持应用功能快速定制的架构，也就是以平台能力为主线的系统集成架构。以平台能力为主线的架构将“竖井式”信息系统，转化为“平层化”建设方法，包括数据采集平层化、网络传输平层化、应用中间件平层化、应用开发平层化，并通过标准化接口实现信息系统的弹性和敏捷能力。

3．以互联网为主线架构。当企业发展到产业链或生态链阶段，成为多元的集团化企业，企业开始寻求向以互联网为主线的系统集成架构方向转移。以互联网为主线的系统集成架构，强调将信息系统功能最大限度地 App 化，也就是微服务化，通过 App 的编排与组合，生成可以适用各类成熟度的企业应用。

备考点拨

本考点学习难度星级：★☆☆（简单），考试频度星级：★★★（高频）。

本考点考查集成架构的演进路线，从最开始的以应用功能为主线架构，演进到以平台能力为主线架构，最后演进到以互联网为主线架构。三个架构演进路线的学习，重点是要掌握其架构演进特点以及适用的企业阶段。

最开始的阶段是以应用功能为主线架构，通常中小型工业企业或者处于信息化、数字化发展初期的工业企业用得最多，对类似这样的企业，野蛮发展是第一位，所以什么快就用什么，拿来主义自然最快，所以这样的企业喜欢直接采购成套且成熟的应用软件。

但是简单粗暴的买买买会给未来埋雷，企业发展到一定程度，信息化数字化能力提升到一定程度，就会发现之前买买买的众多系统，形成了一口口难以协同的竖井、一座座孤岛，无法满足数据共享和集成的需求，此时集成架构就需要过渡到以平台能力为主线架构的模式。

段位更高的是以互联网为主线架构，当企业言必谈产业链或者生态链，当企业已经成为复杂多元的集团化企业时，当以平台能力为主线的架构无法满足企业需求时，就可以考虑演进到互联网为主线的架构。简单来讲，可以理解以互联网为主线的架构，是把组织各项业务职能细化拆分，之后进行数字化封装，通过云、边、端的融合，实现对职能或工艺活动的动态重组和编排，达到对不同成熟度组织的适配目的。

考题精练

1. 集成架构的演进路线中，不包括以（　　）为主线架构。

A. 应用功能　　B. 平台能力　　C. 面向服务　　D. 互联网

【答案 & 解析】答案为C。集成架构的演进路线为：以应用功能为主线架构、以平台能力为主线架构和互联网为主线架构。

【考点41】TOGAF架构开发方法

TOGAF架构开发方法

考点精华

TOGAF是一种开放式企业架构框架标准，该框架通过四个目标帮助企业解决所有关键业务需求：

1. 确保从关键利益相关方到团队成员的所有用户都使用相同语言。
2. 避免被“锁定”到企业架构的专有解决方案。
3. 节省时间和金钱，更有效地利用资源。
4. 实现可观的投资回报（ROI）。

TOGAF 9版本包括六个组件：

1. 架构开发方法。TOGAF架构开发方法ADM是TOGAF的核心，ADM是开发企业架构的分步方法。
2. ADM指南和技术。包含一系列可用于应用ADM的指南和技术。
3. 架构内容框架。描述了TOGAF内容框架，包括架构工件的结构化元模型、可重用架构构建块（ABB）的使用以及典型架构可交付成果的概述。
4. 企业连续体和工具。用于对企业内部架构活动的输出进行分类和存储。
5. TOGAF参考模型。提供了TOGAF技术参考模型和集成信息基础设施参考模型。
6. 架构能力框架。在企业内建立和运营架构实践所需的组织、流程、技能、角色和职责。

TOGAF框架的核心思想是：

1. 模块化架构。TOGAF标准采用模块化结构。
2. 内容框架。TOGAF内容框架为架构产品提供了详细的模型。
3. 扩展指南。为大型组织的内部团队开发多层级集成架构提供支持。
4. 架构风格。TOGAF标准在设计上注重灵活性，可用于不同的架构风格。
5. TOGAF的关键是架构开发方法ADM，ADM是可靠、行之有效的方法，满足商务需求的组织架构。

架构开发方法ADM的生命周期划分为预备阶段、需求管理、架构愿景、业务架构、信息系统架构（应用和数据）、技术架构、机会和解决方案、迁移规划、实施治理、架构变更治理十个阶段。ADM方法被迭代式应用在架构开发的整个过程、阶段之间和阶段内部，在ADM的全生命周期中，每个阶段都会根据原始业务需求对设计结果进行确认，而且要考虑到架构资产重用，具体阶段的活动内容见表 5-1。

表 5-1 ADM 架构设计方法各阶段主要活动

ADM 阶段	ADM 阶段内的活动
预备阶段	定义组织机构、特定的架构框架、架构原则和工具
需求管理	需求的识别、保管和交付；优先级顺序
阶段 A：架构愿景	定义利益相关者、确认上下文环境、创建工作说明书、取得批准
阶段 B：业务架构 阶段 C：信息系统架构（应用和数据） 阶段 D：技术架构	从业务、信息系统和技术三个层面进行架构开发：基线架构描述，目标架构描述，差距分析
阶段 E：机会和解决方案	初步实施规划、确认交付物形式、确定项目、项目分组并纳入过渡架构、决定途径和有限顺序
阶段 F：迁移规划	绩效分析和风险评估，制订详细的实施和迁移计划
阶段 G：实施治理	合同和监测实施项目
阶段 H：架构变更治理	持续监测和变更管理

ADM 有三个级别的迭代概念：

1. 基于 ADM 整体的迭代。用环形的方式应用 ADM 方法，一个架构开发工作阶段完成后，直接进入随后的下一个阶段。

2. 多个开发阶段间的迭代。在完成技术架构阶段的工作后，又重新回到业务架构开发阶段。

3. 在一个阶段内部的迭代。TOGAF 支持一个阶段内部的多个开发活动，对复杂的架构内容进行迭代开发。

备考点拨

本考点学习难度星级：★★★（困难），考试频度星级：★★☆（中频）。

本考点考查 TOGAF 及其 ADM 架构开发方法。TOGAF 是开放式企业架构框架标准，由国际组织 The Open Group 制定，主要用于设计、评估和建立企业架构。TOGAF 的四个目标、六个组件和五点思想需要了解。但是说实话，如果你过去没有 TOGAF 或企业架构相关经验，理解起来并不容易，因为 TOGAF 本身就是资格证书考试，其中的内容博大精深，针对软考中级而言，单纯记下来或者有个眼熟可能是更好的应对。

相比 TOGAF 而言，更加重视的是 TOGAF 的核心 ADM，ADM 方法是 TOGAF 的架构开发方法，是 TOGAF 规范中最为核心的内容，架构开发方法 ADM 的生命周期一共有十个阶段和三个级别的迭代，十个阶段以及每个阶段的活动需要尽量在理解的前提下去掌握，十个阶段活动看起来比较多，其实有其较为明显的逻辑规律。

首先做架构之前，需要提前准备好，也就是预备阶段；准备好之后先别着急开始企业架构的开发，先要思考架构愿景，为后续的架构具体设计规划指明方向和最基本的原则，对应的是架构愿景阶段；企业架构通常包含三大类，分别是业务架构、信息系统架构和技术架构，信息系统架构又分为应用架构和数据架构，这几类架构有先后的逻辑关系，先规划业务架构，因为信息系统架构和技术架构服务于业务架构，之后才是信息系统架构，最后是技术架构；三大类架构设计完成后，步入机会及解决方案和迁移规划阶段，主要是根据架构设计做具体的方案和迁移规划；有了方案及规划之后，接下来就是具体的实施治理工作，在这个过程中有可能会发生变更，就需要对应做架构变更管理。前面讲的一系列阶段，都有唯一的核心，就是需求管理。这就是十个阶段的逻辑规律，捋清了规律，学习记忆起来效果会更好。

考题精练

1．以下关于 TOGAF 架构的描述中，不正确的是（　　）。

A．TOGAF 标准采用了模块化结构，为大型组织的内部团队开发多层级集成架构提供支持

B．架构开发方法 ADM 主要用于架构开发的整个过程和阶段之间，通常不用于阶段内部

C．TOGAF 确保从关键利益相关方到团队成员的所有用户都使用相同语言

D．TOGAF 标准在设计上注重灵活性，可用于不同的架构风格

【答案 & 解析】答案为 B。ADM 方法被迭代式应用在架构开发的整个过程、阶段之间和阶段内部，在 ADM 的全生命周期中，每个阶段都会根据原始业务需求对设计结果进行确认，而且要考虑到架构资产重用。

【考点 42】价值驱动的体系结构

价值模型和体系结构联系

考点精华

价值模型核心特征简化为三种基本形式：价值期望值、反作用力和变革催化剂。反作用力和变革催化剂称为限制因素，这三个统称价值驱动因素。

1．价值期望值。价值期望值表示对某一特定功能的需求，包括内容（功能）、满意度（质量）和不同级别质量实用性。

2．反作用力。实现某种价值期望值的难度，通常期望越高难度越大，即反作用力越大。

3．变革催化剂。环境中导致价值期望值发生变化的事件，或者导致不同结果的限制因素。

体系结构挑战是因为一个或多个限制因素，使得满足一个或多个期望值变得困难。识别体系结构挑战涉及的评估如下：

1．哪些限制因素影响了期望值。

2．这些限制因素满足期望值更容易还是更难，也就是积极影响还是消极影响。

3．各种影响的影响程度如何。

在制订系统的体系结构策略开始前，需要进行如下四项工作：

1．识别合适的价值背景并进行优先化。

2．在背景中定义效用曲线和优先化期望值。

3．识别和分析背景中的反作用力和变革催化剂。

4．检测限制因素使其满足期望值变难的领域。

对重要性、程度、后果和隔离四个因素进行权衡，有助于优先化体系结构：

1．重要性。受挑战影响的期望值优先级高低代表重要性。

2．程度。限制因素对期望值产生的影响程度。

3．后果。可供选择的方案数量，以及方案难度或有效性的差异大小。

4．隔离。最现实方案的隔离情况。

价值模型和软件体系结构的联系有如下九点：

1．软件密集型产品和系统的存在是为了提供价值。

2．价值是个标量，融合了对边际效用的理解和诸多不同目标之间的相对重要性。

3．价值存在于多个层面，某些层面包含了目标系统，并将其作为价值提供者。

4．层次结构中高于上述层面的价值模型可以导致下层价值模型发生变化，这是制定系统演化原则的重要依据。

5．每个价值群的价值模型都是同类，暴露于不同环境条件的价值背景具有不同的期望值。

6．对于满足不同价值背景需要，系统的开发赞助商有不同的优先级。

7．体系结构挑战是由环境因素在某一背景中对期望的影响引起。

8．体系结构方法试图通过首先克服最高优先级体系结构挑战来实现价值最大化。

9．体系结构策略通过总结共同规则、政策和组织原则、操作、变化和演变从最高优先级体系结构方法综合得出。

备考点拨

本考点学习难度星级：★★★（困难），考试频度星级：★★☆（中频）。

本考点考查价值驱动的体系结构。本考点涉及的条目比较多，比如价值驱动因素涉及价值期望值、反作用力和变革催化剂三项；识别体系结构挑战的评估涉及三项；制订系统体系结构策略开始前的工作涉及四项；优先化体系结构涉及的权衡因素为四项；价值模型和软件体系结构的联系涉及九项。这么多条目中，建议掌握价值驱动因素和体系结构优化权衡因素，其他的达到了解程度即可。

考题精练

1．价值模型的驱动因素不包括（　　）。

A．价值期望值　　　　B．作用力

C．反作用力　　　　　D．变革催化剂

【答案 & 解析】答案为B。价值模型核心特征简化为三种基本形式：价值期望值、反作用力和变革催化剂。反作用力和变革催化剂称为限制因素，这三个统称价值驱动因素。

【考点43】四类架构的设计原则

技术架构设计原则

考点精华

应用架构、数据架构、技术架构和网络架构是架构设计的不同方面，分别有其对应的差异化设计原则。

1．应用架构的设计原则

应用架构是规划出目标应用分层分域架构，根据业务架构规划目标应用域、应用组和目标应用组件，形成目标应用架构逻辑视图和系统视图。应用架构规划设计的基本原则有：业务适配性原则、应用聚合化原则、功能专业化原则、风险最小化原则和资产复用化原则。

（1）业务适配性原则。应用架构的使命是服务并提升业务能力，支撑组织业务或技术发展战略目标，同时应用架构需要具备一定的灵活性和可扩展性，以适应未来业务架构发展的变化。

（2）应用聚合化原则。通过整合部门级应用，解决应用系统多、功能分散、重叠、界限不清的问题，推动组织级应用系统建设。

（3）功能专业化原则。应用规划需要遵守业务功能聚合性，建设与应用组件对应的应用系统，满足不同业务条线需求，实现专业化发展。

（4）风险最小化原则。降低系统间耦合度，提高单应用系统的独立性，减少应用系统间的相互依赖，保持系统层级、系统群组之间的松耦合，规避单点风险，降低系统运行风险，保证应用系统安全稳定。

（5）资产复用化原则。推行架构资产的提炼和重用，满足快速开发和降低开发与维护成本的要求。通过资产复用，使架构具备足够的弹性，从而满足不同业务条线的差异化需求。

对应用架构进行分层的目的是要实现业务与技术分离，降低各层之间的耦合性，提高灵活性，有利于进行故障隔离，实现架构松耦合。应用分层可以体现以客户为中心的系统服务和交互模式，提供面向客户服务的应用架构视图。

对应用分组的目的是要体现业务功能的分类和聚合，从而具有紧密关联的应用或功能就可以内聚为一个组，实现系统内的高内聚，系统间的低耦合，进而减少重复建设。

2．数据架构的设计原则

数据架构描述了逻辑数据资产、物理数据资产和数据管理资源结构。数据架构的设计原则有如下五点：

（1）数据分层原则。数据分层原则解决层次定位合理性问题。除了给每个层次进行定位，还需要对每个层次的建设目标、设计方法、模型、数据存储策略及对外服务原则进行约束性定义和控制。

（2）数据处理效率原则。所有的数据存储和处理都有代价，数据处理的代价是数据存储与数据变迁成本，所以数据处理效率原则并不是追求高效率，而是追求合理。影响数据处理效率的是大规模原始数据的存储与处理。

（3）数据一致性原则。大多数的数据不一致是因为数据架构不合理导致。在数据架构中减少数据重复加工和冗余存储，是保障数据一致性的关键。

（4）数据架构可扩展性原则。架构的可扩展性原则依赖基于分层定位的合理性原则，同时也可以从数据存储模型和数据存储技术方面考虑，提升架构的可扩展性。

（5）服务于业务原则。数据架构、数据模型、数据存储策略等的最终目标都是服务业务。当面临满足业务特殊目标时，可以为了业务体验放弃之前的某些原则。

3．技术架构的基本原则

技术架构的设计原则有如下五点：

（1）成熟度控制原则。在选择技术时，优先使用成熟度较高但还处在活跃期的信息技术。如果需要使用新技术，需要相关技术人员持续跟踪对应的新技术，跟踪新技术及其应用的成熟情况，以及新技术潜在的安全漏洞和结构性风险。

（2）技术一致性原则。尽量减少技术异构，尽量只用相同的技术版本，充分发挥技术及其组合的一致性。

（3）局部可替换原则。在迭代更新技术架构时，需要考虑现有技术的使用、重用或再创新情况，需要考虑技术是否长期使用，技术退役对信息系统造成的影响，哪些技术可以用于替代该技术。

（4）人才技能覆盖原则。关注组织可用人才对技术的驾驭能力，人才可以是组织的人才，也可以是相关合作伙伴的人才。

（5）创新驱动原则。充分挖掘技术的创新价值，重点是能够形成促进乃至引领的技术。

4．网络架构的基本原则

网络架构的设计原则突出高可靠性、高安全性、高性能、可管理性、平台化和架构化五方面。

（1）高可靠性。网络作为底层资源调度和服务传输的枢纽和通道，对高可靠性要求显而易见。

（2）高安全性。网络需要对信息系统的安全性提供基础的安全防护。

（3）高性能。网络不仅是服务传递通道，更是资源调度枢纽，而网络性能和效率是提供优质服务质量的保证。

（4）可管理性。网络的可管理性不仅指网络自身管理，更指基于业务部署策略的网络快速调整和管控。

（5）平台化和架构化。作为底层基础资源的网络需要适应未来应用架构的变化，网络自身更加弹性，做到按需扩展，适应未来业务规模变化和发展。

备考点拨

本考点学习难度星级：★★☆（适中），考试频度星级：★★★（高频）。

本考点考查四类架构的设计原则，四类架构分别是应用架构、数据架构、技术架构和网络架构。这四类架构的设计原则建议在理解中记忆，而想要理解四类架构的设计原则，前提是先理解这四类架构。

应用架构距离用户最近，因为应用架构从功能视角出发描述，所以相对好理解些。应用架构的主要内容是规划出目标应用的分层分域架构，这里包含了两个动作：一个是分层；另一个是分领域。根据业务架构规划目标应用域、应用组和目标应用组件，形成目标应用架构逻辑视图和系统视图。

应用架构之后是数据架构，数据架构描述组织的逻辑和物理数据资产以及相关数据管理资源的结构，从定义来看数据架构关注三个要点：逻辑数据资产、物理数据资产和数据管理资源。在设计数据架构时，要关注数据的全生命周期，从数据的产生到数据的消亡都需要关注，数据的生命周期通常经过六个阶段，分别是数据的产生、流转、整合、应用、归档和消亡，数据架构在这个全生命周期中，会关心数据的特征、类型、数据量、数据处理、管控策略等维度的状态。

技术架构是应用架构和数据架构的基础，单单从名字就可以看出，技术架构关注技术，关注技术体系、关注技术组合，以及配套的基础设施和环境。

网络是信息技术架构的基础，所以对应的设计原则都是围绕推动基础架构提供高质量的服务展开。

考题精练

1．应用架构的设计原则不包括（　　）。

A．服务业务化原则　　B．功能专业化原则

C．风险最小化原则　　D．资产复用化原则

【答案 & 解析】答案为 A。应用架构规划设计的基本原则有：业务适配性原则、应用聚合化原则、功能专业化原则、风险最小化原则和资产复用化原则。

【考点 44】四类局域网架构的特点

局域网特点

考点精华

1．局域网的特点。局域网由计算机、交换机、路由器等设备组成，指计算机局部区域网络，是单一组织所拥有的专用计算机网络，特点包括：

（1）覆盖地理范围小，通常限定在相对独立的范围内，如一座建筑或集中建筑群内。

（2）数据传输速率高。

（3）低误码率，可靠性高。

（4）支持多种传输介质，支持实时应用。

局域网的网络拓扑结构包括：总线、环型、星型、树状类型。局域网的架构包括：单核心架构、双核心架构、环型架构、层次局域网架构。按传输介质分局域网分为两类，分别是有线局域网和无线局域网。

2．单核心局域网的核心设备是一台核心二层或三层交换设备，通过接入交换设备将用户设备连接到网络中，如图 5-3 所示。

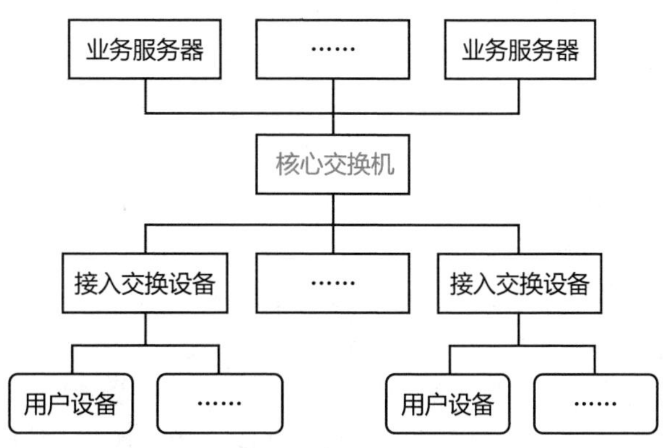

图 5-3　单核心局域网

单核心局域网的三个特点如下：

（1）核心交换设备采用二层、三层及以上交换机；如采用三层以上交换机可划分成 VLAN，VLAN 内采用二层数据链路转发，VLAN 之间采用三层路由转发。

（2）接入交换设备采用二层交换机，仅实现二层数据链路转发。

（3）核心交换设备和接入设备之间可采用 100M/GE/10GE 等以太网连接。

单核心局域网的优点是网络结构简单，节省设备投资。缺点是地理范围受限，使用局域网的分项组织需要分布紧凑；核心网交换设备存在单点故障，容易导致网络整体或局部失效，另外网络扩展能力有限。对于较小规模的网络，采用单核心局域网架构的用户设备可直接与核心交换设备互联，进一步减少投资成本。

3．双核心架构指核心交换设备采用三层及以上交换机，如图 5-4 所示。核心交换设备和接入设备之间采用 100M/GE/10GE 等以太网连接。网络内划分 VLAN 时，各 VLAN 之间访问需通过两台核心交换设备来完成。网络中仅核心交换设备具备路由功能，接入设备仅提供二层转发功能。

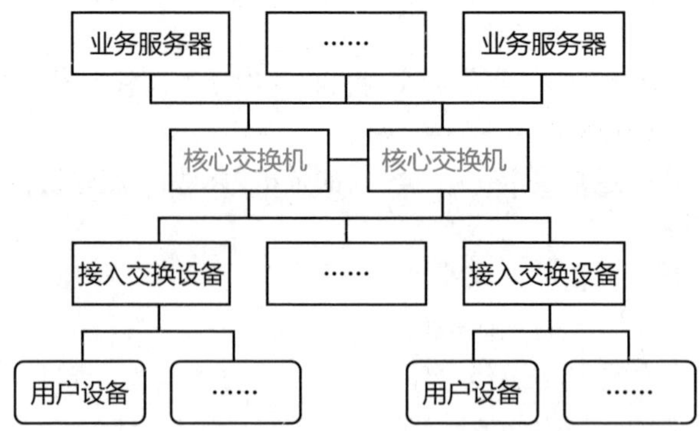

图 5-4　双核心局域网

核心交换设备之间通过互联实现网关保护或负载均衡，网络拓扑结构可靠，在业务路由转发上可实现热切换。设备投资相比单核心局域网高，对核心交换设备的端口密度要求较高。

4．环型局域网由多台核心交换设备连接成双 RPR 动态弹性分组环构建网络核心。核心交换设备采用三层或以上交换机提供业务转发功能，如图 5-5 所示。

RPR 具备自愈保护功能，节省光纤资源，提供多等级、可靠的 QoS 服务、带宽公平机制和拥塞控制机制等。RPR 环双向可用，每根光纤可同时传输数据和控制信号。RPR 利用空间重用技术，使得环上的带宽得以有效利用。

RPR 组建的大规模局域网，多环之间只能通过业务接口互通，不能实现网络直接互通。环型局域网设备投资比单核心局域网的高。核心路由冗余设计实施难度较高，且容易形成环路。

5．层次局域网架构由核心层交换设备、汇聚层交换设备和接入层交换设备以及用户设备等组成，如图 5-6 所示。核心层设备提供高速数据转发功能；汇聚层设备的接口实现与接入层之间的互访控制，汇聚层提供不同接入设备的业务交换功能，能够减轻对核心交换设备的转发压力；接入层设备实现用户设备接入。

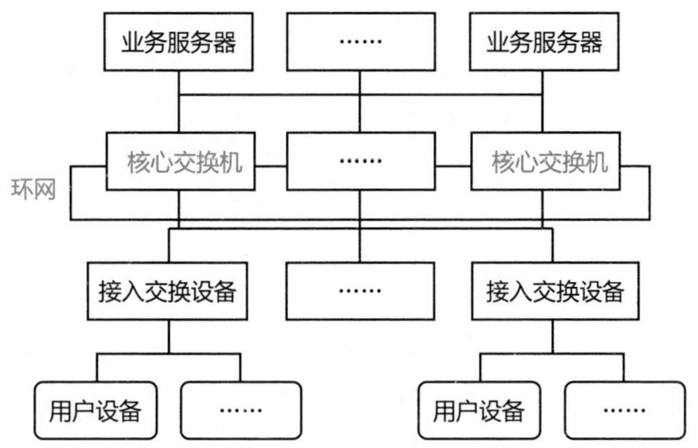

图 5-5　环型局域网

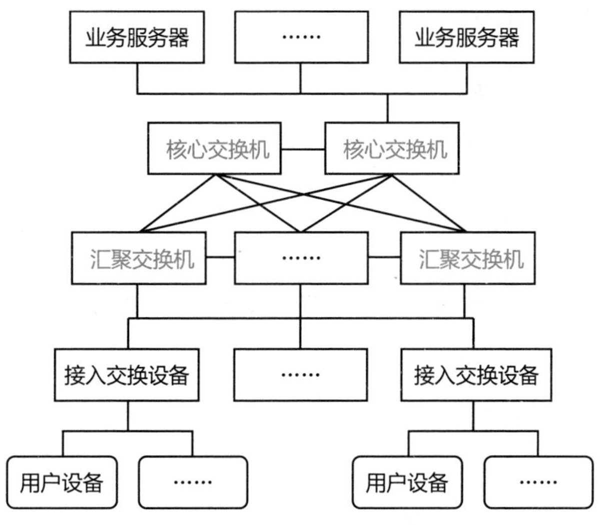

图 5-6　层次局域网

层次局域网网络拓扑易扩展，网络故障可分级排查、便于维护。层次局域网通过与广域网的边界路由设备接入广域网，实现局域网和广域网业务互访。

备考点拨

本考点学习难度星级：★★★（困难），考试频度星级：★★★（高频）。

本考点考查局域网的特点以及四类局域网架构，局域网在日常工作中经常接触，最常见、最经典的局域网就是公司内网，在公司内部访问同一栋办公楼的其他电脑、打印机等，就是通过局域网，而在公司上网，也是通过公司内部的局域网访问外面的互联网。局域网的四个特点可以完全结合公司内网来理解。关于局域网的拓扑结构、架构类型和传输介质需要掌握，其中最重要的是四类局域网架构：单核心架构、双核心架构、环型架构和层次局域网架构。

这四类架构的区别主要在中间层的核心交换机，单核心架构只有一台核心交换机，这台核心交换机充当了单核心架构的核心设备。双核心架构和单核心架构的区别非常明显，双核心架构多了一台核心交换机，所以才叫作双核心架构，其他的和单核心架构一模一样。环型架构的区别同样也在中间层的核心交换机，环型架构的核心交换机更多，多台核心交换机在环型架构中组成一个圆圈的环网，环型架构由此得名。层次局域网的区别同样在中间层的交换机，只不过相比之前讲的架构，层次局域网的中间层拆分成了核心交换机和汇聚交换机，其他的接入层交换设备以及用户设备和之前讲的其他架构没有区别。

简单总结下单核心架构、双核心架构、环型架构和层次局域网架构的区别主要在中间层的核心交换机。单核心架构只有 1 台核心交换机，双核心架构有 2 台核心交换机，环型架构由多台核心交换机组成 RPR 环网，层次局域网架构除了核心交换机层之外，多出了汇聚交换机层。另外四类架构的优缺点也同样需要掌握。

考题精练

1．以下关于局域网架构的描述中，错误的是（　　）。

A．单核心局域网的接入交换设备采用二层交换机，仅实现二层数据链路转发

B．层次局域网架构由核心层交换设备、汇聚层交换设备和接入层交换设备以及用户设备等组成

C．环型局域网由多台核心交换设备连接成双 RPR 动态弹性分组环构建网络核心

D．RPR 组建的大规模局域网，多环之间可以通过业务接口互通，也可以通过网络直接互通

【答案 & 解析】答案为 D。RPR 组建的大规模局域网，多环之间只能通过业务接口互通，不能实现网络直接互通。

【考点 45】六类广域网架构的特点

层次子域广域网

考点精华

广域网是分布比局域网络更广的网络，由通信子网与资源子网组成。通信子网将不同地区的局域网或计算机系统连接起来，实现资源子网的共享。广域网属于多级网络，通常由骨干网、分布网、接入网组成，如果网络规模较小，也可仅由骨干网和接入网组成。

1．单核心广域网

单核心广域网由一台核心路由设备和各局域网组成，核心路由设备采用三层及以上交换机，网络内各局域网之间不设立其他路由设备，访问需要通过核心路由设备，各局域网至核心路由设备采用广播线路，如图 5-7 所示。

单核心广域网网络结构简单，节省设备投资。各局域网访问核心局域网以及相互访问效率高。新局域网接入广域网较为方便，只要核心路由设备有端口即可。不过核心路由设备存在单点故障，容易导致整网失效。网络扩展能力欠佳，对核心路由设备端口密度要求较高。

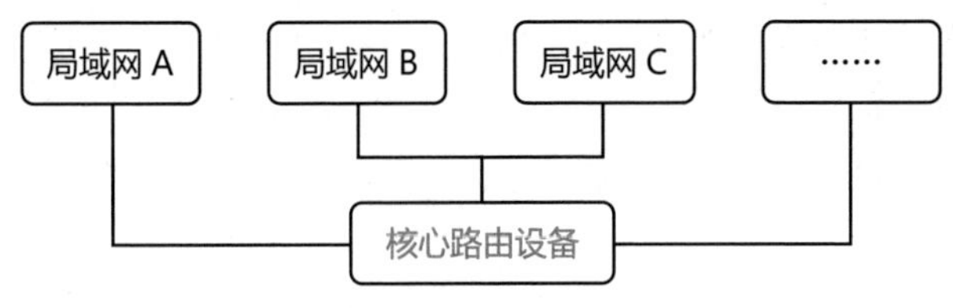

图 5-7 单核心广域网

2．双核心广域网

双核心广域网由两台核心路由设备和各局域网组成，双核心广域网的核心路由设备采用三层及以上交换机。网络内各局域网之间不设立其他路由设备，访问需经过两台核心路由设备，如图 5-8 所示。

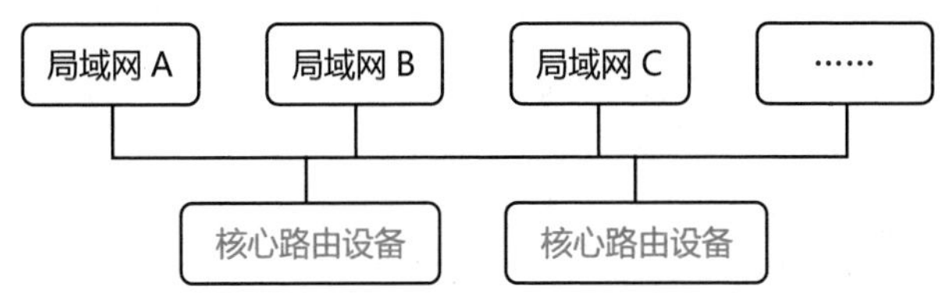

图 5-8 双核心广域网

两台核心路由设备实现网关保护或负载均衡，可靠性更高，路由层面可实现热切换，提供业务连续性访问能力。在核心路由设备接口有预留情况下，新的局域网可方便接入。不过设备投资较单核心广域网高，核心路由设备的路由冗余设计实施难度较高，容易形成路由环路，网络对核心路由设备端口密度要求较高。

3．环型广域网

环型广域网采用三台以上核心路由器设备构成路由环路，连接各局域网，实现广域网业务互访，环型广域网的核心路由设备采用三层或以上交换机。网络内各局域网之间不设立其他路由设备，访问需经过核心路由设备，如图 5-9 所示。

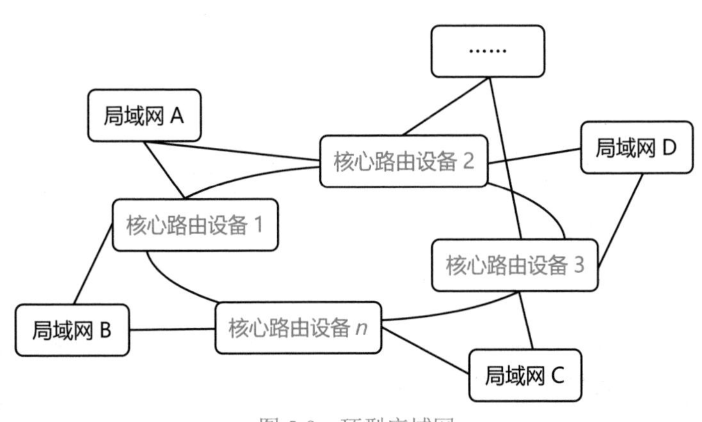

图 5-9 环型广域网

核心路由设备之间实现网关保护或负载均衡，同时具备环路控制功能，可靠性更高，路由层面可实现热切换。设备投资比双核心广域网高，核心路由设备的路由冗余设计实施难度较高，容易形成路由环路。环型拓扑结构需要占用较多端口，网络对核心路由设备端口密度要求较高。

4．半冗余广域网

半冗余广域网由多台核心路由设备连接各局域网，任意核心路由设备至少存在两条以上连接至其他路由设备的链路，如图5-10所示。如果任何两个核心路由设备之间均存在链接，则属于全冗余广域网，是半冗余广域网的特例。

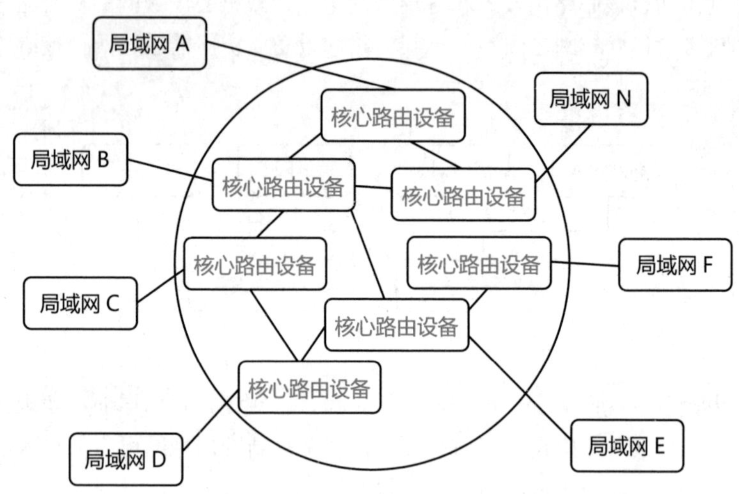

图5-10　半冗余广域网

半冗余广域网结构灵活、扩展方便，部分网络核心路由设备实现网关保护或负载均衡，同时具备环路控制功能，可靠性更高。网络结构呈网状，各局域网访问核心局域网以及相互访问存在多条路径，可靠性高，路由选择灵活。不过网络结构零散，不便于管理和排障。

5．对等子域广域网

对等子域广域网通过将广域网的路由设备划分成两个独立子域，每个子域路由设备采用半冗余方式互连。两个子域之间通过一条或多条链路互连，对等子域中任何路由设备都可接入局域网络，如图5-11所示。

对等子域间的互访以对等子域间互连链路为主，路由控制灵活。不过域间路由冗余设计实施难度较高，容易形成路由环路，存在发布非法路由的风险。对域边界路由设备的路由性能要求较高，网络中路由协议以动态路由为主。对等子域适合于广域网可以明显划分为两个区域，且区域内部访问较为独立的场景。

6．层次子域广域网

层次子域广域网将大型广域网路由设备划分成多个独立子域，每个子域内路由设备采用半冗余方式互连，多个子域之间存在层次关系，高层次子域连接多个低层次子域。层次子域中任何路由设备都可以接入局域网，如图5-12所示。

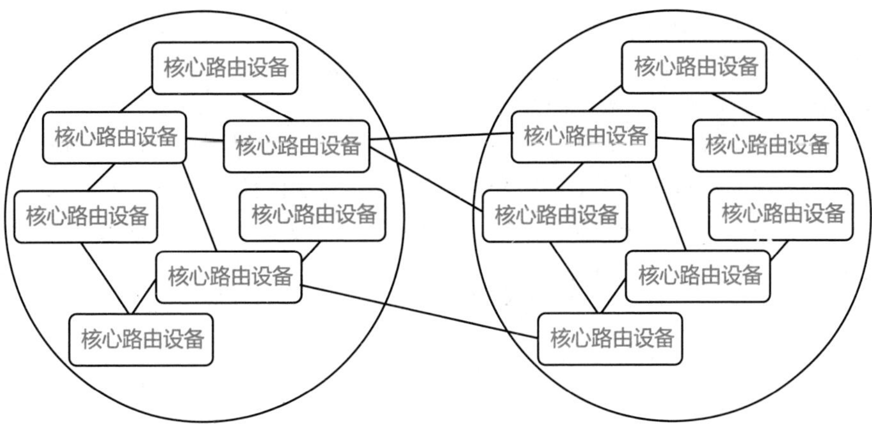

图 5-11　对等子域广域网

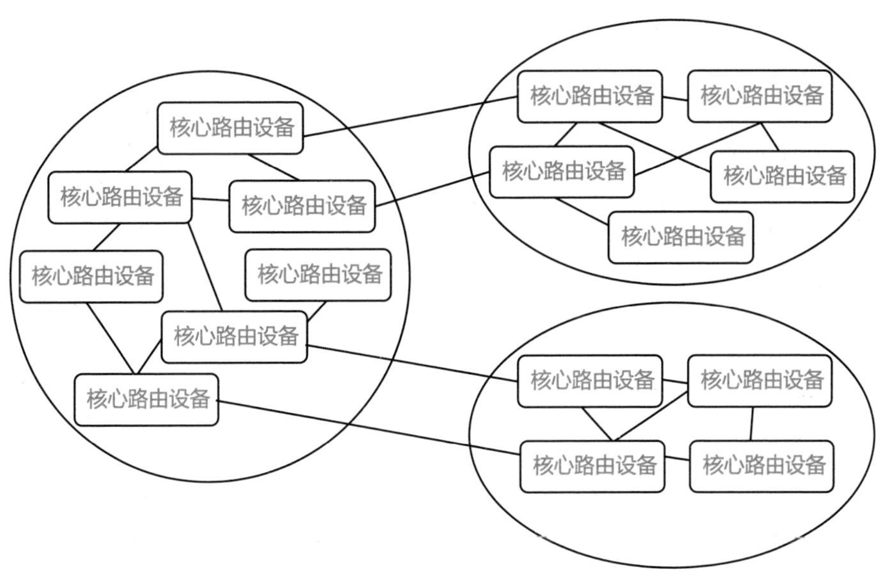

图 5-12　层次子域广域网

层次子域结构具有较好的扩展性，低层次子域之间互访需要通过高层次子域完成。域间路由冗余设计实施难度较高，容易形成路由环路，存在发布非法路由的风险。

备考点拨

本考点学习难度星级：★★★（困难），考试频度星级：★★★（高频）。

本考点考查广域网架构，广域网架构多达六种，分别是单核心广域网、双核心广域网、环型广域网、半冗余广域网、对等子域广域网和层次子域广域网。从名字中的“广”字可以看出来，广域网应用在更广阔的区域，属于多级网络，多级指的是广域网是由骨干网、分布网和接入网组成，当然如果规模不大，也可以省掉分布网，直接用骨干网和接入网搭建广域网。

单核心广域网只有一台核心路由设备，这台核心路由设备使用了三层及以上的交换机，剩下的就是各个局域网。双核心广域网和单核心广域网的区别是，双核心广域网多了一台核心路由设备，一共有 2 台，2 台核心路由设备的好处是，彼此之间可以实现网关保护或负载均衡。环型广域网的核心路由设备同样采用三层及以上交换机，最典型的特征是用三台以上组成路由环路，围了一个小圈圈。半冗余广域网最明显的特征是，任意核心路由设备至少存在两条以上连接至其他路由设备的链路。对等子域广域网有两个独立的子域，每个子域的核心路由设备都通过半冗余方式互连，子域之间通过一条或多条链路互连，两个子域中的任何路由设备都可接入局域网。层次子域广域网将一个大型的广域网路由设备，划分成了多个独立的子域，每个子域内的路由设备采用半冗余方式互连，多个子域之间存在层次关系，高层次子域连接多个低层次子域。

学习广域网的六种架构，一定要结合架构图来理解其特征，理解其优势和不足。

考题精练

1. 以下关于广域网架构的描述中，错误的是（　　）。

   A. 广域网通常由骨干网、分布网和接入网组成，而且缺一不可

   B. 单核心广域网网络内各局域网之间的访问需要通过核心路由设备

   C. 对等子域广域网通过将广域网的路由设备划分成两个独立子域，每个子域路由设备采用半冗余方式互连

   D. 半冗余广域网的网络结构零散，不便于管理和排障

【答案 & 解析】答案为 A。广域网属于多级网络，通常由骨干网、分布网、接入网组成，如果网络规模较小，也可仅由骨干网和接入网组成。

【考点 46】移动通信网架构

5GS 与 DN 网络

考点精华

5G 常用业务应用方式包括：5GS（5G System）与 DN 互连、5G 网络边缘计算。

5GS 需要 DN 网络、专用网络等互连来为移动终端用户（UE）提供所需业务。5GS 中的 UPF 网元是 DN 的接入点，5GS 和 DN 之间通过 N6 接口互连，如图 5-13 所示。

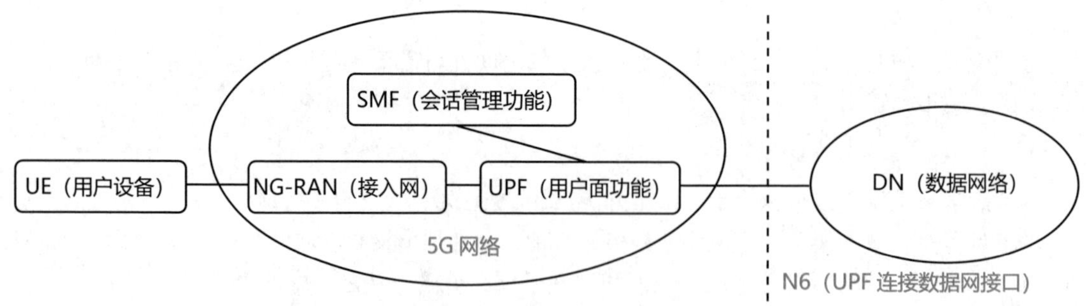

图 5-13　5G 网络与 DN 网络连接关系

5GS 接入 DN 的方式存在透明模式和非透明模式。

1．透明模式。透明模式下，5GS 通过 N6 接口直接连到运营商的特定 IP 网络，然后通过防火墙或代理服务器连接到 DN。透明模式下，5GS 只需要提供基本的隧道 QoS 流服务，UE 访问 Intranet 网络时，UE 级别的配置仅在 UE 和 Intranet 网络之间独立完成，对 5GS 是透明的。

2．非透明模式。非透明模式下，5GS 可直接接入 Intranet/ISP 或通过其他 IP 网络接入 Intranet/ISP。

备考点拨

本考点学习难度星级：★★★（困难），考试频度星级：★★☆（中频）。

本考点考查 5G 移动通信网架构，这部分的名词术语缩写比较多，学习时需要留意。5G 系统在为你我这样的终端用户提供上网服务时，通过数据网络 DN 提供服务。数据网络 DN 会和 5G 系统中的 UPF 网元对接。UPF 可不是紫外线防护系数，而是用户面功能，主要负责 5G 用户面的数据包路由和转发。具体的对接需要通过 5G 系统定义的 N6 接口来互连。

可以把 5GS 和 DN 之间的关系看作路由关系，双向的互联存在上行业务流和下行业务流。可以结合关系图理解，从 UE 也就是用户设备，流向 DN 也就是数据网络的业务流，称为上行业务流，把从数据网络流向用户设备的业务流，称为下行业务流，这是需要理解和掌握的上下行业务流的方向。

用户设备和数据网络之间的连接通过 5GS 实现，实现过程存在两种模式：透明模式和非透明模式，两种模式的区别需要掌握。

考题精练

1．5GS 中 DN 的接入点是（　　）。

A．UPF　　B．SMF　　C．UE　　D．NG-RAN

【答案 & 解析】答案为 A。5GS 中的 UPF 网元是 DN 的接入点。

【考点 47】安全威胁和三道防线

三道安全防线

考点精华

1．信息系统安全威胁分类

信息系统可能遭受到的威胁有人为蓄意破坏、灾害性攻击、系统故障、人员无意识行为四类。具体的安全威胁有：信息泄露、破坏信息的完整性、拒绝服务、非法访问、窃听、业务流分析、假冒、旁路控制、授权侵犯、特洛伊木马、陷阱门、抵赖、重放、计算机病毒、人员渎职、媒体废弃、物理侵入、窃取、业务欺骗等。

（1）信息泄露。信息被泄露给没有被授权的实体。

（2）破坏信息的完整性。数据在没有授权的情况下，被增删、修改和破坏。

（3）拒绝服务。阻止对信息和资源的正常、合法访问。

（4）非法访问。资源在没有被授权的情况下被访问和使用。

（5）窃听。使用各种合法或非法手段，窃取系统中的敏感信息资源。

（6）业务流分析。利用统计分析法对系统的通信频度、信息流向、通信总量的变化态势进行研究分析，进而从中发现有价值的信息。

（7）假冒。通过欺骗的方式，非法用户冒充合法用户，小特权用户冒充大特权用户。

（8）旁路控制。利用系统的安全缺陷或安全脆弱处，获得非授权的权利或特权，进而从旁路绕过防线入侵系统内部。

（9）授权侵犯。也叫作内部攻击，被授权以某个目的使用某资源的实体，却将此授权用于其他非授权的目的。

（10）特洛伊木马。软件中含有难以察觉的程序段，一旦被执行就会破坏用户安全。

（11）陷阱门。在系统中设置机关，当输入特定的信息数据时，就会触发违反安全策略。

（12）抵赖。来自用户的攻击，否认自己曾发布过某条消息或伪造对方来信。

（13）重放。对合法的通信数据进行截获和备份，然后出于非法的目的重新发送。

（14）计算机病毒。一种在计算机系统运行过程中能够实现传染和侵害的程序。

（15）人员渎职。授权人为了钱或利益或由于粗心，将信息泄露给非授权实体。

（16）媒体废弃。从废弃磁盘或打印过的存储介质中获得敏感信息。

（17）物理侵入。绕过物理控制而获得对系统的非法访问。

（18）窃取。重要的安全物品比如令牌或身份卡被盗取。

（19）业务欺骗。通过伪造的系统或系统部件欺骗合法用户，或者欺骗系统导致自愿放弃敏感信息。

2．三道安全防线

信息系统安全的三道防线分别是：系统安全架构、安全技术体系架构和审计架构。

（1）系统安全架构。系统安全架构的目标为在不依赖外部防御系统的情况下，从源头打造自身安全能力。

（2）安全技术体系架构。安全技术体系架构指构建安全技术体系的组成部分及彼此间的关系。安全技术体系架构通过构建通用的安全技术基础设施，系统性增强各部分的安全防御能力。安全技术基础设施包括安全基础设施、安全工具和技术、安全组件与支持系统。

（3）审计架构。审计架构指独立审计部门所能提供的风险发现能力，审计范围包括安全风险在内的所有风险。

备考点拨

本考点学习难度星级：★☆☆（简单），考试频度星级：★★★（高频）。

本考点考查信息系统的安全威胁和三道安全防线。安全架构是为了应对安全威胁，想要有效应对安全威胁，就需要知道信息系统常见的安全威胁都有哪些。常见的安全威胁整整有19项之多，说明咱们生活在一个充满着威胁风险的世界中，针对考试，这19项威胁不用刻意去死记硬背，只要知道其含义就可以。

了解了安全威胁，接下来需要考虑如何应对安全威胁，对安全威胁的应对最好是升维规划、降维打击，升到架构层面，安全架构是架构在信息系统安全方向上的细分，主要有系统安全架构、安全技术体系架构和审计架构三道防线，重要的是要记住三道防线的名字。

考题精练

1．利用统计分析法对系统的通信频度、信息流向、通信总量的变化态势进行研究分析，进而从中发现有价值的信息，是安全威胁中的（　　）。

A．非法访问　　B．窃听　　C．业务流分析　　D．假冒

【答案 & 解析】答案为 C。业务流分析是利用统计分析法对系统的通信频度、信息流向、通信总量的变化态势进行研究分析，进而从中发现有价值的信息。

【考点 48】WPDRRC 模型

WPDRRC 模型六大环节

考点精华

WPDRRC 模型有三大要素和六大环节。三大要素包括人员、策略和技术。人员是核心，策略是桥梁，技术是保证。六大环节包括预警（W）、保护（P）、检测（D）、响应（R）、恢复（R）和反击（C）：

1．预警（W）。预警是指利用远程安全评估系统提供的模拟攻击技术，检查系统的薄弱环节，收集和测试安全风险所在，并以直观的报告方式提供解决方案建议。

2．防护（P）。防护通过采用成熟的信息安全技术方法，实现网络与信息安全。防护的内容有加密机制、数字签名机制、访问控制机制、认证机制、信息隐藏和防火墙技术。

3．检测（D）。检测是通过检测和监控网络及系统，发现新的威胁和弱点，强制执行安全策略。检测可以采用入侵检测、恶意代码过滤等技术。主要内容包括入侵检测、系统脆弱性检测、数据完整性检测和攻击性检测。

4．响应（R）。响应是检测到安全漏洞和安全事件后做出正确响应，把系统调整到安全状态。为此需要相应的报警、跟踪和处理系统，响应的内容包括应急策略、应急机制、应急手段、入侵过程分析和安全状态评估等。

5．恢复（R）。恢复是当网络、数据、服务受到攻击和遭受破坏后，通过必要技术手段，在尽可能短的时间内恢复正常。恢复的内容包括容错、冗余、备份、替换、修复和恢复等。

6．反击（C）。反击是采用高新技术手段，侦查并提取作案线索与犯罪证据，形成取证能力和依法打击手段。

备考点拨

本考点学习难度星级：★☆☆（简单），考试频度星级：★★★（高频）。

本考点考查 WPDRRC 模型，WPDRRC 是模型六个环节的缩写，分别是预警（W）、保护（P）、检测（P）、响应（R）、恢复（R）和反击（C），这六个环节一起组成了 WPDRRC 模型，基本上了解了这六个环节，也就了解了 WPDRRC 模型。WPDRRC 模型的三大要素是人员、策略和技术。人员是核心，策略是桥梁，技术是保证。安全是智力密集型工作，所以人才一定是核心，以策略作为桥梁，通向安全架构设计之路，当然一切都需要有可靠的技术作为保证。

考题精练

1．以下（　　）不属于 WPDRRC 模型的六个环节。

A．预警　　B．检测　　C．应对　　D．反击

【答案＆解析】答案为C。WPDRRC是模型六个环节的缩写，分别是预警（W）、保护（P）、检测（D）、响应（R）、恢复（R）和反击（C）。

【考点49】安全架构设计

安全架构设计

考点精华

信息系统安全架构设计关注两方面：系统安全保障体系和信息安全体系架构。

1．系统安全保障体系。安全保障体系由安全服务、协议层次和系统单元三个层面组成。系统安全保障体系设计考虑三点：①确定安全区域策略；②统一配置和管理防病毒系统；③网络与信息安全管理。

2．信息安全体系架构。可以从物理安全、系统安全、网络安全、应用安全和安全管理五个方面开展分析设计工作。

（1）物理安全包括环境安全、设备安全、媒体安全等。

（2）系统安全包括网络结构安全、操作系统安全和应用系统安全等。系统安全的设计要点如下：

- 网络结构安全关注拓扑结构是否合理，线路是否冗余，路由是否冗余并防止单点失败。
- 操作系统安全关注：①操作系统安全防范可以采取的措施；②通过配备操作系统安全扫描系统对操作系统进行安全性扫描。
- 应用系统安全关注应用服务器，尽量不要开放不常使用的协议及端口。

（3）网络安全包括访问控制、通信保密、入侵检测、网络安全扫描和防病毒等。网络安全设计要点如下：

- 隔离与访问控制要有严格的管制制度。
- 配备防火墙实现最基本、最经济、最有效的网络安全措施。
- 入侵检测根据攻击手段的信息代码对进出网段的操作行为进行监控记录，按制定的策略实施响应。
- 病毒防护是网络安全的必要手段，反病毒技术包括预防病毒、检测病毒和杀毒三种。

（4）应用安全包括资源共享和信息存储两方面。应用安全设计要点如下：

- 严格控制内部员工对网络共享资源的使用，内部子网不要轻易开放共享目录。
- 信息存储指对于涉及秘密信息的主机，使用者应做到尽量少开放不常用的网络服务。

（5）安全管理体现在三方面：制定健全的安全管理体制，构建安全管理平台，增强人员的安全防范意识。安全管理设计要点如下：

- 制定健全安全管理体制将是网络安全得以实现的重要保证。
- 构建安全管理平台将会降低许多因为无意的人为因素而造成的风险。
- 应该经常对单位员工进行网络安全防范意识的培训，全面提高员工的整体安全方法意识。

备考点拨

本考点学习难度星级：★★☆（适中），考试频度星级：★☆☆（低频）。

本考点考查安全架构设计，信息系统安全设计重点考虑两个方面：一是系统安全保障体系；二是信息安全体系架构。安全保障体系由安全服务、协议层次和系统单元三个层面组成，这是一个细节考点，简单了解就好。信息安全体系架构包含五个方面的分析设计工作，分别是物理安全、系统安全、网络安全、应用安全和安全管理，基本上可以视为存粹记忆内容，不涉及好不好理解，就是记住就好。

考题精练

1．在网络拓扑结构设计中，使用（　　）可以提高链路传输的可靠性。

A．总线结构　　B．树型结构　　C．冗余结构　　D．星型结构

【答案 & 解析】答案为C。网络拓扑结构设计对于大中型网络考虑链路传输的可靠性，可采用冗余结构。

【考点50】OSI安全架构

OSI 安全架构

考点精华

OSI 的七层协议中，最适合配置安全服务的是物理层、网络层、传输层及应用层；会话层不能提供安全服务。

OSI 的五类安全服务是鉴别、访问控制、数据机密性、数据完整性和抗抵赖性。OSI 分层多点安全技术体系架构，也叫深度防御安全技术体系架构，通过三种方式进行防御能力的分布：

1．多点技术防御。多点技术防御通过对网络和基础设施、边界、计算环境的防御达到抵御攻击的目的。

2．分层技术防御。在对手和目标间使用多个防御机制，每种防御机制代表一种唯一的障碍，并同时包括保护和检测方法。比如，在内外部边界同时使用嵌套防火墙并配合入侵检测就是分层技术防御的实例。

3．支撑性基础设施。网络、边界和计算环境中信息保障机制运行的支撑性基础设施，包括公钥基础设施、检测和响应基础设施。

（1）公钥基础设施的作用是安全创建、分发和管理公钥证书和传统的对称密钥，为网络、边界和计算环境提供安全服务。

（2）检测和响应基础设施能迅速检测并响应入侵行为。

备考点拨

本考点学习难度星级：★★☆（适中），考试频度星级：★★☆（中频）。

本考点考查 OSI 安全框架。随着互联网的发展，网络安全越来越受到重视，提到网络，自然会想到前面讲的 OSI 七层协议，这七层分别是物理层、数据链路层、网络层、传输层、会话层、表示层、应用层。而 OSI 安全架构也是从这七层协议着手，在这七层中，第五层会话层无法提供安全服务，物理层、网络层、传输层和应用层最适合配置安全服务。哪一层适合配置安全服务，

哪一层不适合配置安全服务，是个需要掌握的考点。

OSI 安全架构的第二个考点是 OSI 的五类安全服务，分别是鉴别、访问控制、数据机密性、数据完整性和抗抵赖性，这五类安全服务从名字可以看出来大概的作用。另外一个关于 OSI 安全架构的考点是 OSI 三种防御方式，这个考点需要掌握。

考题精练

1．OSI 的七层协议中，（ ）无法提供安全服务。

A．物理层　　B．会话层

C．表示层　　D．应用层

【答案 & 解析】答案为 B。OSI 的七层协议中，最适合配置安全服务的是物理层、网络层、传输层及应用层，会话层不能提供安全服务。

抗抵赖性框架

【考点 51】五类网络安全框架

考点精华

典型的五类网络安全框架包括认证框架、访问控制框架、机密性框架、完整性框架和抗抵赖性框架。

1．认证框架

鉴别（authentication）用来防止其他实体占用和独立操作被鉴别实体的身份。鉴别有两个关系背景：①实体由申请者代表，申请者与验证者之间存在特定的通信关系；②实体为验证者提供数据项来源。鉴别服务分为九个阶段：安装阶段、修改鉴别信息阶段、分发阶段、获取阶段、传送阶段、验证阶段、停活阶段、重新激活阶段、取消安装阶段。

（1）安装阶段，用来定义“申请鉴别信息”和“验证鉴别信息”。

（2）修改鉴别信息阶段，实体或管理者申请鉴别信息和验证鉴别信息变更。

（3）分发阶段，把验证鉴别信息分发给各个实体以供使用。

（4）获取阶段，申请者或验证者可获取交换鉴别信息。

（5）传送阶段，申请者与验证者之间传送交换鉴别信息。

（6）验证阶段，用验证鉴别信息核对交换鉴别信息。

（7）停活阶段，以前能被鉴别的实体暂时不能被鉴别。

（8）重新激活阶段，终止停活阶段建立的状态。

（9）取消安装阶段，实体从实体集合中拆除。

2．访问控制框架

访问控制（access control）决定是否允许访问资源，是否需要控制或阻止未授权的访问。

ACI 是访问控制信息，是用于访问控制目的的任何信息，也包括上下文信息；ADI 是访问控制判决信息，是在做出访问控制判决时可供 ADF 使用的 ACI；ADF 是访问控制判决功能，ADF 通过对访问请求、ADI 以及上下文信息使用访问控制策略规则，做出访问控制的判决。AEF 是访问控制实施功能，确保只有允许的访问才由发起者执行。

3．机密性框架

机密性（Confidentiality）服务的目的是确保信息仅对被授权者可用，可以通过如下两种方式提供机密性：

（1）通过禁止访问提供机密性。通过物理媒体的机密性保护，能够确保数据只能通过特殊的设备才能访问，数据机密性只能通过授权实体才能实现。通过路由选择控制的机密性防止被传输数据项信息未授权时的泄露风险，只有安全可信的设施才能路由数据，达到支持机密性的目的。

（2）通过加密提供机密性。目的是防止传输或存储中的数据泄露。加密机制分为对称加密机制和非对称加密机制。除此之外，还可以通过数据填充、虚假事件、保护PDU头和通过时间可变域提供机密性。

4．完整性框架

完整性是数据不以未授权的方式改变或损毁，完整性框架通过探测和阻止威胁，保护数据及相关属性的完整性。

数据保护的能力与使用的媒体有关，不同媒体的数据完整性保护机制也不同，可以分为两种情况：①阻止对媒体访问的机制，包括物理隔离不受干扰的信道、路由控制、访问控制；②探测对数据或数据项序列非授权修改的机制。

5．抗抵赖性框架

抗抵赖服务包括证据生成、验证和记录，以及解决纠纷时的证据恢复和再次验证。抗抵赖由四个独立的阶段组成，分别为证据生成，证据传输、存储及恢复，证据验证和解决纠纷。

（1）证据生成阶段。请求者申请证据生成者为事件或行为生成证据。

（2）证据传输、存储及恢复阶段。证据在实体间传输、从存储器取出、存到存储器。

（3）证据验证阶段。证据在证据使用者的请求下被证据验证者验证。

（4）解决纠纷阶段。在解决纠纷阶段仲裁者解决双方纠纷。

备考点拨

本考点学习难度星级：★★★（困难），考试频度星级：★★☆（中频）。

本考点考查五类网络安全框架，包括认证框架、访问控制框架、机密性框架、完整性框架和抗抵赖性框架。

认证框架用于鉴别，鉴别的目的是防止其他实体占用和独立操作被鉴别实体的身份，鉴别有两个重要的关系背景，第一个是实体由申请者来代表，第二个是实体为验证者提供数据项来源。

访问控制框架，就像名字一样，就是能够决定系统环境使用哪些资源，在什么地方适合阻止未授权访问，起着允许访问还是拒绝访问的作用。访问控制框架的缩写词需要知道，比如ACI是访问控制信息，ADI是访问控制判决信息，ADF是访问控制判决功能，AEF是访问控制实施功能。

机密性服务的目的是确保信息仅对被授权者开放，保持机密。机密性框架的内容不多，关键的考点是两种方式提供机密性，一种是通过禁止访问提供机密性，一种是通过加密提供机密性。这两种根据字面意思比较好理解，唯一需要补充说明的是，通过禁止访问提供机密性提到了两种获得方式，分别是通过物理媒体保护和路由选择控制获得。

完整性框架中的“完整性”是指如果没有经过授权，那么数据就不能被改变或损毁，保持完完整整的意思。完整性框架的保护机制分为两种：一种是阻止对媒体访问的机制；另一种是当出现数据或数据项序列被非法修改时，能够探测到的机制。

最后一个是抗抵赖性框架，生活中如果事后有人想赖账，你的第一反应是什么？肯定是要收集对方赖账的证据，然后找人评理。抗抵赖性框架也是做这个用，包括证据的生成、验证和记录，以及解决纠纷时的证据恢复和再次验证。把抗抵赖性框架和生活中的抗抵赖结合起来，就特别容易理解。

考题精练

1．关于信息安全管理中访问控制的描述，不正确的是（　　）。

A．访问控制规则应考虑到信息分发和授权的策略

B．访问控制应防止对操作系统的未授权访问

C．访问控制确保授权用户对应用系统的访问

D．访问控制应保护信息的保密性、真实性或完整性

【答案 & 解析】答案为D。保护信息的保密性、真实性或完整性，是通过密码加密手段，而非通过访问控制。

【考点52】数据库完整性设计

数据库完整性设计原则

考点精华

数据库系统的安全，首先要重点关注完整性设计，数据库的完整性设计，首先要重点关注数据库完整性设计原则，数据库完整性设计有如下七条原则：

1．根据完整性约束类型确定实现的系统层次和方式，提前考虑对系统性能的影响。

2．作为最重要的完整性约束，尽量应用实体完整性约束和引用完整性约束。

3．考虑到性能开销和难以控制，慎用主流DBMS都支持的触发器功能。

4．需求分析阶段制订完整性约束的命名规范。

5．根据业务规则对数据库完整性进行测试，尽早排除完整性约束冲突和性能影响。

6．组建专职数据库设计小组，负责数据库分析、设计、测试、实施及早期维护。

7．采用合适的CASE工具降低数据库设计阶段工作量。

数据库完整性对于数据库应用系统的重要作用有如下五点：

1．数据库完整性约束能够防止合法用户向数据库中添加不合语义的数据内容。

2．利用基于DBMS的完整性控制机制实现业务规则，易于定义、容易理解，可以降低程序复杂性，提高应用程序运行效率。

3．能够同时兼顾数据库的完整性和系统效能。

4．数据库完整性有助于功能测试中尽早发现应用软件错误。

5．数据库完整性约束分为六类：列级静态约束、元组级静态约束、关系级静态约束、列级动态约束、元组级动态约束和关系级动态约束。

备考点拨

本考点学习难度星级：★★★（困难），考试频度星级：★☆☆（低频）。

本考点考查数据库完整性设计，数据库完整性由完整性约束保证，在实施数据库完整性设计时，需要把握七个基本原则，同时也有五点作用。如果曾经做过数据库相关的开发工作，理解学习起来会容易很多，但是如果缺乏这部分经验，那么可以通过关键词记忆的方式去记忆，完全一字不差的记住意义不大，对这些原则和作用有所了解，在考试时能够选出正确答案即可。

考题精练

1．以下关于数据库完整性设计的表述中，不正确的是（　　）。

A．采用合适的 CASE 工具降低数据库设计阶段工作量

B．数据库完整性约束能够防止合法用户向数据库中添加不合语义的数据内容

C．考虑到性能开销和难以控制，慎用主流 DBMS 都支持的引用完整性约束

D．数据库完整性能够同时兼顾数据库的完整性和系统效能

【答案 & 解析】答案为 C。考虑到性能开销和难以控制，慎用主流 DBMS 都支持的触发器功能。

【考点 53】云原生架构作用和原则

云原生架构基本原则

考点精华

云原生代码包括三部分：业务代码、三方软件、处理非功能特性的代码，其中业务代码是核心，直接带来业务价值，是实现业务逻辑的代码；三方软件是业务代码依赖的业务库、基础库等三方库；处理非功能特性的代码指实现高可用、安全、可观测等非功能能力的代码。云原生架构带来的作用如下：

1．代码结构发生巨大变化。云原生架构的最大影响是开发人员的编程模型发生了巨大变化。云把三方软硬件能力升级成服务，所以开发人员的开发复杂度和运维人员的运维工作量都得到了极大降低。

2．非功能性特性大量委托。任何应用都将提供两类特性，分别是功能性特性和非功能性特性。功能性特性真正为业务带来价值，非功能性特性虽然不能直接带来业务价值，但是必不可少。大量的非功能性特性，特别是分布式环境下复杂的非功能性问题，目前已经被云计算解决了。

3．高度自动化的软件交付。基于云原生的自动化软件交付相比当前的人工软件交付是个巨大进步。

云原生架构的基本原则通常有七个：服务化原则、弹性原则、可观测原则、韧性原则、所有过程自动化原则、零信任原则和架构持续演进原则。

1．服务化原则。一旦代码规模的持续增长，超出了小团队的承载能力时，就需要进行服务化拆分，可以拆分为微服务架构或者小服务架构，进行服务化拆分的好处在于，把不同生命周期的模块分离出来，就可以分别进行独立的迭代，避免快速模块被慢速模块拖后腿，加快整体进度和提升系统稳定性。

2．弹性原则。弹性原则是指系统部署规模可以跟随业务量变化而自动伸缩，这样就不用提

前准备固定的硬件及软件资源。

3．可观测原则。可观测是在云分布式系统中，通过日志、链路跟踪和度量手段，可以观测到一次点击背后的多次服务调用信息，比如耗时、返回值和参数信息，甚至可以下钻到三方调用等信息，可观测原则有助于运维、开发和业务人员实时掌握运行状况。

4．韧性原则。韧性代表当软硬件组件出现异常时，软件表现出来的抵御能力。韧性原则有助于提升软件的持续服务能力。

5．所有过程自动化原则。自动化交付工具的实践，可以促进组织软件交付过程的标准化，进而在标准化基础上实现自动化，借助于配置数据自描述和面向终态交付，让自动化工具理解交付目标和环境差异，实现软件交付运维自动化。

6．零信任原则。零信任核心思想是默认情况下不能信任网络内部和外部的任何人 / 设备 / 系统，而是要基于认证和授权机制，重构访问控制的信任。零信任的核心问题是身份，赋予不同实体的不同身份，引导安全体系架构从网络中心化走向身份中心化。

7．架构持续演进原则。云原生架构是持续演进的架构，不是一个封闭的架构。

备考点拨

本考点学习难度星级：★★☆（适中），考试频度星级：★★☆（中频）。

本考点考查云原生架构，“原生”在这里的含义，和原生家庭的“原生”意思类似，也就是天生就是云架构，一出生就在云朵上飘着，不存在转型到云的说法。提到云原生，不得不提现在如火如荼的数字化转型，提到数字化转型，又不得不提之所以企业决定做数字化转型的最大痛点：信息化时代的烟囱现象。所谓烟囱现象，源于各个部门独立建设自己的信息化系统，而且单独申请基础设施资源，无法实现企业间跨部门的共享，久而久之，造成资源的极大浪费、重复建设而且数据无法打通和共享。所以数字化转型的一个方面就是上云。

云原生代码的三个组成部分、三个作用和七个原则需要掌握，通过理解的方式来记忆，同样也适合这个考点的学习。

考题精练

1．以下（　　）不属于云原生架构的基本原则。

A．服务化原则　　B．弹性原则　　C．信任原则　　D．韧性原则

【答案 & 解析】答案为 C。云原生架构的基本原则通常有七个：服务化原则、弹性原则、可观测原则、韧性原则、所有过程自动化原则、零信任原则和架构持续演进原则。

【考点 54】云原生的七种架构模式

云原生服务化架构模式

考点精华

云原生架构的架构模式主要有服务化架构、Mesh 化架构、Serverless、存储计算分离、分布式事务、可观测架构、事件驱动架构七种。

1．服务化架构模式。服务化架构的典型模式有微服务模式和小服务模式，服务化架构是构建云原生应用的标准架构，以应用模块为颗粒度划分软件，以接口契约定义业务关系，以标准协

议确保互联互通，结合领域模型驱动（DDD），测试驱动开发（TDD），容器化部署，提升接口代码质量和迭代速度。服务化架构把代码模块关系、部署关系进行分离，每个接口可以部署不同数量的实例，单独扩缩容，整体部署更经济。

2. Mesh化架构模式。Mesh化架构是把中间件框架从业务进程中分离，把中间件软件开发工具包SDK从业务代码中解耦，由此中间件的升级就不再影响业务进程、对业务透明。分离后在业务进程中保留很薄的客户端，薄客户端负责与Mesh进程通信，通常很少变化。流量控制、安全等逻辑，从SDK中转移到Mesh进程中实现。

3. Serverless模式。Serverless是无服务器模式，将部署动作从运维中拿掉，开发者不用再关心运行地点、操作系统、网络、CPU性能等问题。Serverless模式适合事件驱动的数据计算、计算时间短的请求/响应、没有复杂调用的长周期任务；Serverless模式不适合有状态的云调度任务，不适合长时间后台运行的密集型计算任务，不适合频繁的外部I/O调度任务。

4. 存储计算分离模式。在云环境中，可以把各类暂态数据、结构化和非结构化持久数据采用云服务保存，从而实现存储计算分离。针对远端存储状态导致交易性能下降的问题，可以采用时间日志＋快照（或检查点）的方式。

5. 分布式事务模式。微服务模式提倡每个服务使用私有数据源，而不是共享数据源，由此造成大颗粒度业务同时访问多个微服务时的分布式事务问题，进而导致数据出现不一致。所以需要根据不同场景选择合适的分布式事务模式。

6. 可观测架构。可观测架构包括Logging、Tracing、Metrics三方面。Logging信息由开发者提供，包含多个级别的详细跟踪信息；Tracing更加适用于分布式场景，包含从前端到后端的完整调用链路跟踪信息；Metrics提供对系统量化的多维度度量。

7. 事件驱动架构。事件驱动架构本质上是应用/组件间的集成架构模式。事件驱动架构不仅用于（微）服务解耦，还可应用于如下场景：①增强服务韧性；② CQRS命令查询的责任分离；③数据变化通知；④构建开放式接口；⑤事件流处理；⑥基于事件触发的响应。

备考点拨

本考点学习难度星级：★★★（困难），考试频度星级：★★☆（中频）。

本考点考查云原生架构的七种架构模式，这七种架构在考纲中只是蜻蜓点水，所以如果想要通过中项来彻底理解这七种架构模式，不得不说是痴心妄想，所以咱们的学习范围和深度依然回归通过考试的目标，每个架构只需要大概明白意思即可，至于进一步的钻研学习，其实没有什么意义。

考题精练

1.（　　）模式中组件不直接调用，而是由其他组件触发调用。

A. 面向对象　　B. 分层　　C. 事件驱动　　D. 客户/服务器

【答案&解析】答案为C。事件驱动模式的基本原理是组件并不直接调用操作，而是触发一个或多个事件。

第6章

软件工程考点精讲及考题实练

6.1 章节考情速览

软件工程章节包含六个知识块，按照软件工程的流程方法论展开，所以这个章节的学习技巧就是按照流程去理解和学习，软件工程大的流程分为软件需求、软件设计、软件实现、部署交付四个知识块，这四个知识块也是这一章的备考重点，再加上软件质量管理和软件过程能力成熟度两个知识块，就构成了本章的内容。

软件工程章节的理解难度没有上一章大，毕竟是工程学知识，而不是技术类知识，在理解中学习这一章会更加事半功倍，软件工程预计会考查 3 ～ 4 分，以综合知识科目考查为主。

6.2 考点星级分布图

本章涉及的主要考点分布及难度与频度双星级如图 6-1 所示。

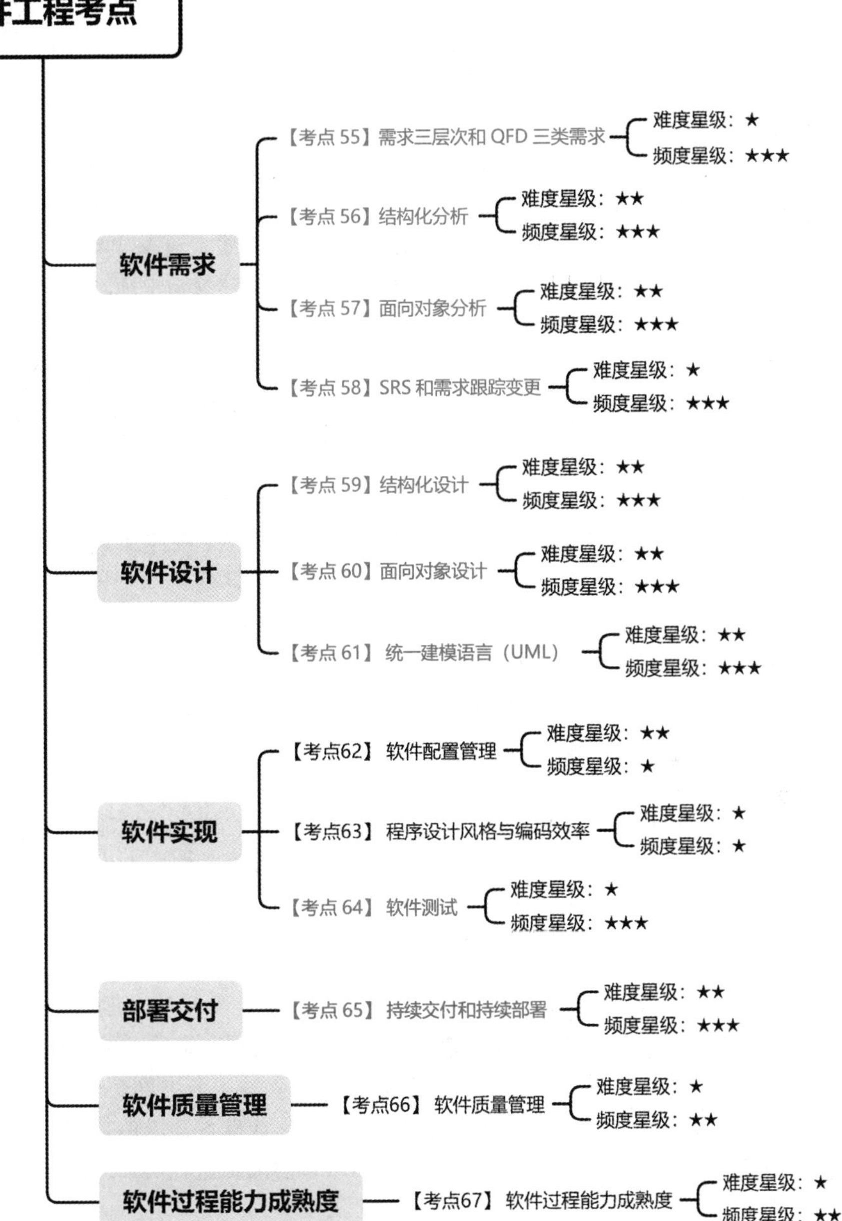

图 6-1　本章考点及星级分布

6.3 核心考点精讲及考题实练

【考点 55】需求三层次和 QFD 三类需求

考点精华

需求包括业务需求、用户需求和系统需求三个层次，三个不同层次的需求从目标到具体，从整体到局部，从概念到细节。

1．业务需求。业务需求是对系统、产品高层次的目标要求，来自项目投资人、业务部门、购买产品的客户、市场营销部或产品策划部。通过业务需求可以确定项目视图和范围，为后续的设计开发奠定基础。

2．用户需求。用户需求描述用户具体目标，是用户要求系统必须完成的任务和想达到的结果，用户需求构成了用户原始的需求文档。用户需求体现了产品能给用户带来的价值，描述了用户使用系统做什么，通常使用用户访谈和问卷调查等方式获取用户需求。

3．系统需求。系统需求从系统角度说明软件需求，系统需求包括功能需求、非功能需求和约束。功能需求也叫行为需求，通过系统特性进行描述，说明了必须在系统中实现的软件功能；非功能需求指系统必须具备的属性或品质，又可细分为软件质量属性和其他非功能需求，包括产品必须遵从的标准、规范和合约；约束是指在软件产品设计和构造上的限制，比如设计约束和过程约束。

质量功能部署（QFD）将软件需求分为三类，分别是常规需求、期望需求和意外需求。

1．常规需求。常规需求是用户认为系统应该做到的功能或性能，实现得越多，用户越满意。

2．期望需求。期望需求是用户想当然认为系统应具备的功能或性能，但并不能正确描述，如果期望需求没有实现，用户会感到不满意。

3．意外需求。意外需求也叫兴奋需求，是用户范围外的功能或性能，实现意外需求用户会更高兴，不实现也不影响购买决策。意外需求控制在开发人员手中，开发人员可以选择实现更多的意外需求，也可以出于成本或周期考虑，选择不实现任何意外需求。

备考点拨

本考点学习难度星级：★☆☆（简单），考试频度星级：★★★（高频）。

本考点考查需求三层次和 QFD 三类需求。需求可以从两个维度分两大类：一个维度是层次维度，从层次维度分为业务需求、用户需求和系统需求；另一个维度是 QFD 维度，也就是质量功能部署维度，也可以分成三类。QFD 是将用户要求转化成软件需求的技术，最终是提升用户满意度。QFD 将软件需求分成常规需求、期望需求和意外需求。这几类需求的名字以及对应的特点需要掌握，过往也曾经多次考查过。

考题精练

1．关于软件需求分析的描述，不正确的是（　　）。

A．资源有限时需优先缩减非功能性需求

B．软件需求是针对待解决问题特性的描述

C．软件需求分析有助于解决需求之间的冲突

D．可验证性是所有软件需求的基本特性

【答案 & 解析】答案为 A。软件需求是针对待解决问题的特性的描述。所定义的需求必须可以被验证。在资源有限时，可以通过优先级对需求进行权衡。通过需求分析，可以检测和解决需求之间的冲突，发现系统的边界，并详细描述出系统需求。

结构化分析

【考点 56】结构化分析

考点精华

在需求获取阶段获得的需求杂乱无章，需要分析人员把杂乱的用户要求和期望转化为用户需求，这是需求分析要做的工作。

结构化分析（SA）建立模型的核心是数据字典。围绕数据字典核心，有三个层次的模型，分别是数据模型、功能模型和行为模型。一般用实体联系图（E-R 图）表示数据模型，用数据流图（Data Flow Diagram，DFD）表示功能模型，用状态转换图（State Transform Diagram，STD）表示行为模型。

DFD 需求建模方法属于结构化分析，也叫过程建模和功能建模法，DFD 从数据传递加工角度，利用图形符号逐层描述系统部件功能和数据传递情况，从而说明系统的功能。DFD 需求建模方法的核心是数据流，从应用系统数据流入手，以图形方式描述具体业务系统中的数据处理过程和数据流。

DFD 建模方法首先抽象具体应用的主要业务流程，通过分析输入、分析系统业务流程，把要解决的问题清晰展现出来，为后续设计、编程及实现系统功能打下基础。DFD 方法由四种基本元素，也就是模型对象组成，分别是数据流、处理 / 加工、数据存储和外部项。

1．数据流用箭头表示数据流向，在箭头上标注信息说明或数据项。

2．处理表示对数据进行加工和转换，在 DFD 图中使用矩形框表示。

3．数据存储表示用数据库形式或者文件形式存储数据。

4．外部项也叫数据源或数据终点，在 DFD 图中用圆角框或者平行四边形框表示。

DFD 图用来描述系统的功能需求，具体的建模过程及步骤有五步：①明确目标，确定系统范围；②建立顶层 DFD 图；③构建第一层 DFD 分解图；④开发 DFD 层次结构图；⑤检查确认 DFD 图。经过五步建模之后，顶层图被逐层细化成为最终的 DFD 层次结构图。层次结构图中的上一层是下一层的抽象，下一层是上一层的细化，最后一层中的每个处理都面向具体描述，也就是一个处理模块仅描述解决一个问题。

数据字典（Data Dictionary）对数据的数据项、数据结构、数据流、数据存储、处理逻辑等进行描述，对数据流图中各个元素进行详细说明，数据字典是用户可以访问的记录数据库和应用程序元数据的目录。

数据字典作为分析阶段的工具，包括数据项、数据结构、数据流、数据存储、处理过程等。

1．数据项：数据项是不可再分的数据单位，若干个数据项可以组成一个数据结构。数据项的描述包括数据项名、含义说明、别名、数据类型、长度、取值范围、取值含义及与其他数据项的逻辑关系等。其中取值范围、与其他数据项的逻辑关系定义了数据的完整性约束条件，是设计数据检验功能的依据。

2．数据结构：数据结构由若干个数据项组成，也可以由若干个数据结构组成，或由若干个数据项和数据结构混合组成。对数据结构的描述包括数据结构名、含义说明和组成等。

3．数据流：数据流是数据结构在系统内的传输路径。对数据流的描述包括数据流名、说明、数据流来源、数据流去向、组成、平均流量、高峰期流量等。

4．数据存储：数据存储是数据结构保存的地方，是数据流的来源和去向。对数据存储的描述包括数据存储名、说明、编号、流入数据流、流出数据流、组成、数据量、存取方式等。

5．处理过程：数据字典中只需描述处理过程的说明性信息，包括处理过程名、说明、输入数据流、输出数据流、处理简要说明等。

备考点拨

本考点学习难度星级：★★☆（适中），考试频度星级：★★★（高频）。

本考点考查结构化分析，结构化分析是需求分析的一种方法（另外一种是面向对象分析）。需求分析是把拿到的杂乱无章的用户要求，转化成用户需求的过程。结构化分析一共涉及三个主要的子考点，分别是结构化分析特点、DFD 建模方法和数据字典。

结构化分析（SA）的核心是数据字典，围绕数据字典核心，会分别生成数据模型、功能模型和行为模型，数据模型使用实体联系图（E-R 图）表示，功能模型使用数据流图（DFD）表示，行为模型使用状态转换图（STD）表示，这些是考点的关键，需要掌握透彻。

DFD 建模的目的是用 DFD 功能模型来描述系统的功能需求，建立应用系统的功能模型。DFD 方法的四种基本元素需要掌握，分别是数据流、处理 / 加工、数据存储和外部项。DFD 的建模过程和后面项目管理章节要介绍的 WBS 过程很类似，包含了五步，五步完成后可以得到类似千层蛋糕那样的 DFD 层次结构图，这个图里上一层是下一层的抽象，下一层是上一层的细化，最后一层中的每个处理都仅仅描述和解决一个问题，也就是术业有专攻。

数据字典最重要的作用是作为分析阶段的工具。数据字典记录了数据库和应用程序的元数据，用来对数据流图中的元素做详细的说明，有点像咱们后面要讲到的 WBS 字典对 WBS 的作用。数据字典主要包括数据项、数据结构、数据流、数据存储、处理过程等几个部分。

考题精练

1．结构化分析三个层次模型的图形不包括（　　）。

A．实体联系图　　B．数据流图

C．状态转换图　　D．关联图

【答案 & 解析】答案为 D。结构化分析（SA）分别生成数据模型、功能模型和行为模型，数据模型使用实体联系图（E-R 图）表示，功能模型使用数据流图（DFD）表示，行为模型使用状态转换图（STD）表示。

【考点57】面向对象分析

面向对象分析的5个步骤

考点精华

面向对象分析（OOA）模型包含五个层次，分别是主题层、对象类层、结构层、属性层和服务层，还包含五个活动，分别是标识对象类、标识结构、定义主题、定义属性和定义服务。OOA定义了两种对象类结构，分别是分类结构和组装结构，分类结构是一般与特殊的关系，组装结构是整体与部分的关系。

OOA的基本原则包括抽象、封装、继承、分类、聚合、关联、消息通信、粒度控制和行为分析。

1. 抽象：抽象是丢弃事物的个别、非本质特征，抽取事物的共同、本质性特征。抽象原则包括过程抽象和数据抽象两方面，过程抽象是指完成确定功能的操作序列，数据抽象强调把数据（属性）和操作（服务）结合为不可分的系统单位（对象），数据抽象是OOA的核心原则。

2. 封装：封装把对象的属性和服务结合为不可分的系统单位，并尽可能隐蔽对象内部细节。

3. 继承：继承是特殊类的对象拥有对应一般类的全部属性与服务，所以特殊类就不用再重复定义一般类中已经定义好的内容，由此可见继承原则的好处是确保系统模型更加简练清晰。

4. 分类：分类是把具有相同属性和服务的对象划分为同一类，用类作为这些对象的抽象描述。

5. 聚合：聚合又叫组装，是把复杂的事物看成多个简单事物的组装体。

6. 关联：关联是通过一个事物联想到另外的事物，这是因为两类事物之间本来就存在联系。

7. 消息通信：要求对象之间只能通过消息进行通信，不允许在对象之外直接存取内部属性。

8. 粒度控制：粒度控制原则是指考虑全局时注意大的组成部分，暂时不考虑具体细节；考虑某部分细节时，暂时不考虑其余部分。

9. 行为分析：行为分析原则指事物的行为存在复杂性，各种行为相互依赖、相互交织。

OOA的五个基本步骤如下所示。

1. 确定对象和类：对象是对数据及其处理方式的抽象，反映了系统保存处理现实世界事物信息的能力。类是多个对象共同属性和方法集合的描述，包含了在类中建立新对象的描述。

2. 确定结构：结构指问题域的复杂性和连接关系。类成员结构反映泛化-特化关系，整体-部分结构反映整体和局部间的关系。

3. 确定主题：主题指事物的总体概貌和总体分析模型。

4. 确定属性：属性是数据元素，在对象存储中指定，用来描述对象或分类结构的实例。

5. 确定方法：方法是收到消息后必须进行的处理方法，同属性一样在对象存储中指定。

备考点拨

本考点学习难度星级：★★☆（适中），考试频度星级：★★★（高频）。

本考点考查面向对象分析，面向对象分析考点主要是两个：一个是基本原则；另一个是基本步骤。

面向对象的基本原则比较多，不过如果你学过编程，理解起来很容易，这些基本原则分别是抽象、封装、继承、分类、聚合、关联、消息通信、粒度控制和行为分析。整体上看面向对象分析的五个基本步骤，首先就是确定对象和类，这是源自客观世界的基本组成单位，之后是确定结构和主题，类似于把框架和模型定下来，最后是分别确定不同类的属性和方法。

考题精练

1．BW Printer 和 Color Printer 均继承父类 Printer，Printer 类中有 print 方法实现打印，Color Printer 中 print 方法能实现彩色打印效果，BW Printer 中 print 方法能实现黑白打印效果。Print 方法的这种实现方式体现了面向对象技术的（　　）。

A．封装　　B．多态　　C．继承　　D．复用

【答案 & 解析】答案为 B。多态使得在多个类中可以定义同一个操作或属性名，并在每个类中可以有不同的实现。多态使得某个属性或操作在不同的时期可以表示不同类的对象特性。

2．面向对象的基本概念中，（　　）没有体现在下图中。

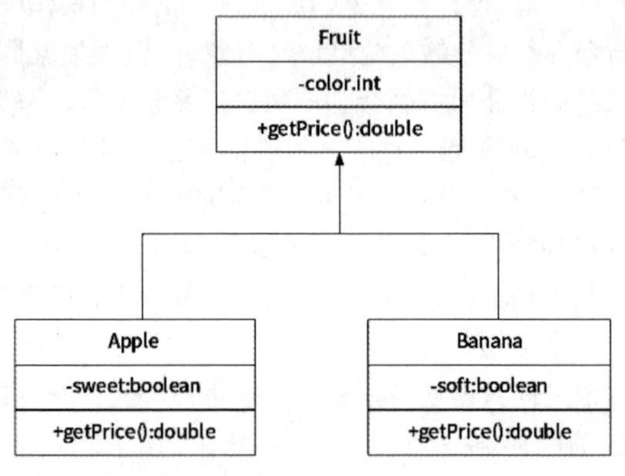

A．多态　　B．封装　　C．容器　　D．继承

【答案 & 解析】答案为 C。父类和子类，体现了继承；类的属性和操作放在一起，体现了封装；对同一个方法，不同类有不同的实现体现了多态，并没有体现容器。

【考点 58】SRS 和需求跟踪变更

需求规格说明书

考点精华

软件需求规格说明书（Software Requirement Specification，SRS）是需求分析的最终结果，软件需求规格说明书使项目干系人与开发团队对系统有共同理解，成为开发工作的基础。SRS 是软件开发最重要的文档之一，任何规模和性质的软件项目都不应该缺少。SRS 包括范围、引用文件、需求、合格性规定、需求可追踪性、尚未解决的问题、注解和附录。

正因为 SRS 如此重要，所以有必要对 SRS 的正确性进行验证，确保需求符合良好特征，这就叫作 SRS 的需求验证。一般通过需求评审和需求测试工作来对 SRS 进行需求验证，需求评审是对 SRS 进行技术评审，从而在需求开发阶段以较低代价解决可能的问题。

1．需求验证确定的内容包括：

（1）SRS 正确描述了满足项目干系人需求的系统预期行为和特征。

（2）SRS 中的软件需求是从系统需求、业务规格和其他来源中正确推导而来。

（3）需求是完整的和高质量的。

（4）需求的表示在所有地方都是一致的。

（5）需求为继续进行系统设计、实现和测试提供了足够的基础。

需求跟踪矩阵是一份跟踪每个需求同系统元素之间联系的文档，具体而言，在需求跟踪矩阵中建立和维护了“需求-设计-编程-测试”之间的一致性联系，提供了从需求到产品实现整个过程的跟踪能力，所以需求跟踪有助于对变更的影响分析，有助于确认和评估需求变更所必需的工作。

通过需求跟踪，能够确保所有的工作成果符合用户需求，需求跟踪有正向跟踪和逆向跟踪两种方式。正向跟踪是检查SRS中的每个需求是否都能在后继工作成果中找到对应点，逆向跟踪是检查设计文档、代码、测试用例等工作成果是否都能在SRS中找到出处。正向跟踪和逆向跟踪合称为双向跟踪，无论采用何种跟踪方式，都需要建立与维护需求跟踪矩阵。

变更控制过程跟踪已建议变更的状态，确保已建议的变更不会丢失或疏忽。一旦确定了需求基线，所有已建议的变更都必须遵循变更控制过程。变更控制过程不是给变更设置障碍，通过变更控制过程可以确保采纳合适的变更，确保变更产生的负面影响降到最低。

2．变更控制过程包含如下三步：

（1）问题分析和变更描述：提出变更提议后，需要对变更提议进行进一步的分析和检查有效性，从而产生更加明确的需求变更提议。

（2）变更分析和成本计算：接受变更提议后，需要对需求变更提议进行影响分析和评估，变更成本计算包括变更引起的所有改动成本。

（3）变更实现：在传统计划驱动模型中，变更的实现需要回溯到需求分析阶段，重新做对应的需求分析、设计和实现步骤；在敏捷开发模型中，会将需求变更纳入下一次迭代中实现。

3．常见的需求变更策略包括以下六点：

（1）需求变更必须遵循变更控制过程。

（2）未获得批准的变更，不能执行设计和实现工作。

（3）由项目变更控制委员会决定实现哪些变更。

（4）项目风险承担者应该了解变更的内容。

（5）不能从项目配置库中删除或者修改变更请求的原始文档。

（6）每个集成的需求变更必须能跟踪到经核准的变更请求。

变更控制委员会（Change Control Board，CCB）负责裁定接受哪些变更，CCB由项目涉及的多方成员共同组成，通常包括用户和实施方的决策人员。CCB是决策机构，不是作业机构，通常CCB的工作是通过评审手段来决定项目是否能变更，但不提出变更方案。

备考点拨

本考点学习难度星级：★☆☆（简单），考试频度星级：★★★（高频）。

本考点考查软件需求规格说明书、需求跟踪和需求变更。需求规格说明书是软件需求分析的最终结果，需求规格说明书简称SRS，是软件开发中非常重要的文档，不论项目规模大小，SRS都不能少，这里有可能会出判断题。需求规格说明书让干系人与项目团队对系统有共同的理解，从而成为开发工作的基础。

需求跟踪能够跟踪从需求到产品实现的全过程，从而建立“需求 - 设计 - 编程 - 测试”之间的一致性，需求跟踪是双向的，也就是双向跟踪。通过一正一逆双向跟踪，在对需求变更进行影响分析的时候就非常方便，顺藤摸瓜就找出了变更的影响范围和需要做的工作，最后说一下，需求跟踪是通过需求跟踪矩阵来完成的。

做过项目的人都知道，需求变更在所难免，既然无法避免，不如索性接受需求变更，至少能够收获心情的平和。但是接受变更，不代表没有任何管理，没有任何管理的变更就是噩梦，提到变更管理，最重要的是变更控制过程，变更控制过程是重点，综合知识和案例分析都可能会考查到。

考题精练

1．常见的需求变更策略不包括（　　）。

A．需求变更必须遵循变更控制过程

B．当变更申请处理完成并关闭后，可以从项目配置库中删除原始文档

C．每个集成的需求变更必须能跟踪到经核准的变更请求

D．由项目变更控制委员会决定实现哪些变更

【答案 & 解析】答案为 D。常见的需求变更策略包括以下六点：①需求变更必须遵循变更控制过程；②未获得批准的变更，不能执行设计和实现工作；③由项目变更控制委员会决定实现哪些变更；④项目风险承担者应该了解变更的内容；⑤不能从项目配置库中删除或者修改变更请求的原始文档；⑥每个集成的需求变更必须能跟踪到经核准的变更请求。

【考点 59】结构化设计

结构化设计与模块

考点精华

结构化设计（Structured Design，SD）以 SRS 和 SA 阶段所产生的 DFD 和数据字典等文档为基础，是自顶向下、逐层分解、逐步求精和模块化的过程。SD 将系统划分为模块，是面向数据流的方法，目的在于确定软件结构。

1．模块是组成系统的基本单位，可以自由组合、分解和变换，具有如下四个特点：

（1）信息隐藏与抽象。信息隐藏采用封装技术，将模块实现细节隐藏起来，让模块接口尽量简单化。这样模块之间相对独立，易于理解和实现维护。

（2）模块化。模块具有功能、逻辑和状态三个基本属性。功能描述模块“做什么”，逻辑描述模块“怎么做”，状态描述模块使用的环境和条件。模块又分为内外部特性，外部特性指模块名、参数表和影响，内部特性指程序代码和使用的数据。软件设计阶段通常先确定模块外部特性，再确定内部特性。对于模块外部的调用者而言，只需要了解模块的外部特性就够了，不用了解其内部特性。

（3）耦合。耦合表示模块间的联系程度。紧密耦合表示模块间联系紧密，松散耦合表示模块之间联系松散，非直接耦合则表示模块之间无直接联系。模块的耦合类型分七种，按照耦合度从

低到高分别为：非直接耦合、数据耦合、标记耦合、控制耦合、通信耦合、公共耦合、内容耦合。

（4）内聚。内聚是从功能角度度量模块内的联系，表示模块内部代码之间联系的紧密程度，一个好的内聚模块应当只做目标单一的一件事。模块的内聚类型也分七种，根据内聚度从高到低分别为：功能内聚、顺序内聚、通信内聚、过程内聚、时间内聚、逻辑内聚、偶然内聚。

系统结构图（Structure Chart，SC）也叫模块结构图，作为概要设计阶段的工具，反映了系统的功能实现和模块间的联系与通信，包括各模块间的层次结构和系统的总体结构。

详细设计必须遵循概要设计来进行，详细设计方案的更改，不得影响到概要设计方案，如果需要更改概要设计，必须经过项目经理同意。详细设计的目标既包含实现模块功能的算法逻辑正确，也包含算法描述简明易懂。详细设计对应的交付物详细设计文档，主要描述了模块的详细设计方案说明。

2．详细设计的表示工具有图形工具、表格工具和语言工具三种。

（1）图形工具。图形工具能够把过程细节描述出来，具体的图形工具有业务流程图、程序流程图、问题分析图（Problem Analysis Diagram，PAD）、NS流程图等。

1）业务流程图用于描述管理系统内各单位、人员之间的业务关系、作业顺序和管理信息流向。业务流程图的绘制按照业务的实际处理步骤和过程进行，帮助分析人员找出业务流中的不合理流向。

2）程序流程图又叫程序框图，是使用最广泛的程序逻辑结构描述工具。程序流程图用方框表示处理步骤，用菱形表示逻辑条件，用箭头表示控制流向。优点是结构清晰、易于理解、易于修改，缺点是只能描述执行过程而不能描述有关的数据。

3）PAD图可以用来取代程序流程图，因为比程序流程图更直观、结构更清晰。PAD图最大的优点是能够反映和描述自顶向下的历史和过程。PAD提供了五种基本控制结构图示，允许递归使用。

4）NS流程图也叫盒图或方框图，是强制使用结构化构造的图示工具。NS流程图的功能域明确，不能任意转移和控制，容易确定局部和全局数据的作用域，容易表示嵌套关系及模板的层次关系。

（2）表格工具用表格描述过程的细节，可以在表格中列出各种可能的操作和相应的条件。

（3）语言工具。可以使用伪码或PDL（Program Design Language）等高级语言来描述过程细节，PDL也叫伪码或结构化语言，用于描述模块内部的具体算法，帮助开发人员进行较为精确的交流。PDL语法是开放式的，外层语法确定，内层语法不确定。PDL的优点是可以作为注释直接插在源程序中，可以自动由PDL生成程序代码。PDL的缺点是没有图形工具形象直观，描述复杂问题时不如判定树清晰简单。

备考点拨

本考点学习难度星级：★★☆（适中），考试频度星级：★★★（高频）。

本考点考查结构化设计，一共有模块结构和详细设计两个子考点。之前提到的需求分析阶段解决做什么的问题，软件设计阶段解决怎么做的问题。从方法上，软件设计分为结构化设计和面向对象设计。

结构化设计（SD）把整个软件拆成了一个又一个独立的模块，这些模块就组成了整个软件。模块采用封装技术，将实现细节隐藏起来，外部无关的闲杂人等均不能访问，即使有权限访问的其他模块，也需要通过接口进行访问，这里讲到的耦合、内聚等特性都需要掌握。

在讲系统结构图的时候提到了概要设计和详细设计，关于详细设计和概要设计之间的关系是，详细设计必须遵循概要设计来进行，也即概要设计要领导详细设计，这个想想也就明白了，否则概要设计不是白做了吗？所以如果你想要改详细设计方案，那么拜托不要影响概要设计方案，如果真的不得不影响到概要设计，必须经过项目经理同意才行。

详细设计很重要，所以表示工具都有三种，分别是图形工具、表格工具和语言工具。图形工具又进一步分为了四种图，分别是业务流程图、程序流程图、问题分析图 PAD 和 NS 流程图。这些工具和图形的特点，以及由此延伸出来的优缺点需要掌握。

考题精练

1．结构化详细设计的表示工具不包括（　　）。

A．文本工具　　B．表格工具　　C．图形工具　　D．语言工具

【答案 & 解析】答案为 A。结构化详细设计的表示工具有图形工具、表格工具和语言工具三种。

【考点 60】面向对象设计

OOD 中的 3 类

考点精华

面向对象设计（OOD）的基本思想包括抽象、封装和可扩展性，可扩展性通过继承和多态实现。OOD 对类和对象进行设计，解决同时提高软件可维护性和可复用性的核心问题，OOD 中可维护性的复用以设计原则为基础。

1．常用的 OOD 原则包括七个原则，如下所示。

（1）单职原则：一个类有且仅有一个引起它变化的原因，否则类应该被拆分成多个。

（2）开闭原则：对扩展开放，对修改封闭。当需求改变时，在不修改现有源码的前提下，可以通过扩展模块功能满足新需求。

（3）里氏替换原则：里氏替换原则是指子类可以替换父类，也就是子类可以扩展父类功能，但无法改变父类原有功能。

（4）依赖倒置原则：依赖于抽象，而不是具体实现，针对接口编程，而不是针对实现编程。

（5）接口隔离原则：使用多个专门接口比使用单一的总接口更好。

（6）组合重用原则：尽量使用组合而不是继承关系来达到重用目的。

（7）迪米特原则：又叫最少知识法则，指一个对象应当对其他对象尽可能少了解，目的是降低类之间的耦合度，提高模块的相对独立性。

2．OOD 中的类分三种类型，分别是实体类、控制类和边界类。

（1）实体类。实体类对应需求中的实体，在实体类中保存需存储在永久存储体中的信息。由此可见，实体类都是永久性的类，实体类的属性和关系长期需要，甚至系统的全生命周期都需要。

对用户而言，实体类是最有意义的类，通常使用名词的形式采用业务领域术语进行实体类命名，可以从 SRS 中与数据库表对应的名词入手来识别实体类。实体类一定有属性，但不一定有操作。

（2）控制类。控制类用于控制用例工作，命名通常使用动宾结构的短语。控制类用于对控制行为进行建模，控制类的实例是控制对象，控制对象通常控制其他对象，因此它们的行为具有协调性。

控制类将用例的特有行为进行封装，控制对象的行为与特定用例的实现相关，系统执行用例时，就会产生控制对象，用例执行完毕后控制对象会消亡。控制类没有属性，但一定有方法。

（3）边界类。边界类用于对外部环境与系统内部的交互进行建模，也就是用于系统接口与系统外部进行交互，边界类封装了用例内外流动的信息或数据流。边界类位于系统与外界的交接处，包括窗体、报表、打印机和扫描仪等硬件接口，以及与其他系统的接口。可以通过检查用例模型的方式找到并定义边界类，每个参与者和用例交互至少要有一个边界类，在系统设计时产生的报表可以作为边界类来处理。边界对象将系统与其外部环境的变更分开，从而变更不会对系统其他部分带来影响。边界类既有属性也有方法。

备考点拨

本考点学习难度星级：★★☆（适中），考试频度星级：★★★（高频）。

本考点考查面向对象设计。面向对象设计的基本思想是：抽象、封装、继承和多态，这个需要掌握，过去曾经考查过。同样还需要掌握的是面向对象的七个原则，同样过去也曾经考查过。在面向对象设计中，类可以分为三种类型：实体类、控制类和边界类。对这三种类的理解和掌握可以借助工作生活中的例子，比如如果要开发一套课程，那么课程就是实体，对应的就是实体类，课程在视频网站播放时，倍速播用例对应的控制类是倍速播放控制器，而培训课程播放系统用来打印课件的接口，就属于边界类范畴。不同类的特点、是否有属性和方法等可以对比着学习记忆，效果会更好一些。

考题精练

1．一个对象应当对其他对象尽可能少了解，这是面向对象设计的（　　）原则。

A．单职　　B．开闭　　C．迪米特　　D．接口隔离

【答案 & 解析】答案为 C。迪米特原则又叫最少知识法则，指一个对象应当对其他对象尽可能少了解，目的是降低类之间的耦合度，提高模块的相对独立性。

【考点 61】统一建模语言（UML）

UML 构造块

考点精华

统一建模语言（UML）是一种建模语言，不仅支持面向对象分析法（OOA）和面向对象设计（OOD），还支持从需求分析开始的软件开发全过程。UML 结构包括构造块、规则和公共机制三部分。

1．构造块。UML 有三种基本构造块，分别是事物（thing）、关系（relationship）和图（diagram）。

（1）事物也叫建模元素，是 UML 模型中最基本的 OO（面向对象）构造块，包括结构事物、

行为事物、分组事物和注释事物。

（2）关系用来连接事物，主要有依赖、关联、泛化和实现四种关系：

- 依赖（dependency）是两个事物间的语义关系，一个事物发生变化会影响另一个事物的语义。
- 关联（association）是指一种对象和另一种对象有联系。
- 泛化（generalization）是一般元素和特殊元素之间的分类关系，特殊元素的对象可替换一般元素的对象。
- 实现（realization）连接不同的模型元素（类），其中一个类指定了另一个类保证执行的契约。

（3）图是多个相关联事物的集合。UML 2.0 包含了 14 种图，分别是类图、对象图、构件图、组合结构图、用例图、顺序图、通信图、定时图、状态图、活动图、部署图、制品图、包图和交互概览图。

2．规则规定了构造块如何放在一起，包括命名、范围、可见性、完整性和执行。

3．公共机制是达到特定目标的公共 UML 方法，主要包括规格说明、修饰、公共分类和扩展机制四种。

UML 视图包括逻辑视图、进程视图、实现视图、部署视图和用例视图五个系统视图。

（1）逻辑视图。逻辑视图也叫设计视图，侧重点在于如何得到功能，逻辑视图用系统静态结构和动态行为来展示系统内部的功能如何实现。

（2）进程视图。进程视图是逻辑视图的一次执行实例，是可执行线程和进程作为活动类的建模。

（3）实现视图。实现视图对组成系统的物理代码文件和构件进行建模。

（4）部署视图。部署视图表示软件到硬件的映射和分布，指把构件部署到一组物理节点上。

（5）用例视图。用例视图从外部角色视角展示系统功能，是最基本的需求分析模型。

备考点拨

本考点学习难度星级：★★☆（适中），考试频度星级：★★★（高频）。

本考点考查统一建模语言（UML），UML 非常强大而且学起来很简单、普遍适用。要掌握 UML 是一种建模语言，它的作用域并不只是需求分析和需求设计，并不只是做面向对象分析或者面向对象设计，它支持从需求分析开始的软件开发的全过程，从整体上看，UML 结构包含构造块、规则还有公共机制三个部分。UML 三个相关的考点分别是四类关系、14 种图和五个系统视图。这里提醒 UML 2.0 里面有 14 种图，针对每种图都详细记忆不太现实、性价比较低。时间有限的情况下，建议重点理解六个图，分别是类图、对象图、用例图、顺序图、状态图和活动图，这六个图在项目实战中用得相对比较多，过去也曾经考过一两次。

考题精练

1．统一建模语言（UML）属于（　　）。

A．软件需求工具　B．软件开发语言　C．软件编译工具　D．软件测试工具

【答案 & 解析】答案为 A。可以通过排除法选择答案，软件需求工具包括需求建模工具和需

求追踪工具，UML 属于建模工具。

2．UML 适用于（　　），是为支持（　　）过程而设计的，强调在软件开发中对架构、框架、模式和组件的重用。

A．分布式建模　面向对象　　B．分布式建模　结构化

C．可视化建模　面向对象　　D．可视化建模　结构化

【答案 & 解析】答案为 C。UML 是一种可视化的建模语言，而不是编程语言。UML 标准包括相关概念的语义，表示法和说明，提供了静态、动态、系统环境及组织结构的模型。比较适合用于迭代式的开发过程，是为支持大部分面向对象开发过程而设计的，强调在软件开发中对架构、框架、模式和组建的重用。

【考点 62】软件配置管理

软件配置管理

考点精华

软件配置管理（SCM）的目标是标识和控制变更、确保变更正确实现和报告变更，软件配置管理的核心内容包括版本控制和变更控制。

1．版本控制（Version Control）。版本控制是对开发过程中代码、配置及说明文档等文件变更的管理。版本控制最主要的两个功能是追踪文件变更和并行开发。每次文件改变都需要增加文件的版本号；版本控制有效解决版本同步以及不同开发者间的开发通信问题，提高协同开发效率。

2．变更控制（Change Control）。变更控制的目的不是控制变更发生，而是对变更管理和确保变更有序进行。引起变更的因素有两个：第一个是来自外部的变更要求，比如客户提出的修改；第二个是来自内部的变更要求，比如缺陷修复引起的变更。两个因素中更难处理的是外部需求变更。

软件配置管理活动包括软件配置管理计划、软件配置标识、软件配置控制、软件配置状态记录、软件配置审计、软件发布管理与交付等活动。

（1）软件配置管理计划：通过了解组织结构环境和单元间的联系，明确软件配置控制任务，制订软件配置管理计划。

（2）软件配置标识：软件配置标识是识别要控制的配置项，并为配置项及其版本建立基线。

（3）软件配置控制：软件配置控制关注软件生命周期中的变更管理。

（4）软件配置状态记录：标识、收集、维护并报告配置管理的配置状态信息。

（5）软件配置审计：独立评价软件产品和过程是否遵从既定的规则、标准、指南、计划和流程等。

（6）软件发布管理与交付：通过软件库，创建特定的交付版本并发布。

备考点拨

本考点学习难度星级：★★☆（适中），考试频度星级：★☆☆（低频）。

本考点考查软件配置管理，配置管理包含了一系列活动，要做配置管理计划、分配标识、对配置做控制、记录状态，还要做审计、软件发布等活动，但是其中的核心内容包括版本控制和变更控制。这个考点的内容不多，难度不大。

考题精练

1．以下（　　）属于版本控制最主要的两个功能之一。

A．配置标识　　B．配置状态记录　　C．并行开发　　D．版本交付

【答案 & 解析】答案为 C。版本控制最主要的两个功能是追踪文件变更和并行开发。

【考点 63】程序设计风格与编码效率

程序编码效率

考点精华

程序设计风格包括四方面：源程序文档化、数据说明、语句结构和输入 / 输出方法。

编码效率包括如下四大效率：

1．程序效率：程序的效率指程序的执行速度，以及程序占用的内存空间。

2．算法效率：源程序的效率与详细设计阶段确定的算法效率直接相关，所以算法效率反映为程序的执行速度和对存储容量的要求。

3．存储效率：提高存储效率的关键是程序简单化，考虑到存储容量对软件设计和编码制约很大，所以可以选择能够生成较短目标代码且存储压缩性能优良的编译程序，或者采用汇编程序。

4．I/O 效率，操作人员能够方便、简单地输入数据，则说明面向人的输入 / 输出是高效率。面向设备的输入 / 输出效率，主要考虑设备本身的性能。

备考点拨

本考点学习难度星级：★☆☆（简单），考试频度星级：★☆☆（低频）。

本考点考查程序设计风格与编码效率。程序设计有四方面的风格，程序设计风格是为了提高程序可读性，当可读性提高了，改起来就容易，而且质量也能提升。编码效率有四方面的效率，内容较少，理解掌握即可。

考题精练

1．编码效率不包含（　　）。

A．算法效率　　B．存储效率　　C．I/O 效率　　D．测试效率

【答案 & 解析】答案为 D。编码效率包括如下四大效率：程序效率、算法效率、存储效率和 I/O 效率。

【考点 64】软件测试

软件静态测试与动态测试

考点精华

软件测试方法分为静态测试和动态测试两个大类，分别如下：

1．静态测试。执行静态测试时，被测试程序不在机器上运行，只是依靠分析源代码的语句、结构、过程等来检查是否有错误，通过对需求规格说明书、设计说明书以及源程序做结构分析和流程图分析找出错误。静态测试包括对文档的静态测试和对代码的静态测试。对文档的静态测试主要以检查单的形式进行，对代码的静态测试采用桌前检查（Desk Checking）、代码走查和代码

审查的方式。使用这种方法能够发现 30% ～ 70% 的逻辑设计和编码错误。

2. 动态测试。动态测试在计算机上实际运行程序进行软件测试，将运行结果与预期结果进行对比分析，动态测试包含白盒测试和黑盒测试两种方法。

白盒测试又叫结构测试，主要用于单元测试。白盒测试将程序看作透明的白盒，测试人员清楚程序结构和处理算法，所以可以按照程序内部逻辑设计测试用例，使用静态测试的方法也可以实现白盒测试。

黑盒测试又叫功能测试，黑盒测试将程序看作不透明的黑盒，完全不考虑程序的内部结构和处理算法，只是根据需求规格说明书设计测试用例，关注程序功能是否能按规范说明无误运行。

《计算机软件测试规范》（GB/T 15532）中，将软件测试分为单元测试、集成测试、确认测试、系统测试、配置项测试和回归测试。

- 单元测试是对软件模块进行测试，测试对象是可独立编译或汇编的程序模块、软件构件或 OO 软件中的类。
- 集成测试是对组装起来的模块同时进行测试。
- 确认测试验证软件功能、性能及其他特性是否与用户需求一致。
- 系统测试针对完整的、集成的计算机系统，是在完全真实的工作环境下，测试完整的软件配置项能否和系统正确连接并满足要求。
- 配置项测试的对象是软件配置项，检验软件配置项与 SRS 是否一致。
- 回归测试是在变更后，测试变更的正确性，以及软件原有正确的功能、性能等是否受到变更的损害或影响。

备考点拨

本考点学习难度星级：★☆☆（简单），考试频度星级：★★★（高频）。

本考点考查软件测试。软件测试涉及的分类和专业术语比较多，对这个考点的学习就是熟悉和掌握不同专业术语的名字和定义，一个好的学习窍门是自己动手在白纸上把不同的分类用思维导图或者分解图画出来，这样就能够对不同测试类型的关系一目了然，然后在此基础上掌握对应测试的定义和作用。

考题精练

1. 验证软件功能、性能及其他特性是否与用户需求一致，是（　　）。

A. 集成测试　　B. 确认测试　　C. 系统测试　　D. 回归测试

【答案 & 解析】答案为 B。确认测试验证软件功能、性能及其他特性是否与用户需求一致。

【考点 65】持续交付和持续部署

蓝绿部署和金丝雀部署

考点精华

持续交付是完全自动化的过程，业务开发完成后，持续交付可以做到一键部署。

1. 持续交付作为更完善的解决传统软件开发流程的方案，体现在：

（1）需求阶段抛弃了传统需求文档的方式，使用便于理解的用户故事。

（2）在开发测试阶段做到持续集成，让测试人员尽早进入项目测试。

（3）在运维阶段打通开发和运维间的通路，保持开发环境和运维环境统一。

2．持续交付的优势包括：

（1）有效缩短代码提交到正式部署上线的时间，降低部署风险。

（2）自动、快速提供反馈，及时发现和修复缺陷。

（3）让软件在整个生命周期内都处于可部署状态。

（4）简化部署步骤，软件版本更加清晰。

（5）让交付过程成为可靠、可预期、可视化的过程。

使用两个指标评价互联网公司的软件交付能力：①仅涉及一行代码的改动需要花费多少时间可以部署上线，这是核心指标；②开发团队是否在以一种可重复、可靠的方式执行软件交付。

软件部署模式分为面向单机软件的部署模式、集中式服务器应用部署和基于微服务的分布式部署。面向单机软件的部署模式适用于运行在操作系统之上的单机软件，如软件安装、配置和卸载；集中式服务器应用部署适用于用户访问量小、硬件环境要求不高的情况；基于微服务的分布式部署适用于用户访问量大、并发性要求高的云原生应用，通常要借助容器和 DevOps 技术进行持续部署集成。

容器技术是目前部署中最流行的技术，使用容器部署不但继承和优化了虚拟机部署优点，而且很好地解决了第三方依赖库的重构问题，容器部署就像一个集装箱，直接把所有需要的内容全部打包复制和部署。

3．相比传统虚拟机技术，容器技术的主要优点包括：

（1）容器技术上手简单、体积很小、架构轻量级。

（2）容器技术集合性更好，更容易对环境和软件进行打包复制和发布。

部署目的不是部署一个可工作的软件，而是部署一套可正常运行的环境，持续部署管理需要遵循如下原则：

- 部署包来自统一的存储库。
- 所有环境使用相同的部署方式。
- 所有环境使用相同的部署脚本。
- 部署流程编排阶梯式晋级，在部署中设置多个检查点，一旦发生问题则有序回滚。
- 整体部署由运维人员执行。
- 仅通过流水线改变生产环境，防止配置漂移。
- 不可变服务器。
- 部署方式采用蓝绿部署或金丝雀部署。

4．完整的镜像部署包括三个环节：Build-Ship-Run。

（1）Build 跟传统编译类似，将软件编译成 RPM 包或者 Jar 包。

（2）Ship 将所需的第三方依赖和第三方插件安装到环境中。

（3）Run 是在不同的地方启动整套环境。

部署包一旦制作完成，以后每次需要变更软件或者第三方插件升级时，就不再需要重新打包，直接更新部署包即可。

部署原则中提到了蓝绿部署和金丝雀部署。蓝绿部署是在部署时准备新旧两个部署版本，通过域名解析切换方式将用户使用环境切换到新版本。出现问题时可以快速将用户环境切回旧版木。金丝雀部署是有新版本发布时，先让少量用户使用新版本，观察新版本是否存在问题，如果出现问题，就及时处理并重新发布，如果一切正常，再逐步将新版本发布给所有用户。

备考点拨

本考点学习难度星级：★★☆（适中），考试频度星级：★★★（高频）。

本考点考查持续交付和持续部署。持续交付是完全自动化，靠人工做持续交付成本太高，所以持续交付往往是一键部署，让代码快速、安全地部署到生产环境里。

部署层次分三个环节，Build、Ship 和 Run。这个考点的理解，可以想象成货运集装箱。首先部署时，先要 Build，先要创建，先要把软件编译成 Jar 包这样的可执行程序，对源代码进行编译就是创建 Build，Build 完成之后要去装载，就像装到了集装箱里，装载 Ship 是将第三方依赖和第三方插件安装到环境里。装到集装箱后，就要把集装箱放到船上运出去，运出去后开始正式运行，就是 Run:在不同的地方启动整套环境。部署完成、制作完成部署包之后，以后插件要升级的时候，就不需要重新打包，直接更新部署包就行、很方便。

容器部署就像本书刚才讲的集装箱，把所有东西和需要的内容全部扔到集装箱里然后运出去。不可变服务器还有两个部署：蓝绿部署和金丝雀部署，这两个部署的区别学习时需要额外留意。

考题精练

1.（　　）是指当有新版本发布的时候，先让少量用户使用新版本，并且观察新版本是否存在问题。如果出现问题，就及时处理并重新发布；如果一切正常，就稳步地将新版本适配给所有的用户。

A．蓝绿部署　　B．金丝雀部署　　C．虚拟机部署　　D．持续部署

【答案 & 解析】答案为 B。在部署原则中提到两大部署方式为蓝绿部署和金丝雀部署。蓝绿部署是指在部署的时候准备新旧两个部署版本，通过域名解析切换的方式将用户使用环境切换到新版本中，当出现问题的时候，可以快速地将用户环境切回旧版本，并对新版本进行修复和调整。金丝雀部署是指当有新版本发布的时候，先让少量用户使用新版本，并且观察新版本是否存在问题。如果出现问题，就及时处理并重新发布；如果一切正常，就稳步地将新版本适配给所有的用户。

【考点 66】软件质量管理

软件质量保证任务

考点精华

影响软件质量的因素有三组，分别是产品运行、产品修改和产品转移，分别反映用户在使用软件产品时的三种不同倾向，如图 6-2 所示。软件质量保证通过对软件产品和活动进行评审和审计来验证软件是否满足质量标准，软件质量保证组在项目开始时就参与建立计划、标准和过程。

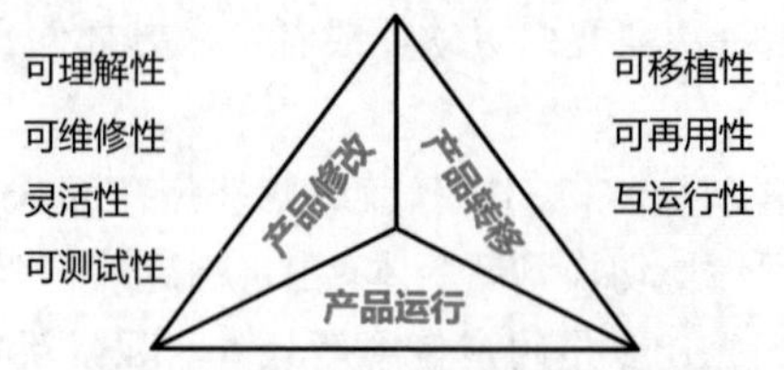

图 6-2　影响软件质量的三个因素

软件质量保证使软件过程对管理人员可见，给管理者提供预定义的软件过程保证，质量保证的关注点集中在从开始就避免缺陷产生。质量保证的主要目标是：

1. 事前预防工作，例如着重缺陷预防而不是缺陷检查。
2. 尽量在刚刚引入缺陷时将其捕获，而不是让缺陷扩散到下个阶段。
3. 作用于过程而不是最终产品，因此有可能会带来广泛影响与巨大收益。
4. 贯穿于所有的活动之中，而不是集中一点。

软件质量保证以独立审查方式，从第三方角度监控软件开发任务执行，SQA 组织保证如下内容的实现：①选定的开发方法被采用；②选定的标准和规程得到采用并遵循；③进行独立审查；④偏离标准流程的问题得到及时处理；⑤每个软件任务得到实际执行。

软件质量保证的任务包括：SQA 审计与评审、SQA 报告、处理不合格问题。

1. SQA 审计与评审。SQA 审计是根据组织标准对软件工作产品、工具和设备的审计，保证软件活动与既定的软件过程一致，确保软件过程得到遵守。

2. SQA 报告。SQA 报告的发布遵循三原则：① SQA 能够和高管直接沟通；② SQA 报告必须发布给软件工程组，不必发布给项目管理人员；③向关心软件质量的人发布 SQA 报告。

3. 处理不合格问题。SQA 要对工作过程中发现的问题及时处理，并向有关人员及高管反映。

备考点拨

本考点学习难度星级：★☆☆（简单），考试频度星级：★★☆（中频）。

本考点考查软件质量管理。如果想要提升软件质量，就需要了解影响软件质量的因素有哪些，从管理视角把影响因素分成了三组，分别是产品运行、产品修改和产品转移。搞定影响软件质量的因素，需要软件质量保证（SQA）的登场，软件质量保证是通过建立一套方法，关注一开始就避免缺陷的发生，同时确保软件过程对管理人员可见。

质量保证的目标体现了质量保证的特点，这些特点是很好的出题点，四个特点中的任何一个都可以以判断题的形式出现，建议一并掌握。软件质量保证的任务有三条，分别是 SQA 审计与评审、SQA 报告和处理不合格问题，其中 SQA 报告发布的三原则同样需要掌握。

考题精练

1. 关于 SQA 报告的表述，错误的是（　　）。

A. SQA 报告必须发布给软件工程组和项目管理人员

B. SQA 能够和高管直接沟通

C．需要向关心软件质量的人发布 SQA 报告

D．SQA 报告属于软件质量保证三大任务中的一个

【答案 & 解析】答案为 A。SQA 报告必须发布给软件工程组，不必发布给项目管理人员。

【考点 67】软件过程能力成熟度

CSMM 4 个能力域

考点精华

软件过程能力成熟度模型（CSMM）由 4 个能力域、20 个能力子域、161 个能力要求组成。

1．治理能力域：确定组织战略、产品方向、组织业务目标，并确保目标实现。包括战略与治理、目标管理能力子域。

2．开发与交付能力域：确保通过软件工程过程交付满足需求的软件，为顾客与利益相关方增加价值。包括需求、设计、开发、测试、部署、服务、开源应用能力子域。

3．管理与支持能力域：覆盖软件开发项目的全过程，确保软件项目按照既定成本、进度和质量交付，满足客户与利益相关方要求。包括项目策划、项目监控、项目结项、质量保证、风险管理、配置管理、供应商管理能力子域。

4．组织管理能力域：对软件组织能力进行综合管理。包括过程管理、人员能力管理、组织资源管理、过程能力管理能力子域。

CSMM 的五个软件过程能力成熟度等级如下所示。

1 级（初始级）：软件过程和结果具有不确定性。

2 级（项目规范级）：项目基本可按计划实现预期结果。

3 级（组织改进级）：在组织范围内稳定实现预期的项目目标。

4 级（量化提升级）：在组织范围内量化管理和实现预期组织和项目目标。

5 级（创新引领级）：通过技术和管理创新，实现组织业务目标持续提升，引领行业发展。

备考点拨

本考点学习难度星级：★☆☆（简单），考试频度星级：★★☆（中频）。

本考点考查软件过程能力成熟度，软件过程能力成熟度主要是 CSMM 模型，CSMM 模型定义了 4 个能力域、20 个能力子域、161 个能力要求，重点掌握到能力域就好，4 个能力域分别为治理、开发与交付、管理与支持、组织管理。另外还需要掌握 CSMM 的 5 个软件过程能力成熟度等级名称及特点。

考题精练

1．在组织范围内稳定实现预期的项目目标，是 CSMM 五个软件过程能力成熟度等级中的（　　）。

A．项目规范级　　B．组织改进级　　C．量化提升级　　D．创新引领级

【答案 & 解析】答案为 B。3 级（组织改进级）是在组织范围内稳定实现预期的项目目标。

第7章 数据工程考点精讲及考题实练

7.1 章节考情速览

数据工程章节包含六个知识块，分别是数据采集和预处理、数据存储及管理、数据治理和建模、数据仓库和数据资产、数据分析及应用、数据脱敏和分类分级。这一章的难度虽然低于信息系统架构章节，但是学习起来也并不容易，特别对于没有从事过数据工程的同学而言，这一章难在抽象的概念术语，比如元数据、数据标准化、数据访问接口等都属于本章的难点考点。

数据是当今的热点，无论是政府层面倡导的数字中国，还是离我们生活越来越近的人工智能，背后的能源就是数据，所以第3版考试大纲新增加了本章内容，预计考试中会考查4分左右，以综合知识科目考查为主。

7.2 考点星级分布图

本章涉及的主要考点分布及难度与频度双星级如图7-1所示。

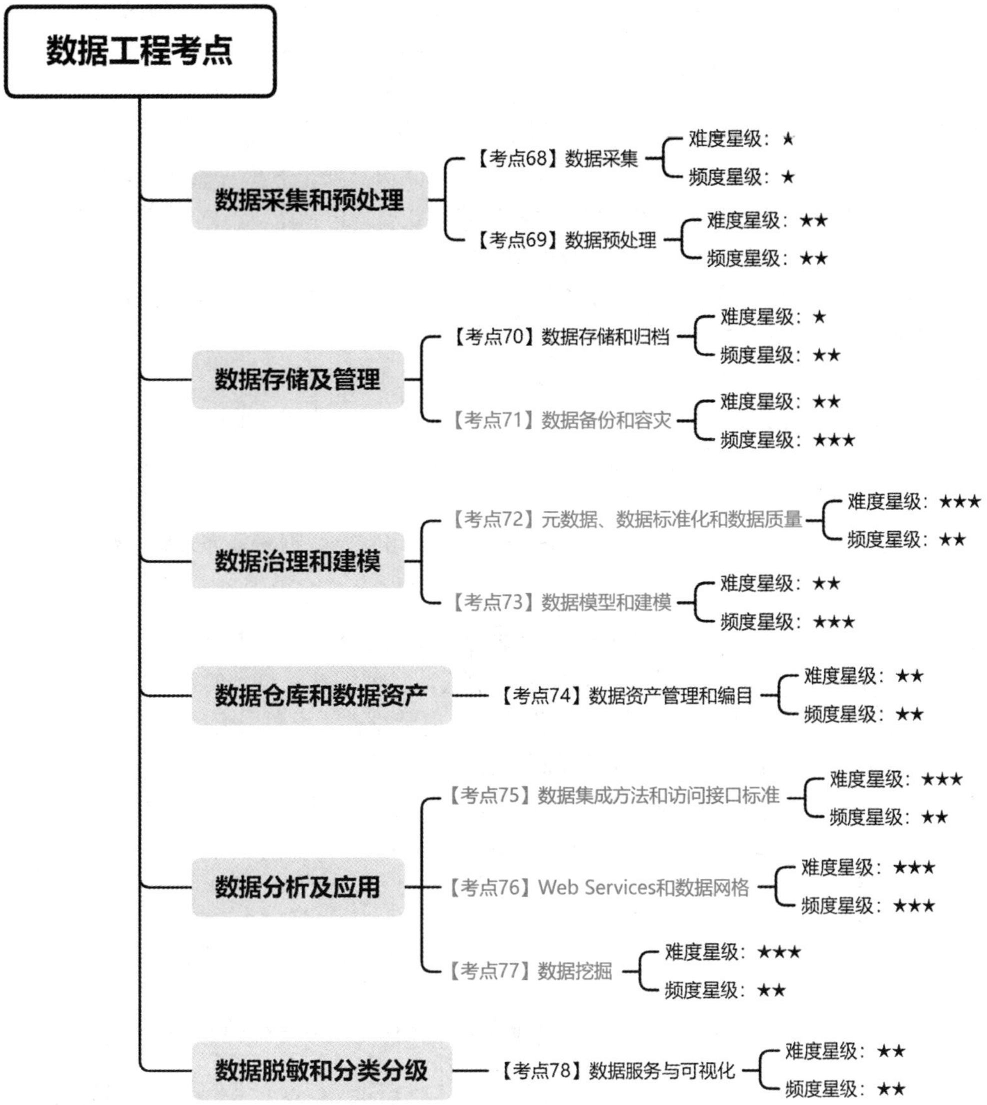

数据工程考点

- 数据采集和预处理
  - 【考点68】数据采集
    - 难度星级：★
    - 频度星级：★
  - 【考点69】数据预处理
    - 难度星级：★★
    - 频度星级：★★
- 数据存储及管理
  - 【考点70】数据存储和归档
    - 难度星级：★
    - 频度星级：★★
  - 【考点71】数据备份和容灾
    - 难度星级：★★
    - 频度星级：★★★
- 数据治理和建模
  - 【考点72】元数据、数据标准化和数据质量
    - 难度星级：★★★
    - 频度星级：★★
  - 【考点73】数据模型和建模
    - 难度星级：★★
    - 频度星级：★★★
- 数据仓库和数据资产
  - 【考点74】数据资产管理和编目
    - 难度星级：★★
    - 频度星级：★★
- 数据分析及应用
  - 【考点75】数据集成方法和访问接口标准
    - 难度星级：★★★
    - 频度星级：★★
  - 【考点76】Web Services和数据网格
    - 难度星级：★★★
    - 频度星级：★★★
  - 【考点77】数据挖掘
    - 难度星级：★★★
    - 频度星级：★★
- 数据脱敏和分类分级
  - 【考点78】数据服务与可视化
    - 难度星级：★★
    - 频度星级：★★

图 7-1 本章考点及星级分布

7.3 核心考点精讲及考题实练

数据采集类型

【考点 68】数据采集

考点精华

数据采集的类型包括结构化数据、半结构化数据、非结构化数据。结构化数据是以关系型

数据库表管理的数据；半结构化数据是指非关系模型的、有基本固定结构模式的数据，例如日志文件、XML 文档、E-mail 等；非结构化数据是没有固定模式的数据，如办公文档、文本、图片，HTML、报表、图像、音频、视频等。

数据采集的方法分为传感器采集、系统日志采集、网络采集和其他数据采集。

1．传感器采集通过传感器感知信息，并将信息按一定规律变成电信号或其他信息输出。传感器包括重力感应传感器、加速度传感器、光敏传感器、热敏传感器、声敏传感器、气敏传感器、流体传感器、放射线敏感传感器、味敏传感器等。

2．系统日志采集通过平台系统读取和收集日志文件。系统日志记录系统中软硬件和系统运行情况及问题信息。系统日志为数据量非常庞大的流式数据。

3．网络采集通过互联网公开采集接口或网络爬虫方式从互联网或特定网络获取大量数据信息，是互联网或特定网络数据采集的主要方式。数据采集接口通过应用程序接口（API）的方式进行采集，网络爬虫是根据一定规则提取所需信息的程序，分为通用网络爬虫、聚焦网络爬虫、增量式网络爬虫、深层网络爬虫等类型。

4．其他数据采集方式，比如与数据服务商合作、使用特定数据采集方式获取数据。

备考点拨

本考点学习难度星级：★☆☆（简单），考试频度星级：★☆☆（低频）。

本考点考查数据采集。数据的出生要从采集说起，目前能够采集到的数据一共有三种类型，分别是结构化数据、半结构化数据和非结构化数据，需要知道三类数据类型的举例，知道每种数据类型的代表。一共有四种方法可以采集数据，分别是传感器采集、系统日志采集、网络采集和其他数据采集，这四类数据采集方式的名字以及特点需要掌握。

考题精练

1．以下（　　）属于非结构化数据。

A．日志文件　　B．XML 文档

C．文本　　D．E-mail

【答案 & 解析】答案为 C。非结构化数据是没有固定模式的数据，如办公文档、文本、图片，HTML、报表、图像、音频、视频等。

【考点 69】数据预处理

数据预处理步骤

考点精华

数据预处理是去除重复记录，发现并纠正数据错误，将数据转换成符合标准的过程，数据预处理采用数据清洗方法实现，主要包括数据分析、数据检测和数据修正三个步骤。

1．数据分析是从数据中发现控制数据的一般规则，比如字段域和业务规则。通过数据分析定义数据清理的规则，并选择适合的算法。

2．数据检测是根据预定义的清理规则及算法，检测数据是否正确、是否满足字段域和业务规则，检测记录是否重复。

3．数据修正是手工或自动修正检测到的错误数据或重复记录。

需要进行预处理的数据主要包括数据缺失、数据异常、数据不一致、数据重复、数据格式不符等情况，不同问题需要采用不同的数据处理方法。

1．数据缺失的预处理。数据缺失的原因分环境原因和人为原因，方法有删除缺失值、均值填补法和热卡填补法。当样本数量很多，并且缺失值样本占比相对较小时，可以采用删除缺失值法，也就是将有缺失值的样本直接丢弃；均值填补法先找出与缺失值属性相关系数最大的属性，然后根据这个属性把数据分成几个组，再分别计算每个组的均值，用均值代替缺失值；热卡填补法通过在数据库中找到与包含缺失值变量最相似的对象，然后采用相似对象的值代替缺失值。

2．数据异常的预处理。对于异常数据，采用分箱法和回归法处理。分箱法通过考查数据周围的值，来平滑处理有序的数据值，这些有序值被分到一些"箱"中进行局部光滑。一般而言宽度越大，数据预处理效果越好；回归法用函数拟合数据来光滑数据和消除噪声。线性回归找出拟合两个属性的最佳直线，从而一个属性能预测另一个属性。多线性回归是线性回归的扩展，涉及两个以上的属性，将数据拟合到多维面。

3．数据不一致的预处理。不一致数据是具有逻辑错误或类型不一致的数据，不一致数据的清洗可以使用人工修改，也可以借助工具找到违反限制的数据，大部分的不一致都需要进行数据变换，可以采用商业工具提供的数据变换功能。

4．数据重复的预处理。去除重复值的操作一般最后进行，可以使用 Excel、VBA、Python 等工具处理。

5．数据格式不符的预处理。通常人工收集或者用户填写的数据，容易存在格式问题。

备考点拨

本考点学习难度星级：★★☆（适中），考试频度星级：★★☆（中频）。

本考点考查数据预处理。拿到最原始的数据之后，先别着急用，因为原始数据中存在着大量的问题，比如数据缺失、数据错误、数据重复等，这些问题直接导致数据的质量堪忧，所以在用之前，需要先做快速的预处理，预处理采用的是数据清洗，通过清洗把重复数据去掉，错误数据纠正，最终把数据转化成符合标准的数据，整体而言，数据预处理主要包括数据分析、数据检测和数据修正三个步骤，这三步很好理解，完全符合咱们的思维习惯。

数据处理方法的选择需要针对不同的问题，有不同的方法。通常而言，原始数据的问题主要有五类，对应的也有不同的处理方法，这五个类别以及对应的处理方法建议能够掌握。

考题精练

1．回归法经常用于（　　）类型的数据预处理。

A．缺失数据的预处理　　B．异常数据的预处理

C．不一致数据的预处理　　D．重复数据的预处理

【答案 & 解析】答案为 B。对于异常数据的预处理，通常采用分箱法和回归法处理，回归法用函数拟合数据来光滑数据和消除噪声。

【考点 70】数据存储和归档

数据存储介质

考点精华

常见的数据存储介质有磁带、光盘、磁盘、内存、闪存和云存储。①磁带是存储成本低、容量大的存储介质，缺点是速度比较慢；②光盘存储的数据是只读数据，不受电磁影响，容易大量复制，这三个特点让光盘适合用来对数据进行永久性归档备份；③磁盘存储采用独立冗余磁盘阵列 RAID，RAID 将数个单独磁盘以不同的方式组合成逻辑磁盘，在提高磁盘读取性能的同时，也增强了数据安全性；④闪存是固态技术存储，使用闪存芯片存储数据，具有集内存访问速度和存储持久性于一体的特点；⑤云存储将数据存储在异地位置，可通过公共互联网或者专用私有网络进行访问，明显的优势是可扩展。

数据的存储形式有三种，分别是文件存储、块存储和对象存储。

1．文件存储也叫文件级或基于文件的存储，数据存储在文件中，文件放在文件夹中，文件夹放在目录和子目录下面。

2．块存储也叫块级存储，块存储将数据存储成了块。这些块作为单独的部分存储，适用于需要快速、高效和可靠进行数据传输的计算场景，开发人员一般倾向于使用块存储。

3．对象存储是用于处理大量非结构化数据的数据存储架构。

存储管理的主要内容有四个方面：

1．资源调度管理，资源调度管理负责添加、删除、编辑存储节点。

2．存储资源管理，管理物理和逻辑层次上的存储资源，简化资源管理，提高数据可用性。

3．负载均衡管理，避免存储资源由于资源类型、服务器访问频率和时间不均衡造成浪费或形成系统瓶颈。

4．安全管理，防止恶意用户攻击系统或窃取数据。

数据归档是将不活跃的冷数据从可立即访问的存储介质迁移到查询性能较低、低成本、大容量的存储介质中，数据归档的过程可逆，归档的数据如果需要，也可以恢复到原来的存储介质中。数据归档策略要与业务策略、分区策略保持一致，确保高优先级数据的可用性和系统高性能。开展数据归档活动的注意点如下：

1．数据归档只在业务低峰期执行。数据归档需要不断读写生产数据库，将会大量占用网络等资源，给线上业务造成较大压力。

2．数据归档后，将会删除生产数据库的数据，进而造成数据空洞，也就是表空间并没有及时释放，若长时间没有新的数据填充，会造成空间浪费。

3．如果数据归档影响了线上业务，需要结束数据归档，进行问题复盘，及时找到并解决问题。

备考点拨

本考点学习难度星级：★☆☆（简单），考试频度星级：★★☆（中频）。

本考点考查数据存储和归档。数据经过采集和预处理之后，接下来就需要给这些数据找到容身之地，也就是数据要存储起来，存储包含两个方面：一是数据临时或长期驻留的物理媒介；二是保证数据完整、安全存放和访问。

数据存储介质比较好理解，就是数据要存在什么样的物理介质上，而且能够控制对数据的有效访问。根据不同的环境，灵活选用不同的介质。不同存储介质的特点和优劣势可以做简单的了解，这些大部分都是日常生活中可以接触到或者听过的介质，理解起来不是难事。

数据想要存储到介质上，主要有三种形式来记录和存储，分别是文件存储、块存储和对象存储。三种存储方式的定义和特点可以对比着学习掌握。数据被三种存储形式存储在介质中之后，后续的工作就离不开存储管理了，数据存储管理要管四块：第一个是资源的调度管理；第二个是存储资源管理；第三个是负载均衡管理；最后是安全管理。

但是数据如果只存不出，成本会越来越高，所以就需要用到数据归档。数据归档是将很少有人访问，上面的灰尘都堆了一尺高的、不活跃的“冷”数据，从成本高的存储介质，迁移到查询性能较低、低成本、大容量的存储介质中，数据归档需要掌握三个注意事项。

考题精练

1．关于数据归档的描述，不正确的是（　　）。

A．数据归档的过程可逆，归档的数据如果需要，也可以恢复到原来的存储介质中

B．数据归档之后，不会删除生产数据库的数据

C．数据归档只在业务低峰期执行

D．数据归档策略要与业务策略、分区策略保持一致

【答案 & 解析】答案为 B。数据归档后，将会删除生产数据库的数据，进而造成数据空洞，也就是表空间并没有及时释放，若长时间没有新的数据填充，会造成空间浪费。

【考点 71】数据备份和容灾

数据备份策略

考点精华

数据备份是为了防止由于各类误操作、系统故障等原因导致的数据丢失，而将全部应用系统数据或一部分关键数据复制到其他存储介质的过程。

1．常见的数据备份结构分四种：DAS 备份结构、基于 LAN 的备份结构、LAN-FREE 备份结构和 SERVER-FREE 备份结构。

（1）DAS 备份结构将备份设备直接连接到备份服务器，适合数据量不大、操作系统类型单一、服务器数量有限的情况。

（2）基于 LAN 的备份结构是 C/S 模型，多个服务器或客户端通过局域网共享备份系统。优点是用户可以通过 LAN 共享备份设备，并且可以对备份工作集中管理。缺点是备份数据流通过 LAN 到达备份服务器，会和业务数据流混在一起，占用网络资源。基于 LAN 的备份结构比较适合小型网络环境。

（3）LAN-FREE 备份结构将备份数据流和业务数据流分开，业务数据流通过业务网络传输，备份数据流通过 SAN 传输。缺点是备份数据流要经过应用服务器，会影响应用服务器正常服务的提供。

（4）SERVER-FREE 备份结构通过第三方备份代理将数据从应用服务器的存储设备传送到备

份设备。第三方备份代理是软硬结合的智能设备，使用网络数据管理协议 NDMP 发送命令，获得备份数据信息后，通过 SAN 直接将备份数据读出，存储到备份设备上。

2．备份策略确定需要备份的内容、时间和方式，三种备份策略分别为完全备份、差分备份和增量备份。

（1）完全备份每次都对数据进行全备份，显而易见会占用较多的服务器、网络资源，另外对备份介质资源的消耗也较大，因为备份数据中有大量的重复数据。

（2）差分备份每次只备份相对上一次完全备份之后发生变化的数据。所以差分备份的时间短、节省存储空间。另外，差分备份的数据恢复很方便，只需要一份完全备份数据，一份故障发生前一天的差分备份数据，就能进行恢复。

（3）增量备份每次只备份相对上一次备份后改变的数据。增量备份策略的备份数据没有重复，节省存储空间，缩短备份时间，但是数据恢复比较复杂。如果其中一个增量备份数据出现问题，那么后面的数据也就无法恢复。因此增量备份的可靠性没有完全备份和差分备份高。

3．数据容灾的基础是数据备份，数据容灾关键技术包括远程镜像技术和快照技术。衡量容灾系统有两个主要指标，即 RPO 恢复点目标和 RTO 恢复时间目标。RPO 代表当灾难发生时允许丢失的数据量，RTO 代表系统恢复的时间。

（1）远程镜像技术。远程镜像技术是在主数据中心和备份中心间进行数据备份时用到的技术。镜像在两个或多个磁盘子系统上产生同一个数据镜像视图的数据存储过程，一个是主镜像，另一个是从镜像。按主从镜像所处的位置分为本地镜像和远程镜像。本地镜像的主从镜像位于同一个 RAID 中，远程镜像的主从镜像分布在城域网或广域网中。远程镜像在远程维护数据镜像，因此灾难发生时，存储在异地的数据不会受到影响。

（2）快照技术。快照是关于指定数据集合的完全可用的复制。快照的作用有两个：①进行在线数据恢复，数据可以恢复到快照产生的时间点；②作为用户访问数据的另外通道。

备考点拨

本考点学习难度星级：★★☆（适中），考试频度星级：★★★（高频）。

本考点考查数据备份和数据容灾。数据备份比较好理解，万一数据出现了丢失，对公司就是非常大的损失，所以要防止故障、磁盘损坏或者误删除等。为了防止突发问题或者严重问题，要靠数据备份。数据备份是把整个应用系统数据或者一部分关键数据，复制到其他的存储介质上去。常见的数据备份结构有四种：DAS 备份结构、基于 LAN 的备份结构，LAN-FREE 备份结构和 SERVER-FREE 备份结构，需要掌握四种备份结构的特点和适用场景。同样三种备份策略（完全备份、差分备份和增量备份）也需要掌握特点和彼此之间的差异，是个比较明显的出题点。

关于数据容灾，一方面需要了解两种数据容灾技术，另一方面需要了解衡量容灾的两个主要指标。

考题精练

1．数据备份策略中，可靠性相对最差的备份策略是（　　）。

A．完全备份　　B．差分备份　　C．增量备份　　D．快照备份

【答案 & 解析】答案为C。增量备份是如果其中一个备份数据出现问题，那么后面的数据也就无法恢复。因此增量备份的可靠性没有完全备份和差分备份高。不存在快照备份的策略。

【考点72】元数据、数据标准化和数据质量

数据质量控制

考点精华

1．元数据是关于数据的数据，是对信息资源的结构化描述。

元数据分为内容元数据、专门元数据、资源集合元数据、管理元数据、服务元数据、元元数据。通过元数据，数据的使用者能够对数据进行详细、深入的了解，包括数据的格式、质量、处理方法和获取方法等方面细节，可以利用元数据进行数据维护和历史资料维护，具体作用包括描述，资源发现、组织管理数据资源、互操作性、归档和保存数据资源等。

2．数据标准化包括元数据标准化、数据元标准化、数据模式标准化和数据分类与编码标准化。数据标准化过程包括确定数据需求、制定数据标准、批准数据标准和实施数据标准。

（1）确定数据需求。确定数据需求阶段将确定具体的数据需求以及相关的元数据和域值等文件。

（2）制定数据标准，制定数据标准阶段针对前一阶段确定的数据需求，进行数据标准的制定。

（3）批准数据标准。由数据管理机构对数据标准建议进行审查。

（4）实施数据标准。数据标准审查通过后，可以在信息系统实施中应用经批准后的数据标准。

3．数据质量。

数据质量管理是衡量和提升从数据质量规划，到实施控制的一系列活动。可以通过完整性、规范性、一致性、准确性、唯一性、及时性等指标来衡量数据质量管理的效果。

数据质量通过数据质量元素进行描述，数据质量元素分为定量元素和非定量元素两类。数据质量的评价方法分直接评价法和间接评价法。直接评价法将实际数据与理论值等内外部参照信息进行对比，用对比的结果来评价数据质量；间接评价法通过对数据源评价、采集方法评价等数据相关信息的评价，间接评价数据质量。

数据产品的质量控制分前期控制和后期控制。前期控制包括数据录入前的质量控制、数据录入中的实时质量控制；后期控制发生在数据录入完成之后的后处理质量控制评价。

备考点拨

本考点学习难度星级：★★★（困难），考试频度星级：★★☆（中频）。

本考点考查元数据、数据标准化和数据质量。这三个属于数据的小考点，其中元数据主要掌握定义，元数据是关于数据的数据。描述数据的数据叫作元数据。至于元数据包含的类型可以做到了解的程度。数据标准化包括的内容和标准化过程需要掌握，数据质量评价方法的分类和产品质量控制的前后期控制相对理解起来比较简单，相信掌握不是难事。

考题精练

1．（　　）是关于数据的数据。

A．元数据　　B．数据元　　C．主数据　　D．参考数据

【答案 & 解析】答案为A。元数据是关于数据的数据，是对信息资源的结构化描述。

【考点 73】数据模型和建模

数据建模过程

考点精华

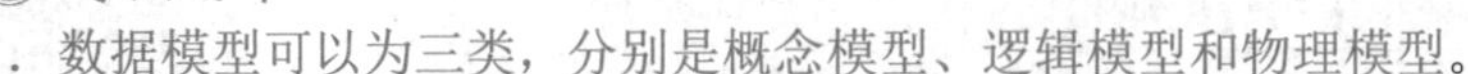

1．数据模型可以为三类，分别是概念模型、逻辑模型和物理模型。

（1）概念模型。概念模型也叫信息模型，顾名思义是概念级别的模型，也就是模型并不依赖具体的计算机系统，也不对应具体的 DBMS，而是按用户观点对数据和信息进行建模，只是把现实世界中的客观对象抽象为信息结构而已。

概念模型中的基本元素包括：①实体。实体是对同一类型实例的抽象，抽象之后实体就不再对应某个具体的实例了。②属性。属性就是实体的特性。③域。域是实体属性的取值范围。④键。键用来唯一标识每个实例一个或几个属性的组合。⑤关联。数据模型中事物之间的相互关系称为关联。

（2）逻辑模型。逻辑模型在概念模型基础上确定模型的数据结构，数据结构分为层次模型、网状模型、关系模型、面向对象模型和对象关系模型。其中，关系模型是目前最重要的逻辑数据模型。

由于逻辑模型在概念模型基础上构建，因此逻辑模型中的关系模型基本元素与概念模型中的基本元素存在对应关系，具体对应如下：①概念模型中的实体变成了关系模型中的关系；②概念模型中的属性依然是关系模型中的属性；③概念模型中的关联有可能变成了关系模型中的新关系，被参照关系的主键变成了参照关系的外键；④关系模型中的视图在概念模型中没有对应，视图是按查询条件从现有关系或视图中抽取一些属性组合而成。

（3）物理模型。物理模型在逻辑模型基础上，增加了对具体技术实现的考虑，进而进行数据库体系结构的设计，从而真正实现了数据在数据库中存储。物理模型的基本元素包括表、字段、视图、索引、存储过程、触发器等，其中表、字段和视图等元素与逻辑模型中的元素存在对应关系。由此可见，物理模型考虑了具体的物理实现，所以可能导致物理数据模型和逻辑数据模型存在较大差异。物理数据模型的目标是如何用数据库实现逻辑数据模型，如何用数据库真正存储数据。

2．数据建模过程包括数据需求分析、概念模型设计、逻辑模型设计和物理模型设计。

（1）数据需求分析。掌握数据需求的准确程度直接影响数据模型的质量，所以数据需求分析是数据建模的起点，主要用来分析用户对数据的需要和要求，数据需求分析并非单独进行，而是有机融合在整体系统需求分析的过程中。数据需求分析的工具是数据流图，通过数据流图描述系统中数据的流动和变化，强调数据流和处理过程。

（2）概念模型设计。概念模型设计将数据需求分析得到的结果抽象为概念模型，主要任务是确定实体、属性、关联等基本元素。概念模型独立于具体的硬件，所以更抽象、更加稳定。

（3）逻辑模型设计。逻辑模型是在概念模型的基础上进一步的抽象设计，主要是进行关系模型结构的设计，关系模型由一组关系模式组成，一个关系模式是一张二维表格。

（4）物理模型设计。概念模型设计和逻辑模型设计完成之后，数据模型设计的核心工作基本上宣告完成，但是此时依然是抽象的、独立于具体硬件的，想要将数据模型转换为真正的数据库结构，还需要针对具体的 DBMS 进行物理模型设计，物理模型设计通过考虑命名、字段类型、存储过程与触发器编写等，确保数据模型走向具体的数据存储应用环节。

备考点拨

本考点学习难度星级：★★☆（适中），考试频度星级：★★★（高频）。

本考点考查数据模型和数据建模。数据建模其实就是建立数据模型的意思，把现实世界中各种各样的客观事物，比如人物、活动等进行抽象，抽象之后建立数据模型，这种数据模型可以被计算机识别以及处理。

提到数据模型，一共有三类数据模型：概念模型、逻辑模型和物理模型，它们的层次或者目的不一样，需要掌握三类数据模型的特点以及彼此间的区别。

了解完三类数据模型之后，接下来就是建造数据模型四步，分别是数据需求分析、概念模型设计、逻辑模型设计和物理模型设计。可以发现建造数据模型的步骤和数据模型的分类有对应关系，这也就给备考这个知识点提供了思路，可以把数据模型和步骤结合起来学习和记忆。

考题精练

1．下列关于数据模型的描述中，不正确的是（　　）。

A．概念模型并不依赖具体的计算机系统，也不对应具体的 DBMS

B．关系模型是目前最重要的逻辑数据模型

C．物理数据模型的目标是如何用数据库实现逻辑数据模型，所以和逻辑数据模型的差异不大

D．概念模型设计和逻辑模型设计完成之后，数据模型设计的核心工作基本上宣告完成

【答案 & 解析】答案为 C。物理模型考虑了具体的物理实现，所以可能导致物理数据模型和逻辑数据模型存在较大差异。

【考点 74】数据资产管理和编目

数据资源编目

考点精华

数据资产管理（Data Asset Management，DAM）是对数据资产进行规划、控制和提供的一组活动。数据是重要的生产要素，把数据转化成可流通的数据要素。

1．数据资产管理主要有数据资源化和数据资产化两个环节。

（1）数字资源化。数据资源化是数据资产化的前提，数据资源化是把原始数据转变为数据资源，从而使数据具备潜在价值。具体而言，数据资源化以数据治理为工作重点，以提升数据质量、保障数据安全为目标，确保数据的准确性、一致性、时效性和完整性，推动数据内外部流通。

（2）数据资产化。数据资产化的工作重点在扩大数据资产应用范围、显性化数据资产成本与效益，使数据供给端与消费端形成良性闭环。

数据资产流通通过数据共享、数据开放或数据交易的流通模式，推动数据资产在组织内外部的价值实现。数据共享打通组织各部门的数据壁垒，建立统一的数据共享机制，加速数据资源在组织内部的流动；数据开放向社会公众提供易于获取和理解的数据。政府部门的数据开放主要是公共数据资源开放，企业的数据开放主要是企业运行披露和政企数据融合；数据交易是交易双方

通过合同约定，在安全合规的前提下，开展以数据为核心的交易。

数据资产运营对数据服务、数据流通进行持续跟踪分析，全面评价数据应用效果，建立正向反馈和闭环管理机制，促进数据资产的迭代完善，不断适应和满足数据资产的应用创新。

数据价值评估是数据资产管理关键环节，是数据资产化的价值基线。数据价值评估通过构建价值评估体系，计量数据的经济效益、业务效益和投入成本活动。

2．数据资源目录的概念模型由数据资源目录、信息项、数据资源库和标准规范等要素构成。

数据资源目录体系设计包括概念模型设计和业务模型设计，概念模型设计明确数据资源目录的构成要素，业务模型设计规范数据资源目录的业务框架。

（1）数据资源目录。数据资源目录分资源目录、资产目录和服务目录三个层面。①资源目录是组织所记录或拥有的线上、线下原始数据资源的目录；②资产目录对原始数据资源进行标准化处理，识别数据资产及其信息要素；③服务目录是对外提供的可视化共享数据目录，服务目录的编制以应用场景为切入点，以应用需求为导向进行。服务目录分两类：一类是指标报表、分析报告等数据应用，这类服务目录可以直接使用；另一类是共享接口，用来对接外部系统。

（2）信息项。信息项将表、字段等各类数据资源以元数据流水账的形式描述出来，通常会把信息项通过数据标识符挂接到对应的数据目录上。信息项分为数据资源信息项、数据资产信息项和数据服务信息项三类：①数据资源信息项是记录原始数据资源的元数据流水账，是对原始数据资源的描述；②数据资产信息项记录经过处理后的主题数据资源、基础数据资源的元数据流水账，是对数据资产的描述；③数据服务信息项记录对外提供数据应用、数据接口数据服务的元数据流水账，是对数据服务的描述。

（3）数据资源库。数据资源库是存储各类数据资源的物理数据库，分为专题数据资源库、主题数据资源库和基础数据资源库。

（4）标准规范。标准规范包括数据资源元数据规范、编码规范、分类标准等相关标准。元数据规范描述数据资源必须具备的特征要素，编码规范规定数据资源目录相关编码的表示形式、结构和维护规则；分类标准规范数据资源分类的原则和方法。

备考点拨

本考点学习难度星级：★★☆（适中），考试频度星级：★★☆（中频）。

本考点考查数据资产管理和数据资源编目。数据是一种资产，所以要对资产进行管理，就是数据资产管理（DAM）。提到资产，我们第一反应是资产的保值增值，所以数据资产管理也是为了数据资产的保值增值，把数据转化成可流通的数据要素，包含数据资源化和数据资产化两个环节。在数据资产化之后，接下来需要关注的是数据资产的流通、数据资产的运营、数据价值评估等流程和活动。这些过程或者环节具有一定的弱逻辑关系，可以按顺序的方式进行学习和记忆。

数据资源编目，就是编写一份数据资源的目录，方便大家的查找。数据资源目录体系设计包括概念模型设计和业务模型设计，概念模型设计用来明确数据资源目录的构成要素，业务模型设计用来规范数据资源目录的业务框架。数据资源目录的概念模型由数据资源目录、信息项、数据资源库和标准规范四要素构成。

考题精练

1．数据资源库是存储各类数据资源的物理数据库，但是不包含（　　）。

A．专题数据资源库　　B．主题数据资源库

C．服务数据资源库　　D．基础数据资源库

【答案 & 解析】答案为C。数据资源库是存储各类数据资源的物理数据库，分为专题数据资源库、主题数据资源库和基础数据资源库。

数据集成方法

【考点75】数据集成方法和访问接口标准

考点精华

数据集成是将驻留在不同数据源中的数据进行整合，向用户提供统一的数据视图，使得用户能以透明的方式访问数据。

1．数据集成的方法有模式集成、复制集成和混合集成。

（1）模式集成也叫虚拟视图方法，是最早的数据集成方法，也是其他数据集成方法的基础。模式集成在构建集成系统时，将各数据源的视图集成为全局模式，以便用户透明访问各数据源的数据。全局模式描述数据源共享数据的结构、语义和操作，用户直接向集成系统提交请求，集成系统将请求处理并转换，从而能在数据源的本地视图上被执行。

（2）复制集成将数据源中的数据复制到其他数据源，并维护数据源的整体一致性，提高数据共享和利用效率。数据复制可以复制整个数据源，也可以仅复制变化的数据。复制集成能够减少用户对异构数据源的访问量，进而提高系统性能。

（3）混合集成一方面保留了虚拟数据模式视图给用户用，另一方面也提供了数据复制方法，对于简单的访问请求，通过数据复制方式，在本地单一数据源上满足访问请求，对于数据复制方式无法实现的复杂用户请求，则用模式集成方法，两者结合从而提高了中间件系统的性能。

2．常用的数据访问接口标准有ODBC、JDBC、OLE DB和ADO。

（1）ODBC（Open Database Connectivity）：ODBC由应用程序接口、驱动程序管理器、驱动程序和数据源四个组件组成，使用结构化查询语言（SQL）作为数据库访问语言。

（2）JDBC（Java Database Connectivity）：JDBC是用来执行SQL语句的Java应用程序接口，采用Java语言编写的程序不必为不同的平台和数据库开发不同的应用程序。

（3）OLE DB（Object Linking and Embedding Database）：OLE DB是基于组件对象模型COM的数据存储对象，提供对所有类型数据的操作，能够在离线时存取数据。

（4）ADO（ActiveX Data Objects）：ADO是应用层接口，应用场合广泛，既可以用在高级编程语言环境，也可用在Web开发领域。ADO使用简单、易于学习、是目前数据访问的主要手段之一。

备考点拨

本考点学习难度星级：★★★（困难），考试频度星级：★★☆（中频）。

本考点考查数据集成方法和访问接口标准。关于数据集成的方法一共有三种，分别是模式集成、复制集成和混合集成。三种集成方法需要了解各自的特点，可以采用对比的方式进行学习。

既然提到集成，自然少不了彼此之间的接口技术，也就是数据访问接口，数据访问接口标准有 ODBC、JDBC、OLE DB 和 ADO，了解这四类接口的中英文名字和基本含义即可。

考题精练

1．以下（　　）不是数据访问接口标准。

A．OLE DB　　B．ADO

C．JDBC　　D．J2EE

【答案 & 解析】答案为 D。常用的数据访问接口标准有 ODBC、JDBC、OLE DB 和 ADO。

【考点 76】Web Services 和数据网格

数据网格技术

考点精华

Web Services 用标准化方式实现不同服务系统间的互相调用或集成。Web Services 基于 XML、SOAP（简单对象访问协议）、WSDL（Web 服务描述语言）和 UDDI（统一描述、发现和集成协议规范）等协议，开发和发布跨平台、跨系统的各种分布式应用。

1．WSDL：WSDL 是基于 XML 的 Web 服务描述语言，Web Services 的提供者将自己的 Web 服务相关内容生成 WSDL 文档，发布给使用者。使用者通过 WSDL 文档，创建 SOAP 请求消息，通过 HTTP 传给 Web Services 提供者，Web Services 处理完成后，将 SOAP 返回消息传回请求者，服务请求者再根据 WSDL 文档将 SOAP 返回消息解析成自己能够理解的内容。

2．SOAP：SOAP 是消息传递协议，规定了 Web Services 之间传递信息的方式。SOAP 规定：①传递信息的格式为 XML；②远程对象方法调用的格式；③参数类型和 XML 格式之间的映射；④异常处理以及其他相关信息。

3．UDDI：UDDI 是创建注册服务的规范。UDDI 用于集中存放和查找 WSDL 描述文件，类似目录服务器的作用，有了 UDDI，服务提供者就能方便地注册发布 Web Services，使用者查找也会更加方便。

数据网格用于大型数据集的分布式管理与分析，数据网格的透明性体现在分布透明、异构透明、数据位置透明和数据访问方式透明：①分布透明性指用户感觉不到数据分布在不同的地方；②异构透明性指用户感觉不到数据的异构性，感觉不到数据存储方式、数据格式、数据管理系统等的不同；③数据位置透明性指用户不知道也不想知道数据源的具体位置；④数据访问方式透明性指不同系统不同的数据访问方式下，得到相同的访问结果。

备考点拨

本考点学习难度星级：★★★（困难），考试频度星级：★★★（高频）。

本考点考查 Web Services 和数据网格，其中重点是 Web Services 技术。本质上 Web Services 提供的是一种标准，用来实现不同系统之间的互相调用和集成。Web Services 技术需要掌握三要素，分别是 Web 服务描述语言（WSDL）、简单对象访问协议（SOAP）和统一描述、发现和集成协议规范（UDDI）。数据网格技术可以做简单的了解，知道其作用和特点即可。

考题精练

1.（　　）定义了一种松散的、粗粒度的分布技术模式且使用 HTTP 协议传送内容。

A．Java EE 架构　　B．Web 服务　　C．COM+　　D．软件引擎技术

【答案 & 解析】答案为 B。Web 服务（Web Services）定义了一种松散的、粗粒度的分布计算模式，使用标准的 HTTP (S) 协议传送 XML 表示及封装的内容。

2．关于 Web Services 的描述，不正确的是（　　）。

A．简单对象访问（SOAP）是 Web Services 的典型应用

B．Web Services 可以有跨平台的互操作性

C．Web Services 使用标准 HTTP(S) 协议传送 XML 表示及封装的内容

D．局域网上的同构应用程序是 Web Services 的主要应用场景

【答案 & 解析】答案为 D。Web 服务的典型技术包括：用于传递信息的简单对象访问协议（SOAP）、用于描述服务的 Web 服务描述语言（WSDL）、用于 Web 服务注册的统一描述、发现及集成（UDDI）、用于数据交换的 XML。Web 服务的主要目标是跨平台的互操作性，适合使用 Web Services 的情况包括：跨越防火墙、应用程序集成、B2B 集成、软件重用等。同时，在某些情况下，Web 服务也可能会降低应用程序的性能。不适合使用 Web 服务的情况包括：单机应用程序、局域网上的同构应用程序等。

3．（　　）是用于传递信息的 Web 服务协议。

A．XML　　B．WSDL　　C．UDDI　　D．SOAP

【答案 & 解析】答案为 D。Web 服务的典型技术包括：用于传递信息的简单对象访问协议（SOAP）、用于描述服务的 Web 服务描述语言（WSDL）、用于 Web 服务注册的统一描述、发现及集成（UDDI）、用于数据交换的 XML。

4．Web Services 的主要目标是（　　）。

A．实现跨平台的互操作性　　B．提供高性能应用程序

C．增加防火墙的安全性　　D．增强每台工作站的计算能力

【答案 & 解析】答案为 A。Web 服务的主要目标是跨平台的互操作性。

【考点 77】数据挖掘

数据挖掘和数据分析差异

考点精华

数据挖掘与传统数据分析的差异主要集中在四点：

1．分析对象的数据量有差异，数据挖掘分析的数据量比传统数据分析的数据量大。

2．分析方法有差异，传统数据分析用统计学方法对数据进行分析，数据挖掘综合运用数据统计、人工智能、可视化等技术对数据进行分析。

3．分析侧重有差异，传统数据分析侧重回顾和验证，重点分析已经发生的事情，而数据挖掘侧重预测和发现，预测未来的趋势，解释发生原因。

4．成熟度有差异，由于起步较早，传统数据分析的成熟度很高，数据挖掘除了统计学方法之外，其他方法还处于发展阶段，成熟度不足。

数据挖掘的主要任务有数据总结、关联分析、分类和预测、聚类分析和孤立点分析。

1. 数据总结。数据总结是对数据进行浓缩并进行总体的综合描述。数据总结的意义在于，将数据从较低的个体层次抽象到较高的总体层次，从而实现对原始数据的总体把握。最简单的数据总结方法是利用统计学方法，计算各数据项的和值、均值、方差、最大值、最小值等统计信息，也可以用统计图形工具制作直方图、散点图等图形。

2. 关联分析。关联分析的作用是找出数据库中隐藏的关联网，描述一组数据项的关联关系。关联分析生成的规则带有置信度，置信度度量了关联规则的强度。

3. 分类和预测。分类和预测是指使用分类器根据属性将数据分到不同的组，分类器可以是分类函数或分类模型，也就是通过分析数据的各种属性，找出数据的属性模型，利用属性模型分析已有数据，并预测新数据将属于哪个组。

4. 聚类分析。聚类分析按照相近程度度量方法，将数据分成一系列有意义的子集合，每个集合中的数据性质相近，不同集合的数据性质差异较大，当要分析的数据缺乏描述信息，或者无法组织成分类模型时，可以采用聚类分析法。统计方法中的聚类分析主要研究基于几何距离的聚类。人工智能中的聚类基于概念描述。概念描述对对象的内源进行描述，并概括对象的有关特征。概念描述分特征性描述和区别性描述，特征性描述描述对象的共同特征，区别性描述描述非同类对象间的区别。

5. 孤立点分析。数据库的数据常有一些异常记录存在偏差。孤立点分析也叫作离群点分析，是从数据库中检测出这些偏差。

数据挖掘流程包括确定分析对象、数据准备、数据挖掘、结果评估和结果应用五个阶段。

1. 确定分析对象。在开始数据挖掘之前，最重要是定义清晰的挖掘对象和挖掘目标，而想要确定分析对象，就需要真正理解数据、理解实际的业务问题。

2. 数据准备。数据准备是数据挖掘成功的前提，数据准备包括数据选择和数据预处理。数据选择是在确定挖掘对象后，搜寻所有与挖掘对象有关的内外部数据，从中挑选适合数据挖掘的部分；选择后的数据通常存在不完整、不一致、有噪声等诸多问题，此时就需要对数据进行预处理。数据预处理包括数据清理、数据集成、数据变换和数据归约。

3. 数据挖掘。数据挖掘是运用各种方法对预处理后的数据进行挖掘。数据挖掘细分为模型构建过程和挖掘处理过程。模型构建通过选择变量、基于原始数据构建新预示值、基于数据子集或样本构建模型、转换变量等步骤实现；挖掘处理对经过转化的数据进行挖掘，除了需要人工完善和选择挖掘算法之外，剩下的工作都可以交给分析工具自动完成。

4. 结果评估。挖掘结束之后需要对结果进行解释和评估，在应用结果之前的评估环节，有助于保证数据挖掘结果应用的成功率。

5. 结果应用。数据挖掘结果经过决策人员批准后，可以应用到实践中去。

备考点拨

本考点学习难度星级：★★★（困难），考试频度星级：★★☆（中频）。

本考点考查数据挖掘。数据挖掘的子考点有三个，第一个是数据挖掘和传统数据分析的差异，这个子考点建议掌握，属于综合知识科目比较好的出题点；第二个是数据挖掘的五个主要任务，这个子考点的知识建议以理解为主；第三个是数据挖掘流程，数据挖掘流程先确定分析对象，然后准备数据，准备完之后开挖，挖完之后挖出来的是宝藏还是什么，需要做进一步的结果评估，评估完之后如果发现挖的质量挺好，那就马上应用，将结果应用到实践中，沿着这个逻辑思路去备考学习，主线更加清晰、效果也会更好。

考题精练

1．关于数据挖掘与传统数据分析的差异的表述，不正确的是（　　）。

A．数据挖掘分析的数据量比传统数据分析的数据量大

B．数据挖掘的成熟度很高，除了统计学方法之外，诸如人工智能技术也在成熟发展中

C．传统数据分析侧重回顾和验证，而数据挖掘侧重预测和发现

D．传统数据分析用统计学方法对数据进行分析，数据挖掘综合运用数据统计、人工智能、可视化等技术对数据进行分析

【答案 & 解析】答案为B。由于起步较早，传统数据分析的成熟度很高，数据挖掘除了统计学方法之外，其他方法还处于发展阶段，成熟度不足。

【考点78】数据服务与可视化

数据脱敏原则

考点精华

1．数据服务包括数据目录服务、数据查询与浏览及下载服务、数据分发服务三种服务。

（1）数据目录服务。数据目录服务类似检索服务，用来发现和定位所需的数据资源。

（2）数据查询与浏览及下载服务。数据查询、浏览和下载是数据共享服务的重要方式，用户可以查询数据，也可以下载数据。

（3）数据分发服务。数据分发是数据生产者通过各种方式将数据传送给用户，分发服务包括数据发布、数据发现、数据评价和数据获取。

2．数据可视化。

数据可视化是用计算机图形学和图像处理技术，将数据转换成为图形图像，并通过屏幕展示出和交互处理。数据可视化的表现方式分为七类：一维数据可视化、二维数据可视化、三维数据可视化、多维数据可视化、时态数据可视化、层数据可视化和网络数据可视化。

3．数据脱敏。

敏感数据又称隐私数据或敏感信息。敏感数据分为个人敏感数据、商业敏感数据、国家秘密数据。可以把敏感数据划分为五个等级，分别是L1（公开）、L2（保密）、L3（机密）、L4（绝密）和L5（私密）。

数据脱敏是对数据进行去隐私化处理，具体而言是对各类数据所包含的自然人身份信息、用户资料等敏感信息进行模糊化、加扰、加密或转换后形成无法识别、无法推算、无法关联分析的新数据，这样就可以在非生产环境、非可控环境、生产环境、数据共享、数据发布等环境中安全使用脱敏后的真实数据集。

数据脱敏包括可恢复与不可恢复两类。可恢复类的脱敏规则主要是各类加解密算法。不可恢复类脱敏分为替换算法和生成算法。数据脱敏原则包括算法不可逆原则、保持数据特征原则、保留引用完整性原则、规避融合风险原则、脱敏过程自动化原则和脱敏结果可重复原则。

（1）算法不可逆原则：数据脱敏算法通常不可逆，防止使用非敏感数据推断、重建敏感原始数据。

（2）保持数据特征原则：脱敏后的数据应具有原数据特征，与原始信息相似，比如姓名、地址等信息在脱敏后还应符合基本的语言认知。

（3）保留引用完整性原则：指数据的引用完整性应予以保留。

（4）规避融合风险原则：指对所有可能生成敏感数据的非敏感字段同样要进行脱敏处理。

（5）脱敏过程自动化原则：指脱敏过程必须在规则引导下自动化进行。

（6）脱敏结果可重复原则：指在某些场景下，对同一字段脱敏的每轮计算结果都相同或者都不同。

4．数据分类分级。

数据分类是根据内容属性或特征，将数据按一定原则和方法进行区分归类，并建立分类体系和排列顺序。数据分类的目的是便于数据管理和使用。数据分类有分类对象和分类依据两个要素，分类依据应该选择相对最稳定的本质属性。

数据分级按照数据遭到破坏后对国家安全、社会秩序、公共利益以及公民、法人和其他组织合法权益的危害程度，对数据进行定级。从国家数据安全角度出发，数据分级基本框架分为一般数据、重要数据、核心数据三个级别。数据处理者可在基本框架定级基础上，结合影响对象和影响程度两个要素进行分级。

备考点拨

本考点学习难度星级：★★☆（适中），考试频度星级：★★☆（中频）。

本考点考查数据服务、数据可视化、数据脱敏和数据分类分级。

数据服务包含三个部分，即数据目录服务、数据查询与浏览及下载服务和数据分发服务。数据目录就像去饭店吃饭时的菜单，顾客根据菜单点菜，数据目录类似于菜单，用户拿到数据目录时，能够很快定位自己需要哪一类数据资源；数据查询与浏览及下载服务，是通过浏览器方式查看有哪些数据，数据可以不断下钻，拿到更详细的底层数据，还可以把数据下载下来；数据分发服务是指数据的生产者，通过各种方式把数据送到用户的手上。

数据可视化是把数据以及数据的结论，以图形图像的方式表示出来。数据可视化分为七类：一维、二维、三维、多维、时态、层次和网络数据可视化，这个可以做简要的了解。

数据脱敏和分类分级比较简单，不过数据脱敏包含的内容点相对比较多，所以学习的时候还是需要留意细节。

考题精练

1．关于数据脱敏的描述，不正确的是（　　）。

A．数据脱敏包括可恢复与不可恢复两类，可恢复类的脱敏规则主要是各类加解密算法

B. 数据脱敏算法通常不可逆，防止使用非敏感数据推断、重建敏感原始数据

C. 在某些场景下，对同一字段脱敏的每轮计算结果都不可重复

D. 脱敏过程必须在规则引导下自动化进行

【答案 & 解析】答案为C。脱敏结果可重复原则指在某些场景下，对同一字段脱敏的每轮计算结果都相同或者都不同。

第 8 章 软硬件系统集成考点精讲及考题实练

8.1 章节考情速览

软硬件系统集成章节包含四个知识块，分别是系统集成基础、基础设施集成、软件集成和业务应用集成，本章的重点和难点均集中在软件集成。考试的名字中就有“系统集成”四个字，所以本章的内容虽然不多，但是也需要认真对待和学习。

软硬件系统集成预计考试会考查 3 ～ 4 分，以综合知识科目考查为主。

8.2 考点星级分布图

本章涉及的主要考点分布及难度与频度双星级如图 8-1 所示。

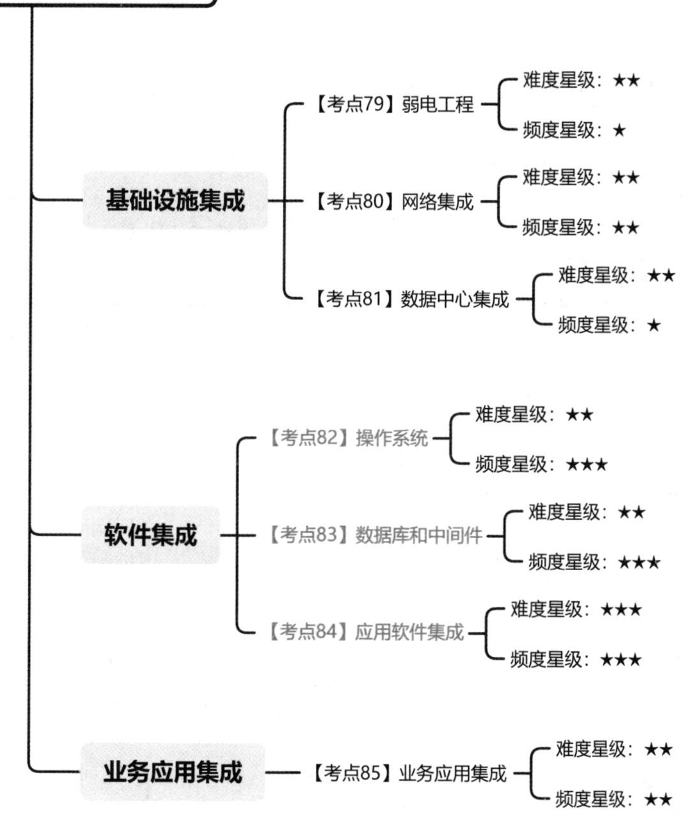

图 8-1　本章考点及星级分布

8.3　核心考点精讲及考题实练

【考点 79】弱电工程

考点精华

软硬件系统集成通常需要多学科配合，系统集成商除了要掌握 IT 技术之外，还要有丰富的行业经验，因为每个系统集成项目往往都不一样，带有一些非标准的问题，因此需要一定的量身定做。软硬件系统集成以信息集成为目标，功能集成为结构，平台集成为基础，人员集成为保证，典型的系统集成项目具备以下特点：①集成交付队伍大、连续性不强；②人员专业化，需多元化知识体系；③涉及众多承包商且地区分散；④需要开发软硬件系统；⑤通常采用大量新技术和前沿技术；⑥集成成果越友好，实施运维越复杂。

信息系统基础设施包括以局域网、互联网、5G、物联网、工业互联网和卫星互联网等为代表的通信网络基础设施，以人工智能、云计算和区块链为代表的新技术基础设施，以及以数据中心和超算中心等为代表的计算基础设施。信息系统基础设施可分为弱电系统、网络系统、数据中心等。

弱电指 220V、50Hz 以下的交流用电，信息系统涉及的弱电工程包括电话通信系统、计算机局域网系统，音乐 / 广播系统、有线电视信号分配系统、视频监控系统、消防报警系统和楼宇自控系统等应用场景，不同场景的结构与线型见表 8-1。

表 8-1　弱电工程结构与线型

弱电工程分类	结构	线型
电话通信系统	星型拓扑结构	三类或以上非屏蔽双绞线
计算机局域网系统	星型拓扑结构	五类或以上非屏蔽双绞线
音乐 / 广播系统	多路总线结构	铜芯绝缘导线
有线电视信号分配系统	树型结构	75Ω 射频同轴电缆
视频监控系统	视频信号传输：星型结构 控制信号传输：总线结构	视频信号传输：同轴电缆或光纤 控制信号传输：铜芯绝缘缆线
消防报警系统	火灾报警及消防联动系统：多路总线结构，重要的采用星型结构 消防广播系统：多路总线结构 火警对讲电话系统：星型和总线结构	火灾报警及消防联动系统：铜芯绝缘缆线 消防广播系统：铜芯绝缘导线 火警对讲电话系统：屏蔽线
出入口控制系统 / 一卡通系统	因产品或场景需求而异	因产品或场景需求而异
停车收费管理系统	因产品或场景需求而异	因产品或场景需求而异
楼宇自控系统	因产品或场景需求而异	因产品或场景需求而异
智能化系统	因产品或场景需求而异	因产品或场景需求而异

1. 电话通信系统。电话通信系统实现电话通信功能，采用星型拓扑结构，使用三类或以上非屏蔽双绞线。

2. 计算机局域网系统。计算机局域网系统实现各种数据传输的网络基础，采用星型拓扑结构，使用五类或以上的非屏蔽双绞线传输数字信号。

3. 音乐 / 广播系统。音乐 / 广播系统采用多路总线结构，使用铜芯绝缘导线，传输由功率放大器输出的定压音频信号。

4. 有线电视信号分配系统。有线电视信号分配系统布线采用树型结构，使用 75Ω 射频同轴电缆传输多路射频信号。

5. 视频监控系统。视频监控系统传输采用星型结构，使用视频同轴电缆或光纤；控制信号的传输采用总线结构，使用铜芯绝缘缆线。

6．消防报警系统。消防报警系统由火灾报警、消防联动系统、消防广播系统、火警对讲电话系统组成。火灾报警及消防联动系统信号传输采用多路总线结构，对于重要消防设备的联动控制信号传输，有时采用星型结构，信号传输使用铜芯绝缘缆线；消防广播系统用于在发生火灾时指挥现场人员安全疏散，采用多路总线结构，信号传输使用铜芯绝缘导线，该系统可与音乐/广播系统合用；火警对讲电话系统采用星型和总线结构，信号传输使用屏蔽线。

7．出入口控制系统/一卡通系统。出入口控制系统/一卡通系统的拓扑结构和传输介质根据产品或场景需求不同而不同。

8．停车收费管理系统。停车收费管理系统的布线结构和传输介质根据产品或场景需求的不同而不同。

9．楼宇自控系统。不同厂家的楼宇自控系统产品采用的通信协议各不相同，现场总线和控制总线的拓扑结构和传输介质也就不同。

10．智能化系统。智能化系统通常指智能化建筑系统。

备考点拨

本考点学习难度星级：★★☆（适中），考试频度星级：★☆☆（低频）。

本考点考查弱电工程。本章的主题是软件硬件系统集成，关于系统集成概念的理解，只需要理解一句话：软硬件系统集成是以信息的集成为目标，功能的集成为结构，平台的集成为基础，人员的集成为保证。而弱电是按照电力输送功率的强弱进行划分，弱电指的是交流220V、50Hz以下的用电，一共分了整整十种，相对比较多，需要知道分类的名字和结构，关于线型也可以了解下。弱电工程十种分类涉及的内容没有太多延展讲解的必要，主要是多看、多记忆就好。

考题精练

1．计算机局域网系统采用（　　）进行数字信号的传输。

A．铜芯绝缘导线　　B．射频同轴电缆

C．光纤　　D．非屏蔽双绞线

【答案 & 解析】答案为D。计算机局域网系统实现各种数据传输的网络基础，使用五类或以上的非屏蔽双绞线传输数字信号。

【考点80】网络集成

网络集成

考点精华

计算机网络集成体系框架包括网络传输子系统、交换子系统、网管子系统和安全子系统等，如图8-2所示。

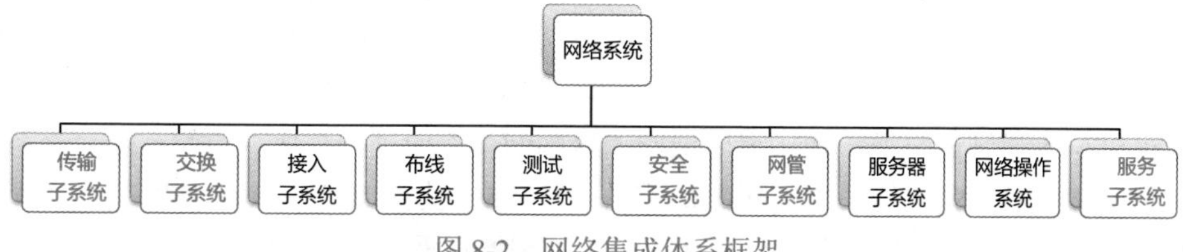

图8-2　网络集成体系框架

1．传输子系统。传输介质决定了通信质量，直接影响到网络协议，所以传输是网络的核心。传输介质分为无线传输介质和有线传输介质两类。无线传输介质包括无线电波、微波、红外线等，有线传输介质包括双绞线、同轴电缆、光纤等。

2．交换子系统。网络交换分为局域网交换技术、城域网交换技术和广域网交换技术。

（1）局域网交换技术。局域网分共享式局域网和交换式局域网。共享式局域网共享高速传输介质，如以太网、令牌环、FDDI 等；交换式局域网以数据链路层的帧或更小的数据单元（信元）为交换单位，以硬件交换电路构成的交换设备。交换式网络扩展性好、信息转发速度高，能够适应网络应用的增长需要。

（2）城域网交换技术。城域网是在城市范围内建立的计算机通信网，城域网的传输媒介是光缆，典型应用是宽带城域网。

（3）广域网交换技术。广域网是连接不同地区局域网或城域网的计算机通信远程网。广域网不等同于互联网，互联网是公共型的广域网。广域网的技术有电路交换、报文交换、分组交换和混合交换。

- 电路交换通过中间节点建立专用通信线路来实现两台设备的数据交换。电话网采用的就是电路交换技术。电路交换的优点是一旦建立通信线路，通信双方能以恒定的传输速率传输数据，而且具有时延小的优势，电路交换的缺点是通信线路利用率较低。
- 报文交换的通信双方无专用线路，而以报文为单位进行数据的交换，通过节点多次存储转发将报文送到目的地。报文交换的优点是通信线路利用率高，缺点是传输时延较大。
- 分组交换将数据划分成固定长度的分组，分组的长度远小于报文，然后进行存储转发，从而实现更高的通信线路利用率、更短的传输时延和更低的通信费用。
- 混合交换是指同时使用电路交换技术和分组交换技术，ATM 交换技术是其典型应用代表。

3．安全子系统。网络安全关注内容包括：使用防火墙技术防止外部的侵犯；使用数据加密技术防止从通信信道窃取信息；通过设置口令、密码和访问权限等进行访问控制，保护网络资源。

4．网管子系统。网管子系统的关键任务是保证网络良好运行。

5．服务子系统。网络服务包括互联网服务、多媒体信息检索、信息点播、信息广播、远程计算和事务处理以及其他信息服务。

备考点拨

本考点学习难度星级：★★☆（适中），考试频度星级：★★☆（中频）。

本考点考查网络集成，网络集成简单理解，就是把网络基础设施、网络设备、网络软件、网络基础服务系统以及周边的软硬件等组织集成到一起，成为计算机网络系统的全过程。网络集成的体系框架中包含了很多子系统，但是重要的是传输子系统、交换子系统、安全子系统、网管子系统和服务子系统，这五个子系统中重要的是交换子系统。

网络可以分为局域网、城域网还有广域网，这些网络之间进行交换靠的就是交换子系统，所以交换子系统的技术也就包括：局域网交换技术，城域网交换技术，还有广域网交换技术。广域网技术的电路交换、报文交换、分组交换和混合交换需要掌握其特点和区别。

考题精练

1．ATM 交换技术是（　　）的典型应用代表。

A．电路交换　　　　B．报文交换

C．分组交换　　　　D．混合交换

【答案 & 解析】答案为 D。混合交换是指同时使用电路交换技术和分组交换技术，ATM 交换技术是其典型应用代表。

【考点 81】数据中心集成

考点精华

数据中心集成包括机柜集成、服务器集成、存储集成、网络设备集成和安全设备集成。

1．机柜集成。在安装机柜之前，首先要对机房可用空间进行规划，明确机柜安装流程。

2．服务器集成。服务器集成是把服务器设备按项目实施方案和安装顺序安装到机柜中，并基于服务器系统设计进行服务器操作系统调试。对网络服务器往往要求具备较高性能，比如较快的处理速度、较大的内存、磁盘容量和高可靠性。网络服务器可选用高配置微机、工作站、小型机、超级小型机和大型机等。

3．存储集成。存储集成通常与服务器集成相辅相成，云集成存储是将数据分层隐藏在云端的存储技术，目前云存储越来越普及，应用领域也越来越广。

4．网络设备集成。网络设备集成基于软硬件集成项目中的网络规划与设计，进行设备上架和连接，并完成网络测试。

5．安全设备集成。安全设备集成围绕网络安全建设规划方案，对安全系统和设备进行集成实施安装部署和测试工作。

备考点拨

本考点学习难度星级：★★☆（适中），考试频度星级：★☆☆（低频）。

本考点考查数据中心集成，数据中心集成分五类，提到数据中心，你能想到的是什么呢？首先是不是数据中心里需要有机柜？机柜里面是不是要放服务器？服务器里面有存储吧？数据中心需要有网络设备吧，还需要保证安全需要有安全设备吧？以上就是数据中心集成的五大方面：机柜集成、服务器集成、存储集成、网络设备集成和安全设备集成，这五个方面相对比较好理解。

考题精练

1．网络服务器与普通 PC 的最大差异体现在（　　）。

A．数据存储的安全性　　　　B．多用户多任务环境下的可靠性

C．海量数据情况下的加工和处理　　　　D．强大的外部数据吞吐能力

【答案 & 解析】答案为 B。由于服务器是针对具体的网络应用特别制定的，因而服务器又与普通 PC 在处理能力、稳定性、可靠性、安全性、可扩展性、可管理性等方面存在很大的区别。而最大的差异就是在多用户多任务环境下的可靠性上。

【考点 82】操作系统

操作系统

考点精华

操作系统功能包括进程管理、存储管理、设备管理、文件管理和作业管理。根据运行环境的不同，操作系统分为桌面操作系统、服务器操作系统、手机操作系统、潜入式操作系统。根据功能的不同，操作系统分为批处理操作系统、实时操作系统、分时操作系统、网络操作系统、分布式操作系统。

1．批处理操作系统是最早的操作系统之一，主要功能是批量执行一系列事先编好的作业。用户将作业提交给操作系统，操作系统按顺序执行并输出结果。

2．实时操作系统分为硬实时系统和软实时系统，实时操作系统应用于诸如航空航天、工业自动化等对时间敏感的领域。

3. 分时操作系统是为多用户和多任务设计的操作系统，分时操作系统可以同时服务多个用户，虽然本质上是每个用户的任务交替执行，但是却能够给用户带来独占计算机的感觉。

4．网络操作系统是为网络环境设计的操作系统，提供了一组管理网络资源和服务的功能，多个计算机可以协同工作、共享资源。网络操作系统的功能包括：数据共享、设备共享、文件管理、名字服务、网络安全、网络管理、系统容错、网络互联、应用软件。其中数据共享是网络操作系统最核心的功能。

网络操作系统分为服务器及客户端 2 部分。服务器的功能是管理服务器和网络上各种资源和网络设备的共用，统合并管控流量、避免瘫痪；客户端接收服务器传递来的数据并使用。因此网络操作系统的主要任务是调度和管理网络资源，为网络用户提供统一、透明使用网络资源的手段。

5．分布式操作系统是多台计算机协同工作的操作系统，将计算和存储任务分布到多台计算机上，从而提高系统性能和可维护性。由于分布式操作系统的资源分布在不同计算机上，所以在用户提出资源需求后，操作系统先要在各台计算机上搜寻，找到资源后才能进行分配。

对于存在多个副本的资源，分布式操作系统还需要考虑保证一致性，一致性是指若干用户对同一个文件同时读取的数据需要完全一致。为了保证一致性，操作系统需要控制文件的读写操作，多个用户可以同时读取同一个文件，但任何时刻只能有一个用户修改文件。

分布式操作系统的通信机制和网络操作系统有所不同，分布式操作系统要求通信速度更高、稳定性更强。分布式操作系统的结构也不同于其他操作系统，分布式操作系统分布在系统的各台计算机上，能并行处理用户需求，有较强的容错能力。

操作系统虚拟化技术允许多个应用共享同一主机操作系统的内核环境，主机操作系统为多个应用提供一个个隔离的运行环境，也就是容器实例。操作系统虚拟化技术架构分为容器实例层、容器管理层和内核资源层。操作系统虚拟化与传统虚拟化的本质区别在于：传统虚拟化需要安装客户机操作系统才能执行应用程序，操作系统虚拟化通过共享的宿主机操作系统来取代客户机操作系统。

备考点拨

本考点学习难度星级：★★☆（适中），考试频度星级：★★★（高频）。

本考点考查基础软件集成中的操作系统，操作系统的内容相对比较多一些，操作系统主要提供了进程管理、存储管理、设备管理、文件管理和作业管理五大功能。如果从功能的角度看，操作系统可以分为批处理操作系统、实时操作系统、分时操作系统、网络操作系统和分布式操作系统。这五类操作系统中，重点是最后两种类型，也就是网络操作系统和分布式操作系统。

网络操作系统主要任务是调度和管理网络资源，这样你作为用户，就能够和其他用户一样透明地使用网络资源了。分布式操作系统的资源分布在不同的计算机上，所以通常操作系统需要到各台计算机上去搜一搜，搜到想要的资源之后才能进行分配。同样是由于资源分布在不同的计算机上，所以需要额外保证资源及其副本的一致性，确保不同用户对同一份文件的数据一致，想要保持多个副本的数据一致，就需要采用类似签出锁定的机制，也就是大家可以同时读一份文件，但是一个时刻只能有一位用户可以修改文件。说了这么多，其实是需要掌握不同操作系统的特点，这些特点随便拿出一个，然后问你是哪个操作系统的特点，就是一道选择题了，由此可见这个考点的备考关键是理解。

考题精练

1．（　　）可以同时服务多个用户，虽然本质上是每个用户的任务交替执行，但是却能够给用户带来独占计算机的感觉。

A．实时操作系统　　B．分时操作系统

C．网络操作系统　　D．分布式操作系统

【答案 & 解析】答案为 B。分时操作系统是为多用户和多任务设计的操作系统，分时操作系统可以同时服务多个用户，虽然本质上是每个用户的任务交替执行，但是却能够给用户带来独占计算机的感觉。

【考点 83】数据库和中间件

数据库

考点精华

数据库管理系统是数据库系统的核心组成部分，负责数据库的操作与管理，实现数据库对象的创建，数据库数据的增删改查操作和用户管理、权限管理等。

分布式数据库技术把在地理意义上分散的各个数据库节点，但在计算机系统逻辑上属于同一个系统的数据结合起来，分布式数据库系统并不注重系统的集中控制，而是注重每个数据库节点的自治性。

中间件在操作系统、网络和数据库之上，应用软件之下，提供通信支持、应用支持、公共服务等功能。中间件为处于上层的应用软件提供运行与开发环境，帮助用户灵活、高效地开发和集成应用软件。中间件为处于下层的操作系统提供应用接口标准化、协议统一化，屏蔽具体操作细节。

1．通信支持。通信支持是中间件最基本的功能，中间件屏蔽底层通信间的接口差异，实现了互操作。早期应用与分布式中间件交互的主要通信方式为远程调用和消息，远程调用提供基于过程的服务访问，消息提供异步交互机制。

2．应用支持。中间件为上层应用开发提供统一平台和运行环境，并封装不同操作系统的

API 接口，向应用系统提供统一的标准接口，使应用系统的开发和运行与操作系统无关，实现应用独立性。

3．公共服务。公共服务是对应用软件中的共性功能或约束的提取。将共性功能或约束分类实现并支持复用，作为公共服务提供给应用程序使用。通过提供标准、统一的公共服务，能够减少上层应用的开发工作量，缩短应用开发时间，有助于提高应用软件的开发效率和质量。

中间件产品分为事务式中间件、过程式中间件、面向消息中间件、面向对象中间件、交易中间件、Web 应用服务器等。

1．事务式中间件提供联机事务处理所需要的服务。事务式中间件支持大量客户进程的并发访问，具有极强的扩展性和可靠性，所以主要应用于金融、电信、电子商务、电子政务等拥有大量客户的行业领域。

2．过程式中间件又称远程过程调用中间件。过程式中间件从逻辑上分为客户机和服务器。客户机和服务器既可以运行在同一台计算机上，也可以运行在不同计算机上，甚至客户机和服务器的操作系统也可以不同。客户机和服务器可以使用同步通信，也可以采用线程式异步调用。所以过程式中间件有较好的异构支持能力，而且简单易用。但是由于客户机和服务器之间采用访问连接，所以在易剪裁性和容错性方面有一定的局限性。

3．面向消息中间件简称消息中间件，是以消息为载体进行通信的中间件，消息中间件的通信模型分为消息队列和消息传递。消息中间件可以在复杂网络环境中高可靠、高效率地实现安全的异步通信。

4．面向对象中间件又称分布对象中间件，是分布式计算技术和面向对象技术的结合体，面向对象中间件给应用层提供各种形式的通信服务，从而上层应用对事务处理、分布式数据访问、对象管理等更加简单易行。

5．交易中间件是专门针对联机交易处理系统设计的软件。联机交易处理系统需要处理大量并发进程，使用交易中间件可以大大减少开发联机交易处理系统的工作量。

6．Web 应用服务器是将 Web 服务器和应用服务器进行了整体结合。直接支持三层或多层应用系统的开发，是中间件市场上的热点，J2EE 架构是应用服务器方面的主流标准。

备考点拨

本考点学习难度星级：★★☆（适中），考试频度星级：★★★（高频）。

本考点考查基础软件集成中的数据库和中间件。提到数据库，就不得不提数据库管理系统，因为数据库管理系统是数据库系统的核心组成部分；另外一个子考点是分布式数据库，加上了“分布式”这个定语，聪明的你肯定能想到，这是把传统数据库技术和分布式技术做了结合，分布式数据库技术把在地理意义上分散的各个数据库节点，从逻辑上整合到了一起，分布式数据库没有集中控制的野心，允许每个数据库节点进行自治。这样程序员在写代码时，可以完全不考虑数据的分布情况，系统的数据分布保持透明。

中间件是位于中间的物件，也就是中间件在操作系统、网络和数据库之上，应用软件之下，为上层的应用软件提供运行开发环境，中间件的存在，使得可以屏蔽不同操作系统的细节差异，具体而言，中间件提供了通信支持、应用支持和公共服务三项功能。

以上只是简单挑选了重点中的重点帮你理解数据库和中间件，这个考点的备考策略以理解为主，死记硬背为辅，因为如果不能够对数据库特别是分布式数据库有大概的了解，如果不能够对中间件有大概的了解，死记硬背也会事倍功半。

考题精练

1.（　　）从逻辑上分为客户机和服务器。客户机和服务器既可以运行在同一台计算机上，也可以运行在不同计算机上，甚至客户机和服务器的操作系统也可以不同。

A．事务式中间件　　B．过程式中间件

C．面向对象中间件　　D．面向消息中间件

【答案 & 解析】答案为 B。过程式中间件从逻辑上分为客户机和服务器，客户机和服务器既可以运行在同一台计算机上，也可以运行在不同计算机上，甚至客户机和服务器的操作系统也可以不同。

【考点 84】应用软件集成

.NET 和 J2EE

考点精华

代表性的软件构件标准有如下六类：公共对象请求代理结构（CORBA）、COM、DCOM 与 COM+、.NET、J2EE。

1．CORBA。CORBA 自动匹配公共网络任务，是 OMG 进行标准化分布式对象计算的基础。CORBA 具有以下功能：

（1）对象请求代理（ORB）。ORB 把用户发出的请求传给目标对象，并把目标对象的执行结果返回发出请求的用户。ORB 提供了用户与目标对象间的交互透明性，是参考模型的核心。

（2）对象服务。对象服务代表一组预先实现的、软件开发商需要的分布式对象，其接口与具体应用领域无关，所有分布式对象程序都可以使用。

（3）公共功能。公共功能与对象服务类似，只是公共功能是面向最终用户。分布式文档组件功能是公共功能的例子。

（4）域接口。提供与对象服务和公共功能相似的接口，这些接口面向特定应用领域。

（5）应用接口。应用接口是提供给应用程序开发的接口。

2．COM。COM 中的对象是二进制代码对象，由系统平台直接支持，代码形式是 DLL 或 EXE 执行代码。COM 对象可由各种编程语言实现，并为各种编程语言所用。COM 对象作为应用程序的构成单元，不但可以作为应用程序中的部分，而且可以单独为应用程序系统提供服务。

COM 具备软件集成所需要的许多特征，包括面向对象、客户机 / 服务器、语言无关性、进程透明性和可重用性。

（1）面向对象。COM 的发展基于面向对象，从而继承了对象的所有优点，并在实现上进行了扩充。

（2）客户机 / 服务器。COM 以客户机 / 服务器（C/S）模型为基础，具有非常好的灵活性。

（3）语言无关性。COM 规范的定义不依赖特定的语言。

（4）进程透明性。COM 提供了三种类型的构件对象服务程序：进程内服务程序、本地服务程序和远程服务程序。

（5）可重用性。COM 用包容和聚合两种机制来实现对象重用，COM 对象的用户程序只用通过接口使用对象提供的服务，不用关心对象内部的实现过程。

3．DCOM 与 COM+

DCOM 作为 COM 的扩展，不仅继承了 COM 的优点，而且针对分布环境提供了新特性，如位置透明性、网络安全性、跨平台调用等。DCOM 通过 RPC 协议，使用户通过网络可以透明地调用远程机器上的远程服务。

COM+ 为 COM 的新发展或更高层次上的应用，COM+ 的底层结构仍然是 COM，但是 COM+ 把 COM 组件软件提升到应用层而不再是底层，通过操作系统的支持，使组件对象模型建立在应用层，把组件的底层细节留给操作系统。因此 COM+ 与操作系统的结合更加紧密。

COM+ 的主要特性包括：真正的异步通信、事件服务、可伸缩性、继承并发展了 MTS 的特性、可管理和可配置性、易于开发等。

（1）真正的异步通信。COM+ 底层提供的队列组件服务，使用户和组件可以在不同的时间点上协同工作，COM+ 的应用无须增加代码就可以获得异步通信特性。

（2）事件服务。新的事件机制使事件源和事件接收方实现事件功能更加灵活，避免 COM 可连接对象机制的琐碎细节。

（3）可伸缩性。动态负载平衡以及内存数据库、对象池等系统服务为 COM+ 的可伸缩性提供了技术基础。

（4）继承并发展了 MTS 的特性。COM+ 完善并实现了 MTS 的许多概念和特性。

（5）可管理和可配置性。COM+ 应用有助于软件厂商和用户减少维护成本的投入。

（6）易于开发。COM+ 开发模型比 COM 组件更为简化、更加易于开发。

4．.NET

.NET 开发框架在通用语言运行环境基础上，给开发人员提供了完善的基础类库、数据库访问技术和网络开发技术。

（1）通用语言运行环境（CLR）处于 .NET 开发框架的底层，是框架的基础。

（2）基础类库（BCL）给开发人员提供了统一的、面向对象的、层次化的、可扩展的编程接口。

（3）ADO.NET 技术用于访问数据库，提供一组用来连接数据库、运行命令、返回记录集的类库。

（4）ASP.NET 是 NET 中的网络编程结构，可以方便、高效地构建、运行和发布网络应用。

5．J2EE

J2EE 架构使用 Java 技术开发组织级应用的工业标准，J2EE 的体系结构分为客户端层、服务器端组件层、EJB 层和信息系统层。

（1）客户端层。负责与用户直接交互，J2EE 支持多种客户端，客户端既可以是 Web 浏览器，也可以是专用的 Java 客户端。

（2）服务器端组件层。利用 J2EE 中的 JSP 与 Java Servlet 技术，可以响应客户端请求，并向后访问封装有商业逻辑的组件。

（3）EJB 层。封装商业逻辑、完成企业计算，提供事务处理、负载均衡、安全、资源连接等各种基本服务。

（4）信息系统层。信息系统层包括组织的数据库系统、文件系统等现有系统。

备考点拨

本考点学习难度星级：★★★（困难），考试频度星级：★★★（高频）。

本考点考查应用软件集成。应用软件集成是指根据需求，把现有的软件构件重新组合，从而以较低的成本和较高的效率实现目的。业界公认的解决应用集成的最佳方式是 SOA。应用软件系统集成的功能包括界面集成、功能集成、接口集成以及系统对应的数据集成等。应用软件集成也提到了一些专业术语或者概念，而且专业术语概念还挺多，如果你是非技术出身，可能理解起来比较困难，只能尽量理解，实在理解不了，可以用一些技巧去记关键词。

考题精练

1.（　　）通过操作系统的支持，使组件对象模型建立在应用层，把组件的底层细节留给操作系统。

A．CORBA　　B．COM　　C．DCOM　　D．COM+

【答案 & 解析】答案为 B。COM+ 的底层结构仍然是 COM，但是 COM+ 把 COM 组件软件提升到应用层而不再是底层，通过操作系统的支持，使组件对象模型建立在应用层，把组件的底层细节留给操作系统。

【考点 85】业务应用集成

业务应用集成

考点精华

业务应用集成或组织应用集成（EAI）是将独立的软件应用连接起来实现协同工作。业务应用集成技术具有应用间的互操作性、具有分布式环境中应用的可移植性、具有系统中应用分布的透明性三个目标，实现技术目标的关键在于，在独立业务应用之间实现实时双向通信和业务数据流。

1．具有应用间的互操作性。应用间的互操作性提供不同系统间信息的有意义交换，同时还提供了系统间功能服务的使用功能，特别是资源动态发现和动态类型检查。

2．具有分布式环境中应用的可移植性。提供应用程序的系统迁移能力，并且不破坏应用的服务，迁移包括静态的系统重构或重新安装以及动态的系统重构。

3．具有系统中应用分布的透明性。应用编程者不必关心系统分布还是集中，可以集中精力设计具体的应用系统，大大减少了应用集成编程复杂性。

业务应用集成可以给组织带来共享信息、提高敏捷性和效率、简化软件使用、降低 IT 投资成本、优化业务流程等优势，但是业务应用集成不同于数据集成，数据集成是共享数据，并不存储数据；业务应用集成是在功能层面将多个业务应用直接连接起来，打造动态且高度适应性的应用和服务。

业务应用集成重点关注工作流层面的应用连接，因此需要的数据存储空间和计算时间并不多。业务应用集成既可以部署在云端，集成 SaaS、CRM 等云应用，也可以部署在受防火墙保护的本地，集成传统 ERP 系统等；还可以部署在混合环境中，集成本地业务应用和云应用。

备考点拨

本考点学习难度星级：★★☆（适中），考试频度星级：★★☆（中频）。

本考点考查业务应用集成，业务应用集成是将很多独立的软件应用连在一块，然后去协同工作、把应用系统合在一块工作。对业务应用集成的技术要求有三点，分别是具有应用间的互操作性、具有分布式环境中应用的可移植性和具有系统中应用分布的透明性，对这个考点的备考策略是了解即可。

考题精练

1.（　　）不属于应用集成的技术要求。

A．系统中应用分布的透明性　　B．应用间数据的存储

C．分布式环境中应用的可移植性　　D．应用间的互操作性

【答案 & 解析】答案为 B。对应用集成的技术要求有：①具有应用间的互操作性；②具有分布式环境中应用的可移植性；③具有系统中应用分布的透明性。数据应该不是应用层面考虑的事情。

第 9 章

信息安全工程考点精讲及考题实练

9.1 章节考情速览

信息安全工程章节包含三个知识块，分别是信息安全管理、信息安全系统和工程体系架构，这一章节仅仅讲到了安全的皮毛，所以内容理解起来没有那么难，重点要掌握的是安全保护等级和信息安全空间考点，本章过往考查的分值相对不多，通常在 2 分左右，以综合知识科目考查为主。

9.2 考点星级分布图

本章涉及的主要考点分布及难度与频度双星级如图 9-1 所示。

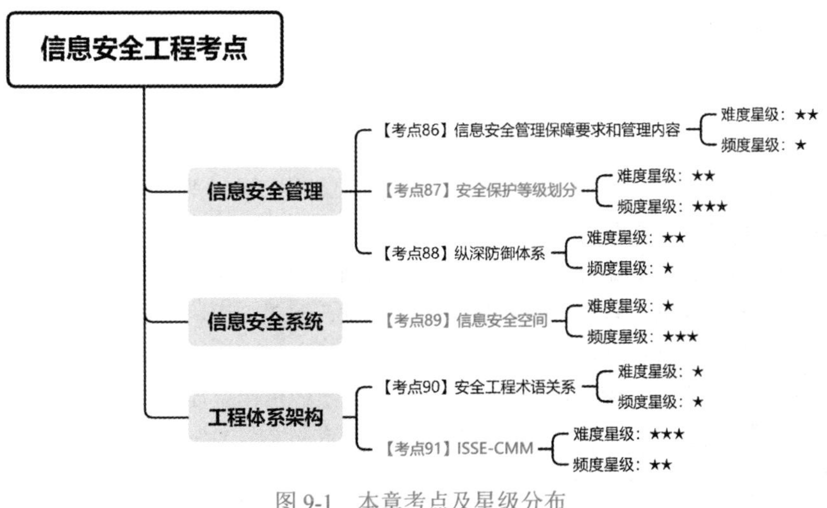

图 9-1　本章考点及星级分布

9.3 核心考点精讲及考题实练

安全保障 5 项原则

【考点 86】信息安全管理保障要求和管理内容

考点精华

网络与信息安全保障体系中的安全管理建设，需要满足五项原则：

1. 网络与信息安全管理做到总体策划，确保安全总体目标和所遵循的原则。

2. 建立相关组织机构，明确责任部门、落实具体实施部门。

3. 做好信息资产分类控制，达到员工安全、物理环境安全和业务连续性管理。

4. 使用技术方法解决通信与操作安全、访问控制、系统开发与维护，以支撑安全目标、安全策略和安全内容实施。

5. 实施检查安全管理的措施与审计，用于检查安全措施效果，评估安全措施执行情况和实施效果。

组织需要确保三个方面满足保障要求：

1. 安全运行组织包括主管领导、信息中心和业务应用等相关部门，领导是核心、信息中心是实体、业务部门是使用者。

2. 安全管理制度要明确安全职责，制定安全管理细则，做到多人负责、任期有限、职责分离原则。

3. 应急响应机制是由管理人员和技术人员共同参与的内部机制，提出应急响应计划和程序，提供安全事件的技术支持和指导，提供安全漏洞或隐患信息的通告、分析和安全事件处理等相关培训。

ISO/IEC 27000 系列标准给出了组织、人员、物理和技术方面的控制参考，这些控制参考是组织策划、实施和监测信息安全管理的主要内容：

（1）组织控制方面，包括信息安全策略、信息安全角色与职责，职责分离、管理职责、威胁情报、身份管理、访问控制等。

（2）人员控制方面，包括筛选、雇佣、信息安全意识与教育、保密或保密协议、远程办公、安全纪律等。

（3）物理控制方面，包括物理安全边界、物理入口、物理安全监控、防范物理和环境威胁，设备选址和保护、存储介质、布线安全和设备维护等。

（4）技术控制方面，包括用户终端设备、特殊访问权限、信息访问限制、访问源代码、身份验证、容量管理，恶意代码与软件防范、技术漏洞管理、配置管理、信息删除、数据屏蔽、数据泄露预防、网络安全和信息备份等。

在组织机构中应建立安全管理机构和信息系统安全组织机构管理体系，参考步骤包括：

1. 配备安全管理人员。管理层应有一人分管信息系统安全工作，并为信息系统安全管理配备专职或兼职的安全管理人员。

2．建立安全职能部门。建立管理信息系统安全工作的职能部门，明确指定一个职能部门负责监管信息安全工作，并纳入该部门关键职责。

3．成立安全领导小组。在管理层成立信息系统安全管理委员会或信息系统安全领导小组，对覆盖全国或跨地区的组织机构，应在总部和下级单位建立各级信息系统安全领导小组，在基层至少要有一位专职安全管理人员负责信息系统安全工作。

4．主要负责人出任领导。由组织机构的主要负责人出任信息系统安全领导小组负责人。

5．建立信息安全保密管理部门。建立信息系统安全保密监督管理的职能部门，或对原有保密部门明确信息安全保密管理责任，加强对信息系统安全管理重要过程和管理人员的保密监督管理。

备考点拨

本考点学习难度星级：★★☆（适中），考试频度星级：★☆☆（低频）。

本考点考查信息安全保障要求和管理内容。信息安全管理的重要性不言而喻，你手机中照片、视频、联系人等信息的价值，是不是在你心中比手机本身更重要？这就是信息安全的重要程度体现。信息安全管理的保障要求中，提到了五项原则和三个方面。五项原则是安全管理建设要满足的五项原则，三个方面针对的是一个安全运行组织、一套安全管理制度、一个应急响应机制，这样的三个一的具体要求，可以有所了解下。

管理内容主要是参考ISO/IEC 27000系列标准，给出的组织控制、人员控制、物理控制和技术控制四个方面的内容。这里的内容，说实话没办法记住，也完全没有必要记住。同时也没有深入学习的价值和必要性，基本上都是一些类似条款要求的内容，所以了解就好。

管理体系中的五个步骤需要掌握，这里具备考查选择题的潜力。通常在企业做信息系统安全管理时，都会先成立安全管理机构，然后安全管理机构负责逐步建立自己的信息系统安全组织机构管理体系，大致上会沿用这五步，其实严格讲不是有逻辑关系的步骤，个人认为五个要点可能更加合适。

考题精练

1．（　　）是为各种类型的组织引进、实施、维护和改进信息安全管理提供了最佳实践和评价。

A．ISO 27000系列标准　　B．ISO 14000系列标准

C．ISO 18000系列标准　　D．ISO 9000系列标准

【答案 & 解析】答案为A。ISO 27000系列标准是当前全球业界信息安全管理实践的最新总结，为各种类型的组织引进、实施、维护和改进信息安全管理提供了最佳实践和评价规范。

【考点87】安全保护等级划分

安全保护等级

考点精华

等保2.0将“信息系统安全”概念扩展到了“网络安全”，一共分为五个安全保护等级：

第一级：等级保护对象受到破坏后，会对相关公民、法人和其他组织的合法权益造成损害，

但不危害国家安全、社会秩序和公共利益。

第二级：等级保护对象受到破坏后，会对相关公民、法人和其他组织的合法权益产生严重损害或特别严重损害，或者对社会秩序和公共利益造成危害，但不危害国家安全。

第三级：等级保护对象受到破坏后，会对社会秩序和公共利益造成严重危害，或者对国家安全造成危害。

第四级：等级保护对象受到破坏后，会对社会秩序和公共利益造成特别严重危害，或者对国家安全造成严重危害。

第五级：等级保护对象受到破坏后，会对国家安全造成特别严重危害。

安全保护能力等级同样划分为五个级别：

第一级：能够防护免受来自个人的、拥有很少资源的威胁源发起的恶意攻击、一般的自然灾难，以及其他相当危害程度的威胁所造成的关键资源损害。在自身遭到损害后，能够恢复部分功能。

第二级：能够防护免受来自外部小型组织的、拥有少量资源的威胁源发起的恶意攻击、一般的自然灾难，以及其他相当危害程度的威胁所造成的重要资源损害，能够发现重要的安全漏洞和处置安全事件。在自身遭到损害后，能够在一段时间内恢复部分功能。

第三级：能够在统一安全策略下防护免受来自外部有组织的团体、拥有较为丰富资源的威胁源发起的恶意攻击、较为严重的自然灾难，以及其他相当程度的威胁所造成的主要资源损害，能够及时发现、监测攻击行为和处置安全事件。在自身遭到损害后，能够较快恢复绝大部分功能。

第四级：能够在统一安全策略下防护免受来自国家级别的、敌对组织的、拥有丰富资源的威胁源发起的恶意攻击、严重的自然灾难，以及其他相当危害程度的威胁所造成的资源损害，能够及时发现、监测发现攻击行为和安全事件。在自身遭到损害后，能够迅速恢复所有功能。

第五级：略。

网络安全等级保护 2.0 技术变更的内容主要包括：

1．物理和环境安全实质性变更。一共有五方面的要求降低：降低了物理位置的选择要求；降低了物理访问控制要求；降低了电力供应的要求；降低了电磁防护的要求；降低了防盗和防破坏要求。

2．网络和通信安全实质性变更。一共有两方面的强化和两方面的降低：强化了对设备和通信链路的硬件冗余要求；强化了网络访问策略的控制要求；降低了带宽控制的要求；降低了比较古老的控制要求。

3．设备和计算安全实质性变更。一共有三方面的强化和两方面的降低：强化了访问控制的要求；强化了安全审计的统一时钟源要求；强化了入侵防范的控制要求；降低了对审计分析的要求；降低了对恶意代码防范的统一管理要求和强制性的代码库异构要求。

4．应用和数据安全实质性变更：一共有三方面的强化和两方面的降低：强化了对软件容错的要求；强化了对账号和口令的安全要求；强化了安全审计的统一时钟源要求；降低了对资源控制的要求；降低了对审计分析的要求。

网络安全等级保护 2.0 管理变更的内容主要包括：

1．安全策略和管理制度实质性变更，降低了对安全管理制度的管理要求。

2. 安全管理机构和人员实质性变更：对安全管理和机构人员的要求整体有所降低；强化了对外部人员的管理要求。

3. 安全建设管理实质性变更：对安全建设管理的要求整体有所降低；强化了对服务供应商管理、系统上线安全测试、工程监理控制的管理要求。强化了对自行软件开发的要求。

4. 安全运维管理实质性变更：对安全运维管理的要求整体有所降低；将原属于监控管理和安全管理中心的内容移到了“网络和通信安全”部分；将原属于网络安全设备的部分内容移到了“漏洞和风险管理”部分；降低了对网络和系统管理的要求；特别增加了漏洞和风险管理、配置管理、外包运维管理的管理要求；强化了对账号管理、运维管理、设备报废或重用的管理要求。

备考点拨

本考点学习难度星级：★★☆（适中），考试频度星级：★★★（高频）。

本考点考查安全保护等级2.0及其变更。网络安全等级保护现在已经到2.0版本，2.0版本把信息系统安全扩展到了网络安全领域，虽然升级到了2.0版本，但是安全保护等级的五级还是没什么变化，只是保护对象增加了网络安全，它现在保护的是信息系统、网络设施、数据资源，这些都是它的保护对象。安全保护等级第一级只对公民和组织造成损害，第二级对社会造成损害，从第三级开始对国家安全造成损害，第四级是严重，第五级是特别严重，通过这样关键句的方式，信息安全保护的五等级会更加容易记住。

关于等级保护，还有一个小的点是等级保护2.0的技术变更。主要包含四部分内容的变更，分别是物理和环境安全实质性变更、网络和通信安全实质性变更、设备和计算安全实质性变更、应用和数据安全实质性变更。与技术变更呼应的考点是等级保护2.0的管理变更，主要包含四部分内容的变更，分别是安全策略和管理制度实质性变更、安全管理机构和人员实质性变更、安全建设管理实质性变更、安全运维管理实质性变更。

考题精练

1.（　　）等级保护对象受到破坏后，会对社会秩序和公共利益造成特别严重危害，或者对国家安全造成严重危害。

A. 第二级　　B. 第三级　　C. 第四级　　D. 第五级

【答案 & 解析】答案为C。第四级：等级保护对象受到破坏后，会对社会秩序和公共利益造成特别严重危害，或者对国家安全造成严重危害。

【考点88】纵深防御体系

纵深防御体系

考点精华

安全技术体系架构由纵深防御体系构成，纵深防御体系是根据等级保护的体系框架设计，整体上包括如下方面：

1. “物理环境安全防护”保护服务器、网络设备等设备免遭地震、火灾、水灾、盗窃等事故破坏。
2. “通信网络安全防护”保护暴露于外部的通信线路和通信设备。
3. “网络边界安全防护”对等级保护对象实施边界安全防护，低级别定级对象部署在高等级安全区域时应遵循“就高保护”原则。

4.“计算环境安全防护”实施主机设备安全防护和应用与数据安全防护。

5.“安全管理中心”对等级保护对象实施统一的安全技术管理。

备考点拨

本考点学习难度星级：★★☆（适中），考试频度星级：★☆☆（低频）。

本考点考查纵深防御体系，安全技术体系架构由从外到内的纵深防御体系构成。纵深防御体系根据等级保护的体系框架设计，一共有五个要点，这个纵深防御体系主要是掌握这五个方面的名字。

考题精练

1. 纵深防御体系是根据等级保护的体系框架设计，但是不包括（　　）。

A. 物理环境安全防护　　B. 网络边界安全防护

C. 安全管理中心　　D. 机房人员安全防护

【答案 & 解析】答案为 D。纵深防御体系根据等级保护的体系框架设计，整体上包括物理环境安全防护、通信网络安全防护、网络边界安全防护、计算环境安全防护和安全管理中心。

【考点 89】信息安全空间

信息安全空间

考点精华

可以使用如图 9-2 所示的 X、Y、Z 三个轴形成的信息安全系统三维安全空间来反映信息安全系统的体系架构及组成，三维安全空间具有认证、权限、完整、加密和不可否认五大要素。

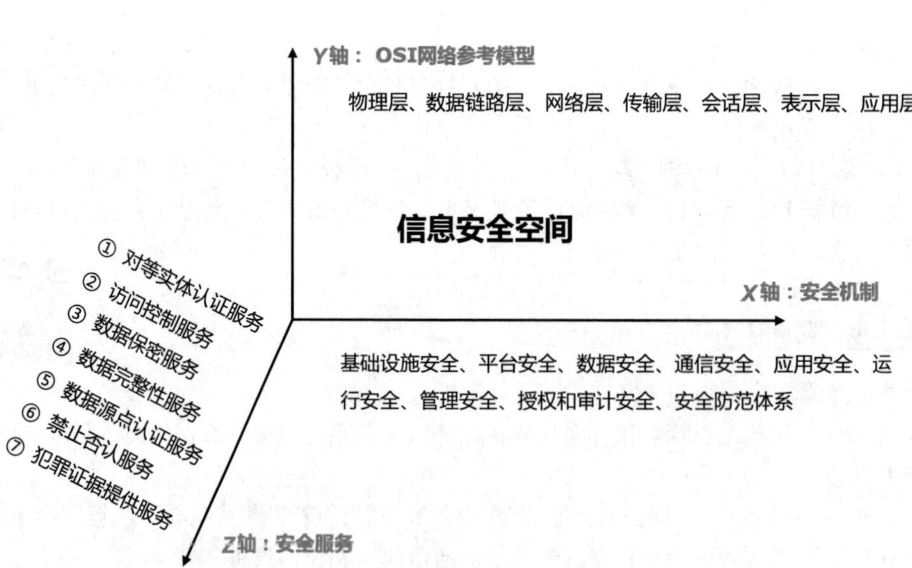

图 9-2　信息安全系统体系架构

1．*X* 轴是“安全机制”。安全机制利用安全技术提供安全服务，形成较为完善的结构体系。安全机制包含基础设施安全、平台安全、数据安全、通信安全、应用安全、运行安全、管理安全、授权和审计安全和安全防范体系。可以结合 WPDRRC（预警、保护、检测、反应、恢复和反击）能力模型，从人员、技术、政策三要素构建信息网络安全保障体系结构的框架，确保信息安全工作持续、有序开展。

2．*Y* 轴是“OSI 网络参考模型”。离开了网络，信息系统的安全也就失去了意义。

3．*Z* 轴是“安全服务”。安全服务从网络各个层次给信息应用系统的安全服务提供支持。安全服务包括对等实体认证服务、访问控制服务、数据保密服务、数据完整性服务、数据源点认证服务、禁止否认服务和犯罪证据提供服务。

备考点拨

本考点学习难度星级：★☆☆（简单），考试频度星级：★★★（高频）。

本考点考查信息安全空间，这是安全系统很重要的考点，这个考点最重要的是安全系统体系架构坐标轴，坐标轴代表信息安全空间的三个坐标轴，*X* 轴是安全机制，*Y* 轴是 OSI 网络参考模型，*Z* 轴是安全服务，每个坐标轴包含的要素要尽可能熟悉，另外安全空间的五大属性：认证、权限、完整、加密和不可否认需要掌握。

考题精练

1．信息安全三维空间具有的要素不包括（　　）。

A．权限　　B．完整　　C．不可否认　　D．数字签名

【答案 & 解析】答案为 D。信息安全三维空间具有的要素包括认证、权限、完整、加密和不可否认。

安全工程术语

【考点 90】安全工程术语关系

考点精华

信息安全工程术语一共有六个，分别是信息系统、信息安全系统、业务应用信息系统、信息系统工程、信息安全系统工程、业务应用信息系统工程，如图 9-3 所示。

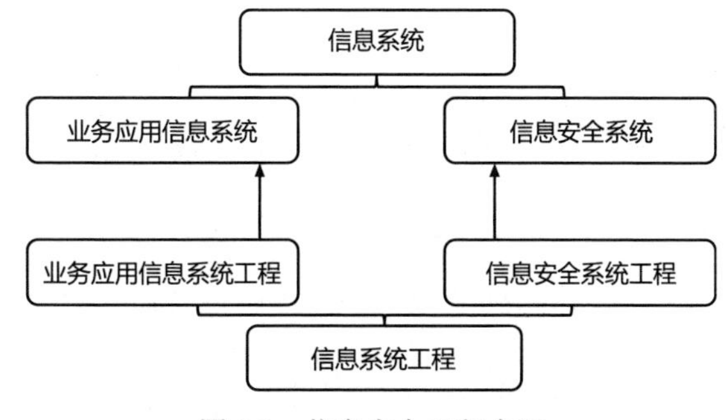

图 9-3　信息安全工程术语

信息系统包括信息安全系统和业务应用信息系统，信息安全系统服务于业务应用信息系统，信息安全系统不能脱离业务应用信息系统而存在；业务应用信息系统是支撑业务运营的计算机应用信息系统。

信息系统工程包括两个独立且不可分割的部分，即业务应用信息系统工程和信息安全系统工程。业务应用信息系统工程是为了达到建设好业务应用信息系统所实施的工程，信息安全系统工程是为了达到建设好信息安全系统的特殊需要而实施的工程。

备考点拨

本考点学习难度星级：★☆☆（简单），考试频度星级：★☆☆（低频）。

本考点考查安全工程术语关系。工程体系结构中的安全工程基础，主要区分这六个术语：信息系统、业务应用信息系统、信息安全系统、信息系统工程、业务应用信息系统工程、信息安全系统工程。六个术语之间的关系参考图 9-3，比较简单。

考题精练

1．信息安全工程中的信息安全系统不能脱离（　　）而存在。

A．业务应用信息系统　　B．信息安全系统工程

C．信息系统工程　　D．信息系统

【答案 & 解析】答案为 A。信息系统包括信息安全系统和业务应用信息系统，信息安全系统服务于业务应用信息系统，信息安全系统不能脱离业务应用信息系统而存在。

【考点 91】ISSE-CMM

工程体系结构

考点精华

信息系统安全工程（ISSE）的主要内容是确定系统和过程的安全风险，并且使安全风险降到最低或得到有效控制。

信息安全系统工程能力成熟度模型（ISSE-CMM）用来衡量信息安全系统工程实施能力的方法，适用于工程组织、获取组织和评估组织。工程组织包括系统集成商、应用开发商、产品提供商和服务提供商等；获取组织包含采购系统、产品以及从内外部资源和最终用户处获取服务的组织；评估组织包含认证组织、系统授权组织、系统产品评估组织等。

ISSE 将信息安全系统工程实施过程分解为工程过程、风险过程和保证过程三个部分，人们在风险过程中识别出产品或系统风险，并对风险进行优先级排序。针对风险安全问题，工程过程与其他工程一起确定安全策略和解决方案。最后由保证过程建立解决方案可信性并向用户转达安全可信性。

1．工程过程。信息安全系统工程过程是包括概念、设计、实现、测试、部署、运行、维护、退出的完整过程，ISSE-CMM 强调信息安全系统工程需要与其他科目的工程活动相互协调，有助于保证安全成为大项目过程中的一个部分，而不是分离出去的独立部分。

2．风险过程。信息安全系统工程的主要目标是降低信息系统运行风险。有害事件由威胁、脆弱性和影响三部分组成。安全措施的实施可以减轻风险，但不可能消除所有威胁或根除某个具

体威胁，一方面因为消除风险需要代价，另一方面因为风险存在各种不确定性，所以必须接受残留风险。

3．保证过程。保证过程指安全需求得到满足的可信程度，安全保证不能增加额外的安全风险抗拒能力，但能为减少预期安全风险提供信心，信心来自措施及部署的正确性和有效性。

ISSE-CMM 体系结构采用两维设计，其中一维是“域”，另一维是“能力”。

1．域维 / 安全过程域。域维汇集了过程域，过程域是信息安全工程的实施活动。ISSE 包括六个基本实施，六个基本实施被组织成 11 个信息安全工程过程域，11 个过程域覆盖了信息安全工程的主要领域。

2．能力维 / 公共特性。能力维代表组织能力，由过程管理能力和制度化能力构成。通用实施由公共特性的逻辑域组成，公共特性分五个级别，依次表示增强的组织能力。与域维基本实施不同的是，能力维的通用实施按其成熟性排序，高级别的通用实施位于能力维的高端。

备考点拨

本考点学习难度星级：★★★（困难），考试频度星级：★★☆（中频）。

本考点考查 ISSE-CMM。ISSE 是信息安全系统工程，ISSE-CMM 是信息安全系统工程的能力成熟度模型，用来衡量信息安全系统工程的实施能力。ISSE 将信息安全系统工程实施过程分成三个部分，分别是工程过程、风险过程和保证过程，工程过程可以理解成真正去干活，从概念到设计到实现、测试、部署、运维、退出的一系列就是工程过程。风险过程要去控制风险，把风险降到最低往往项目就成了，风险由威胁、脆弱性和影响三个部分组成，保证过程是个支撑的过程，用来支撑工程过程。

考题精练

1．ISSE 将信息安全系统工程实施过程分解为（　　）三个部分。

A．实施过程、管理过程和工程过程

B．工程过程、风险过程和保证过程

C．工程过程、管理过程和风险过程

D．风险过程、管理过程和工程过程

【答案 & 解析】答案为 B。ISSE 将信息安全系统工程实施过程分解为工程过程、风险过程和保证过程三个部分。

第 10 章 项目管理概论考点精讲及考题实练

10.1 章节考情速览

项目管理概论章节主要包含七个知识块，分别是项目基本要素、项目生命周期和阶段、项目立项管理、项目管理过程组、项目管理原则、项目管理知识域与价值交付系统，基本上把项目管理涉及的基础知识都在这一章提到了，考试重点集中在基本要素、生命周期和立项管理，后面四个知识块中的过程组、知识域属于基础中的基础，如果考查到，大概率是送分题。项目管理原则有时候会有 1 分的综合知识考题。

整体来看，这一章的内容学习起来比较轻松、容易，从过去的经验看，预计考试会考查 4 分左右，以综合知识科目考查为主。

10.2 考点星级分布图

本章涉及的主要考点分布及难度与频度双星级如图 10-1 所示。

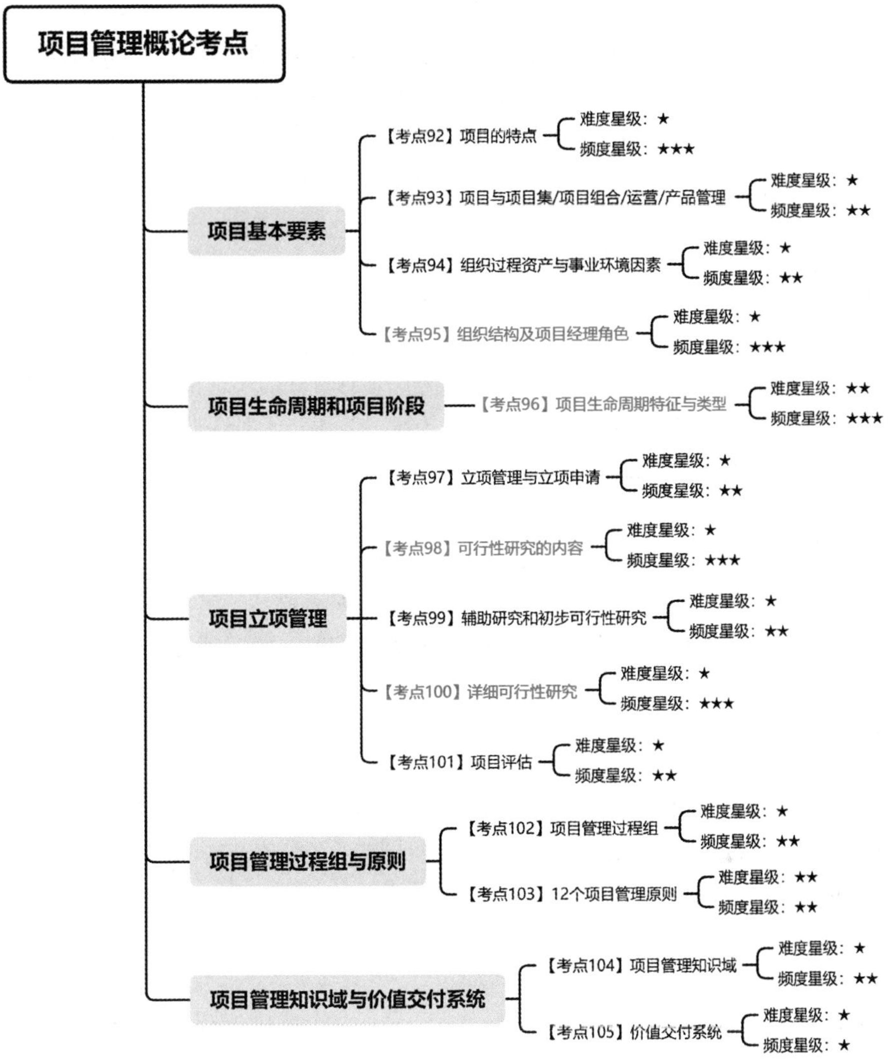

项目管理概论考点

- **项目基本要素**
  - 【考点92】项目的特点
    - 难度星级：★
    - 频度星级：★★★
  - 【考点93】项目与项目集/项目组合/运营/产品管理
    - 难度星级：★
    - 频度星级：★★
  - 【考点94】组织过程资产与事业环境因素
    - 难度星级：★
    - 频度星级：★★
  - 【考点95】组织结构及项目经理角色
    - 难度星级：★
    - 频度星级：★★★
- **项目生命周期和项目阶段**
  - 【考点96】项目生命周期特征与类型
    - 难度星级：★★
    - 频度星级：★★★
- **项目立项管理**
  - 【考点97】立项管理与立项申请
    - 难度星级：★
    - 频度星级：★★
  - 【考点98】可行性研究的内容
    - 难度星级：★
    - 频度星级：★★★
  - 【考点99】辅助研究和初步可行性研究
    - 难度星级：★
    - 频度星级：★★
  - 【考点100】详细可行性研究
    - 难度星级：★
    - 频度星级：★★★
  - 【考点101】项目评估
    - 难度星级：★
    - 频度星级：★★
- **项目管理过程组与原则**
  - 【考点102】项目管理过程组
    - 难度星级：★
    - 频度星级：★★
  - 【考点103】12个项目管理原则
    - 难度星级：★★
    - 频度星级：★★
- **项目管理知识域与价值交付系统**
  - 【考点104】项目管理知识域
    - 难度星级：★
    - 频度星级：★★
  - 【考点105】价值交付系统
    - 难度星级：★
    - 频度星级：★

图 10-1　本章考点及星级分布

10.3　核心考点精讲及考题实练

项目的特点

【考点 92】项目的特点

考点精华

项目是为创造独特的产品、服务或成果而进行的临时性工作。项目具有如下特点：

1．独特的产品、服务或成果。可交付成果可以是有形的或无形的成果。某些项目可交付成果和活动中可能存在相同元素，但并不会改变项目本质上的独特性。

2. 临时性工作。临时性是指项目有明确的起点和终点。临时性并不代表项目的持续时间短，项目虽然是临时性工作，但可交付成果可能在项目终止后长期存在。

3. 项目驱动变更。项目推动组织从一个状态转到另一个状态，进而达成特定目标，获得更高的业务价值。通过一个或一系列项目的成功交付，组织可以实现从“当前状态”向“将来状态”的转变。

4. 项目创造业务价值。项目的业务价值指项目成果能够为干系人带来的效益，效益可以是有形的、无形的或两者都有。

关于项目成功的标准，时间、成本、范围和质量等项目管理测量指标，一直被视为衡量项目是否成功的重要因素，但是衡量项目是否成功还应考虑项目目标的实现情况。通常而言，导致项目创建的因素有如下四类：①符合法律法规或社会需求；②满足干系人要求或需求；③创造、改进或修复产品、过程或服务；④执行、变更业务或技术战略。

备考点拨

本考点学习难度星级：★☆☆（简单），考试频度星级：★★★（高频）。

本考点考查项目的特点。项目的定义是项目是为创造独特的产品、服务或成果而进行的临时性工作。短短的这个定义里有两个关键词，第一个是独特的产品、服务或成果；第二个是临时性，这两个属于项目五大特性中的两个。项目的“独特性”有一点哲学的味道，古希腊哲学家曾经说过，人不能两次踏进同一条河流;工作生活中的“临时”往往代表时间短，比如临时工、临时加班。但是项目的临时性，不一定意味着项目的持续时间短，项目的临时性指项目有明确的起点和终点，这个考点之前曾经考过，需要特别留意；项目驱动变更，这个特性要从业务视角看，项目是为了驱动组织获得更高的业务价值，所以变更在所难免；项目创造业务价值，这个特性很好理解，不能创造业务价值的项目除了内卷就是内耗，一无是处。

考题精练

1. 项目管理的三个基本目标是质量、成本和（　　）。

A. 进度　　B. 资源　　C. 风险　　D. 流程

【答案 & 解析】答案为A。项目管理目标中的三个基本目标是质量、成本和进度，通过排除法也可以选出答案。

2. 关于项目定义的描述，不正确的是（　　）。

A. 交付独特的产品、服务或成果　　B. 具有重复性，临时性和独特性

C. 有明确的开始时间和结束时间　　D. 需要使用一定的人、财、物等资源

【答案 & 解析】答案为B。项目有完整的生命周期，有开始、有结束，具有一次性、临时性的特点。

3. 关于项目的描述，不正确的是（　　）。

A. 项目的需求不复存在，是项目宣告结束的情况之一

B. 实现项目目标可能会产生一个或多个可交付成果

C．可交付成果可能会在项目终止后依然存在

D．项目是为创造独特的产品、服务或成果而进行的周期性工作

【答案 & 解析】答案为 D。项目是为创造独特的产品、服务或成果而进行的临时性工作。

4．（　　）不是项目的特点。

A．独特性　　B．高技术性　　C．临时性　　D．渐进明细

【答案 & 解析】答案为 B。基础知识的送分题。

5．（　　）属于项目临时性的特点。

A．项目成果事先不可见　　B．项目历时短

C．项目需要提供独特的服务　　D．项目是一次性的

【答案 & 解析】答案为 D。临时性是指每一个项目都有一个明确的开始时间和结束时间，临时性也指项目是一次性的。临时性并不一定意味着项目历时短。

【考点 93】项目与项目集 / 项目组合 / 运营 / 产品管理

项目集的概念

考点精华

项目集是一组相互关联且被协调管理的项目、子项目集和项目集活动，项目集的价值在于获得分别管理单个项目无法获得的利益。项目集不是大项目，大项目是指规模、影响等特别大的项目。项目组合是为了实现战略目标而组合在一起管理的项目。一个项目可以采用三种模式进行管理：①独立项目，也就是不包含在项目集或项目组合中；②在项目集内；③在项目组合内。

从组织的角度看：①项目和项目集管理的重点在于以“正确”的方式开展，即“正确地做事”，②项目组合管理的重点在于开展“正确”的项目集和项目，即“做正确的事”。

1．项目集管理。项目集管理是在项目集中应用知识、技能与原则来实现项目集目标，获得分别管理项目集组成部分所无法实现的利益，项目集组成部分包括项目或者其他项目集。项目集管理关注项目集组成部分彼此间的依赖关系，从而确定管理项目集的最佳方法。

2．项目组合管理。项目组合是为实现战略目标而组合在一起管理的项目、项目集、子项目组合和运营工作。项目组合管理是指为了实现战略目标而对一个或多个项目组合进行管理。项目组合中的项目集或项目不一定存在彼此依赖或相关的关系。

3．运营管理。运营管理不属于项目管理范围。运营管理关注产品的持续生产、服务的持续提供。虽然运营不属于项目范畴，但是项目与运营会在产品生命周期的不同时间点交叉，在每个交叉点，可交付成果及知识会在项目与运营之间转移，可能是将项目资源及知识转移到运营部门，也可能是将运营资源转移到项目。

4．组织级项目管理和战略。项目组合、项目集和项目都要符合组织战略，由组织战略驱动战略目标实现：①项目组合管理通过选择项目集或项目、优先级排序、资源提供的方式，保证与组织战略一致；②项目集管理通过对组成部分的协调和依赖关系控制，从而实现既定收益；③项目管理使组织目标得以实现。

5．产品管理。产品生命周期是产品从引入、成长、成熟到衰退的整个演变过程。产品管理可以在产品生命周期的任何时间点启动项目集或项目，初始产品通常是项目集或项目的交付物。

在整个产品生命周期中，新项目集或项目会为产品增加创造额外价值的属性或功能。

产品管理有三种不同的管理形式：①产品生命周期中包含项目集管理；②产品生命周期中包含单个项目管理；③项目集内的产品管理。

备考点拨

本考点学习难度星级：★☆☆（简单），考试频度星级：★★☆（中频）。

本考点考查项目集 / 项目组合 / 运营 / 产品等管理术语。项目是有亲戚的，比如项目集、项目组合、运营管理，还有组织级项目管理和产品管理，从企业来看，项目可以是独立的项目，也就是不在任何项目集或者项目组合里，也可以把某个项目放到项目集里，或者放到项目组合里。项目集不是大项目，这是两个不同的视角，大项目指的是规模很大、影响很大的项目，项目集是另外一个视角。项目集的项目存在关系，但是项目组合里的项目集或者项目不一定存在关系，这是项目集和项目组合的区别之一，另外一个区别是项目组合关注做正确的事，而项目和项目集关注正确地做事。

一定要记住，运营不是项目，运营管理不是项目管理，因为运营管理没有结束的时间，或者说企业并不希望它某一天结束。组织级项目管理是指为了实现战略目标，把项目组合、项目集、项目管理整合在一起，形成框架，这个框架就是组织级项目管理，所以组织级项目管理全部包含，而且最重要的钱和人等资源，都是组织级项目管理来分配。

考题精练

1.（　　）的重点在于“做正确的事”。

A．项目管理　　B．项目集管理　　C．项目组合管理　　D．运营管理

【答案 & 解析】 答案为 C。项目和项目集管理的重点在于以“正确”的方式开展，即“正确地做事”，项目组合管理的重点在于开展“正确”的项目集和项目，即“做正确的事”。

【考点 94】组织过程资产与事业环境因素

组织过程资产

考点精华

组织过程资产是执行组织所特有的并使用的计划、过程、政策、程序和知识库，组织过程资产分成“过程、政策和程序”与“组织知识库”两大类。第一类组织过程资产，也就是过程、政策和程序，由项目组的外部完成，通常是 PMO 或者其他职能部门完成，项目组是使用方和遵循方，但是可以结合项目情况进行裁剪。第二类组织过程资产，也就是组织知识库，是在项目期间结合项目信息进行持续更新。「★案例记忆点★」

对于第一类组织过程资产，也就是过程、政策和程序，项目生命周期的不同阶段，关注重点也会有所不同。

在启动和规划阶段，需要关注的内容包括：指南标准、特定的组织标准、产品和项目生命周期、方法和程序、各种模板、预先批准的供应商清单和各种合同协议类型。

在执行和监控阶段需要关注的内容有：变更控制程序、跟踪矩阵、财务控制程序、资源可用性控制和分配管理、组织的沟通要求、确定工作优先顺序、批准工作与签发工作授权的程序、风

险登记册、问题日志和变更日志等文件的模板、标准化指南、工作指示、建议书评价准则和绩效测量准则、产品、服务或成果的核实和确认程序等。

收尾阶段需要关注的内容只有一个，那就是收尾指南或要求。

对于第二类组织过程资产，也就是组织知识库，需要重点关注七个方面：①配置管理知识库；②财务数据库；③历史信息；④经验教训知识库；⑤问题与缺陷管理数据库；⑥测量指标数据库；⑦以往项目的项目档案。

事业环境因素是项目团队不能控制，将对项目产生影响、限制或指令作用的各种条件。事业环境因素是很多项目管理规划过程的输入。事业环境因素分为组织内部的事业环境因素和组织外部的事业环境因素。

组织内部的事业环境因素包括：①组织文化、结构和治理；②设施和资源的物理分布；③基础设施；④信息技术软件；⑤资源可用性；⑥员工能力。

组织外部的事业环境因素包括：①市场条件；②社会和文化影响因素；③监管环境；④商业数据库；⑤学术研究；⑥行业标准；⑦财务考虑因素；⑧物理环境因素。

备考点拨

本考点学习难度星级：★☆☆（简单），考试频度星级：★★☆（中频）。

本考点考查组织过程资产和事业环境因素。组织过程资产和事业环境因素属于企业的内外部运行环境，组织过程资产可分成过程、政策和程序与组织知识库两大类，事业环境因素又拆成了组织内部和组织外部两类。这个考点主要要掌握组织过程资产包含的内容举例和事业环境因素包含的内容举例，考题可能会给出四个文档之类的资料，让你从中选出正确的答案。

考题精练

1. 关于组织过程资产与事业环境因素，以下说法中不正确的是（　　）。
   A. 组织过程资产，也就是过程、政策和程序，由项目组和外部的 PMO 等职能部门共同完成
   B. 过程、政策和程序等组织过程资产，在项目生命周期的不同阶段，关注重点也会有所不同
   C. 项目团队不能控制事业环境因素
   D. 事业环境因素分为组织内部的事业环境因素和组织外部的事业环境因素

【答案 & 解析】答案为 A。第一类组织过程资产，也就是过程、政策和程序，由项目组的外部完成，通常是 PMO 或者其他职能部门完成，项目组是使用方和遵循方，但是可以结合项目情况进行裁剪。

项目经理的角色

【考点 95】组织结构及项目经理角色

考点精华

按照项目经理权力从小到大的顺序，对组织结构排列分别为职能型、弱矩阵型、均衡矩阵型、强矩阵型和项目导向型。「★案例记忆点★」

1．从项目经理是否全职看，项目导向型和强矩阵型组织结构中的项目经理是全职，其他组织结构中的项目经理都是兼职。

2．从项目管理人员是否全职看，项目导向型和强矩阵型组织结构中的项目管理人员是全职，其他组织结构中的项目管理人员都是兼职。

3．从预算掌控方来看，项目导向型和强矩阵型组织结构中的项目经理能够掌控预算，均衡矩阵组织结构中，项目经理跟职能经理一起掌控预算，其他组织结构中的项目经理没有预算掌控权。

项目管理办公室（PMO）是项目管理中常见的组织结构，PMO 可以提出项目建议、支持知识传递和终止项目，PMO 的一个主要职能是通过各种方式向项目经理提供支持。PMO 的职责范围可大可小，小到提供项目管理支持，大到直接管理项目。PMO 的具体职能和结构取决于组织需要，通常而言 PMO 有如下三种类型：「★案例记忆点★」

1．支持型。支持型 PMO 担当顾问角色，向项目提供模板、最佳实践、培训，以及其他项目的信息和经验教训。支持型 PMO 其实是一个项目资源库，对项目的控制程度很低。

2．控制型。控制型 PMO 不仅给项目提供支持，而且要求项目服从项目管理框架或方法论，要求项目使用特定的模板、格式和工具，要求项目遵从治理框架。控制型 PMO 对项目的控制程度属于中等。

3．指令型。指令型 PMO 直接管理和控制项目，项目经理由 PMO 指定并向其报告。指令型 PMO 对项目的控制程度很高。

项目经理是由组织委派，负责领导团队实现项目目标的个人。项目经理使用软技能（如人际关系技能、人员管理技能）来平衡项目干系人之间相互冲突和竞争的目标，以达成共识。项目经理需要具备以下能力：①具备项目所需的特定技能；②具备通用管理能力；③掌握关于项目管理、商业环境、技术领域和其他方面的知识；④具备有效领导项目团队、与干系人协作、解决问题和做出决策的技能；⑤具备编制项目计划、管理项目工作，开展陈述和报告的能力；⑥拥有成功管理项目所需的其他特性，如个性、态度、道德和领导力。「★案例记忆点★」

备考点拨

本考点学习难度星级：★☆☆（简单），考试频度星级：★★★（高频）。

本考点考查组织结构及项目经理角色。需要掌握组织结构的项目经理是兼职还是全职，在项目型和强矩阵型里项目经理是全职，其他的都是兼职。关于预算，在强矩阵和项目型里，项目经理掌控预算，平衡矩阵是项目经理跟职能经理一起掌控，其他都是职能经理掌控。关于项目管理人员，在强矩阵和项目型等项目导向型里，项目管理人员是全职，其他都是兼职，角色是兼职还是专职，根据往年经验考得比较多。

项目管理办公室（PMO）在大企业会比较常见，小企业少一些。PMO 有几种类型：支持型、控制型、指令型，需要了解不同类型 PMO 的特点。

关于项目经理需要具备的能力，学习起来比较容易，唯一需要点拨的是，项目经理并不是靠自己亲自下场干具体工作来实现项目目标的，更重要的是，项目经理要通过项目团队和其他干系人来完成工作。所以特别依赖人际关系技能，比如领导力、团队建设、激励、沟通，冲突管理等。

考题精练

1．某电气公司研发部门组织架构分为机械、电气、自动化部门，每个部门内的职员有一个明确的上级，上级根据员工的专业分配不同的研发任务。这种组织结构属于（　　）。

A．矩阵型组织　　B．复合型组织　　C．项目型组织　　D．职能型组织

【答案 & 解析】答案为D。传统的职能型组织，一个组织被分为一个一个的职能部门，每个部门下还可进一步分为更小的像机械、电气这样的班组或部门，这种层级结构中每个职员都有一个明确的上级，员工按照其专业分成职能部门，职能型组织内仍然可以有项目存在，但是项目的范围通常会限制在职能部门内部。

2．关于项目经理和PMO的区别，表述不正确的是（　　）。

A．项目经理和PMO追求相同的目标

B．PMO对所有项目之间的共享组织资源进行优化使用

C．项目经理控制赋予项目的资源

D．PMO是具有特殊授权的组织机构

【答案 & 解析】答案为A。项目经理和PMO追求不同的目标。

3．项目组织结构的四种类型为（　　）。

A．职能型组织、项目型组织、矩阵型组织、功能型组织

B．职能型组织、项目型组织、矩阵型组织、复合型组织

C．职能型组织、功能型组织、矩阵型组织、复合型组织

D．职能型组织、项目型组织、功能型组织、复合型组织

【答案 & 解析】答案为B。项目组织结构的四种类型为职能型组织、项目型组织、矩阵型组织、复合型组织。

4．PMO（项目管理办公室）有支持型、（　　）、指令型三种。

A．控制型　　B．服务型　　C．沟通型　　D．协调型

【答案 & 解析】答案为A。PMO有支持型、控制型和指令型等三种。

5．关于项目经理和PMO的描述，不正确的是（　　）。

A．项目经理和PMO受不同的需求驱使，追求不同的目标

B．项目经理负责项目成果性目标，PMO考虑组织级的工作目标

C．项目经理控制赋予项目的资源，PMO优化使用所有项目之间的共享资源

D．项目经理管理整体的风险和机会，PMO管理中间产品的范围和费用

【答案 & 解析】答案为D。项目经理管理中间产品的范围、进度、费用和质量，而PMO管理整体的风险、整体的机会和所有的项目依赖关系。

6．关于项目组织方式的描述，正确的是（　　）。

A．PMO可以存在于不同形式、不同层级的组织结构中，控制、协调项目资源，重点关注项目特定目标

B．项目型组织的缺点体现为项目管理成本高、项目责权利不清晰、环境封闭

C．相比项目型组织，矩阵型组织的优势体现在降低了跨职能部门间的协调合作难度，项目决策快

D．PMO可以存在于各种不同形式的组织结构中，采用PMO可以减轻组织中层级的影响

【答案＆解析】 答案为D。重点关注项目特定目标不是PMO的职责，而是项目经理的职责；项目型组织的优点是项目责权利清晰；项目型组织比矩阵型组织的项目决策快。

7．通常，（　　）不属于项目经理应该具备的特性。

A．项目商业环境知识　　　　B．个性、态度、道德

C．创新发明专利　　　　　　D．编制项目计划的能力

【答案＆解析】 答案为C。除了要具备项目所需的特定技能和通用管理能力外，项目经理还应具备以下特性：①掌握关于项目管理、商业环境、技术领域和其他方面的知识，以便有效管理特定项目；②具备有效领导项目团队、协调项目工作、与干系人协作、解决问题和做出决策所需的技能；③具备编制项目计划（包括范围、进度、预算、资源、风险计划等）、管理项目工作，以及开展陈述和报告的能力；④拥有成功管理项目所需的其他特性，如个性、态度、道德和领导力。

8．关于项目管理所需要的知识和技术的表述，不正确的是（　　）。

A．项目执行具备特殊性，通用的管理技能不适用于项目管理

B．社会、政治、自然环境都有可能影响项目的开展

C．软技能主要涉及人际关系管理，是项目管理者需要掌握的重要能力

D．项目经理应该掌握一般管理知识，如财务、计划、人事等

【答案＆解析】 答案为A。通用的管理知识和技能同样适用于项目管理。

【考点96】项目生命周期特征与类型

项目生命周期

考点精华

项目生命周期指项目从启动到完成经历的一系列阶段，阶段间的关系可以是顺序、迭代或交替关系，项目生命周期包含四个通用的阶段，分别是启动项目、组织与准备、执行项目工作和结束项目。这四个阶段适用于任何类型的项目，同时具有如图10-2所示的三个特征：

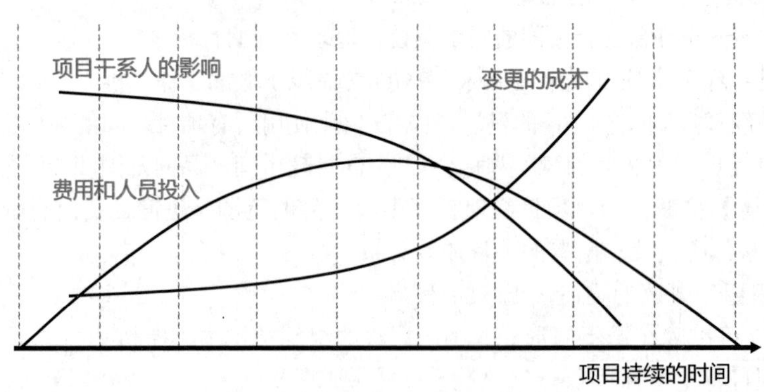

图10-2　项目生命周期特征

1．成本与人力投入开始时较低，工作执行期间达到最高，项目临近结束时迅速回落。

2．在项目开始时风险与不确定性最大，随着项目决策制订与可交付成果验收逐步降低。

3．变更和纠正错误的成本，随着项目的开展会越来越高。

项目生命周期的类型可以分为预测型、迭代型、增量型、敏捷型和混合型，不同的开发生命周期呈现出不同的特点：「★案例记忆点★」

1．预测型生命周期。预测型生命周期适合充分了解并明确需求的项目，所以预测型生命周期也叫计划驱动型或瀑布型生命周期。预测型生命周期在早期阶段确定范围、时间和成本，之后对范围的变更需要严格审批和管理，所以预测型项目范围很少变更，干系人之间有着高度共识。预测型项目前期会有详细规划，而且每个阶段通常专注在特定类型的工作上而且只执行一次，但是有些情况下也会导致某些阶段重复进行。

2．迭代型生命周期。迭代型项目的范围通常也在项目早期确定，但是时间和成本会随项目团队对产品理解的深入而定期修改。

3．增量型生命周期。增量型项目是通过一系列迭代逐渐增加产品的功能，只有在最后一次迭代完成后，可交付成果才具有了足够的功能，才被视为完整的交付物。由此可见迭代型和增量型的区别是，迭代型通过重复的循环活动开发产品，增量型是渐进增加产品功能。

4．敏捷型生命周期。敏捷型项目也叫适应型或变更驱动型项目，适合需求不确定、不断发展变化的项目。适应型项目先基于初始需求制订高层级的计划，再逐渐细化需求到所需的详细程度。

5．混合型生命周期。混合型生命周期是预测型生命周期和敏捷型生命周期的组合。

备考点拨

本考点学习难度星级：★★☆（适中），考试频度星级：★★★（高频）。

本考点考查项目生命周期特征与项目类型。需要掌握生命周期不同阶段的成本投入、风险大小和变更成本的变化趋势，这个多次在选择题中进行正误判断。项目生命周期的类型可以分为预测型、迭代型、增量型、敏捷型和混合型，需要掌握不同类型的特点，以及类型之间的对比。

考题精练

1．在项目的生命周期中，成本和人员投入在（　　）最高。

A．计划阶段　　B．结束阶段　　C．执行阶段　　D．启动阶段

【答案 & 解析】答案为 C。在初始阶段，成本和人员投入水平较低，在中间阶段（执行阶段）达到最高，当项目接近结束时则快速下降。

2．关于项目生命周期的描述，不正确的是（　　）。

A．初步规划或分析只能是项目的一部分，不会作为一个独立项目

B．若项目交付特定产品，则该产品的生命周期比项目的生命周期更长

C．有些应用领域，项目生命周期是产品生命周期的一部分

D．项目的生命周期包括项目的开始和结束全过程

【答案 & 解析】答案为 A。初步规划或分析可以采用独立项目的形式。例如，在确定开发最

终产品之前，可以将原型的开发和测试作为单独的项目。

3．高风险的产品需要大量的前期规划和严格的流程来降低风险，可采用（　　）开发方法，新药开发项目可能会进行（　　），临床前建议、第1阶段临床试验结果、第2阶段临床试验结果、第3阶段临床试验结果、注册和上市，按照顺序进行交付。

A．混合型　多次交付　　　　B．混合型　定期交付

C．预测型　多次交付　　　　D．适应型　持续交付

【答案 & 解析】答案为C。某些高风险产品需要大量的前期规划和严格的流程来降低风险，可适当采用预测型方法，通过模块化构建、调整设计和开发，从而降低风险。只要看到“大量规划”之类的关键词，通常就是指向预测型。

项目建议书

【考点97】立项管理与立项申请

考点精华

项目立项管理是对项目技术上的先进性、适用性，经济上的合理性、效益性，实施上的可能性、风险性以及社会价值的有效性、可持续性等进行综合分析，为项目决策提供客观依据。

项目投资前的四个阶段分别是：项目建议与立项申请、初步可行性研究、详细可行性研究、评估与决策。其中初步可行性研究和详细可行性研究可以合二为一，但详细可行性研究不可缺少。升级改造项目只做初步和详细可行性研究，小项目一般只进行详细可行性研究。「★案例记忆点★」

立项申请又叫项目建议书，是建设单位向上级主管部门提交项目申请时的文件，是项目建设对拟建项目的框架性总体设想。项目建议书是早期上级主管部门选择项目的依据，也是后续可行性研究的依据。外资项目需要在项目建议书获批后，才能开展后续工作。

项目建议书的核心内容包括：①项目必要性；②项目市场预测；③项目预期成果的市场预测；④项目建设必需条件。

备考点拨

本考点学习难度星级：★☆☆（简单），考试频度星级：★★☆（中频）。

本考点考查立项管理与立项申请。项目立项管理是发生在项目建设或者启动之前，属于立项之前的准备工作，在这期间我们会做各种各样的可行性分析，比如技术上的先进性、经济上的效益性、实施上的可能性，包括能不能给社会带来价值，最终一切的一切成为是否立项的决策参考。

这个过程分为四个阶段：项目建议与立项申请、初步可行性研究、详细可行性研究还有评估与决策。现实中这四个阶段不一定都要走一遍，假如项目没那么复杂，可以把初步可行性研究和详细可行性研究合二为一。要注意详细可行研究不可缺少，换句话说，相当于把初步可行性研究并入了详细可行性研究。

另外要注意，项目建议书定义中的关键词是“总体设想”，也就意味着还不需要到特别详细的程度，项目建议书包含的四项核心内容也需要掌握。

考题精练

1．关于项目建设单位项目建议的描述，不正确的是（　　）。

A．项目建议书可委托有资格的咨询机构评估

B．在编制项目建议书阶段应专门组织项目需求分析

C．对规模较小的系统集成项目不可省略项目建议书环节

D．可依据所处行业的建设规划提出系统集成项目的立项申请

【答案 & 解析】答案为C。项目建设单位可以规定对规模较小的系统集成项目省略项目建议书环节，而将其与项目可行性分析阶段进行合并。

2．项目建议书是项目发展周期的初始阶段，是国家或上级主管部门选择项目的依据，也是（　　）的依据。

A．项目管理计划　　B．项目工作说明书

C．可行性研究　　D．用户需求

【答案 & 解析】答案为C。项目建议书是项目发展周期的初始阶段，是国家或上级主管部门选择项目的依据，也是可行性研究的依据。

3．（　　）不属于项目建议书的核心内容。

A．初步可行性研究　　B．项目建设必需的条件

C．项目的市场预测　　D．项目的必要性

【答案 & 解析】答案为A。项目建议书应该包括的核心内容有：①项目的必要性；②项目的市场预测；③项目预期成果（如产品方案或服务）的市场预测；④项目建设必需的条件。

【考点98】可行性研究的内容

技术可行性分析内容

考点精华

项目建议书被批准后，可以启动可行性研究工作，论证确定项目是否可行。可行性研究包括五个方面，分别是技术可行性分析、经济可行性分析、社会效益可行性分析、运行环境可行性分析以及其他方面可行性分析等。「★案例记忆点★」

1．技术可行性分析。技术可行性分析是分析能否利用现有和未来可能有的技术能力、产品功能、人力资源，实现项目的目标、功能和性能要求，能否在规定的时间内完成项目。

技术可行性分析考虑因素主要包括四点，分别如下：

（1）项目开发的风险：能否在既定的范围和时间限制下，设计并实现预期的系统。

（2）人力资源有效性：技术团队是否可以按时组建，是否存在人力资源不足、技术能力欠缺等问题。

（3）技术能力的可能性：技术发展趋势和当前掌握的技术是否支持项目开发，是否存在支持技术的环境和工具。

（4）物资（产品）的可用性：是否存在建设系统的其他资源，比如设备及替代产品。

2．经济可行性分析。经济可行性分析是对项目投资及经济效益进行分析，包括如下四个方面：

（1）支出分析。支出分为一次性支出和非一次性支出两类。

（2）收益分析。项目收益包括直接收益、间接收益及其他方面的收益。

（3）投资回报分析。投资回报分析包括收益投资比、投资回收期分析。

（4）敏感性分析。敏感性分析指关键性因素变化时，对支出和收益产生影响的估计。

3．社会效益可行性分析。特别是面向公共服务领域的项目，社会效益往往是可行性分析的重点。社会效益可行性分析主要包括如下内容：

（1）对组织内部的社会效益：品牌效益、竞争力效益、技术创新效益、人员提升收益、管理提升效益。

（2）对社会发展的社会效益：公共效益、文化效益、环境效益、社会责任感效益、其他效益。

4．运行环境可行性分析。信息系统项目只有基础硬件运转正常、软件正常使用，并达到预期的技术指标、经济效益和社会效益指标时，才能说信息系统项目是成功的，所以运行环境是制约信息系统发挥效益的关键，故要进行运行环境可行性分析。

5．其他方面可行性分析。可行性分析还包括法律可行性、政策可行性等方面的可行性分析。

备考点拨

本考点学习难度星级：★☆☆（简单），考试频度星级：★★★（高频）。

本考点考查可行性研究的内容，可行性研究是从技术、经济、社会，还有人员等方面进行调查研究，并对可能得出来的技术方案进行论证，最终确定整个项目是否可行。可行性研究包含五个方面的内容需要掌握，需要额外留意人力资源有效性和物资（产品）的可用性，也属于技术可行性分析的范畴，这一点可能和很多人的印象不同，也会成为考题中常踩的坑。

考题精练

1．项目可行性研究内容一般应包括：技术可行性分析、经济可行性分析、（　　）、运行环境可行性分析以及其他方面可行性分析。

A．法律可行性分析　　B．政策可行性分析

C．经济结构可行性分析　　D．社会效益可行性分析

【答案 & 解析】答案为D。项目可行性研究内容一般应包括以下内容：技术可行性分析、经济可行性分析、社会效益可行性分析、运行环境可行性分析以及其他方面可行性分析。

【考点99】辅助研究和初步可行性研究

辅助研究

考点精华

辅助（功能）研究主要是研究项目的某个或几个方面，但不可能面面俱到，辅助研究只能作为初步可行性研究、详细可行性研究和大规模投资建议的前提或辅助。辅助研究的费用必须和可行性研究费用一起考虑，毕竟辅助研究的目的之一是要为可行性研究节省费用。

如果某项投入是确定项目可行性的决定因素，那么应该在初步可行性研究之前先进行辅助研究；如果某项功能的详细研究过于复杂，无法作为可行性研究的一部分进行，那么辅助研究可以和初步可行性研究同时进行；如果项目可行性研究过程中发现，最好对项目某方面进行更详尽地鉴别，那么就可以在完成可行性研究之后再开展辅助研究。

初步可行性研究是在对市场或客户情况调查后，对项目进行的初步评估。进行初步可行性研

究后，可以决定是否进行详细可行性研究。

初步可行性研究的内容包括：需求与市场预测、设备与资源投入分析、空间布局、项目设计、项目进度安排、项目投资与成本估算。初步可行性研究的结果及内容基本上和详细可行性研究相同，唯一不同的是占用的资源和研究细节有较大差异。初步可行性研究结束后输出的初步可行性研究报告，虽然比详细可行性研究报告粗略，但是也已经对项目有了全面描述、分析和论证。

备考点拨

本考点学习难度星级：★☆☆（简单），考试频度星级：★★☆（中频）。

本考点考查辅助研究和初步可行性研究。初步可行性研究是对项目进行初步的评估，为什么一定在详细可行性研究前面再加个初步可行性研究？因为详细可行性研究非常花钱、非常花时间，要做深入调查研究，做深入分析，所以一开始先做轻量级的初步可行性评估，去看到底要不要继续做详细可行性研究，这是初步可行性研究的定义和作用。

跟它有关系的是辅助研究，辅助研究会研究项目的某个方面，或者几个方面。辅助研究有几个分类，第一个是要对设计开发的产品进行市场研究。第二个是看原材料和配件能不能很好拿到，也就是投入物资的研究，看未来获取的可能性多大；未来会不会涨价等，如果涨价可能现在要多购买一些，或者涨价太离谱，可能就不可行了。第三个是实验室和中间工厂的试验。第四个是网络物理布局设计。第五个是规模的经济性研究，也就是看最具经济性的规模是什么样。第六个是设备选择研究，辅助研究一共分这几块。

辅助功能研究可以研究项目的一个方面，也可以研究几个方面，但不会研究所有的方面。研究哪个方面取决于项目的核心问题是什么，因为辅助研究是为了解决项目的核心问题而存在，如果一项投入会成为决定性因素，会决定可行性结果，那么就应该在初步可行研究之前做辅助研究。

考题精练

1. 以下关于初步可行性研究和辅助研究，不正确的是（　　）。

   A. 如果某项投入是确定项目可行性的决定因素，那么应该在初步可行性研究之前先进行辅助研究

   B. 辅助研究只能作为初步可行性研究、详细可行性研究和大规模投资建议的前提或辅助

   C. 辅助研究的费用可以和可行性研究的费用单独考虑

   D. 如果项目可行性研究过程中发现，最好对项目某方面进行更详尽地鉴别，那么就可以在完成可行性研究之后再开展辅助研究

【答案 & 解析】 答案为C。辅助研究的费用必须和可行性研究费用一起考虑，毕竟辅助研究的目的之一是要为可行性研究节省费用。

【考点100】详细可行性研究

详细可行性研究三个原则

考点精华

详细可行性研究是在项目决策前对技术、经济、法律、社会环境等方面，进行详尽的、系统的、全面地调查、研究和分析，对各种可能的技术方案进行详细论证比较，并对项目建设完成后可能

产生的经济、社会效益进行预测评价，最终提交的可行性研究报告将成为项目评估决策的依据。

1. 详细可行性研究的原则主要有以下三点：

（1）科学性原则。①用科学方法和认真态度来收集、分析资料，确保真实可靠；②每一项决定要有科学依据，是经过认真分析计算得出。

（2）客观性原则。①正确认识各种信息化建设条件的客观存在，从实际出发；②实事求是运用客观资料做出结论；③可行性研究报告和结论不掺杂主观成分。

（3）公正性原则。公正性原则是站在公正的立场，不偏不倚。

2. 详细可行性研究的方法比较多，主要的方法为投资估算法和增量净效益法。

（1）投资估算法。投资费用包括固定资金及流动资金，投资估算根据进度或精确程度分为数量性估算（比例估算法）、研究性估算、预算性估算及投标估算法。

（2）增量净效益法。将有项目时的成本（效益）与无项目时的成本（效益）进行对比，两者的差额就是增量成本（效益），所以也叫有无比较法。有无比较法比传统的前后比较法更能准确反映项目的真实成本和效益，因为前后比较法不考虑没有项目时的项目变化趋势，进而人为高估或低估项目效益。有无比较法先对没有项目时的组织变动趋势做预测，将有项目后的成本 / 效益逐年进行动态比较，因此结论会更加科学合理。

3. 详细可行性研究的内容包含很多，综合来看包含以下七点：

（1）市场需求预测。市场需求预测是就某一时间范围内对项目产出或成果的需求量做出估计。

（2）部件和投入的选择供应。需要对部门和投入的分类、选择及需要量进行研究分析。

（3）信息系统架构及技术方案确定。项目可研中的技术评价需要考虑到技术的先进性、技术的实用性、技术的可靠性、技术的连锁效果、技术后果的危害性等。

（4）技术与设备选择。在项目可行性研究时，应根据研发能力和所选技术确定设备方面的需要。

（5）网络物理布局设计。网络物理布局主要考虑场地的电气特性、网络基础设施和网络新技术发展等方面。

（6）投资、成本估算与资金筹措。可行性研究需要考虑投资费用、资金筹措、项目成本与财务报表方面的问题。投资费用是固定资本与净周转资金的合计；资金筹措方面，大型投资项目除了自筹资金外，通常还需借助贷款，一般认为自筹、贷款各占一半比较稳妥；项目总成本分为四大类：研发成本、行政管理费、销售与分销费用、财务费用和折旧。除掉财务费用和折旧之外，其他前三类成本的总和称为经营成本；项目可行性研究中的财务报表通常包括现金流动表、净收入报表和预计资产负债表。

（7）经济评价及综合分析。进行项目可行性研究时应进行经济评价及综合分析。经济评价分为组织经济评价和国民经济评价，组织经济评价可以使用静态评价方法，但最好使用动态评价方法，以便考虑资金的时间价值；国民经济评价是从国民经济利害得失出发，对项目经济效果的评估。与组织经济评价不同，国民经济评价将工资、利息、税金作为国家收益，采用的产品价格为社会价格，采用的贴现率为社会贴现率。在对项目进行经济评价后，还需要对项目进行综合评价分析。

4. 详细可行性研究报告的目录项结构通常包括：①项目背景；②可行性研究结论；③项目的技术背景；④项目的技术发展现状；⑤编制项目建议书的过程及必要性；⑥市场情况调查分析；

⑦客户现行系统情况调查；⑧项目总体目标；⑨项目实施进度计划；⑩项目投资估算；⑪项目人员组成；⑫项目风险；⑬经济效益预测；⑭社会效益分析与评价；⑮可行性研究报告结论；⑯附件。

备考点拨

本考点学习难度星级：★☆☆（简单），考试频度星级：★★★（高频）。

本考点考查详细可行性研究。详细可行性研究是非常详尽、非常系统、全面的调查研究和分析，而且要做详细论证。详细可行性研究的子考点相对比较多，详细可行性研究的三项原则、投资估算法和增量净效益法两项方法、包含的七项内容，以及详细可行性研究报告的目录结构，都需要认真掌握。

考题精练

1．详细可行性研究的原则不包括（　　）。

A．科学性原则　　B．客观性原则　　C．公正性原则　　D．完整性原则

【答案 & 解析】答案为 D。详细可行性研究的原则主要有以下三点：科学性原则、客观性原则和公正性原则。

【考点 101】项目评估

项目评估程序

考点精华

项目评估在项目可行性研究的基础上，由第三方（国家、银行或有关机构）根据国家颁布的政策、法规、方法、参数和条例等，从国民经济与社会、组织业务等角度出发，对拟建项目建设的必要性、建设条件、生产条件、市场需求、工程技术、经济效益和社会效益等进行评价、分析和论证，进而判断其是否可行的评估过程。

项目的评估依据主要包括：①项目建议书及批准文件；②项目可行性研究报告；③报送组织的申请报告及主管部门初审意见；④项目关键建设条件和工程等协议文件；⑤必需的其他文件和资料等。「★案例记忆点★」

项目评估工作可按以下程序进行：①成立评估小组；②开展调查研究；③分析与评估；④编写讨论修改评估报告；⑤召开专家论证会；⑥评估报告定稿发布。

备考点拨

本考点学习难度星级：★☆☆（简单），考试频度星级：★★☆（中频）。

本考点考查项目评估。项目评估最明显的特点是第三方做，不是自己做，比如银行或者有关机构去做。评估依据包含的五项需要掌握。评估步骤包含的六步理解就好。

考题精练

1．项目评估的依据主要包括：项目建议书及其批准文件、（　　）、报送组织的申请报告及主管部门的初审意见、项目关键建设条件和工程等的协议文件、必需的其他文件和资料等。

A．需求调研报告　　B．绩效测量报告　　C．成本预测报告　　D．项目可行性研究报告

【答案 & 解析】答案为 D。项目评估的依据主要包括：①项目建议书及其批准文件；②项目

可行性研究报告；③报送组织的申请报告及主管部门的初审意见；④项目关键建设条件和工程等的协议文件；⑤必需的其他文件和资料等。

项目管理过程组

【考点102】项目管理过程组

考点精华

项目管理过程分为启动、规划、执行、监控和收尾五个过程组。启动过程组授权一个项目或阶段的开始，定义新项目或现有项目的新阶段；规划过程组明确项目范围、优化目标，并为实现目标制订行动计划；执行过程组完成项目管理计划确定的工作，以满足项目要求；监控过程组跟踪、审查和调整项目进展与绩效，识别变更并启动相应变更；收尾过程组正式完成或结束项目、阶段或合同。

过程组中的各个过程会在每个阶段按需要重复开展，在适应型生命周期中，过程组之间相互作用的方式有所不同。

1．启动过程组。适应型生命周期项目的启动过程，通常会在每个迭代期开展。另外适应型项目非常依赖知识丰富的干系人，因此最好在项目一开始，就识别出这些关键干系人。

2．规划过程组。对适应型生命周期的项目，需要让尽可能多的团队成员和干系人参与到规划过程，从而降低项目的不确定性。预测型和适应型生命周期在规划阶段的主要区别是做多少规划工作，以及什么时间做。

3．执行过程组。适应型生命周期项目的执行过程通过迭代对工作进行指导管理。虽然一系列的迭代都是短期的，但是也要参考长期的项目交付时间框架对其进行跟踪管理。

4．监控过程组。适应型生命周期项目的监控过程通过维护未完项清单，对进展和绩效进行跟踪、审查和调整。把工作和变更列入同一张清单，能够更好地应对充满变更的项目环境。

5．收尾过程组。适应型生命周期项目的收尾过程对工作进行优先级排序，以便先完成优先级最高、最有业务价值的工作。这样万一以后出现意外需要提前结束项目，也能够让已经创造的业务价值最大化。

项目管理过程组和项目阶段是不同的概念，项目管理过程组是为管理项目，针对项目管理过程进行的逻辑划分；项目阶段是项目从开始到结束经历的一系列阶段，是一组具有逻辑关系的项目活动的集合，通常以一个或多个可交付成果的完成为结束标志。

备考点拨

本考点学习难度星级：★☆☆（简单），考试频度星级：★★☆（中频）。

本考点考查项目管理过程组，这个属于基础中的基础。分成五个项目管理过程组：启动过程组、规划过程组、执行过程组、监控过程组和收尾过程组。过程组中的每个过程在每个阶段都会重复和开始，需要重点学习适应型项目的过程组区别，这是新版考纲增加的内容。

考题精练

1．（　　）is not one of the project management process groups.

A．Planning process group　　B．Initiating process group

C．Executing process group D．Qualifying process group

【答案 & 解析】答案为 D。（ ）不是项目管理过程组之一。

A．规划过程组 B．启动过程组 C．执行过程组 D．质量过程组

2．确认和修改计划属于（ ）。

A．计划过程组 B．监控过程组 C．启动过程组 D．执行过程组

【答案 & 解析】答案为 B。确认和修改计划属于监控过程组。

3．Project manager process Group should divide into initiating Process Group, Planning Process Group（ ）and Controlling Process Group and Closing Process Group.

A．Developing B．Testing C．Executing D．Beginning

【答案 & 解析】答案为 C。项目管理过程组应分为启动过程组、计划过程组、控制过程组和结束过程组。

A．发展 B．测试 C．执行 D．开始

4．在软件过程管理中，项目经理邀请外部测评机构，测评项目成果是否达到客户要求，是（ ）阶段开展的工作。

A．项目规划阶段 B．项目启动阶段 C．项目设计阶段 D．项目监控阶段

【答案 & 解析】答案为 D。外部测评机构测评项目成果是否达到客户要求，属于监控阶段的工作。

【考点 103】12 个项目管理原则

项目管理展现领导力原则

考点精华

项目管理原则用于指导项目成员的行为，帮助参与项目的组织和个人在项目执行中保持一致性，一共有 12 个具体的项目管理原则，分别如图 10-3 所示。

图 10-3 12 个项目管理原则

1．原则一：勤勉、尊重和关心他人

本原则的关键点包括：①关注组织内部和外部的职责；②坚持诚信、关心、可信、合规原则；

③秉持整体观，综合考虑财务、社会、技术和可持续的发展环境等因素。

和本原则相关的组织内部工作内容包括：①运营时做到与组织及其目标、战略、愿景、使命保持一致并维持其长期价值；②承诺并尊重项目团队成员的参与，包括薪酬、机会获得和公平对待；③监督项目中使用的组织资金、材料和其他资源；④了解职权和职责的运用是否适当。

和本原则相关的组织外部的工作内容包括：①关注环境可持续性以及组织对材料和自然资源的使用；②维护组织与外部干系人的关系；③关注组织或项目对所在地区的影响；④提升专业化行业的实践水平等。

项目管理者需要遵守的职责包括：诚信、关心、可信、合规。

2．原则二：营造协作的项目管理团队环境

本原则的关键点包括：①项目由项目团队交付；②项目团队通常会建立自己的“本地”文化；③协作的项目团队环境有助于与其他组织文化和指南保持一致。

营造协作的项目团队环境涉及团队共识、组织结构和过程方面的因素。在项目团队中，特定任务可以被委派给个人，也可以由项目团队成员自行选择，但是需要提前明确与任务相关的职权、担责和职责。职权是被授予的，指在特定背景下有权做出相关决策的权力；担责是指对成果负责，但是担责不能由他人分担；职责是指有义务开展或完成某事，职责可与他人共同履行。

3．原则三：促进干系人有效参与

本原则的关键点包括：①干系人会影响项目、绩效和成果；②项目团队通过与干系人互动来为干系人服务；③干系人的参与可主动推进价值交付。

干系人需要有效参与进来，以便项目团队了解他们的利益、顾虑和权力，并通过有效参与和支持来做出应对措施，帮助实现项目成果。想要让干系人的参与既有效果又有效率，就需要确定干系人参与的方式、时间和频率。

4．原则四：聚焦于价值

本原则的关键点包括：①价值是项目成功的最终指标；②价值可以在项目进行期间、项目结束或完成后实现；③价值可以从定性或定量的角度定义和衡量；④以成果为导向，可帮助项目团队获得预期收益和创造价值；⑤评估项目进展并做出调整，使期望价值最大化。

项目的价值可表现为财务收益，也可表现为公共利益和社会收益，价值通过可交付物的预期成果体现，为了支持项目价值实现，项目团队可将重点从可交付物转到预期成果。

5．原则五：识别、评估和响应系统交互

本原则的关键点包括：①项目由多个相互依赖且相互作用的活动域组成；②从系统角度思考和了解项目各部分如何相互作用，以及与外部系统交互；③始终关注内外部环境；④对系统交互作出响应。

项目是动态环境中的多层次实体，具有系统的各种特征。项目团队可以将系统整体性思维应用于项目，使项目与干系人期望一致。还可以将系统整体性思维应用于项目团队，有效平衡多样化团队的差异性，提升项目团队紧密协作程度。

6．原则六：展现领导力行为

本原则的关键点包括：①有效领导力有助于项目成功；②任何团队成员都可以表现出领导力

行为；③领导力与职权不同；④有效的领导者会根据情境调整领导风格；⑤有效的领导者会认识到团队成员动机的差异性；⑥领导者应在诚实、正直和道德方面展现出期望行为。

领导力并非特定角色所独有，高绩效项目会有多名成员表现出有效的领导力，有效的领导力技能可以培养，任何开展项目工作的人员都可以展现领导力特质，帮助项目团队交付结果。

领导力与职权不同。职权是组织内人员被赋予的地位，通常通过正式手段授予。项目经理仅拥有职权并不够，还需要领导力激励团队实现共同目标。

领导力包括专制型、民主型、放任型、指令型、参与型、自信型、支持型和共识型等。领导力风格没有好坏之分，不同的领导力风格适合于不同的环境。在混乱无序的环境下，指令型领导行动力更强，解决问题更清晰、更有推动力；对于拥有高度胜任和敬业员工的环境，授权型比集中式更有效；当优先事项发生冲突时，民主中立的引导更有效。

7. 原则七：根据环境进行裁剪

本原则的关键点包括：①每个项目都有独特性；②项目成功取决于适合项目的环境和方法；③裁剪应该在项目进展中持续进行。

在项目生命周期中，裁剪是一个持续迭代的过程，项目团队需要和 PMO 一起进行裁剪，确定每个项目的交付方法，选择要使用的过程、开发方式方法和所需的工件，明确所需资源和计划实现的成果。

8. 原则八：将质量融入过程和成果中

本原则的关键点包括：①项目成果的质量要为达到干系人期望并满足项目和产品需求；②质量通过成果的验收标准来衡量；③项目过程的质量要求是确保项目过程尽可能适当有效。

质量是产品、服务或成果的一系列内在特征满足需求的程度。项目团队需要依据需求，使用度量指标和验收标准对质量进行测量，在关注成果质量时，也需要对项目活动和过程进行评估。

9. 原则九：驾驭复杂性

本原则的关键点包括：①复杂性是由人类行为、系统交互、不确定性和模糊性造成的；②复杂性可能在项目生命周期的任何时间出现；③影响价值、范围、沟通、干系人、风险和技术创新的因素都可能造成复杂性；④识别复杂性时，项目团队需要保持警惕，应用各种方法来降低复杂性的影响。

复杂性源于项目要素、项目要素之间的交互以及与其他系统和项目的交互，常见的复杂性来源包括：人类行为、系统行为、不确定性和模糊性、技术创新。项目团队通常无法预见复杂性的出现，复杂性也无法控制，但项目团队可以随时调整项目活动，降低复杂性的影响。

10. 原则十：优化风险应对

本原则的关键点包括：①单个和整体风险都会对项目造成影响；②风险可能是积极的机会，也可能是消极的威胁；③项目团队需要在项目生命周期中不断应对风险；④组织的风险态度、偏好和临界值会影响风险的应对方式；⑤项目团队持续反复识别风险并积极应对。

项目整体风险是不确定性对项目整体的影响，整体风险源自所有不确定性，是单个风险的累积结果。项目整体风险管理的目标是要将项目风险保持在可接受的范围内。项目团队成员应该争取干系人参与，了解他们的风险偏好和风险临界值，风险偏好是为了获得预期回报，组织或个人愿意承担不确定性的程度；风险临界值是围绕目标可接受的偏差范围，反映了组织和干系人的风险偏好。

11．原则十一：拥抱适应性和韧性

本原则的关键点包括：①适应性是应对不断变化的能力；②韧性是接受冲击的能力和从挫折和失败中快速恢复的能力；③聚焦于成果而非某项输出，有助于增强适应性。

在项目中保持适应性和韧性，可使项目团队在内外部环境发生变化时，能够关注项目预期的成果，帮助项目团队从失败或挫折中快速恢复，并在交付价值方面取得进展。

12．原则十二：为实现目标而驱动变革

本原则的关键点包括：①采用结构化变革方法，帮助个人、群体和组织从当前状态过渡到未来的期望状态；②变革源于内部和外部的影响；③变革具有挑战性，并非所有干系人都接受变革；④在短时间内尝试过多的变革会导致变革疲劳；⑤干系人参与、激励，有助于变革顺利进行。

项目会创造新事物，是变革推动者。项目经理需要具备独特的能力，让组织做好变革准备。有效的变革管理需要采用激励型策略，而不是强制型策略。项目团队需要掌握变革节奏，在太短时间内进行过多变革，会因变革饱和而受到抵制。

备考点拨

本考点学习难度星级：★★☆（适中），考试频度星级：★★☆（中频）。

本考点考查 12 个项目管理原则。12 个项目管理原则同样是新版考试大纲增加的考点，在备考方面，首先要理解不同原则的含义和作用，理解是备考 12 个原则的关键所在，之后在理解的基础上，尽量熟悉每个原则的关键点，但是不用也没有必要刻意全部背下来。

考题精练

1．某跨国企业需要建设覆盖多个国家的人力资源系统，项目经理在规划系统建设时对系统覆盖多个国家的文化规范、语言、时区等问题进行了充分的调研，确保了该系统满足管理需要，这是价值驱动的项目管理原则中（　　）原则的体现。

A．展现领导力行为　　B．驾驭复杂性

C．为实现目标而驱动变革　　D．促进干系人参与

【答案 & 解析】答案为 B。一共有 12 个项目管理原则，内容非常多，这部分内容建议多多理解，比如本题如果不理解，很容易错选选项 D。驾驭复杂性的原则提到了四个复杂性的来源，分别是人类行为、系统行为、不确定性和模糊性，以及技术创新。其中人类行为包括人的行为、举止、态度和经验，以及它们之间的相互作用。主观因素的引入也会使人类行为的复杂性加深，位于偏远地区的干系人可能地处不同的时区，讲不同的语言，遵守不同的文化规范。

【考点 104】项目管理知识域

项目管理知识域

考点精华

项目十大知识领域包括项目整合管理、范围管理、进度管理、成本管理、质量管理、资源管理、沟通管理、风险管理、采购管理和干系人管理。

1．项目整合管理是识别、定义、组合、统一和协调各项目管理过程组各个过程和活动。

2．项目范围管理确保项目做且只做所需的全部工作以成功完成项目。

3．项目进度管理管理项目按时完成所需的各个过程。

4．项目成本管理是使项目在批准的预算内完成而对成本进行的规划、估算、预算、融资、筹资、管理和控制。

5．项目质量管理是把组织的质量政策应用于规划、管理、控制项目和产品的质量，以满足干系人的期望。

6．项目资源管理是识别、获取和管理所需资源以成功完成项目。

7．项目沟通管理确保项目信息及时且恰当地规划、收集、生成、发布、存储、检索、管理、控制、监督和最终处置。

8．项目风险管理包含规划风险管理、识别风险、开展风险分析、规划风险应对、实施风险应对和监督风险。

9．项目采购管理是从项目团队外部采购或获取所需产品、服务或成果。

10．项目干系人管理是识别影响或受项目影响的人员、团队或组织，分析干系人对项目的期望和影响，制定合适的管理策略来有效调动干系人参与项目决策和执行。

备考点拨

本考点学习难度星级：★☆☆（简单），考试频度星级：★★☆（中频）。

本考点考查项目管理知识域，这个同样是基础中的基础，需要记住十大知识域的名字以及对应的作用。

考题精练

1．项目整体管理包括（　　）、平衡相互竞争的目标和方案，以及协调项目管理各知识领域之间的依赖关系。

A．确定项目名称　　B．识别干系人

C．选择资源分配方案　　D．组建项目团队

【答案 & 解析】答案为C。项目整体管理包括选择资源分配方案、平衡相互竞争的目标和方案，以及协调项目管理各知识领域之间的依赖关系。

2．（　　）是为了实现项目目标，如何有效地、全部完成项目的每项工作，对项目的工作内容进行控制。

A．项目范围管理　　B．项目成本管理

C．项目时间管理　　D．项目质量管理

【答案 & 解析】答案为A。完成项目工作范围是为了实现项目目标，那么如何有效地、全部完成项目范围内的每项工作，是每个项目管理者不得不思考的问题。

3．（　　）是为了实现项目各要素之间的相互协调，并在相互矛盾、相互竞争的目标中寻找最佳平衡点。

A．项目整体管理　　B．项目进度管理

C．项目需求管理　　　　　　　　　D．项目成本管理

【答案 & 解析】答案为 A。项目整体管理是项目管理的核心，是为了实现项目各要素之间的相互协调，并在相互矛盾、相互竞争的目标中寻找最佳平衡点。

4．关于管理过程组和项目管理知识领域映射关系的描述，不正确的是（　　）。

A．项目人力资源管理在计划过程组的工作是制订人力资源计划

B．项目范围管理在监控过程组中的工作是进行范围的确认与控制

C．项目质量管理在执行过程组中的工作是进行质量控制

D．项目干系人管理在执行过程组的工作是管理干系人参与

【答案 & 解析】答案为 C。质量控制过程属于控制过程组，而不是执行过程组。

5．关于项目质量管理的描述，不正确的是（　　）。

A．项目质量管理可以保证项目实现既定需求

B．项目质量管理是项目管理的重要组成部分

C．项目质量管理过程包括规划质量管理、管理质量和控制质量

D．项目质量管理包括确定质量政策、目标与职责的各过程和活动

【答案 & 解析】答案为 A。项目质量管理由过程组成，是项目管理的重要组成部分，包括确定质量政策、目标与职责的各过程和活动，从而使项目满足其预定的需求。

6．关于项目整合管理的描述，不正确的是（　　）。

A．项目整合管理由项目经理负责，项目经理负责整合所有其他知识领域的成果，并掌握项目总体情况

B．执行项目整合时项目经理承担双重角色

C．项目整合管理的责任可由项目经理授权或转移

D．项目整合是项目经理的一项关键技能

【答案 & 解析】答案为 C。整合管理相当于全局统筹，项目整合管理的责任不能被授权或转移，项目经理必须对整个项目承担最终责任。

【考点 105】价值交付系统

价值交付系统

考点精华

价值交付系统描述项目如何在系统内运作，为组织及其干系人创造价值。价值交付系统包括项目如何创造价值、价值交付组件和信息流三项：

1．创造价值。项目可以通过五种方式创造价值：①创造满足客户或用户需要的新产品、服务或结果；②做出积极的社会或环境贡献；③提高效率、生产力、效果或响应能力；④推动必要的变革，促进组织向期望的未来状态过渡；⑤维持项目集、项目或业务运营所带来的收益。

2．价值交付组件。可以单独或共同使用多种组件以创造价值。项目组合、项目集、项目、产品和运营等组件组成了符合组织战略的价值交付系统。

3．信息流。信息和信息反馈在所有价值交付组件间以一致方式共享时，价值交付系统最有效，

高层领导与项目组合分享战略信息，项目组合与项目集 / 项目分享预期成果、收益和价值，项目集和项目的交付物及相关信息传递给运营部门都是信息流的良好实践。

备考点拨

本考点学习难度星级：★☆☆（简单），考试频度星级：★☆☆（低频）。

本考点考查价值交付系统。价值交付系统描述项目如何在系统内运作，通过运作给干系人创造价值，包含了创造价值、价值交付组件和信息流。

项目组合、项目及项目产品运营，都是价值交付组件，所以可以单独、也可以把组件打包，怎么有助于创造组织价值就怎么来，这些共同构成了价值交付系统。信息流的作用是实现自上而下、自下而上的通畅流动和双向流动。

考题精练

1. 价值交付系统不包括以下的（　　）。

A. 创造价值　　B. 价值流　　C. 价值交付组件　　D. 信息流

【答案 & 解析】答案为 B。价值交付系统描述项目如何在系统内运作，为组织及其干系人创造价值。价值交付系统包括项目如何创造价值、价值交付组件和信息流三项。

第 11 章

启动过程组考点精讲及考题实练

11.1 章节考情速览

启动过程组和后面的收尾过程组，应该算五大过程组中相对最简单、过程最少的过程组了，但是启动过程组的考试权重比收尾过程组高出不少，值得认真学习，特别是项目章程、干系人都是考试中常见的高频考点，不过这一章的内容学习起来比较容易，重点是在理解中记住过程的输入、工具与技术和输出。

从过往的考试经验看，五大过程组会在综合知识科目中占 35 分左右。综合知识科目和案例分析科目都可能考查到。

11.2 考点星级分布图

本章涉及的主要考点分布及难度与频度双星级如图 11-1 所示。

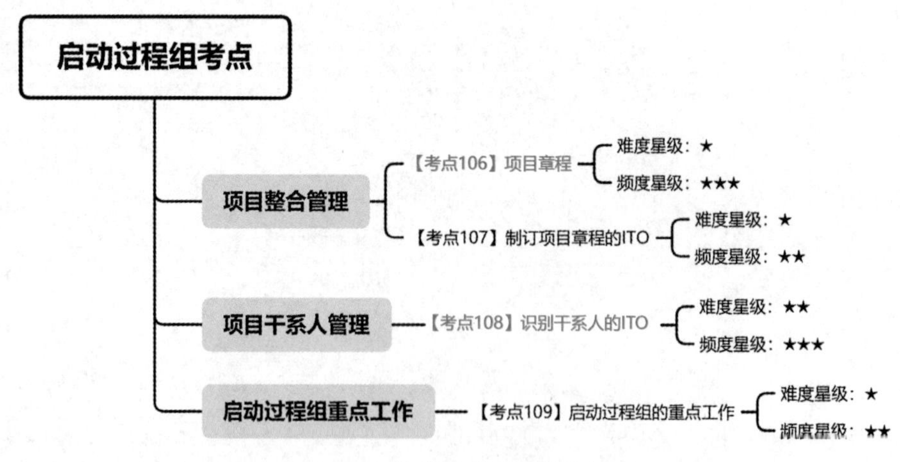

图 11-1 本章考点及星级分布

11.3　核心考点精讲及考题实练

【考点 106】项目章程

项目章程概述

考点精华

制订项目章程是编写一份正式批准项目，并授权项目经理在项目中使用组织资源的文件的过程。制订项目章程过程的主要作用是：①明确项目与组织战略目标间的关系；②确立项目的正式地位；③展示组织对项目的承诺。

外部项目需要用正式的合同来达成合作关系，项目章程不能当成合同，项目章程用于建立组织内部的合作关系，确保正确交付合同内容。

项目章程可由发起人编制，也可由项目经理与发起机构合作编制，项目由项目以外的机构启动，比如发起人、项目集、项目管理办公室（PMO）、项目组合治理委员会主席或其授权代表。项目启动者或发起人应该具有一定职权，能为项目获取资金并提供资源。

最好在规划开始前就任命项目经理，项目经理越早确认并任命越好，最好在制订项目章程时就任命，项目章程一旦被批准，就标志着项目的正式启动。

项目章程包含的内容有：①项目目的；②可测量的项目目标和成功标准；③高层级需求、高层级项目描述、边界及主要可交付成果；④整体项目风险；⑤总体里程碑进度计划；⑥预先批准的财务资源；⑦关键干系人名单；⑧项目审批要求；⑨项目退出标准；⑩委派的项目经理及其职责和职权；⑪发起人或其他批准项目章程的人员的姓名和职权等。「★案例记忆点★」

备考点拨

本考点学习难度星级：★☆☆（简单），考试频度星级：★★★（高频）。

本考点考查项目章程基础。这里有个高频考点需要额外提醒下，项目章程由发起人编制，有时发起人会授权项目经理帮着写，因为发起人一般位高权重，所以让项目经理动手，然后发起人去审查，这也没关系。但是要注意，项目经理是不能、也没有权力发布项目章程的，只有发起人才有权力发布项目章程。可由项目经理跟发起机构一块编制项目章程，但是一定是项目范围以外的机构启动项目，比如发起人启动或者 PMO 启动，因为启动代表给项目资源，给资源需要有一定的职权。

考题精练

1. 在项目管理中，（　　）的主要作用是定义并批准项目或阶段。

　A. 监督与控制过程组　　　　B. 执行过程组

　C. 启动过程组　　　　　　　D. 计划编制过程组

【答案 & 解析】答案为 C。启动过程组的主要作用是定义并批准项目或阶段，送分题。

2. 关于项目章程的描述，不正确的是（　　）。

　A. 项目经理是项目章程的实施者

B．项目经理对项目章程的修改不在其权责范围之内

C．项目经理不可以起草项目章程

D．项目章程遵循“谁签发，谁有权修改”的原则

【答案 & 解析】答案为 C。项目经理可以参与甚至起草项目章程，但项目章程是由项目以外的实体来发布的，如发起人、项目集或项目管理办公室职员，或项目组合治理委员会主席或其授权代表。

3．关于项目章程的描述，不正确的是（　　）。

A．当项目目标发生变化，项目经理负责对项目章程进行修改

B．项目章程不能太抽象，也不能太具体

C．项目经理可以参与起草项目章程

D．项目经理是项目章程的实施者

【答案 & 解析】答案为 A。当项目目标发生变化，需要对项目章程进行修改时，只有管理层和发起人有权进行变更，项目经理对项目章程的修改不在其权责范围之内。

4．项目章程的主要内容不包括（　　）。

A．可测量的项目目标和相关的成功标准

B．项目的总体要求，包括项目的总体范围和总体质量要求

C．发起人或其他批准项目章程的人员的姓名和职权

D．项目所选用的生命周期及各阶段将采用的过程

【答案 & 解析】答案为 D。项目所选用的生命周期及各阶段将采用的过程属于项目管理计划的内容。

5．项目章程所规定的（　　），用于确定详细的项目成本。

A．项目成果　　B．项目总体预算　　C．应急储备　　D．项目总体目标

【答案 & 解析】答案为 B。用排除法很容易选对，根据后面提到的成本，可以得知是总预算。

6．项目章程可由发起人编制，也可由项目经理与（　　）合作编制。通过这种合作，项目经理可以更好地了解项目的目的、目标和预期收益，以便更有效地分配项目资源。

A．发起机构　　B．评估机构　　C．客户　　D．干系人

【答案 & 解析】答案为 A。这道题考查的是细节，问的是项目经理和谁合作，以前经常考的是判断题。这道题不是很难，简单说和干系人合作有些模糊；客户通常不会去编制项目章程；评估机构更是荒谬。项目章程可由发起人编制，也可由项目经理与发起机构合作编制。通过这种合作，项目经理可以更好地了解项目的目的、目标和预期收益，以便更有效地分配项目资源。项目章程一旦被批准，就标志着项目的正式启动。

【考点 107】制订项目章程的输入、输出、工具与技术

项目章程内容

考点精华

1．制订项目章程的输入主要有立项管理文件、协议、事业环境因素和组织过程资产四项。

（1）立项管理文件。立项管理包含商业需求和成本效益分析，项目合理性论证和项目边界确

定，所以立项管理阶段的成果（立项管理文件）可以用于制订项目章程。要注意立项管理文件不是项目文件，项目经理不可以更新或者修改立项管理文件，只能提出建议。

（2）协议。协议包括合同、谅解备忘录、服务水平协议（SLA）、协议书、意向书、口头协议或其他书面协议。

（3）事业环境因素。

（4）组织过程资产。

2. 制订项目章程的输出主要有项目章程和假设日志两项。

（1）项目章程。项目章程记录关于项目和预期交付的产品、服务或成果的高层级信息，项目章程确保干系人在总体上就主要可交付成果、里程碑及项目参与者的角色职责达成共识。

（2）假设日志。假设日志用于记录项目生命周期中的所有假设条件和制约因素。

3. 制订项目章程的工具与技术主要有专家判断、数据收集、人际关系与团队技能和会议四项。

（1）专家判断。专家来自具有专业学历、知识、技能、经验或培训经历的任何小组或个人。

（2）数据收集。数据收集技术涉及头脑风暴、焦点小组和访谈三种。头脑风暴在短时间内获得大量创意，头脑风暴由两个部分构成：创意产生和创意分析；焦点小组是召集干系人和主题专家讨论项目风险、成功标准和其他议题，比一对一访谈更有利于互动交流；访谈通过与干系人直接交谈，了解高层级需求、假设条件、制约因素、审批标准及其他信息。

（3）人际关系与团队技能。人际关系与团队技能涉及冲突管理、引导和会议管理三种。冲突管理有助于干系人就目标、成功标准、高层级需求、项目描述、总体里程碑和其他内容达成一致意见；引导能够有效引导团队活动成功达成决定、解决方案或结论；会议管理包括准备议程，确保邀请每个关键干系人代表，以及准备和发送后续的会议纪要和行动计划。

（4）会议。在制订项目章程过程中，与关键干系人举行会议。

备考点拨

本考点学习难度星级：★☆☆（简单），考试频度星级：★★☆（中频）。

本考点考查制订项目章程的主要输入和输出。工具与技术考纲做了淡化，但是以防万一，本书依然放在考点精华中供参考。

想要制订一份优秀的项目章程，首先需要参考立项管理文件（输入），立项管理文件是项目诞生之前的内容，是当时做可行性分析输出的内容，里面有商业需求和成本效益分析，可以用在项目章程的开头；其次如果有合同、SLA 等协议（输入），那么也可以在制订项目章程时借鉴。

这个过程的输出自然是项目章程（输出）本身了，但是同时还会输出假设日志（输出），在制订项目章程过程中，有可能会发现新的项目假设条件还有制约因素，就可以记录在假设日志文件中。

考题精练

1.（　　）不是制订项目章程的输入。

A. 立项管理文件　　B. 协议　　C. 项目管理计划　　D. 事业环境因素

【答案 & 解析】答案为 C。制订项目章程的输入主要有立项管理文件、协议、事业环境因素和组织过程资产四项。

2.（　　）不是制订项目章程的输出。

A．项目主要风险　B．总体预算　C．业务战略计划　D．项目里程碑计划

【答案 & 解析】答案为 C。项目章程记录关于项目和预期交付的产品、服务或成果的高层级信息，项目章程确保干系人在总体上就主要可交付成果、里程碑及项目参与者的角色职责达成共识，业务战略计划不会在项目章程中出现。

【考点 108】识别干系人的输入、输出、工具与技术

项目干系人类别

考点精华

识别干系人是定期识别项目干系人，分析和记录他们的利益、参与度、相互依赖性、影响力和对项目成功的潜在影响的过程。识别干系人过程的主要作用是，使项目团队能够建立对每个干系人或干系人群体的适度关注。

识别干系人通常在编制和批准项目章程之前或同时首次开展，之后在过程中必要时重复开展，至少应在每个阶段开始时，以及项目或组织出现重大变化时重复开展。

1．识别干系人的输入主要有立项管理文件、项目章程、项目管理计划、项目文件、协议、事业环境因素和组织过程资产七项。

（1）立项管理文件。立项管理阶段的成果（立项管理文件）可作为识别干系人的依据。

（2）项目章程。项目章程会列出关键干系人清单，以及与干系人职责有关的信息。

（3）项目管理计划。沟通管理计划和干系人参与计划可作为识别干系人的输入。

（4）项目文件。项目文件中的需求文件、问题日志和变更日志可作为识别干系人的输入。

（5）协议。协议的各方都是项目干系人。

（6）事业环境因素。

（7）组织过程资产。

2．识别干系人的输出主要有干系人登记册、变更请求、项目管理计划（更新）和项目文件（更新）。

（1）干系人登记册。干系人登记册记录已识别干系人的信息，主要包括：①身份信息：姓名、组织职位、地点、联系方式、项目角色；②评估信息：主要需求、期望、影响项目成果的潜力，以及干系人最能影响的阶段；③干系人分类：用内外部、作用、影响、权力、利益、上下级、外围或横向等分类模型进行分类等。

（2）变更请求。新干系人或现有干系人的新信息可能导致变更请求。

（3）项目管理计划（更新）。可能需要对需求管理计划、沟通管理计划、风险管理计划、干系人参与计划等进行更新。

（4）项目文件（更新）。可能需要对假设日志、问题日志和风险登记册等进行更新。

3．识别干系人的工具与技术主要有专家判断、数据收集、数据分析、数据表现和会议五项。

（1）专家判断。识别干系人时，可以征求具备专业知识或接受过相关培训的个人或小组意见。

（2）数据收集。数据收集技术主要包括：①问卷和调查：包括一对一调查、焦点小组讨论，

或其他大规模信息收集技术；②头脑风暴：包括头脑风暴和头脑写作。头脑写作是头脑风暴的改良形式，让个人参与者有时间在讨论开始前单独思考问题。信息可通过面对面小组会议收集，或在虚拟环境中收集。

（3）数据分析。数据分析技术主要包括：①干系人分析：会产生干系人清单和干系人的各种信息。干系人利害关系组合主要包括：兴趣、权利、所有权、知识和贡献。②文件分析：对现有项目文件及以往项目经验教训进行分析评估，从中识别干系人。

（4）数据表现。数据表现技术是干系人映射分析和表现。干系人映射分析和表现利用不同方法对干系人进行分类。常见的分类方法包括：①权力利益方格、权力影响方格，或作用影响方格：基于干系人的职权级别（权力）、对项目成果的关心程度（利益）、对项目成果的影响能力（影响），或改变项目计划或执行的能力，对干系人进行分类「★案例记忆点★」；②干系人立方体：立方体把方格中的要素组合成三维模型；③凸显模型：通过评估干系人的权力、紧迫性和合法性，对干系人进行分类，也可以在凸显模型中用邻近性取代合法性；④影响方向：根据干系人对项目的影响方向进行分类：向上、向下、向外和横向；⑤优先级排序：如果项目大量干系人频繁变化或者关系复杂，可以对干系人进行优先级排序。「★案例记忆点★」其中，权力 / 利益方格和凸显模型如图 11-2 所示。

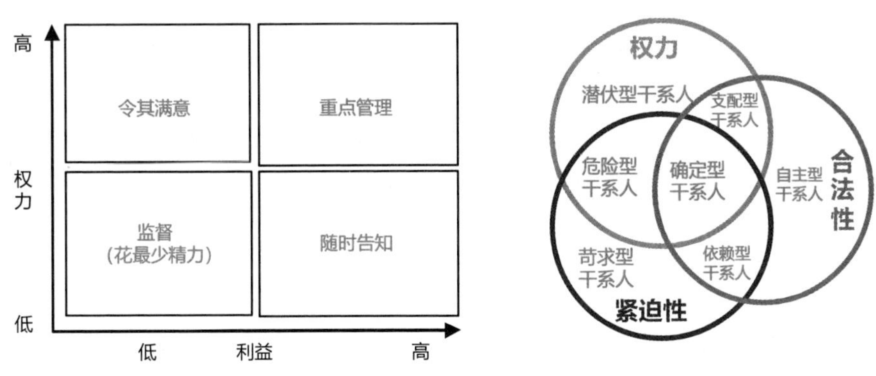

图 11-2　权力 / 利益方格和凸显模型

（5）会议。会议用于在重要项目干系人之间达成谅解。

备考点拨

本考点学习难度星级：★★☆（适中），考试频度星级：★★★（高频）。

本考点考查识别干系人的输入、输出、工具与技术。

可以用来识别干系人的依据很多，毕竟干系人无处不在，能够从很多资料文件中找到干系人的蛛丝马迹，可以从立项管理文件（输入）中识别高层干系人，可以从项目章程（输入）中识别发起人等关键干系人，可以从项目管理计划（输入）中识别，因为其中的沟通管理计划和干系人参与计划非常明显就包含着大量的干系人信息，可以从项目文件（输入）中的问题日志和变更日志找出负责处理问题和变更的干系人，可以从协议（输入）中找出和供应商有关的干系人，同样还有事业环境因素（输入）和组织过程资产（输入）可以借鉴参考。

识别干系人的输出自然是干系人登记册（输出），在识别干系人的过程中，需要和潜在干系人交谈，很可能会提出变更请求（输出），进而回头去更新项目管理计划（输出）和更新项目文件（输出）。

识别干系人同样可以借助专家判断（技术）的力量，还可以发调查问卷、做头脑风暴、引导式研讨会等会议（技术）方式来找出更多的干系人，进行数据收集（技术），另外查看项目以及类似项目的文件，从里面找出干系人并做干系人分析（技术），识别和分析完成之后，还需要把数据表现（技术）出来，通常是通过作用影响方格、干系人立方体和凸显模型等方式展现。

考题精练

1.（　　）是根据干系人的职权大小以及对项目结果的关注程度对干系人进行分组的干系人分类方法。

A．权力 / 利益方格　　B．凸显模型

C．影响 / 作用方格　　D．权力 / 影响方格

【答案 & 解析】答案为A。①权力 / 利益方格，根据干系人的职权（权力）大小以及对项目结果的关注程度（利益）进行分组；②权力 / 影响方格，根据干系人的职权（权力）大小以及主动参与（影响）项目的程度进行分组；③影响 / 作用方格，根据干系人主动参与（影响）项目的程度以及改变项目计划或执行的能力（作用）进行分组；④凸显模型，根据干系人的权力（施加自己意愿的能力）、紧迫性（需要立即关注）和合法性（有权参与），对干系人进行分类。

2．项目在（　　）中不需要识别干系人。

A．执行过程　　B．启动过程　　C．结束过程　　D．规划过程

【答案 & 解析】答案为C。项目在结束过程中不需要识别干系人，可以通过排除法选择最优选项。

3．识别干系人的依据不包括（　　）。

A．项目章程　　B．行业标准　　C．采购文件　　D．干系人登记册

【答案 & 解析】答案为D。识别干系人的输入主要有立项管理文件、项目章程、项目管理计划、项目文件、协议、事业环境因素和组织过程资产七项。选项B的行业标准属于事业环境因素，选项D干系人登记册属于识别干系人的输出。

4．凸显模型根据干系人的（　　）识别干系人（　　）和（　　），对干系人进行分类。

A．权力、紧迫性、合法性　　B．影响、紧迫性、合法性

C．权力、影响、紧迫性　　D．影响、作用、重要性

【答案 & 解析】答案为A。凸显模型根据干系人的（权力）识别干系人（紧迫性）和（合法性），对干系人进行分类。

5．识别项目干系人管理过程在（　　）可以重复开展。

①每个阶段开始时　　②项目出现重大变化时　　③进行可行性研究时

④组织出现重大变化时　　⑤编制项目章程时

A．③④⑤　　B．①②③　　C．②③④　　D．①②④

【答案 & 解析】答案为D。识别干系人管理过程通常在编制和批准项目章程之前或同时首次

开展，之后在项目生命周期过程中必要时重复开展，至少应在每个阶段开始时，以及项目或组织出现重大变化时重复开展。每次重复开展识别干系人管理过程，都应通过查阅项目管理计划组件及项目文件，来识别有关的项目干系人。这道题完全可以通过排除法，类似这种出题方式的最佳解题方式就是排除法。“项目出现重大变化时”和“组织出现重大变化时”干系人识别绝对要重复开展，这个属于工作常识，这样就可以排除掉选项 A 和 B。选项 C 和 D 的差别在“每个阶段开始时”还是“进行可行性研究时”，两者来看，明显是每个阶段开始时可以重复开展识别干系人过程。

【考点 109】启动过程组的重点工作

启动过程组重点工作

考点精华

启动过程组的重点工作包括项目启动会议，以及关注价值与目标。

项目启动会议是项目正式启动的工作会议，由项目经理负责组织和召开，标志着对项目经理责权的正式公布。项目启动会议使项目各方干系人明确项目的目标、范围、需求、背景及各自的职责与权限，并正式公布项目章程。

项目启动会议通常包括五个工作步骤：①确定会议目标；②会议准备；③识别参会人员；④明确议题；⑤进行会议记录。

启动过程组的另外一个重点工作是关于价值和目标，项目价值作为项目建设的最终衡量依据，应作为项目管理与监控的重要指导依据，在项目策划与监控过程中进行实时监控。

备考点拨

本考点学习难度星级：★☆☆（简单），考试频度星级：★★☆（中频）。

本考点考查启动过程组的重点工作。重点工作包括两项，分别是项目启动会议和关注价值与目标。项目启动会议的作用往往被低估，往往会被误认为是形式主义而有意无意忽略，项目启动会的意义在于仪式感的承诺和宣布，在于使项目各方干系人明确项目的目标、范围、需求、背景及各自的职责与权限，并正式公布项目章程。关注价值与目标可不仅仅是按时交付满足质量要求的交付物，而是要瞄准价值本身，瞄准商业价值本身。

考题精练

1．项目目标包括成果性目标和约束性目标，（　　）不属于项目成果性目标。

A．服务　　B．系统　　C．产品　　D．计划

【答案 & 解析】答案为 D。项目目标包括成果性目标和约束性目标，项目约束性目标也叫管理性目标，项目的成果性目标有时也简称为项目目标。项目成果性目标指通过项目开发出的满足客户要求的产品、系统、服务或成果。

2．某公司计划一年内开发 ERP 系统，并对该项目指定了验收标准，这个验收标准是项目的（　　）。

A．成果性目标　　B．成果　　C．过程目标　　D．约束性目标

【答案 & 解析】答案为 D。项目约束性目标是指完成项目成果性目标需要的时间、成本以及

要求满足的质量，例如要在一年的时间内完成一个ERP项目，同时还要满足验收标准（质量要求）。

3．关于项目干系人的描述，正确的是（　　）。

A．由于项目的利益相关者比较多，需首先满足已识别的干系人要求

B．对于识别出的项目干系人，需要确定其需求和期望

C．项目干系人的目标和期望必须被满足

D．项目干系人的角色和职责是两个概念，含义相同

【答案&解析】答案为B。满足哪些干系人的要求，不是按照识别的先后顺序，所以A错误；干系人的目标和期望并非全部都要满足，选项C错误，项目干系人的角色和职责含义不同，选项D错误。

第 12 章 规划过程组考点精讲及考题实练

12.1 章节考情速览

第 3 版考纲的编排方式，从过往的以知识域为章节模式，切换为了以过程组为章节模式，这也直接导致规划过程组章节内容的庞大，一共 24 个知识块，对应了规划过程组中隶属于不同知识域的各个过程。虽然按照规划过程组罗列了所有过程，但是学习依然建议置入对应的知识域中去理解学习，明白过程所隶属哪个项目管理知识域，上一个过程是什么，下一个过程是什么，这样才能够在头脑中形成有机的项目管理过程地图。

第 3 版考纲，对过程的输入、输出、工具与技术进行了简化介绍，比如有些过程仅仅介绍了输入和输出，工具与技术直接略过。本书依然对输入、输出、工具与技术做了完整的考点介绍，一方面以防万一考到，另一方面能够让项目管理体系更加完整，也更加有利于理解。

从过往的考试经验看，五大过程组会在综合知识科目中占 35 分左右。综合知识科目和案例分析科目都可能会考查到。

12.2 考点星级分布图

本章涉及的主要考点分布及难度与频度双星级如图 12-1 所示。

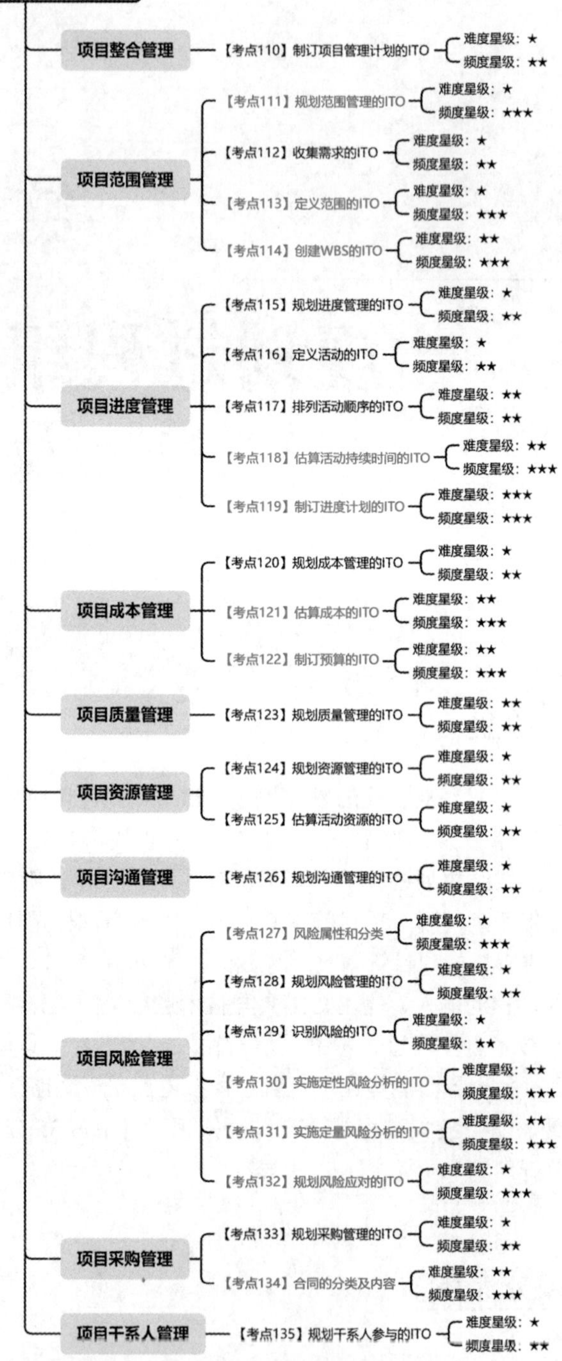

图 12-1　本章考点及星级分布

12.3 核心考点精讲及考题实练

规划过程组的过程

【考点 110】制订项目管理计划的输入、输出、工具与技术

考点精华

制订项目管理计划是定义、准备和协调项目计划的所有组成部分，并把它们整合为一份综合项目管理计划的过程。本过程的主要作用是生成一份综合文件，用于确定所有项目工作的基础及其执行方式。「★案例记忆点★」

在确定基准之前，可能对项目管理计划进行多次更新，而且这些更新无须遵循正式流程，但是一旦确定了基准，就只能通过提出变更请求、实施整体变更控制过程进行更新。

1．制订项目管理计划的输入主要有项目章程、其他知识域规划过程的输出、事业环境因素和组织过程资产四项。

（1）项目章程。项目章程是初始项目规划的起点，项目章程包含项目高层级信息，有助于项目管理计划各个组成部分进一步细化使用。

（2）其他知识域规划过程的输出。其他知识域规划过程所输出的子计划和基准是本过程的输入。

（3）事业环境因素。

（4）组织过程资产。

2．制订项目管理计划的输出主要有项目管理计划一项。

项目管理计划是说明项目执行、监控和收尾方式的文件，整合了所有知识域的子管理计划和基准，以及管理项目所需的其他组件信息。项目管理计划组件主要包括：「★案例记忆点★」

（1）子管理计划：范围管理计划、需求管理计划、进度管理计划、成本管理计划、质量管理计划、资源管理计划、沟通管理计划、风险管理计划、采购管理计划、干系人参与计划。「★案例记忆点★」

（2）基准：范围基准、进度基准和成本基准。

（3）其他组件通常包括：变更管理计划、配置管理计划、绩效测量基准、项目生命周期、开发方法、管理审查。

3．制订项目管理计划的工具与技术主要有专家判断、数据收集、人际关系与团队技能和会议四项。

（1）专家判断。征求拥有相关专业知识或接受过相关培训的个人或小组意见。

（2）数据收集的技术有头脑风暴、核对单、焦点小组和访谈。

1）头脑风暴：以头脑风暴形式收集关于项目方法的创意和解决方案。

2）核对单：指导项目经理制订计划或帮助检查项目管理计划是否包含全部信息。

3）焦点小组：召集干系人讨论项目管理计划各个组成部分的整合方式。

4）访谈：用于从干系人那里获取制订项目管理计划、任何子计划或项目文件的信息。

（3）人际关系与团队技能的技术有冲突管理、引导和会议管理。

1）冲突管理：通过冲突管理让观点差异的干系人就项目管理计划达成共识。

2）引导：引导确保参与者有效参与、互相理解，并考虑所有意见。

3）会议管理：采用会议管理来确保制订项目管理计划的会议有效召开。

（4）会议。可以利用项目开工会议明确项目规划阶段工作的完成并宣布开始项目执行阶段，开工会议的召开时机取决于项目特征：

1）对于小型项目：项目启动之后就开工。

2）对于大型项目：开工会议将在项目执行阶段开始时召开。

3）对于多阶段项目：通常在每个阶段开始时都要召开开工会议。

备考点拨

本考点学习难度星级：★☆☆（简单），考试频度星级：★★☆（中频）。

本考点考查制订项目管理计划的输入和输出，工具与技术考纲做了淡化，但是以防万一，本书依然放在考点精华中供参考。

制订项目管理计划的输入有四个：第一个输入是项目章程，项目章程是上个过程的输出，成为了这个过程的输入。项目章程是做项目规划的起点，可以在这个过程做进一步细化。第二个输入是其他知识领域规划过程的输出，这个很容易理解，看下项目管理计划包含的内容就知道了。第三个输入和第四个输入分别是事业环境因素和组织过程资产。

输出很明显就是项目管理计划，需要注意这一个输入里面可是包罗万象，包含了各种子管理计划，包含了铁三角基准：范围基准、进度基准、成本基准。还包含了其他组件，比如配置管理计划、绩效测量基准、项目生命周期开发方法等。

考题精练

1.（　　）is not one of the project documents as the inputs of project management plan process.

A. Individual innovate on plan　　B. Project schedule

C. Milestone list　　D. Risk report

【答案 & 解析】答案为 A。

考题翻译为：（　　）不是作为项目管理计划过程输入的项目文件之一。

A. 个人计划创新 B. 项目进度 C. 里程碑清单 D. 风险报告。

制订项目管理计划的输入主要有项目章程、其他知识域规划过程的输出、事业环境因素和组织过程资产四项，选项 B、C、D 属于“其他知识域规划过程的输出”内容。

2.（　　）属于项目管理计划。

A. 项目范围说明书　　B. 项目章程

C. 项目进度　　D. 工作分解结构

【答案 & 解析】答案为 A。考题很简单，可以使用排除法，选出最不像的选项就是答案。

3.（　　）不属于制订项目管理计划的输出。

A. 开发方法　　B. 批准的预算与发生的成本

C. 管理审查　　D. 为项目选择的生命周期模型

【答案 & 解析】答案为 B。项目管理计划组件主要包括子管理计划、基准和其他组件。其他组件通常包括：变更管理计划、配置管理计划、绩效测量基准、项目生命周期、开发方法、管理审查。

4. 关于项目管理计划的描述，不正确的是（　　）。

A. 项目管理计划需要管理层审核，是自上而下制订出来的

B. 项目管理计划为项目绩效考核和项目控制提供依据

C. 项目管理计划确定项目的执行、监控和收尾方式

D. 项目管理计划可用于促进项目干系人之间的沟通

【答案 & 解析】答案为 A。项目管理计划必须是自下而上制订出来的。项目团队成员要对与自己密切相关的部分制订相应计划，并逐层向上报告和汇总，最后由项目经理进行综合，形成综合性的、整体的项目管理计划。

【考点 111】规划范围管理的输入、输出、工具与技术

范围管理计划和需求管理计划的区别

考点精华

规划范围管理是为记录如何定义、确认和控制项目范围及产品范围，而创建范围管理计划的过程。本过程的主要作用是在整个项目期间对如何管理范围提供指南和方向。范围管理计划用于指导如下过程和相关工作：①制订项目范围说明书；②根据详细项目范围说明书创建 WBS；③确定如何审批和维护范围基准；④正式验收已完成的项目可交付成果。

1. 规划范围管理的输入主要有项目章程、项目管理计划、事业环境因素和组织过程资产四项。

（1）项目章程。项目章程记录项目目的、项目概述，以及项目高层级的需求。

（2）项目管理计划：项目管理计划中的质量管理计划、项目生命周期描述和开发方法可以用于规划范围管理。

（3）事业环境因素。包括组织文化、基础设施、人事管理制度和市场条件等。

（4）组织过程资产。包括政策和程序、历史信息和经验教训知识库等。

2. 规划范围管理的输出主要有范围管理计划和需求管理计划两项。

（1）范围管理计划。范围管理计划是项目管理计划的组成部分，描述将如何定义、制订、监督、控制和确认项目范围。

（2）需求管理计划。需求管理计划是项目管理计划的组成部分，描述如何分析、记录和管理需求。需求管理计划的内容包括：①如何规划、跟踪和报告各种需求活动；②和需求有关的配置管理活动；③需求优先级排序过程；④测量指标及使用指标的理由；⑤反映哪些需求属性将被列入跟踪矩阵等。

3. 规划范围管理的工具与技术主要有专家判断、数据分析和会议三项。

（1）专家判断。可以征求具备相关专业知识或接受过相关培训的个人或小组意见。

（2）数据分析。主要是备选方案分析，备选方案分析技术用于评估和收集需求，详细描述项目和产品范围，确认和控制范围的方法。

（3）会议。项目团队可通过项目会议来制订范围管理计划。

备考点拨

本考点学习难度星级：★☆☆（简单），考试频度星级：★★★（高频）。

本考点考查规划范围管理的主要输入和输出，工具与技术考纲做了淡化，但是以防万一，本书依然放在考点精华中供参考。

规划范围管理可以从项目章程（输入）入手，因为项目章程中包含了高层级的需求信息，另外还需要查看项目管理计划（输入），主要用到其中的质量管理计划、生命周期描述和开发方法，最后就是参考事业环境因素和组织过程资产。

这个过程输出范围管理计划（输出）自然不言而喻，但是不要忘记还会输出需求管理计划（输出），需求管理计划和范围管理计划两字之差、区别很大。需求管理计划关注需求以及需求如何管理，是面向作业流程的管理计划。

考题精练

1．项目管理过程中，（　　）确保项目做且只做所需的全部工作。

A．项目风险管理　B．项目质量管理　C．项目成本管理　D．项目范围管理

【答案 & 解析】答案为D。项目范围管理计划包括确保项目做且只做所需的全部工作。

2．（　　）是项目范围管理的关注点。

A．确保项目的所有过程均成功完成　B．按照项目管理流程执行

C．为项目工作明确划定边界　D．确保项目工作不出错

【答案 & 解析】答案为C。项目范围管理包括确保项目做且只做所需的全部工作，以成功完成项目的各个过程。它关注的焦点：什么是包括在项目之内的，什么是不包括在项目之内的，即为项目工作明确划定边界。

3．项目范围管理是为了（　　）而对项目的工作内容进行控制和管理的过程。

A．发现项目问题　B．实现项目目标

C．验证项目目标　D．监督项目过程

【答案 & 解析】答案为B。项目范围管理是为了实现项目目标而对项目的工作内容进行控制和管理的过程。

4．制订范围管理计划需要参考的文档不包括（　　）。

A．开发方法　B．项目范围说明书

C．项目章程　D．项目管理计划

【答案 & 解析】答案为B。项目范围说明书是定义范围的输出，不会成为前面制订范围管理计划的输入。

5．制订项目范围管理计划不能对（　　）提供帮助。

A．控制范围变更　B．验收项目交付成果

C．制订项目范围说明书　D．成本估算

【答案 & 解析】答案为D。成本估算与项目范围管理计划无关。编制范围管理计划是项目管理计划的组成部分，描述了如何定义、制订、监督、控制和确认项目范围。

【考点112】收集需求的输入、输出、工具与技术

需求文件内容

考点精华

收集需求是为实现目标而确定、记录并管理干系人的需要和需求的过程。本过程的主要作用是为定义产品范围和项目范围奠定基础。

1．收集需求的输入主要有立项管理文件、项目章程、项目管理计划、项目文件、协议、事业环境因素和组织过程资产七项。

（1）立项管理文件。立项管理文件会影响收集需求的过程。

（2）项目章程。项目章程记录了项目概述以及用于制订详细需求的高层级需求。

（3）项目管理计划。项目管理计划中的范围管理计划、需求管理计划和干系人参与计划可以用于收集需求过程。

（4）项目文件。项目文件中的假设日志、干系人登记册和经验教训登记册可以用于收集需求过程。

（5）协议。协议中包含项目和产品需求。

（6）事业环境因素。

（7）组织过程资产。

2．收集需求的输出主要有需求文件和需求跟踪矩阵两项。

（1）需求文件。需求文件描述单一需求如何满足项目的业务需求。只有明确的、可测量的、可测试的、可跟踪的、完整的、相互协调的，且干系人认可的需求，才能作为基准。

需求可以分为业务解决方案和技术解决方案。业务解决方案是干系人的需要，技术解决方案是如何实现干系人需要的方案。

需求的类别通常包含业务需求、干系人需求、解决方案需求、过渡和就绪需求、项目需求和质量需求六类，具体如下：

1）业务需求描述了组织的高层级需要。

2）干系人需求描述了干系人的需要。

3）解决方案需求是为满足业务需求和干系人需求，产品、服务或成果必须具备的特性、功能和特征。解决方案需求又可以分为功能需求和非功能需求两类。

4）过渡和就绪需求描述了从“当前状态”过渡到“将来状态”所需的临时能力，比如数据转换需求和培训需求。

5）项目需求是项目需要满足的行动、过程或其他条件，比如里程碑日期、合同责任、制约因素等需求。

6）质量需求是用于确认项目可交付成果成功完成或其他项目需求实现的条件或标准，比如测试、认证、确认等需求。

（2）需求跟踪矩阵。需求跟踪矩阵是把产品需求从来源连接到可交付成果的表格。需求跟踪矩阵把每个需求与业务目标或项目目标联系起来，有助于确保每个需求都具有业务价值，有助于确保需求文件中被批准的每项需求在项目结束时都能实现并交付，而且需求跟踪矩阵还为管理产

品范围变更提供了框架。

3．收集需求的工具与技术主要有专家判断、数据收集、数据分析、决策、数据表现、人际关系与团队技能、系统交互图和原型法八项。

（1）专家判断。可以征求具备领域相关专业知识或接受过相关培训的个人或小组的意见。

（2）数据收集。数据收集技术包括：

1）头脑风暴：用来产生和收集对项目需求与产品需求的多种创意。

2）访谈：通过与干系人直接交谈进而获取需求。

3）焦点小组：召集预定的干系人和主题专家，了解他们对产品、服务或成果的期望和态度。焦点小组由主持人引导进行互动式讨论，比一对一访谈更热烈。

4）问卷调查：设计一系列书面问题，向众多受访者快速收集信息。问卷调查适合受众多样化、需要快速完成调查、受访者地理位置分散的场景。

5）标杆对照：将实际或计划的产品与其他可比组织进行对比，进而识别最佳实践、形成改进意见。

（3）数据分析。用到的数据分析技术是文件分析。文件分析通过分析现有文件，识别与需求相关的信息来获取需求。

（4）决策。决策技术包括：

1）投票：为达成期望结果，对多个方案进行评估的决策技术，可以通过投票来识别、归类和排序产品需求。

2）独裁型决策制订：由一个人为整个集体制订决策。

3）多标准决策分析：借助决策矩阵用系统分析法建立多种标准，对众多创意进行评估和排序。

（5）数据表现。数据表现技术包括：

1）亲和图：用来对大量创意进行分组，以便进一步审查和分析。

2）思维导图：把从头脑风暴中获得的创意整合成思维导图，用来反映创意间的关系，从而激发新创意。

（6）人际关系与团队技能。人际关系与团队技能包括：

1）名义小组技术：名义小组技术是一种结构化的头脑风暴，由四步组成：①向集体提出一个问题，每个人思考后写出自己的想法；②主持人在活动挂图上记录所有人的想法；③集体讨论各个想法，直到达成明确的共识；④个人私下投票对想法进行优先排序，可以采用 5 分制，1 分最低，5 分最高。可进行数轮投票，每轮投票后清点选票，得分最高者被选出。

2）观察和交谈：当产品使用者难以或不愿说出需求时，可以通过观察和交谈技术，观察和交谈是直接察看个人在各自环境中如何执行工作和实施流程。

3）引导：引导可以和主题研讨会结合使用，把主要干系人召集在一起，有助于快速定义跨职能需求并协调干系人的需求差异。

（7）系统交互图。系统交互图是对产品范围的可视化描绘，可以直观显示业务系统与人和其他系统之间的交互方式。

（8）原型法。原型法是在实际制造产品之前，先造出产品模型，并据此征求需求反馈。故事板是一种原型技术，通过一系列图像来展示顺序或导航路径。在软件开发中，故事板使用实体模型来展示网页、屏幕或其他用户界面的导航路径。

备考点拨

本考点学习难度星级：★☆☆（简单），考试频度星级：★★☆（中频）。

本考点考查收集需求的主要输入、输出、工具与技术。

有了范围管理计划和需求管理计划双计划之后就开始收集需求。收集需求是记录并管理干系人需要和需求的过程。注意这里还提到了“需要”，需要的含义是不成熟的想法，临时想到的一些要求是“需要”，所以收集需求是尽量多地拿到想法，先不考虑到底把哪些放到项目里去。

收集需求的输入比较多，因为要从多维度、多方面去收集尽可能多的需求，不要遗漏掉需求。主要的输入一个是项目管理计划（输入），一个是项目文件（输入）。项目管理计划中包含了范围管理计划和需求管理计划，还包含干系人参与计划，因为收集需求需要向干系人收集；项目文件里的假设日志、干系人登记册、经验教训登记册会成为收集需求的输入。其他输入不再赘述，可参考上面的考点精华。

收集需求的输出有两个，首先要输出需求文件（输出），这个不言而喻，其次还有配套的需求跟踪矩阵（输出）。需求跟踪矩阵把业务需要或者需求，跟系统的真正功能联系起来，以后就能做追踪或者追溯。

收集需求一共有八种工具，八仙过海、各显神通。既然是收集需求，自然会用到专家判断（技术），用到数据收集（技术），还可以使用原型法（技术）来挖掘用户的真实需求，原始需求拿到之后要做数据分析（技术），也就是对需求展开文件分析，分析的结果可以使用系统交互图（技术）描述，用亲和图或者思维导图做数据表现（技术），最终需要决策（技术），当然这期间少不了用到人际关系与团队技能（技术）让需求收集更加高效。

考题精练

1.（　　）是收集需求过程的输入。

A．需求跟踪矩阵　　B．项目章程
C．工作分解结构　　D．需求文件

【答案 & 解析】答案为B。收集需求的输入主要有立项管理文件、项目章程、项目管理计划、项目文件、协议、事业环境因素和组织过程资产七项。

2.（　　）不是需求跟踪矩阵的内容。

A．详细需求　　B．项目目标　　C．测试策略　　D．工作绩效

【答案 & 解析】答案为D。需求跟踪矩阵跟踪以下内容：①业务需要、机会、目的和目标；②项目目标；③项目范围和WBS可交付成果；④产品设计；⑤产品开发；⑥测试策略和测试场景；⑦高层级需求到详细需求等。

3．关于干系人在需求收集过程中的作用，不正确的是（　　）。

A．主要干系人愿意认可的需求才能作为基准

B．干系人登记册记录了干系人对项目的主要需求和期望

C．业务需求和干系人的需求确定了需求的范围

D．干系人管理计划反映了干系人的沟通需求和参与程度

【答案 & 解析】答案为 C。需求文件的内容不仅仅是业务需求和干系人需求，还有解决方案需求、项目需求、过渡需求、与需求相关的假设条件、依赖关系和制约因素等内容。

4．收集需求过程的输入不包括（　　）。

A．干系人登记册　B．项目章程　C．范围管理计划　D．进度管理计划

【答案 & 解析】答案为 D。收集需求的输入主要有立项管理文件、项目章程、项目管理计划、项目文件、协议、事业环境因素和组织过程资产七项。

项目范围说明书

【考点 113】定义范围的输入、输出、工具与技术

考点精华

定义范围是制订项目和产品详细描述的过程。本过程的主要作用是描述产品、服务或成果的边界和验收标准。

由于收集需求过程中识别出的所有需求不一定都包含在项目中，定义范围过程需要从需求文件中选取最终的项目需求，然后制订关于项目及其产品、服务或成果的详细描述。

1．定义范围的输入主要有项目章程、项目管理计划、项目文件、事业环境因素和组织过程资产五项。

（1）项目章程。项目章程包含对项目的高层级描述、产品特征和审批要求。

（2）项目管理计划。项目管理计划中的范围管理计划，记录了如何定义、确认和控制项目范围。

（3）项目文件。项目文件中的假设日志、需求文件和风险登记册可以用作定义范围过程的输入。

（4）事业环境因素。

（5）组织过程资产。

2．定义范围的输出主要有项目范围说明书和项目文件更新两项。

（1）项目范围说明书。项目范围说明书是对项目范围、主要可交付成果、假设条件和制约因素的描述。项目范围说明书描述要做的和不做的工作详细程度，决定项目管理团队控制项目范围的有效程度。「★案例记忆点★」

项目范围说明书包括以下内容：「★案例记忆点★」

1）产品范围描述：对项目章程和需求文件中的产品、服务或成果逐步细化。

2）可交付成果：可交付成果也包括项目管理报告和文件之类的辅助成果。

3）验收标准：可交付成果通过验收前必须满足一系列条件。

4）项目的除外责任：明确说明哪些内容不属于项目范围，有助于管理干系人期望并减少范围蔓延。

（2）项目文件（更新）。在定义范围过程可能更新的项目文件包括：假设日志、需求文件、需求跟踪矩阵和干系人登记册。

3．定义范围的工具与技术主要有专家判断、数据分析、决策、人际关系与团队技能和产品分析五项。

（1）专家判断。定义范围过程中，可以征求具备相关知识或经验的个人或小组意见。

（2）数据分析。用于定义范围过程的数据分析技术是备选方案分析。

（3）决策。用于定义范围过程的决策技术是多标准决策分析。多标准决策分析借助决策矩阵使用系统分析方法，通过建立比如需求、进度、预算和资源等多种标准来完善项目和产品范围。

（4）人际关系与团队技能。可以在研讨会中使用引导技术来协调不同期望的关键干系人，使他们就项目可交付成果及边界达成跨职能的共识。

（5）产品分析。产品分析用于定义产品和服务。

备考点拨

本考点学习难度星级：★☆☆（简单），考试频度星级：★★★（高频）。

本考点考查定义范围的主要输入和输出，工具与技术考纲做了淡化，但是以防万一，本书依然放在考点精华中供参考。

定义范围肯定离不开项目管理计划（输入），其实是离不开其中的范围管理计划，同时项目文件（输入）中的需求文件自然也是定义范围不可或缺的输入。

定义范围的主要输出是项目范围说明书（输出），项目范围说明书的制订具备非常大的里程碑意义，它代表了所有干系人就项目范围达成了共识并记录在案，以后出现问题争议时，大家把项目范围说明书拿出来看就好。

考题精练

1．在项目范围管理中，收集需求、范围定义和建立 WBS 属于项目管理过程组的（　　）。

A．规划过程组　　B．收尾过程组　　C．启动过程组　　D．执行过程组

【答案 & 解析】答案为 A。项目范围管理一共六个过程，其中，规划范围管理、收集需求、定义范围和创建 WBS 属于规划过程组；确认范围和控制范围属于监控过程组。

2．（　　）不属于项目范围说明书的内容。

A．项目范围描述　　B．项目审批要求　　C．项目除外责任　　D．验收标准

【答案 & 解析】答案为 B。项目范围说明书包括以下内容：①产品范围描述；②可交付成果；③验收标准；④项目的除外责任。

3．在项目范围定义过程中，客户不断对需求进行小幅调整，已经超出预期完成时间。为了解决当前问题，应该（　　）。

A．安排召开引导式研讨会，就最终需求达成一致意见

B．重新进行产品分析，明晰范围

C．团队内部确定最终需求，通知客户

D．组织培训，讲解需求收集的相关技术

【答案 & 解析】答案为 A。根据题干，之所以超出预期完成时间，是因为客户不断对需求进行调整，而客户对需求进行不断调整，说明项目需求未能确定，那么当务之急就需要确定需求，对最终需求达成一致意见。

4. 定义范围阶段中典型工具与技术是（　　）。

A. 分解、模拟和专家判断

B. 焦点小组、群体创新技术和问卷调查

C. 历史信息评估、成本效益分析和偏差分析

D. 产品分析、备选方案分析和引导

【答案 & 解析】答案为D。定义范围的工具与技术主要有专家判断、数据分析、决策、人际关系与团队技能和产品分析五项。

5. 测试时发现一项功能不在测试计划内，则该项目可能在（　　）阶段出现了问题。

A. 质量管理　　B. 范围定义　　C. 质量控制　　D. 制订成本管理计划

【答案 & 解析】答案为B。定义范围是制订项目和产品详细描述的过程。本过程的主要作用是明确所收集的需求哪些将包含在项目范围内，哪些将排除在项目范围外，从而明确边界。

6.（　　）不是定义范围的输入。

A. 项目章程　　B. 组织过程资产　　C. 需求文件　　D. WBS 字典

【答案 & 解析】答案为D。定义范围的输入主要有项目章程、项目管理计划、项目文件、事业环境因素和组织过程资产五项。

7. 关于项目范围管理的描述，不正确的是（　　）。

A. 项目范围的定义可以是广义的，也可以狭义的，根据项目不同管理层的需要而定

B. 范围管理就是要做范围内的事，而且只做范围内的事，既不少做也不多做

C. 项目范围管理不仅仅是让实施人员知道为达成预期目标需要完成的工作项目

D. 范围是项目其他各方面管理的基础，如果范围都弄不清楚，成本、进度和质量等就无从谈起

【答案 & 解析】答案为A。定义范围是制订项目和产品详细描述的过程。本过程的主要作用是明确所收集的需求哪些将包含在项目范围内，哪些将排除在项目范围外，从而明确项目、服务或输出的边界。

【考点114】创建WBS的输入、输出、工具与技术

分解的步骤

考点精华

创建工作分解结构（WBS）是把项目可交付成果和项目工作分解成较小、更易于管理的组件的过程。本过程的主要作用是为所要交付的内容提供架构。WBS 的最低层是工作包，“工作”是指活动结果的工作产品或可交付成果，而不是活动本身。

1. 创建 WBS 输入主要有项目管理计划、项目文件、事业环境因素和组织过程资产四项。

（1）项目管理计划。项目管理计划中的范围管理计划定义了如何根据项目范围说明书创建 WBS。

（2）项目文件。项目文件中的需求文件和项目范围说明书可作为创建 WBS 过程的输入。

（3）事业环境因素。影响创建 WBS 过程的事业环境因素是所在行业的 WBS 标准。

（4）组织过程资产。影响创建 WBS 过程的组织过程资产是创建 WBS 的政策、程序和模板，

以往项目的项目档案，以往项目的经验教训等。

2．创建 WBS 输出主要有范围基准和项目文件（更新）两项。

（1）范围基准。范围基准是经过批准的范围说明书、WBS 和 WBS 字典。范围基准是项目管理计划的组成部分，只有通过正式的变更控制流程才能变更范围基准。「★案例记忆点★」

1）项目范围说明书。项目范围说明书是对项目范围、可交付成果、假设条件和制约因素的描述。

2）WBS。WBS 是对需要实施的全部工作范围的层级分解。

3）工作包。工作包是 WBS 的最低层，每个工作包都被分配了账户编码，每个工作包都是控制账户的一部分，且只与一个控制账户关联。控制账户是管理控制点，包含两个或更多工作包，控制账户把范围、预算和进度进行整合，之后与挣值对比来测量绩效。

4）规划包。规划包的位置低于控制账户，但是高于工作包，一个控制账户可以包含一个或多个规划包。规划包的工作内容已知，但详细的进度活动未知。

5）WBS 字典。WBS 字典针对 WBS 中的每个组件，详细描述了可交付成果、活动和进度信息。WBS 字典中的内容包括：账户编码标识、工作描述、假设条件和制约因素、负责的组织、进度里程碑、相关的进度活动、所需资源、成本估算、质量要求、验收标准、技术参考文献、协议信息等。

（2）项目文件（更新）。在创建 WBS 过程更新的项目文件包括假设日志和需求文件。

3．创建 WBS 的工具与技术主要有专家判断和分解两项。

（1）专家判断。创建 WBS 过程中，可以征求具备类似项目知识或经验的个人或小组意见。

（2）分解。分解把项目范围和项目可交付成果逐步划分为更小、更便于管理的组成部分。分解的程度取决于所需的控制程度，创建 WBS 常用的方法包括自上而下法、使用组织特定的指南和使用 WBS 模板。

1）分解活动。要把项目工作分解为工作包，需要开展如下五项活动：①识别和分析可交付成果及相关工作；②确定 WBS 的结构和编排方法；③自上而下逐层细化分解；④为 WBS 组成部分制订和分配标识编码；⑤核实可交付成果分解的程度是否恰当。「★案例记忆点★」

2）WBS 结构。WBS 的结构可以采用两种形式：①把生命周期各阶段作为分解的第二层，把可交付成果作为分解的第三层；②把可交付成果作为分解的第二层。「★案例记忆点★」

WBS 可以采用提纲式、组织结构图或其他形式。敏捷适应型方法可以将长篇故事分解成用户故事。对于未来远期完成的可交付成果，当前可能无法分解，所以通常要等到达成一致意见时，才能做出 WBS 的相应细节，这种技术称为滚动式规划。

3）注意事项。WBS 分解过程应该注意八方面：「★案例记忆点★」① WBS 必须面向可交付成果；② WBS 必须符合项目范围，WBS 包括也仅包括为完成项目可交付成果的活动，100% 原则认为，WBS 所有下一级的元素之和必须 100% 代表上一级元素；③ WBS 的底层应该支持计划和控制，WBS 的底层不但要支持项目管理计划，而且能让管理层监控项目进度和预算；④ WBS 中的元素必须有人负责，而且只能有一个人负责，也就是独立责任原则，可以使用工作责任矩阵来描述；⑤ WBS 应控制在 4 ～ 6 层，如果项目规模过大导致超过 6 层，可以使用项目分解结构将大项目分解成子项目，针对子项目做 WBS；⑥ WBS 应包括项目管理工作，也要包括分包的工作，

WBS需要纳入外包工作，作为外包工作的一部分，卖方须制订相应的合同WBS；⑦WBS的编制需要所有主要项目干系人的参与，项目经理需组织干系人讨论，编制出大家都能接受的WBS；⑧WBS并非一成不变。在完成WBS之后的工作中，有可能需要继续对WBS进行修改。

备考点拨

本考点学习难度星级：★★☆（适中），考试频度星级：★★★（高频）。

本考点考查创建WBS的主要输入、输出、工具与技术。

创建WBS需要用到范围管理计划，而包含范围管理计划的项目管理计划（输入）就成为了主要输入，另外还需要参考项目文件（输入）中的项目范围说明书和需求文件。

重要的范围基准（输出）是创建WBS过程的主要输出，因为范围基准包括经过批准的范围说明书、WBS和相应的WBS字典。

除了专家判断（技术）之外，创建WBS用得最多的就是分解（技术）。分解的考点比较多，其中最重要的是WBS分解过程的八项注意事项，过去曾经多次考过，一定要确保掌握。

考题精练

1. 创建WBS的工作内容包含（　　）。

①确定WBS的结构和编排方案

②确定进度分解规则

③识别和分析可交付成果及相关工作

④自上而下逐层细化分解

⑤核实可交付成果分解的程度是否恰当

⑥定义活动清单

⑦为WBS组件制订和分配标识编码

A. ①②③⑤⑥　　B. ①②④⑥⑦

C. ①③④⑤⑦　　D. ①③⑤⑥⑦

【答案&解析】 答案为C。要把整个项目工作分解为工作包，通常需要开展以下活动：①识别和分析可交付成果及相关工作；②确定WBS的结构和编排方法；③自上而下逐层细化分解；④为WBS组件制订和分配标识编码；⑤核实可交付成果分解的程度是否恰当。

2. 关于创建WBS的相关描述，正确的是（　　）。

①项目的全部工作仅限于WBS范围内，不在WBS中的任何工作都是“镀金”

②作为WBS的最小单元，一个工作包的工作量不能超过60小时

③WBS是自下而上分解的，其最高层的要素是整个项目或分项目的最终成果

④WBS的拆解要遵循互斥的原则，减少相互之间的交叉

⑤里程碑标志着某个可交付成果的正式完成，包括完成时间和应完成的事件

⑥相较于表格，树型结构的WBS结构性强、易修改，可直观表现项目的全景

A. ①②⑥　　B. ③④⑤　　C. ①④⑤　　D. ②④⑥

【答案&解析】 答案为C。可以使用排除法排除，作为WBS的最小单元，一个工作包的工

作量不能超过 80 小时；WBS 是自上而下分解的；树型结构的 WBS 结构性强，但是不容易修改，对于大型的、复杂的项目也很难表现项目的全景。

3.（ ）is the hierarchical breakdown of the entire scope of work by the project team to accomplish the project objectives and create the required deliverables, it provides detailed deliverable, activity, and scheduling information about each component in the work breakdown structure.

A. OLA B. SLA C. SOP D. WBS

【答案 & 解析】答案为 D。这道题只要认识题干中的“breakdown”，基本上就能选对答案 D，因为四个选项的差异很大，不存在具有迷惑性的陷阱选项。题干翻译为：（ ）是项目团队为实现项目目标和创建所需的可交付成果而对整个工作范围进行的分层分解，它提供了关于工作分解结构中每个组件的详细可交付成果、活动和日程安排信息。

【考点 115】规划进度管理的输入、输出、工具与技术

进度管理计划

考点精华

规划进度管理是为规划、编制、管理、执行和控制项目进度而制订政策、程序和文档的过程。本过程的主要作用是为如何在项目期间管理项目进度提供指南和方向。

1. 规划进度管理的输入主要有项目章程、项目管理计划、事业环境因素和组织过程资产四项。

（1）项目章程。项目章程中的总体里程碑进度计划会影响项目的进度管理。

（2）项目管理计划。项目管理计划中的开发方法和范围管理计划可以作为规划进度管理的输入。

（3）事业环境因素。

（4）组织过程资产。

2. 规划进度管理的输出主要有进度管理计划一项。

进度管理计划是项目管理计划的组成部分，为编制、监督和控制项目进度建立准则和明确活动要求。进度管理计划的内容包括：

（1）项目进度模型：规定用于制订项目进度模型的进度规划方法论和工具。

（2）进度计划发布和迭代长度：适应型生命周期的项目，需要指定发布、规划和迭代的周期。

（3）准确度：定义活动持续时间估算的可接受区间，以及允许的紧急储备。

（4）计量单位：规定资源的计量单位。

（5）工作分解结构（WBS）：为进度管理计划提供框架。

（6）项目进度模型维护：规定如何在进度模型中更新项目状态，记录项目进展。

（7）控制临界值：规定偏差临界值，通常用偏离基准计划中参数的某百分比表示。

（8）绩效测量规则：规定用于绩效测量的挣值管理（EVM）规则或其他规则。

（9）报告格式：规定进度报告格式和编制频率。

3. 规划进度管理的工具与技术主要有专家判断、数据分析和会议三项。

（1）专家判断。可以征求具备相关专业知识或接受过相关培训的个人或小组意见。

（2）数据分析。可以使用数据分析技术中的备选方案分析技术。备选方案分析确定采用哪些

进度计划方法，以及如何将不同方法整合到项目中；备选方案分析还包括确定进度计划的详细程度、滚动式规划的持续时间以及审查更新频率。

（3）会议。项目团队可以通过规划会议制订进度管理计划。

备考点拨

本考点学习难度星级：★☆☆（简单），考试频度星级：★★☆（中频）。

本考点考查规划进度管理的主要输入和输出，工具与技术考纲做了淡化，但是以防万一，本书依然放在考点精华中供参考。

规划进度管理时需要用到项目管理计划（输入），其实是用到其中的范围管理计划和开发方法，进度是和范围息息相关的，范围广自然进度会更长，而开发方法会影响进度计划的设定和编制，比传统瀑布式开发和敏捷开发，其进度计划完全是不同的物种。

输出自然是进度管理计划（输出），这个很明显，不过还需要了解进度管理计划中包含的九项内容。

考题精练

1.（　　）不是规划项目进度管理过程的输入。

A．范围基准　　B．项目收尾指南　　C．项目进度模型　　D．项目章程

【答案 & 解析】答案为 C。规划进度管理的输入主要有项目章程、项目管理计划、事业环境因素和组织过程资产四项。选项 A 的范围基准属于项目管理计划内容；选项 B 的项目收尾指南属于组织过程资产的内容；选项 C 的项目进度模型属于规划项目进度管理过程的输出“项目进度管理计划”内容。

【考点 116】定义活动的输入、输出、工具与技术

考点精华

定义活动是识别和记录为完成项目可交付成果而采取具体行动的过程。本过程的主要作用是将工作包分解为进度活动，作为对项目工作进行进度估算、规划、执行、监督和控制的基础。

1．定义活动的输入主要有项目管理计划、事业环境因素和组织过程资产三项。

（1）项目管理计划。项目管理计划中的进度管理计划和范围基准可以作为定义活动的输入。

（2）事业环境因素。

（3）组织过程资产。

2．定义活动的输出主要有活动清单、活动属性、里程碑清单、变更请求和项目管理计划（更新）五项。

（1）活动清单。活动清单包含项目所需的进展活动、每个活动的标识及工作范围描述，活动清单会在项目过程中持续更新。

（2）活动属性。活动属性是活动具有的多重属性，用来扩充对活动的描述。

（3）里程碑清单。里程碑清单列出了项目所有的里程碑，以及每个里程碑是强制性还是选择性。里程碑是项目中的重要时间点或事件，持续时间为零。

（4）变更请求。在将可交付成果细化分解为活动的过程中，可能发现不属于项目基准的工作，此时需要提出变更请求。

（5）项目管理计划（更新）。项目管理计划中的进度基准和成本基准可能需要更新。

3．定义活动的工具与技术主要有专家判断、分解、滚动式规划和会议四项。

（1）专家判断。可以征求了解类似项目和当前项目的个人或小组的专业意见。

（2）分解。定义活动过程的输出是活动而不是可交付成果，可交付成果是创建 WBS 过程的输出。

（3）滚动式规划。滚动式规划是迭代式规划技术，详细规划近期要完成的工作，在较高层级上粗略规划远期要完成的工作。

（4）会议。会议可以是面对面或虚拟会议，正式或非正式会议。

备考点拨

本考点学习难度星级：★☆☆（简单），考试频度星级：★★☆（中频）。

本考点考查定义活动的主要输入、输出、工具与技术。

上一个过程输出的进度管理计划顺理成章成了这个过程的输入，一同作为输入的还有范围基准，范围基准中的 WBS 继续分解就是活动了，进度管理计划和范围基准都属于项目管理计划（输入）。

定义活动的输出自然和活动有关，首先可以拿到粗颗粒度的里程碑清单（输出），还能拿到更细的活动清单（输出），以及活动清单配套的活动属性（输出）。

定义活动的主要工具依然可以使用创建 WBS 使用的分解（技术），另外还可以使用滚动式规划（技术），因为项目中的信息是逐渐明朗的，一开始很难对未来做详细的规划，所以需要滚动着规划。

考题精练

1．（　　）is the process of identifying and documenting the specific actions to be performed to produce the project deliverable.

A．Plan schedule management　　B．Develop Schedule

C．Sequence Activities　　D．Define Activities

【答案 & 解析】答案为 D。（　　）是识别和记录为产生项目可交付成果而要执行的具体行动的过程。

A．规划进度管理　　B．制订进度计划

C．排列活动顺序　　D．定义活动

【考点 117】排列活动顺序的输入、输出、工具与技术

四种依赖关系

考点精华

排列活动顺序是识别和记录项目活动之间关系的过程，本过程的主要作用是定义工作之间的逻辑顺序。除首尾两项，每项活动都至少有一项紧前活动和一项紧后活动。

1．排列活动顺序的输入主要有项目管理计划、项目文件、事业环境因素和组织过程资产四项。

（1）项目管理计划。项目管理计划中的进度管理计划和范围基准可以作为排列活动顺序的输入。

（2）项目文件。项目文件中的假设日志、活动属性、活动清单和里程碑清单可作为排列活动顺序的输入。

（3）事业环境因素。事业环境因素中的政府或行业标准、项目管理信息系统、进度规划工具、组织的工作授权系统可作为排列活动顺序的输入。

（4）组织过程资产。组织过程资产中的项目组合与项目集规划、项目间依赖关系、政策、程序和指南、模板、经验教训知识库等可作为排列活动顺序的输入。

2．排列活动顺序的输出主要有项目进度网络图和项目文件（更新）两项。

（1）项目进度网络图。项目进度网络图表示项目进度活动间的逻辑依赖关系，项目进度网络图可包括项目全部细节，也可只列出一项或多项概括性活动。

（2）项目文件（更新）。项目文件中的活动属性、活动清单、假设日志、里程碑清单可能需要更新。

3．排列活动顺序的工具与技术主要有紧前关系绘图法、箭线图法、确定和整合依赖关系、提前量和滞后量、项目管理信息系统五项。

（1）紧前关系绘图法。紧前关系绘图法（PDM），又称前导图法，使用方框代表活动，被称为节点，节点间用箭头连接，箭头代表节点的逻辑关系。因为只有节点需要编号，所以PDM也叫作单代号网络图或活动节点图（AON），如图12-2所示。

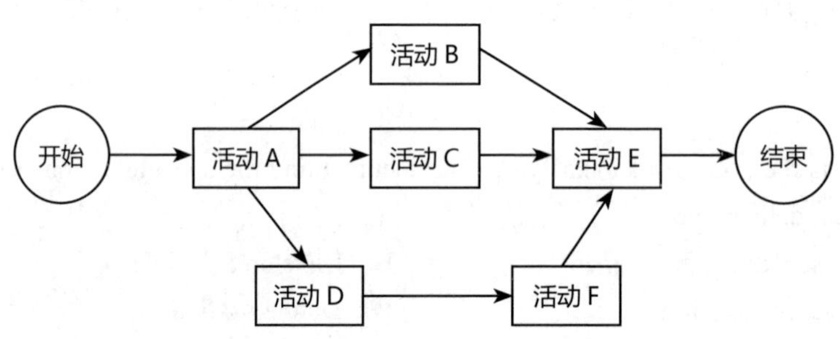

图12-2　单代号网络图

PDM包括四种逻辑关系，其中完成到开始（FS）最常用，开始到完成（SF）很少用。「★案例记忆点★」

1）完成到开始（FS）：只有紧前活动完成，紧后活动才能开始的逻辑关系。

2）完成到完成（FF）：只有紧前活动完成，紧后活动才能完成的逻辑关系。

3）开始到开始（SS）：只有紧前活动开始，紧后活动才能开始的逻辑关系。

4）开始到完成（SF）：只有紧前活动开始，紧后活动才能完成的逻辑关系。

前导图中每个节点的活动有如下几个时间：

1）最早开始时间（ES）：某项活动能够开始的最早时间。

2）最早完成时间（EF）：某项活动能够完成的最早时间。

3）最迟开始时间（LS）：为了使项目按时完成，某项活动必须开始的最迟时间。

4）最迟完成时间（LF）：为了使项目按时完成，某项活动必须完成的最迟时间。

（2）箭线图法。箭线图法（ADM）用箭线表示活动，节点表示事件。由于节点和箭线都要编号，所以 ADM 也叫双代号网络图或活动箭线图，如图 12-3 所示。

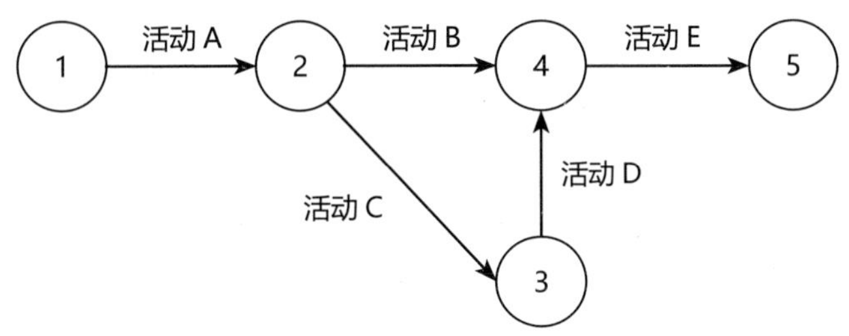

图 12-3　双代号网络图

箭线图法有三个基本原则：

1）网络图中每一活动和每一事件都必须有唯一的代号，也就是网络图中不会出现相同代号。

2）任两项活动的紧前事件和紧后事件代号至少有一个不相同，节点代号沿箭线方向越来越大。

3）流入（流出）同一节点的活动，均有共同的紧后活动（或紧前活动）。

箭线图中有一种特殊的活动叫虚活动（Dummy Activity），在网络图中用虚箭线表示。虚活动不消耗时间，也不消耗资源，只是为弥补箭线图在表达活动依赖关系方面的不足。借助虚活动，人们可以更好、更清楚地表达活动间的关系，如图 12-4 所示。

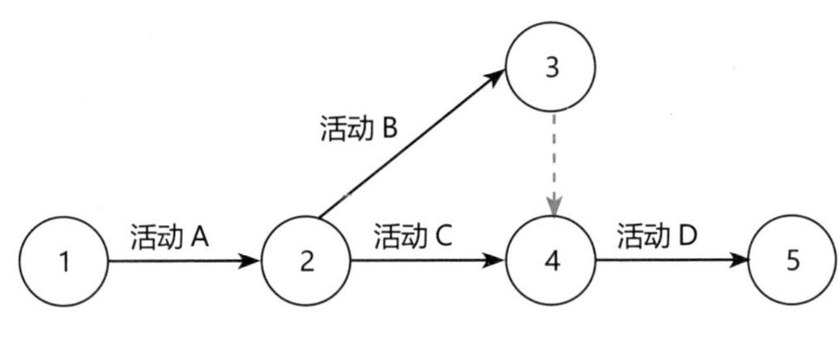

图 12-4　虚活动

（3）确定和整合依赖关系。依赖关系可能是强制的或选择的，内部的或外部的。四种依赖关系包括：

1）强制性依赖关系：强制性依赖关系往往与客观限制有关，是法律或合同要求的或工作内在性质决定的依赖关系，又称硬逻辑关系或硬依赖关系。

2）选择性依赖关系：选择性依赖关系又称软逻辑关系，是基于应用领域的最佳实践或项目特殊性质对活动顺序的要求来创建，选择性依赖关系的顺序不是强制要求。

3）外部依赖关系：外部依赖关系往往不在项目团队的控制范围内，是项目活动与非项目活动间的依赖关系。

4）内部依赖关系：内部依赖关系通常在项目团队的控制之中，是项目活动间的紧前关系。

（4）提前量和滞后量。提前量是相对紧前活动，紧后活动可提前的时间量，提前量一般用负值表示；滞后量是相对紧前活动，紧后活动需要推迟的时间量，滞后量一般用正值表示。

（5）项目管理信息系统。可以使用项目管理信息系统规划、组织和调整活动顺序，插入逻辑关系、提前和滞后值，以及区分不同类型的依赖关系。

备考点拨

本考点学习难度星级：★★☆（适中），考试频度星级：★★☆（中频）。

本考点考查排列活动顺序的主要输入、输出、工具与技术。

这个过程依然要用到进度管理计划，依然要用到范围基准，两者都属于项目管理计划（输入），也就是和定义活动的输入一样。除了项目管理计划之外，还需要用到项目文件（输入），其中会用到假设日志、里程碑清单、活动清单和活动属性，其中里程碑清单、活动清单和活动属性都是上一个过程定义活动的输出，成为了排列活动顺序的输入。因为假设日志中的假设条件和制约因素可能会影响活动之间的排序。

排列活动顺序之后，就可以得到项目进度网络图（输出），项目进度网络图表示进度活动之间的逻辑关系或者依赖关系的图形。

想要绘制输出的项目进度网络图，可以使用紧前关系绘图法（技术）或者箭线图法（技术），在画图的时候有可能需要增加提前量和滞后量（技术）。

考题精练

1．法律或合同要求的或工作内在性质决定的依赖关系属于（　　）。

A．强制性依赖关系　　B．选择性依赖关系

C．外部依赖关系　　D．内部依赖关系

【答案 & 解析】答案为A。强制性依赖关系往往与客观限制有关，是法律或合同要求的或工作内在性质决定的依赖关系，又称硬逻辑关系或硬依赖关系。

【考点118】估算活动持续时间的输入、输出、工具与技术

估算活动持续时间考虑因素

考点精华

估算活动持续时间是根据资源估算结果，估算完成单项活动所需工作时段数的过程。本过程的主要作用是确定完成每个活动所需花费的时间量。

1．估算持续时间时需要考虑的因素如下所示。

（1）收益递减规律：其他因素不变的情况下，增加一个产出所需投入的因素会最终达到一个临界点，在临界点之后的产出会随着增加此因素而递减。

（2）资源数量：增加资源数量，比如投入两倍资源并不会让完工时长缩短一半，因为投入资源会增加额外风险。

（3）技术进步：在确定持续时间估算时，技术进步因素可能发挥重要作用。

（4）员工激励：员工的有效激励需要了解拖延症和帕金森定律。拖延症是人们只有到最后一刻才会全力以赴；帕金森定律是指只要还有时间，工作就会不断扩展，直到用完所有时间。

2．估算活动持续时间的输入主要有项目管理计划、项目文件、事业环境因素和组织过程资产四项。

（1）项目管理计划。项目管理计划中的进度管理计划和范围基准可以作为估算活动持续时间的输入。

（2）项目文件。项目文件中的假设日志、风险登记册、活动属性、活动清单、里程碑清单、经验教训登记册、资源需求、资源分解结构、资源日历、项目团队派工单可以作为估算活动持续时间的输入。

（3）事业环境因素。

（4）组织过程资产。

3．估算活动持续时间的输出主要有持续时间估算、估算依据和项目文件（更新）三项。

（1）持续时间估算。持续时间估算是对完成某项活动、阶段或项目所需时长的定量评估，持续时间估算不包括滞后量，但可具有一定的变动区间。

（2）估算依据。估算依据是持续时间估算的支持文件，清晰、完整地说明了持续时间估算是如何得出的。

（3）项目文件（更新）。项目文件中的活动属性、假设日志、经验教训登记册可能需要更新。

4．估算活动持续时间的工具与技术主要有专家判断、类比估算、参数估算、三点估算、自下而上估算、数据分析、决策和会议八项。

（1）专家判断。可以征求具备领域专业知识或接受过相关培训的个人或小组意见。

（2）类比估算。类比估算以过去类似项目的参数值（如持续时间、预算、规模、重量和复杂性等）为基础，估算当前和未来项目的同类参数或指标。类比估算成本较低、耗时较少，但准确性也较低。类比估算可以针对整个项目或项目中的某个部分进行，也可以与其他估算方法联合使用。

（3）参数估算。参数估算基于历史数据和项目参数，使用某种算法估算成本或持续时间，参数估算的准确性取决于参数模型成熟度和基础数据可靠性。

（4）三点估算。三点估算的公式中涉及如下三个时间的概念：

1）乐观时间（T_o）是一切都顺利的情况下，完成某项工作的时间。

2）最可能时间（T_m）是正常情况下，完成某项工作的时间。

3）悲观时间（T_p）是一切都不利的情况下，完成某项工作的时间。

通过乐观时间、最可能时间和悲观时间，就可以按照两种算法来计算期望持续时间 T_e。

1）如果三个估算值服从三角分布，则：$T_e=(T_o+T_m+T_p)/3$

2）如果三个估算值服从 β 分布，则：$T_e=(T_o+4T_m+T_p)/6$

（5）自下而上估算。自下而上估算通过从下到上逐层汇总 WBS 组成部分的估算而得到项目估算。

（6）数据分析。用于估算活动持续时间过程的数据分析技术包括备选方案分析和储备分析两种，其中储备分析用于确定项目所需的应急储备和管理储备。

1）应急储备包含在进度基准中，应急储备与“已知 - 未知”风险相关。

2）管理储备不包含在进度基准中，但是属于项目总持续时间的一部分。管理储备与“未知 - 未知”风险相关，用来应对项目范围中不可预见的工作。

（7）决策。使用的决策技术是投票。举手表决是投票方法的一种形式，经常用于敏捷项目。

（8）会议。项目团队可能召开会议来估算活动持续时间。

备考点拨

本考点学习难度星级：★★☆（适中），考试频度星级：★★★（高频）。

本考点考查估算活动持续时间的输入、输出、工具与技术。

估算活动持续时间，依然要用进度管理计划和范围基准，也就是项目管理计划（输入），这一点和前面的排列活动顺序和定义活动用到的一模一样。估算活动时间用到的项目文件（输入）就比较多了，一共涉及了 10 个文件，这些有所了解即可。

这个过程的输出自然是同名的持续时间估算（输出），另外，一定要附上估算依据（输出），未来可能需要查看估算依据，看看估算到底是如何得出的。

估算活动时间时，如果有类似的项目能够参考，可以使用类比估算（技术），如果能够拿到相关的参数及模型，可以使用参数估算（技术），还可以使用经常考到的三点估算（技术），最后还可以使用自下而上估算（技术）来汇总得到活动的持续时间。

考题精练

1.（　　）使用以往类似项目的范围、成本、预算等参数值和规模指标为基础来估算当前项目的同类参数或指标。

A．类比估算　　B．自上而下估算　　C．参数估算　　D．三点估算

【答案 & 解析】答案为 A。类比估算以过去类似项目的参数值（如持续时间、预算、规模、重量和复杂性等）为基础，来估算未来项目的同类参数或指标。

2.（　　）估算方法将以往类似项目的相关信息作为估算未来项目的基础，是一种快速估算方法，适用于项目经理只能识别 WBS 的几个高层级的情况。

A．类比　　B．基线　　C．自下而上　　D．参数

【答案 & 解析】答案为 A。类比估算将以往类似项目的资源相关信息作为估算未来项目的基础。这是一种快速估算方法，适用于项目经理只能识别 WBS 的几个高层级的情况。题干中的关键词是“类似项目”，只要出现这个，首先应该想到的就是类比估算。也可以使用排除法选对正确答案，选项 B、C、D 在题干中找不到任何相关的信息。

3．一位软件工程师在进行软件项目持续时间估算时，按照“代码行”为单位进行估算，采用的估算方法是（　　）。

A．三点估算　　B．类比估算　　C．参数估算　　D．专家判断

【答案 & 解析】答案为 C。参数估算是一种基于历史数据和项目参数，使用某种算法来计算成本或持续时间的估算技术。它是指利用历史数据之间的统计关系和其他变量（如建筑施工中的平方英尺）来估算诸如成本、预算和持续时间等活动参数。题干中的“代码行”就是参数。

【考点119】制订进度计划的输入、输出、工具与技术

考点精华

制订进度计划是分析活动顺序、持续时间、资源需求和进度制约因素，创建进度模型，从而落实项目执行和监控的过程。本过程的主要作用是为完成项目活动而制订具有计划日期的进度模型。

1．制订进度计划的关键步骤分为四步，分别如下所示。

（1）定义项目里程碑，识别活动并排列活动顺序，估算持续时间，确定活动开始和完成日期。

（2）由分配至各活动的项目人员审查被分配的活动。

（3）项目人员确认开始和完成日期与资源日历及其他任务没有冲突，从而确认计划日期的有效性。

（4）分析进度计划，确定是否存在逻辑冲突，是否需要资源平衡，并同步修订项目进度模型，确保进度计划持续切实可行。

2．制订进度计划的输入主要有项目管理计划、项目文件、协议、事业环境因素和组织过程资产五项。

（1）项目管理计划。项目管理计划中的进度管理计划和范围基准可作为制订进度计划的输入。

（2）项目文件。项目文件中的假设日志、风险登记册、活动属性、活动清单、里程碑清单、项目进度网络图、估算依据、持续时间估算、经验教训、资源需求、项目团队派工单、资源日历可作为制订进度计划过程的输入。

（3）协议。关于如何执行合同相关的项目工作，供应商可以为项目进度计划提供输入。

（4）事业环境因素。

（5）组织过程资产。

3．制订进度计划的输出主要有进度基准、项目进度计划、进度数据、项目日历、变更请求、项目管理计划（更新）和项目文件（更新）七项。

（1）进度基准。进度基准是经过批准的进度模型，包含基准开始日期和基准结束日期。进度基准用于和实际结果进行比较的依据，进度基准只有通过正式的变更控制程序才能变更。

（2）项目进度计划。项目进度计划为相关联的活动标注了计划日期、持续时间、里程碑和所需资源等，项目进度计划中至少要包括每个活动的计划开始日期与计划完成日期「★案例记忆点★」。项目进度计划可以使用列表形式，但是图形方式会更加直观，可以采用横道图、里程碑图和项目进度网络图三种图形：

1）横道图也叫甘特图，纵向列代表活动，横向列代表日期，横条代表活动的持续时长。

2）里程碑图与横道图类似，但仅标出主要可交付成果和关键外部接口的计划开始或完成日期。

3）项目进度网络图用活动节点法绘制，没有时间纬度，只显示活动及相互关系。项目进度网络图也可以包含时间纬度，包含时间刻度的进度网络图叫作时标图。

（3）进度数据。进度数据包括进度里程碑、进度活动、活动属性，以及假设条件与制约因素，典型的进度数据包括：① 以资源直方图表示的按时段资源需求；②备选的进度计划；③使用的进

度储备。

（4）项目日历。项目日历标明了可用于开展进度活动的时间段，包括具体的可用工作日和工作班次。

（5）变更请求。可能会对范围基准或项目管理计划提出变更请求。

（6）项目管理计划（更新）。项目管理计划中的进度管理计划和成本基准可能需要更新。

（7）项目文件（更新）。项目文件中的活动属性、假设日志、持续时间估算、经验教训登记册、资源需求、风险登记册可能需要更新。

4．制订进度计划的工具与技术主要有进度网络分析、关键路径法、资源优化、数据分析、提前量和滞后量、进度压缩、计划评审技术、项目管理信息系统和敏捷或适应型发布规划九项。

（1）进度网络分析。进度网络分析是创建项目进度模型的一种综合技术。

（2）关键路径法。关键路径是项目中时间最长的活动顺序，决定着可能的项目最短工期。可以使用关键路径法在进度模型中估算项目最短工期，确定路径的进度灵活性。

关键路径法有两个规则：第一个规则是某项活动的最早开始时间必须相同或晚于指向这项活动的最早结束时间中的最晚时间；第二个规则是某项活动的最迟结束时间必须相同或早于该活动指向的所有活动最迟开始时间的最早时间。

根据这两个规则，就可以对活动的最早完工时间进行计划。计算方法为通过正向计算，也就是从第一个活动到最后一个活动，计算出最早完工时间，具体步骤分五步：①从网络图始端向终端计算；②第一个活动的开始为项目开始；③活动完成时间为开始时间加持续时间；④后续活动的开始时间根据前置活动的时间和搭接时间而定；⑤多个前置活动存在时，根据最迟活动时间来定。

同样根据这两个规则，通过反向计算，也就是从最后一个活动到第一个活动，就可以计算出最晚完工时间，具体步骤同样分五步：①从网络图终端向始端计算；②最后一个活动的完成时间为项目完成时间；③活动开始时间为完成时间减持续时间；④前置活动的完成时间根据后续活动的时间和搭接时间而定；⑤多个后续活动存在时，根据最早活动时间来定。

由此可见，关键路径法并不考虑任何资源的限制，只是通过正向和反向计算，计算所有活动的最早开始、最早结束、最晚开始和最晚完成日期。

总浮动时间是指在任一网络路径上，在不延误项目完成日期或违反进度制约因素的前提下，进度活动可以从最早开始日期推迟或拖延的时间。总浮动时间的计算方法为：本活动的最迟完成时间减去本活动的最早完成时间，或本活动的最迟开始时间减去本活动的最早开始时间。最长路径的总浮动时间通常为零。

自由浮动时间是指在不延误任何紧后活动的最早开始日期或不违反进度制约因素的前提下，某进度活动可以推迟的时间量。自由浮动时间的计算方法为：紧后活动最早开始时间的最小值减去本活动的最早完成时间。

（3）资源优化。资源优化技术根据资源供需情况调整进度模型，具体而言，资源优化调整活动的开始和完成日期，从而实现调整计划使用的资源，确保等于或少于可用资源。资源优化技术包括资源平衡和资源平滑两类技术：「★案例记忆点★」

1）资源平衡。资源平衡的目的是在资源需求与资源供给之间取得平衡，所以会根据资源制约因素对开始日期和完成日期进行调整。资源平衡往往导致关键路径改变，通常是延长关键路径。

2）资源平滑。资源平滑主要对进度模型中的活动进行调整，尽量使项目资源需求不超过预定的资源限制。资源平滑不会改变项目的关键路径，所以完工日期不会延迟，因为资源平滑主要是对活动的自由浮动时间和总浮动时间进行调整，这样资源平滑技术就可能无法实现所有资源的优化。

（4）数据分析。数据分析技术包括假设情景分析和模拟两种技术：

1）假设情景分析是对各种情景进行评估，预测它们对项目目标积极或消极的影响，之后根据预测结果评估进度计划的可行性。

2）模拟把单个项目风险和不确定性的其他来源模型化，从而评估它们对项目目标的潜在影响。蒙特卡洛分析是最常见的模拟技术，利用风险和其他不确定资源计算项目可能的进度结果。

（5）提前量和滞后量。提前量是在条件许可情况下提早开始紧后活动；滞后量是在限制条件下，在紧前活动和紧后活动之间增加一段不需要工作或资源的时间。

（6）进度压缩。进度压缩是指在不缩减项目范围前提下缩短或加快进度工期。进度压缩技术包括赶工和快速跟进两种：「★案例记忆点★」

1）赶工通过增加资源，以最小的成本代价压缩进度工期。赶工的例子包括：批准加班、增加额外资源、支付加急费用来加快关键路径上的活动。赶工只适用可以通过增加资源就能缩短持续时间且位于关键路径上的活动，赶工有可能导致风险和成本的增加。

2）快速跟进将正常情况下顺序进行的活动或阶段改为并行开展。快速跟进可能造成返工和风险增加，只适合能通过并行活动来缩短关键路径的情况。

（7）计划评审技术。计划评审技术（PERT）又称三点估算技术，可以估计项目在某个时间内完成的概率。平均估算值的计算公式为：(最可能持续时间 ×4+ 最乐观 + 最悲观)/6，标准差的计算公式为：(最悲观 − 最乐观)/6，根据正态分布，±1 个标准差范围内的概率为 68%，±2 个标准差范围内的概率为 95%，±3 个标准差范围内的概率为 99%，如图 12-5 所示。

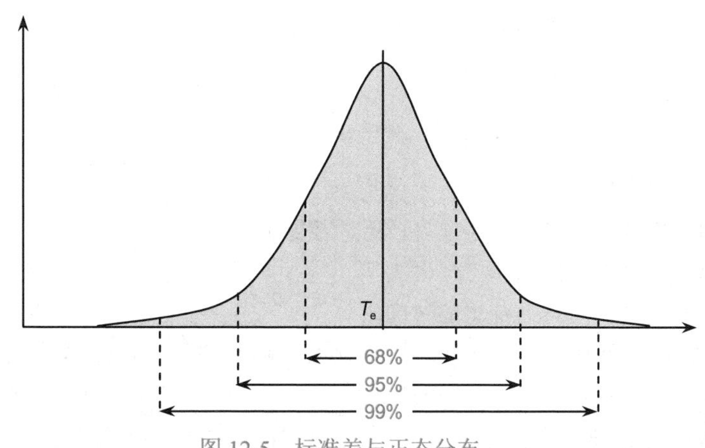

图 12-5 标准差与正态分布

（8）项目管理信息系统。项目管理信息系统中的进度计划软件可以加快进度计划编制过程。

（9）敏捷或适应型发布规划。敏捷或适应型发布规划提供了高度概括的3～6个月的发布时间轴，同时还确定了迭代冲刺次数。

备考点拨

本考点学习难度星级：★★★（困难），考试频度星级：★★★（高频）。

本考点考查制订进度计划的输入、输出、工具与技术。

有了前面的活动定义、活动排序、活动持续时间之后，就可以根据这些信息来制订进度计划了，所以进度管理前面多个过程的输出，都会放在项目文件中，会成为这个过程的输入，比如包含进度管理计划和范围基准的项目管理计划（输入），比如包含12项内容的项目文件（输入）。

制订完成进度计划之后，自然就会输出项目进度计划（输出），除此之外，还会形成进度基准（输出）和进度数据（输出），同样也可以把相关的计划信息放进日历中形成项目日历（输出），供项目成员参考。

进度计划的制订可以使用关键路径法（技术）或者计划评审技术（技术）来编制，在编制的过程中，有可能因为资源问题需要做资源优化（技术），还可能因为进度问题需要做进度压缩（技术）。

考题精练

1．某项目的工期为15天，标准差为5天，则20天内完成该项目的概率为（　　）。

A．68%　　B．97%　　C．84%　　D．93%

【答案&解析】答案为C。一个标准差范围内的概率是68%，两个标准差范围内的概率是95%，三个标准差范围内的概率是99%。根据题意可知是在一个标准差范围内，所以概率是50%+68%/2=84%。

2．关于制订进度计划过程的描述，不正确的是（　　）。

A．制订进度计划需要使用范围基准

B．制订进度计划过程的主要作用是制订进度模型

C．项目团队派工单是制订进度计划过程的输出

D．资源日历是制订进度计划过程的输入

【答案&解析】答案为C。项目团队派工单是制订进度计划过程的输入。

3．关于项目日历的描述，不正确的是（　　）。

A．一个项目只需一个项目日历来编制项目进度计划

B．项目进度计划可能需要对项目日历进行更新

C．项目日历规定工作日和工作班次

D．项目日历明确可开展活动的时间段

【答案&解析】答案为A。在一个进度模型中，可能需要用不止一个项目日历来编制项目进度计划，因为有些活动需要不同的工作时段。

4．估算"编写中项试卷"任务的工期时，乐观时间为3天，最可能时间为5天，悲观时间为

7 天，估算法计算该任务的工期为（　　）天，标准差为（　　）天。

A．5　0.33　　B．5　0.67　　C．4　0.33　　D．4　0.67

【答案 & 解析】答案为 B。期望持续时间 =(最乐观 +4× 最可能 + 最悲观)/6=(3+4×5+7)/6=5，标准差 =(最悲观 − 最乐观)/6= (7−3)/6=0.67。

5．项目经理小张在分析项目绩效时，发现几个模块的开发工作无法按时完成，导致测试工作也无法按时启动，但是目前项目成本已经超支，客户的交付时间也不可更改，小张于是和项目组讨论，开发全部完成前提前开始部分测试工作，确保项目按期交付。此处小张运用的进度管理技术是（　　）。

A．资源平衡　　B．资源平滑　　C．快速跟进　　D．赶工

【答案 & 解析】答案为 C。快速跟进是一种进度压缩技术，将正常情况下按顺序进行的活动或阶段改为至少是部分并行开展。

6．某项目各活动的先后顺序及工作时间如下表所示，活动 B 和 E 的三个数值为三点估算值，则该项目的总工期为（　　）月。

活动	紧前活动	工期 / 月
A	—	2
B	A	3,4,5
C	B	3
D	C	4
E	D	2,8,14
F	E	3

A．21　　B．22　　C．23　　D．24

【答案 & 解析】答案为 D。首先通过三点估算求解 B 和 E 的期望工期，之后找出关键路径是 ABCDEF，所以总工期是 24 个月。

7．关于关键路径的描述，不正确的是（　　）。

A．关键路径决定着可能的项目最短工期

B．关键路径是项目中时间最长的活动顺序

C．进度网络图中只有一条关键路径

D．在项目进展过程中关键路径在不断变化

【答案 & 解析】答案为 C。进度网络图中可能有多条关键路径。

8．关于项目进度管理计划的描述，不正确的是（　　）。

A．进度管理计划确定了资源估算的可接受区间

B．进度管理计划规定了用于项目的进度规划方法

C．进度管理计划是项目管理计划的组成部分

D．进度管理计划必须是正式且详细的

【答案 & 解析】答案为D。进度管理计划可以是正式的，可以是非正式的，可以是详细的，也可以是概括的。

9.（　　）不属于项目进度计划的图形表示方式。

A．横道图　　B．矩阵图　　C．项目进度网络图　　D．里程碑图

【答案 & 解析】答案为B。项目进度计划可以采用的图形方式包括：①横道图；②里程碑图；③项目进度网络图。这道题很简单，矩阵图怎么可能来表示计划呢？

成本管理计划

【考点 120】规划成本管理的输入、输出、工具与技术

考点精华

规划成本管理是确定如何估算、预算、管理、监督和控制项目成本的过程，本过程的主要作用是在整个项目期间为如何管理项目成本提供指南和方向。

1．规划成本管理的输入主要有项目章程、项目管理计划、事业环境因素和组织过程资产四项。

（1）项目章程。项目章程规定了预先批准的财务资源，所以可以结合项目章程确定项目成本。

（2）项目管理计划。项目管理计划中的进度管理计划和风险管理计划可用来规划成本管理。

（3）事业环境因素。

（4）组织过程资产。

2．规划成本管理的输出主要有成本管理计划一项。

成本管理计划是项目管理计划的组成部分，描述将如何规划、安排和控制项目成本。成本管理计划包括：

（1）计量单位：每种资源的计量单位。

（2）精确度：成本估算向上或向下取整的范围程度。

（3）准确度：活动成本估算的可接受的区间，可包括一定数量的应急储备。

（4）控制临界值：偏差临界值是在采取某种措施前允许出现的最大差异，通常用偏离基准计划的百分数表示。

（5）绩效测量规则：规定用于绩效测量的挣值管理（EVM）规则。

（6）报告格式：规定成本报告的格式和编制频率。

（7）组织程序链接：控制账户会和组织的财务系统及制度相联系。

（8）其他细节：成本管理活动的其他细节。

3．规划成本管理的工具与技术主要有专家判断、数据分析和会议三项。

（1）专家判断。征求具备专业知识或接受过相关培训的个人或小组意见。

（2）数据分析。数据分析的备选方案分析技术描述了审查筹资的战略方法以及筹集项目资源的方法。

（3）会议。项目团队可以召开规划会议制订成本管理计划。

备考点拨

本考点学习难度星级：★☆☆（简单），考试频度星级：★★☆（中频）。

本考点考查规划成本管理的主要输入和输出。工具与技术考纲做了淡化，但是以防万一，本书依然放在考点精华中供参考。

想要规划成本管理，一方面需要参考项目章程（输入）中列出的预算信息，另一方面需要参考项目管理计划（输入）中的进度管理计划和风险管理计划，因为赶进度和灭风险是需要花费成本的。

规划成本管理过程的输出自然是成本管理计划，关于成本管理计划中包含的八项内容需要了解，比如其中控制临界值的概念。

考题精练

1．成本管理计划的内容不包括（　　）。

A．成本基准　　B．测量单位　　C．控制临界值　　D．挣值规则

【答案 & 解析】答案为 A。在成本管理计划中一般需要规定计量单位、精确度、准确度、组织程序链接、控制临界值、绩效测量规则、报告格式和其他细节等。成本管理计划是规划成本管理过程的输出，成本基准属于制订预算过程的输出。

2．关于规划成本管理的描述，不正确的是（　　）。

A．成本管理计划可以是正式的，也可以是非正式的

B．项目章程是项目成本管理计划制订的输入

C．规划成本管理的工作在项目计划阶段的早期进行

D．自下而上估算是规划成本管理的工具与技术

【答案 & 解析】答案为 D。自下而上估算是估算成本所采用的技术与工具，规划成本管理的工具与技术主要有专家判断、数据分析和会议三项。

3．关于规划成本管理的描述，不正确的是（　　）。

A．执行项目成本管理的第一个过程，是项目管理团队制订项目成本管理计划

B．项目成本基准在成本管理计划中记录

C．成本管理计划中制订了项目成本结构、估算、预算和控制的标准

D．规划成本管理的结果是生成成本管理计划

【答案 & 解析】答案为 B。成本基准是“制订预算”过程的输出，不应记录在成本管理计划中。

【考点 121】估算成本的输入、输出、工具与技术

考点精华

估算成本是对完成项目工作所需资源成本进行近似估算的过程。本过程的主要作用是确定项目所需的资金。成本估算是对完成活动所需资源可能成本进行的量化评估，是在某个时点根据已知信息所做出的成本预测。本估算可在活动层级呈现，也可以通过汇总形式呈现。通常用某种货币单位进行成本估算，也可采用其他计量单位，比如人时数或人天数，能够消除通货膨胀的影响，便于成本比较。

1．估算成本的输入主要有项目管理计划、项目文件、事业环境因素和组织过程资产四项。

（1）项目管理计划。项目管理计划中的成本管理计划、质量管理计划和范围基准可以用来估算成本。

（2）项目文件。项目文件中的风险登记册、经验教训登记册、资源需求、项目进度计划可作为估算成本过程的输入。

（3）事业环境因素。

（4）组织过程资产。

2．估算成本的输出主要有成本估算、估算依据和项目文件（更新）三项。

（1）成本估算。成本估算包括完成项目工作需要的成本和应对已识别风险的应急储备。成本估算应覆盖项目的全部资源，包括直接人工、材料、设备、服务、设施、信息技术以及特殊成本种类，如融资成本利息、通货膨胀补贴、汇率或成本应急储备。

（2）估算依据。估算依据作为支持性文件，应该清晰、完整地说明成本估算如何得出。

（3）项目文件（更新）。项目文件中的假设日志、经验教训登记册和风险登记册可能需要更新。

3．估算成本的工具与技术主要有专家判断、类比估算、参数估算、自下而上估算、三点估算、数据分析、项目管理信息系统和决策八项。

（1）专家判断。征求具备专业知识或接受过相关培训的个人或小组的意见。

（2）类比估算。成本类比估算使用以往类似项目的参数值或属性来估算。

（3）参数估算。参数估算的准确性取决于参数模型的成熟度和基础数据的可靠性。

（4）自下而上估算。自下而上估算的准确性取决于单个活动或工作包的规模或其他属性。

（5）三点估算。使用三种估算值（最乐观成本 C_o、最可能成本 C_m、最悲观成本 C_p）来计算预期成本 C_e。如果三个估算值服从三角分布，则：$C_e=(C_o+C_m+C_p)/3$；如果三个估算值服从 β 分布，则：$C_e=(C_o+4C_m+C_p)/6$。

（6）数据分析。数据分析技术包括备选方案分析、储备分析和质量成本。

1）备选方案分析。备选方案分析对已识别的可选方案进行评估，决定选择哪种方案来执行项目工作。

2）储备分析。成本估算中的应急储备是为了应对成本的不确定性，应急储备是成本基准的一部分，也是项目整体资金需求的一部分。

3）质量成本。在估算时可能用到质量成本的各种假设，包括对不同情况进行评估。

（7）项目管理信息系统。项目管理信息系统的电子表单、模拟软件以及统计分析工具，用来辅助成本估算。

（8）决策。用于估算成本的决策技术是投票。

备考点拨

本考点学习难度星级：★★☆（适中），考试频度星级：★★★（高频）。

本考点考查估算成本的主要输入和输出。工具与技术考纲做了淡化，但是以防万一，本书依然放在考点精华中供参考。

对成本的估算，离不开成本管理计划的指导，而估算的对象离不开范围基准，同时如果对质量要求更高，那么成本也会水涨船高，所以需要参考质量管理计划，成本管理计划、范围基准和质量管理计划所属的项目管理计划（输入）就成为本过程的输入之一，另外包含经验教训登记册、项目进度计划、资源需求和风险登记册的项目文件（输入）也是本过程的输入之一，因为经验教训能够帮助进行成本估算，进度、资源和风险都会影响到成本。

成本估算过程的输出自然可以想到是成本估算（输出）以及描述具体如何估算的估算依据（输出）。

考题精练

1．关于估算成本的描述，不正确的是（　　）。

A．估算的准确性随着项目的进展而提高

B．针对项目使用的所有资源来估算活动成本

C．项目成本的估算一般以资源占有率来表示

D．成本估算需要考虑风险应对方面的信息

【答案 & 解析】答案为C。成本估算一般以货币单位（人民币、美元、欧元等）表示，从而方便地在项目内和项目间比较，但有时也可采用其他计量单位，如人时数或人天数，以消除通货膨胀的影响，便于成本比较。

2．项目经理对某应用软件开发项目进行成本估算，属于类比估算的是（　　）。

A．将该项目与之前完成的类似软件开发项目进行比较

B．依靠项目经理的个人经验进行成本估算

C．参考行业平均成本来估算项目成本

D．随意估算并添加一定的储备金以应对不确定因素

【答案 & 解析】答案为A。类比估算是一种使用相似活动或项目的历史数据，来估算当前活动或项目的持续时间或成本的技术。

3．Estimate Costs is the process of developing an approximation of the（　　）resources needed to complete.

A．monetary　　B．material　　C．human　　D．hardware

【答案 & 解析】答案为A。估算成本是开发完成所需（　　）资源的近似过程。

A．货币　B．材料　C．人类　D．硬件

4．项目估算成本的输出，不包括（　　）。

A．成本估算　　B．估算依据　　C．范围基准　　D．项目文件更新

【答案 & 解析】答案为C。估算成本的输出主要有成本估算、估算依据和项目文件更新三项，范围基准是估算成本过程的输入。

5．在制订预算的过程中，项目的总成本为100万元，项目团队把预算确定为95万元，这种估算为（　　）。

A．概率估算　　B．确定性估算　　C．粗略量级估算　　D．自下而上估算

【答案 & 解析】答案为B。从题干中看不到概率的影子，也找不到自下而上的痕迹，更看不出来粗略，所以只能是确定性估算。确定性估算，也称为点估算，表示为一个数字或金额，如21天。

【考点 122】制订预算的输入、输出、工具与技术

成本基准

考点精华

制订预算是汇总所有单个活动或工作包的估算成本，建立经批准的成本基准的过程。本过程的主要作用是确定可以用来监督和控制项目绩效的成本基准。项目预算包括经批准的用于执行项目的全部资金，成本基准是经批准按时间段分配的项目预算，包括应急储备，但不包括管理储备。「★案例记忆点★」

1．制订预算的输入主要有项目管理计划、商业文件、项目文件、协议、事业环境因素和组织过程资产六项。

（1）项目管理计划。项目管理计划中的成本管理计划、资源管理计划和范围基准用于制订预算的输入。

（2）商业文件。商业论证、效益管理计划等商业文件可以作为制订预算过程的输入。

（3）项目文件。项目文件中的估算依据、成本估算、项目进度计划和风险登记册可作为制订预算过程的输入。

（4）协议。制订预算需要考虑采购产品、服务或成果的成本信息，这些可以在协议中找到。

（5）事业环境因素。影响制订预算的事业环境因素包括汇率等信息。

（6）组织过程资产。影响制订预算的组织过程资产包括：①政策、程序和指南；②历史信息和经验教训知识库；③成本预算工具；④报告方法等。

2．制订预算的输出主要有成本基准、项目资金需求和项目文件（更新）三项。

（1）成本基准。成本基准是经过批准、按时间段分配的项目预算，不包括任何管理储备，用作与实际结果进行比较的依据。只有通过正式的变更控制程序才能变更成本基准。

制订预算的步骤：首先汇总各项目活动的成本估算及其应急储备，可以得到工作包的成本；然后汇总各工作包的成本估算及其应急储备，可以得到控制账户的成本；接着再汇总各控制账户的成本，可以得到成本基准；最后，在成本基准之上增加管理储备，可以得到项目预算。「★案例记忆点★」

（2）项目资金需求。项目资金通常以增量、非均衡的方式投入，呈现阶梯状。如果有管理储备，则总资金需求等于成本基准加管理储备。

（3）项目文件（更新）。可能更新的项目文件包括：成本估算、项目进度计划和风险登记册。

3．制订预算的工具与技术主要有专家判断、成本汇总、数据分析、历史信息审核、资金限制平衡和融资。

（1）专家判断。可以征求具备专业知识或接受过相关培训的个人或小组的意见。

（2）成本汇总。先汇总成本估算到 WBS 中的工作包，再由工作包汇总到 WBS 的控制账户，最终得出项目总成本。

（3）数据分析。可以使用数据分析技术的储备分析来制订预算，管理储备应对“未知 - 未知”风险。管理储备不包括在成本基准中，但属于项目总预算和资金需求。

（4）历史信息审核。历史信息包含项目特征及参数，可以用于建立数学模型预测项目总预算。

（5）资金限制平衡。根据对项目资金的限制来平衡资金支出，如果资金限制与计划支出间存在差异，则需要调整工作进度计划，平衡资金支出水平。

（6）融资。融资是指为项目获取资金。

备考点拨

本考点学习难度星级：★★☆（适中），考试频度星级：★★★（高频）。

本考点考查制订预算的主要输入和输出。工具与技术考纲做了淡化，但是以防万一，本书依然放在考点精华中供参考。

制订预算时自然要参考成本管理知识域中的成本管理计划，除此之外预算和项目要做的范围息息相关，所以要参考范围基准，另外预算涉及的差旅费、人工成本等信息，可以在资源管理计划中找到，所以成本管理计划、范围基准和资源管理计划所隶属的项目管理计划（输入）就成了制订预算过程的输入。另外项目文件（输入）中的成本估算、估算依据、项目进度计划和风险登记册也可以作为制订预算时的参考。

制订预算过程完结时，就可以拿到项目资金需求（输出），同时还可以形成成本基准（输出）。要注意成本基准的构成，不包括管理储备，但是项目预算包含管理储备。

考题精练

1．Project managers typically can use project budge, except for（　　）.

A．management reserves　　B．contingency reserves

C．direct cost　　D．indirect cost

【答案 & 解析】答案为 A。项目经理通常可以使用项目预算，但（　　）除外。

A．管理储备　　B．应急储备　　C．直接成本　　D．间接成本

2．（　　）过程建立成本基准。

A．估算成本　　B．控制成本　　C．规划成本管理　　D．制订预算

【答案 & 解析】答案为 D。制订预算过程的输出包含成本基准。

3．用于项目制订预算的文件不包括（　　）。

A．项目资金需求　　B．效益管理计划　　C．WBS 词典　　D．项目进度计划

【答案 & 解析】答案为 A。项目资金需求是制订预算过程的输出。

4．（　　）is the process of developing an approximation of the cost of resources needed to complete project work.

A．Determine Budget　　B．Control Costs

C．Estimate Costs　　D．Plan Cost management

【答案 & 解析】答案为 A。（　　）是对完成项目工作所需资源成本近似估算的过程。

A．制订预算　　B．控制成本　　C．估算成本　　D．规划成本管理

5．项目预算与成本基准之间的差额是（　　）。

A．应急储备　　B．应付未付的成本

C．管理储备　　D．应收未收的收入

【答案 & 解析】答案为 C。项目预算 = 成本基准＋管理储备，一定要记住。

【考点123】规划质量管理的输入、输出、工具与技术

质量成本

考点精华

规划质量管理是识别项目及其可交付成果的质量要求和标准，并书面描述项目将如何证明符合质量要求、标准的过程。本过程的主要作用是为在整个项目期间如何管理和核实质量提供指南和方向。

1．规划质量管理的输入主要有项目章程、项目管理计划、项目文件、事业环境因素和组织过程资产五项。

（1）项目章程。项目章程包含影响项目质量管理的项目审批要求、可测量的项目目标和相关的成功标准。

（2）项目管理计划。项目管理计划中的需求管理计划、风险管理计划、干系人参与计划和范围基准可以用于规划质量管理的输入。

（3）项目文件。项目文件中的假设日志、需求文件、需求跟踪矩阵、风险登记册和干系人登记册可以用于规划质量管理过程的输入。

（4）事业环境因素。

（5）组织过程资产。

2．规划质量管理的输出主要有质量管理计划、质量测量指标、项目管理计划（更新）和项目文件（更新）四项。

（1）质量管理计划。质量管理计划描述如何实施适用的政策、程序和指南以实现质量目标。应该在项目早期就对质量管理计划进行评审。

质量管理计划包括：①项目采用的质量标准；②项目的质量目标；③质量角色与职责；④需要质量审查的项目可交付成果和过程；⑤为项目规划的质量控制和质量管理活动；⑥项目使用的质量工具；⑦与项目有关的主要程序。「★案例记忆点★」

（2）质量测量指标。质量测量指标用于验证质量的符合程度。

（3）项目管理计划（更新）。可能需要更新风险管理计划和范围基准。

（4）项目文件（更新）。可能更新的项目文件包括：经验教训登记册、需求跟踪矩阵、风险登记册、干系人登记册。

3．规划质量管理的工具与技术主要有专家判断、数据收集、数据分析、决策、数据表现、测试与检查的规划和会议七项。

（1）专家判断。可以征求具备专业知识或接受过相关培训的个人或小组意见。

（2）数据收集。数据收集技术包括标杆对照、头脑风暴和访谈三项。

1）标杆对照：标杆可以来自组织内部或外部，或者来自同一应用领域或者其他应用领域。

2）头脑风暴：通过头脑风暴可以向团队成员或主题专家收集有助于规划质量管理的数据。

3）访谈：访谈有助于了解对质量的隐性和显性需求，应在信任和保密的环境下开展访谈，以获得真实可信、不带偏见的反馈。

（3）数据分析。数据分析技术包括成本效益分析和质量成本两项。

1）成本效益分析用来估算备选方案的优势和劣势，从而确定创造最佳效益的备选方案。满足质量要求的效益包括减少返工、提高生产率、降低成本、提升干系人满意度及提升赢利能力。

2）与项目有关的质量成本（COQ）包含以下成本（图 12-6）：①预防成本。预防质量低劣带来的成本。②评估成本。评估、测量、审计和测试所带来的成本。③失败成本（内部 / 外部）。因产品、可交付成果或服务与干系人期望不一致导致的成本。「★案例记忆点★」

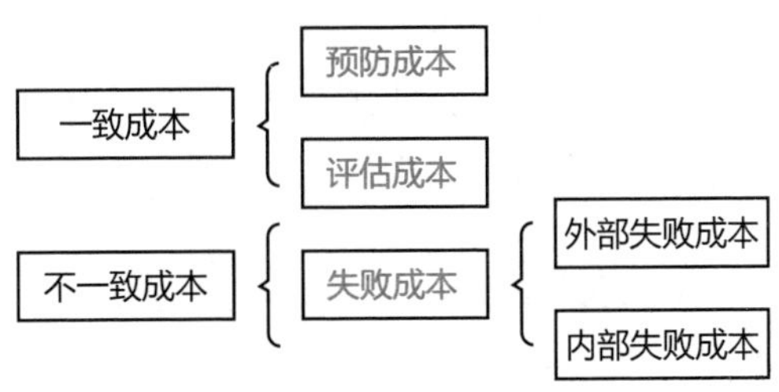

图 12-6　质量成本分类

（4）决策。类似优先矩阵这样的多标准决策分析工具可用于识别关键事项和合适的备选方案，并决策排列出备选方案的优先顺序。

（5）数据表现。数据表现技术包括流程图、逻辑数据模型、矩阵图和思维导图。

1）流程图有助于了解和估算过程的质量成本，通过工作流的逻辑分支及频率来估算质量成本，这些逻辑分支细分为需要开展的一致性工作和非一致性工作。

2）逻辑数据模型把组织数据可视化，用业务语言加以描述，不依赖任何特定技术。

3）矩阵图在行列交叉的位置展示因素、原因和目标之间的强弱关系，有助于识别对项目成功重要的质量测量指标。

4）思维导图：思维导图有助于快速收集项目质量要求、制约因素、依赖关系和联系。

（6）测试与检查的规划。在规划阶段，项目团队决定如何测试或检查产品、可交付成果或服务，以满足干系人的需求和期望。

（7）会议。项目团队可召开规划会议来制订质量管理计划。

备考点拨

本考点学习难度星级：★★☆（适中），考试频度星级：★★☆（中频）。

本考点考查规划质量管理的主要输入、输出、工具与技术。

质量和具体的需求直接相关，而且干系人会对质量提出要求，风险也会影响质量，所以项目管理计划（输入）中的需求管理计划、风险管理计划、干系人参与计划和范围基准可以用于规划质量管理的参考。与此相对应的项目文件（输入）中的需求文件、风险登记册、干系人登记册、需求跟踪矩阵和假设日志，也可以用于规划质量管理的参考。

规划质量管理的输出，除了明显的质量管理计划（输出）之外，还有质量测试指标，可以通过指标判断质量好坏以及相应的偏差。

规划质量管理，首先需要通过访谈、头脑风暴、标杆对照等做好数据收集（技术）工作，数据收集到之后要分析质量成本、分析成本效益，这属于数据分析（技术），分析结果可以通过流程图、矩阵图、思维导图和逻辑数据模型的数据表现（技术）方式展现出来，另外还要针对性的做测试与检查的规划（技术），最终针对规划质量管理做相关的决策（技术）。

考题精练

1.（　　）不属于规划质量管理过程的输入。

A．质量测量指标　B．需求文件　C．范围基准　D．干系人参与计划

【答案 & 解析】答案为A。规划质量管理的输入主要有项目章程、项目管理计划、项目文件、事业环境因素和组织过程资产五项，质量测量指标是其输出。

2．与项目有关的质量成本（COQ）包含以下一种或多种成本：（　　）、评估成本、失败成本（内部 / 外部）。

A．纠错成本　B．开发成本　C．测试成本　D．预防成本

【答案 & 解析】答案为D。质量成本也是经常被考到的考点，经常会考质量成本的不同分类，这道题考查的是质量成本包含的内容。与项目有关的质量成本（COQ）包含以下一种或多种成本：①预防成本。预防特定项目的产品、可交付成果或服务质量低劣所带来的成本；②评估成本。评估、测量、审计和测试特定项目的产品、可交付成果或服务所带来的成本；③失败成本（内部 / 外部）。因产品、可交付成果或服务与干系人需求或期望不一致而导致的成本。

【考点124】规划资源管理的输入、输出、工具与技术

资源管理计划

考点精华

规划资源管理是定义如何估算、获取、管理和利用团队以及实物资源的过程。本过程的主要作用是根据项目类型和复杂程度确定适合项目资源的管理方法和程度。

1．规划资源管理的输入主要有项目章程、项目管理计划、项目文件、事业环境因素和组织过程资产五项。

（1）项目章程。项目章程提供项目的高层级描述和要求、影响项目资源管理的关键干系人名单、里程碑概况以及预先批准的财务资源。

（2）项目管理计划。项目管理计划中的质量管理计划和范围基准可作为规划资源管理的输入。

（3）项目文件。项目文件中的需求文件、项目进度计划、风险登记册、干系人登记册可作为规划资源管理的输入。

（4）事业环境因素。

（5）组织过程资产。

2．规划资源管理的输出主要有资源管理计划、团队章程和项目文件（更新）三项。

（1）资源管理计划。资源管理计划提供了关于如何分类、分配、管理和释放项目资源的指南。资源管理计划分为团队管理计划和实物资源管理计划。

资源管理计划的内容主要包括：①识别资源：识别和量化项目所需的团队和实物资源的方法。②获取资源：如何获取所需的团队和实物资源的指南。③角色与职责：角色是项目中承担或分配的职务；职权是使用资源、做出决策、签字批准、验收可交付成果的权力。职责是必须履行的职

责和工作。能力是须具备的技能和才干。④项目组织图：以图形方式展示项目团队成员及其报告关系。⑤项目团队资源管理：如何定义、配备、管理和遣散团队资源的指南。⑥培训：项目成员的培训策略。⑦团队建设：建设项目团队的方法。⑧资源控制：确保实物资源充足及优化实物资源采购的方法。⑨认可计划：给予哪些以及何时给予团队成员认可和奖励。「★案例记忆点★」

（2）团队章程。团队章程包括团队价值观、沟通指南、决策标准和过程、冲突处理过程、会议指南和团队共识。团队章程确定了成员的可接受行为，有助于减少误解，提高生产力；由团队参与制订的团队章程可发挥最佳效果。

（3）项目文件（更新）。需要更新的项目文件包括假设日志和风险登记册。

3．规划资源管理的工具与技术主要有专家判断、数据表现、组织理论和会议四项。

（1）专家判断。可以征求具备专业知识或接受过相关培训的个人或小组意见。

（2）数据表现。层级型可用于表示高层级角色，文本型适合记录详细职责。「★案例记忆点★」

1）层级型。层级型使用组织结构图，自上而下地显示各种职位及其关系。一共有WBS、OBS、RBS三种层级类型，分别是：①工作分解结构（WBS）用来显示如何把项目可交付成果分解为工作包；②组织分解结构（OBS）是按照组织现有的部门、单元或团队排列，并在每个部门下列出项目活动或工作包；③资源分解结构（RBS）是按资源类别和类型，对团队和实物资源的层级列表。

2）矩阵型。矩阵型展示项目资源在各个工作包中的任务分配。职责分配矩阵（RAM）就是矩阵型图表的代表，RAM的例子是RACI（执行、负责、咨询和知情）矩阵，用于说明工作包或活动与成员之间的关系。

3）文本型。可以使用文本型详细描述团队成员的职责，文本型文件提供了诸如职责、职权、能力和资格等方面的信息。

（3）组织理论。有效利用组织理论中的常用技术，可以节约规划资源管理过程的时间、成本及人力投入，提高规划工作效率。

（4）会议。项目团队通过召开会议来规划项目资源管理。

备考点拨

本考点学习难度星级：★☆☆（简单），考试频度星级：★★☆（中频）。

本考点考查规划资源管理的主要输入、输出、工具与技术。

对质量的高低要求会影响资源的选择，而资源的投入是为了实现范围要求，所以规划资源管理过程可以参考项目管理计划（输出）中的质量管理计划和范围基准。另外可以查看进度计划获取需要特定资源的时间，查看需求文件获取不同需求需要的资源种类及数量，查看风险登记册获取应对风险的资源规划信息，查看干系人登记册获取可能的资源信息。这些资料均在项目文件（输出）中呈现。

规划资源管理的输出，除了资源管理计划之外，还有团队章程。要留意团队章程是在规划资源管理过程中输出的，而不是在后续的管理或建设团队输出。

资源管理的规划，可以通过层级型、矩阵型或文本型的数据表现（技术）来最终呈现。

考题精练

1．关于编制资源管理计划的描述，不正确的是（　　）。

A．在项目结束和收尾阶段，项目资源管理计划不可修改

B．编制项目资源管理计划需考虑与项目成本、进度、风险、质量及其他因素间的相互影响

C．编制项目资源管理计划过程与沟通计划编制过程紧密联系

D．通常在项目最初阶段编制项目资源管理计划

【答案 & 解析】答案为A。项目资源管理计划可以根据情况进行修改。

2．项目资源管理中，（　　）不适合用来直接表示项目汇报关系。

A．层级型组织分解结构格式　　B．资源分解结构

C．矩阵型格式　　D．文本型格式

【答案 & 解析】答案为B。组织结构图用图形表示项目汇报关系。最常用的有层次型OBS结构、矩阵型结构、文本格式角色描述三种。

3．关于编制项目资源管理计划描述，正确的是（　　）。

A．项目资源管理计划应保持稳定，不应当在项目的整个生命周期中进行经常性地复查

B．为了利于管理，任务、职责和汇报关系必须具体分配到团队

C．如果项目资源管理计划不再有效，应当立即修正

D．在大多数项目中，编制项目资源管理计划过程贯穿于项目的各个阶段

【答案 & 解析】答案为C。在大多数项目中，编制项目资源管理计划过程主要作为项目最初阶段的一部分。但是，这一过程的结果应当在项目的整个生命周期中进行经常性地复查，以保证它的持续适用性。如果最初的项目资源管理计划不再有效，就应当立即修正。

【考点 125】估算活动资源的输入、输出、工具与技术

考点精华

估算活动资源是估算项目所需团队资源，以及材料、设备和用品的类型和数量的过程。本过程的主要作用是明确完成项目所需的资源种类、数量和特性。

1．估算活动资源的输入主要有项目管理计划、项目文件、事业环境因素和组织过程资产四项。

（1）项目管理计划。项目管理计划中的范围基准、资源管理计划可作为估算活动资源输入。

（2）项目文件。项目文件中的假设日志、风险登记册、活动属性、活动清单、成本估算、资源日历可作为估算活动资源的输入。

（3）事业环境因素。

（4）组织过程资产。

2．估算活动资源的输出主要有资源需求、估算依据、资源分解结构和项目文件（更新）四项。

（1）资源需求。资源需求识别各个工作包或工作包中活动所需的资源类型和数量，通过汇总活动需求，可以得到工作包、WBS 分支及项目所需的资源。

（2）估算依据。估算依据应清晰完整说明资源估算是如何得出的。

（3）资源分解结构。资源分解结构是资源按照类别和类型进行的层级展现。

（4）项目文件（更新）。项目文件中的假设日志、活动属性、经验教训登记册可能需要更新。

3．估算活动资源的工具与技术主要有专家判断、自下而上估算、类比估算、参数估算、数据分析、项目管理信息系统和会议七项。

（1）专家判断。可以征求具备相关专业知识或接受过相关培训的个人或小组意见。

（2）自下而上估算。自下而上估算首先对团队和实物资源在活动级别上估算，然后汇总成工作包、控制账户和总体项目层级上的估算。

（3）类比估算。类比估算将以往类似项目的资源相关信息作为估算未来项目的基础。

（4）参数估算。参数估算基于历史数据和项目参数，使用某种算法或历史数据与其他变量之间的统计关系，来计算活动所需的资源数量。

（5）数据分析。数据分析用的是备选方案分析。备选方案分析对可选方案进行评估，用来决定选择哪种方案来执行项目工作。

（6）项目管理信息系统。项目管理信息系统的资源管理软件有助于规划、组织与管理资源库，以及编制资源估算。

（7）会议。项目经理和职能经理举行规划会议估算每项活动所需的资源。

备考点拨

本考点学习难度星级：★☆☆（简单），考试频度星级：★★☆（中频）。

本考点考查估算活动资源的主要输入和输出。工具与技术考纲做了淡化，但是以防万一，本书依然放在考点精华中供参考。

估算活动资源时需要参考资源管理计划和范围基准，因为范围决定了具体的资源需求，这两者都可以在项目管理计划（输入）中找到。另外项目文件（输入）中的活动属性、活动清单、假设日志、成本估算、资源日历和风险登记册都会影响到具体的活动资源估算。

估算活动资源完成时，可以拿到资源需求（输出），对资源的需求可以形成资源分解结构（输出），同时还需要有配套的估算依据（输出）。

考题精练

1．估算活动资源的输出不包括（　　）。

A．资源需求　　B．资源分解结构　　C．资源日历　　D．估算依据

【答案 & 解析】答案为 C。估算活动资源的输出主要有资源需求、估算依据、资源分解结构和项目文件（更新）四项。

三种沟通方法

【考点 126】规划沟通管理的输入、输出、工具与技术

考点精华

规划沟通管理是基于干系人的信息需求、可用的组织资产，以及项目需求，为项目沟通活动制订恰当的方法和计划的过程。规划沟通管理过程的作用有三点，分别是：①及时向干系人提供相关信息；②引导干系人有效参与项目；③编制书面沟通计划。

1．规划沟通管理的输入主要有项目章程、项目管理计划、项目文件、事业环境因素和组织过程资产五项。

（1）项目章程。项目章程中的主要干系人清单，包含与干系人角色及职责有关的信息。

（2）项目管理计划。项目管理计划中的资源管理计划和干系人参与计划可用于规划沟通管理的输入。

（3）项目文件。项目文件中的需求文件和干系人登记册可作为规划沟通管理的输入。

（4）事业环境因素。

（5）组织过程资产。

2．规划沟通管理的输出主要有沟通管理计划、项目管理计划（更新）和项目文件（更新）三项。

（1）沟通管理计划。沟通管理计划描述如何规划、结构化、执行与监督项目沟通，以提高沟通的有效性。

沟通管理计划包括：①干系人的沟通需求；②需沟通的信息；③上报步骤；④发布信息的原因；⑤发布所需信息、确认已收到或作出回应的时限和频率；⑥负责沟通相关信息的人员；⑦负责授权保密信息发布的人员；⑧接收信息的人员或群体，包括他们的需求和期望；⑨用于传递信息的方法或技术；⑩为沟通活动分配的资源；⑪随项目进展更新与优化沟通管理计划的方法；⑫通用术语表；⑬项目信息流向图、工作流程、报告清单和会议计划；⑭来自法律法规、技术、组织政策等的制约因素。「★案例记忆点★」

（2）项目管理计划（更新）。项目管理计划中的干系人参与计划可能需要更新。

（3）项目文件（更新）。项目文件中的干系人登记册和项目进度计划可能需要更新。

3．规划沟通管理的工具与技术主要有专家判断、沟通需求分析、沟通技术、沟通模型、沟通方法、人际关系与团队技能、数据表现和会议八项。

（1）专家判断。可以征求具备专业知识或接受过相关培训的个人或小组的意见。

（2）沟通需求分析。分析干系人的信息沟通需求，包括信息类型、格式和价值。

（3）沟通技术。影响沟通技术选择的因素包括：信息需求紧迫性、技术可用性与可靠性、易用性、项目环境、信息敏感性和保密性。

（4）沟通模型。沟通模型可以是基本的线性沟通，也可以是增加反馈元素的互动沟通，甚至是融合人性因素的复杂沟通模型。

（5）沟通方法。沟通方法包括互动沟通、推式沟通和拉式沟通三种：「★案例记忆点★」

1）互动沟通是指通过会议、电话、即时信息、社交媒体和视频会议的沟通。

2）推式沟通是向特定接收方发送或发布信息，比如信件、备忘录、报告、电子邮件、传真、语音邮件、博客和新闻稿等。

3）拉式沟通要求接收方自行访问相关内容，适用大量复杂信息或大量信息受众的情况，比如门户网站、组织内网、电子在线课程、经验教训数据库或知识库。

可以采用五种方法实现沟通需求，分别是人际沟通、小组沟通、公众沟通、大众传播、网络和社交工具沟通。

（6）人际关系与团队技能。人际关系与团队技能主要包括沟通风格评估、政策意识和文化意识。

（7）数据表现。用到的数据表现技术是干系人参与度评估矩阵。

（8）会议。会议可包括虚拟（网络）或面对面会议，还可以用文档协同技术进行辅助。

备考点拨

本考点学习难度星级：★☆☆（简单），考试频度星级：★★☆（中频）。

本考点考查规划沟通管理的主要输入、输出、工具与技术。

规划沟通管理，离不开人，所以可以参考干系人参与计划，离不开资源的话题，所以可以参考资源管理计划，两份计划都属于项目管理计划（输入）范畴。项目中的沟通，常见的场景是和干系人沟通各种需求，所以也可以参考项目文件（输入）中的需求文件和干系人登记册来规划沟通管理。

规划沟通管理的输出是沟通管理计划（输出），关于沟通管理计划中的内容可以做简要的了解。

沟通需要讲求方法，好的方法能够让沟通更加顺畅，所以可以灵活采用互动、推式和拉式等沟通方法（技术）来进行规划沟通管理，这个过程中还可以借鉴使用沟通模型（技术）。

考题精练

1．Plan Communications Management is the process of developing an appropriate approach and plan for project（　　）the information needs of each stake holder or group, available organizational assets, and the needs of the project.

A．commutation　　B．risk management

C．quality assure　　D．plan

【答案 & 解析】答案为 A。规划沟通管理是为项目制订适当的方法和计划的过程，（　　）每个干系人或小组的信息需求、可用的组织资产以及项目的需求。

A．沟通　　B．风险管理　　C．质量保证　　D．计划

2．关于制订沟通管理计划的描述，不正确的是（　　）。

A．在制订项目管理计划时就要为沟通活动分配适当的时间、预算资源

B．项目经理应该拿出大部分时间和精力进行沟通管理计划的制订

C．沟通管理在项目计划、执行、监控过程中具有重要的作用

D．项目经理利用好沟通，可以做到事半功倍

【答案 & 解析】答案为 B。项目经理要拿出全部项目 80% ～ 90% 的时间进行沟通工作，沟通工作不仅仅是沟通管理计划的制订。

纯粹风险和投机风险

【考点 127】风险属性和分类

考点精华

项目存在两个层面上的风险：一是影响项目达成目标的单个风险；二是由单个风险和其他不确定性来源联合导致的整体项目风险。项目风险是一种不确定的事件或条件，一旦发生会对项目目标产生某种正面或负面的影响。已知风险是经过识别和分析的风险，已知风险可以管理，但是未知风险无法管理。

1．风险有随机性、相对性和可变性三个属性。

（1）风险事件的随机性。风险事件的发生及其后果都具有偶然性。

（2）风险的相对性。风险相对项目活动主体而言，同样的风险对不同主体有不同影响。影响人们风险承受能力的因素包括：①收益的大小；②投入的大小；③项目活动主体的地位和拥有的资源。

（3）风险的可变性包括：①风险性质的变化；②风险后果的变化；③出现新风险。

2．项目风险的分类可以按照后果、来源、是否可管理、影响范围、后果的承担者、可预测性六个维度进行分类。

（1）按风险后果可以将风险划分为纯粹风险和投机风险。纯粹风险和投机风险在一定条件下可以相互转化。风险不是零和游戏。很多情况下，涉及风险的各个方面都要蒙受损失，无一幸免。

1）不能带来机会、无获得利益可能的风险，叫纯粹风险。纯粹风险有两种可能后果：造成损失和不造成损失。

2）既能带来机会、获得利益，又隐含威胁、造成损失的风险，叫投机风险。投机风险有三种可能的后果：造成损失、不造成损失和获得利益。

（2）按风险来源或损失产生原因可将风险划分为自然风险和人为风险。

1）由于自然力的作用，造成财产毁损或人员伤亡的风险属于自然风险。

2）由于人的活动而带来的风险属于人为风险。

（3）按风险是否可管理划分为可管理风险和不可管理风险。可管理的风险指可以预测，并可采取相应措施加以控制的风险；反之则为不可管理的风险。

(4)按风险影响范围划分为局部风险和总体风险。局部风险影响范围小,总体风险影响范围大。

（5）按风险后果的承担者划分为业主风险、政府风险、承包商风险、投资方风险、设计单位风险、监理单位风险、供应商风险、担保方风险和保险公司风险等。

（6）按风险的可预测性划分为已知风险、可预测风险和不可预测风险。

1）已知风险发生概率高，但一般后果轻微，不严重。

2）可预测风险是指可以预见发生，但不可预见后果的风险。

3）不可预测风险是指有可能发生，但其发生的可能性即使最有经验的人也不能预见。不可预测风险也叫未知风险或未识别风险。

备考点拨

本考点学习难度星级：★☆☆（简单），考试频度星级：★★★（高频）。

本考点考查风险的属性和分类。风险的三个属性为随机性、相对性和可变性，不仅需要掌握属性的名字，还需要理解其含义。随机性代表随心所欲，也就是偶然性，可能发生也可能不发生，正因为随机性存在，风险才具有不确定性，才要格外重视；风险相对性是指同样的风险对有些人是天大的风险，对有些人可能就是毛毛雨，甚至对有些人不仅不是危害、反而是获益机会；风险的可变性是指风险可能会发生变化。

风险的分类需要掌握纯粹风险和投机风险的区别，已知风险、可预测风险和不可预测风险的区别。

考题精练

1．Individual project risk is an uncertain event or condition that, if it occurs, has a（　　）effect on one or more project objectives.

A．positive or negative　　B．winner

C．cost　　D．great

【答案 & 解析】答案为A。单个项目风险是一种不确定的事件或条件，一旦发生，就会对一个或多个项目目标产生（　　）影响。

A．积极或消极　　B．胜利的

C．损失的　　D．很大的

2．关于风险的描述，不正确的是（　　）。

A．风险是一种客观存在

B．未来风险事件发生与否均可以准确预测

C．风险性质会因时空各种因素变化而有所变化

D．风险发生时间具有不确定性

【答案 & 解析】答案为B。送分题，由于信息不对称，所以未来风险事件发生与否难以预测。

3．（　　）不属于风险的属性。

A．必然性　　B．随机性　　C．可变性　　D．相对性

【答案 & 解析】答案为A。风险有随机性、相对性和可变性三个属性。

4．由于信息的不对称，未来风险事件发生与否难以预测，体现了风险的（　　）。

A．社会性　　B．客观性　　C．随机性　　D．相对性

【答案 & 解析】答案为C。风险的随机性是指由于信息的不对称，未来风险事件发生与否难以预测。

5．按照后果的不同划分，风险可分为（　　）和投机风险。

A．可控风险　　B．已知风险

C．潜在风险　　D．纯粹风险

【答案 & 解析】答案为D。按照后果的不同，风险可划分为纯粹风险和投机风险。

【考点128】规划风险管理的输入、输出、工具与技术

考点精华

规划风险管理是定义如何实施项目风险管理活动的过程。本过程的主要作用是确保风险管理的水平、方法和可见度与项目风险程度相匹配，与对组织和其他干系人的重要程度相匹配。

1．规划风险管理的输入主要有项目章程、项目管理计划、项目文件、事业环境因素和组织过程资产五项。

（1）项目章程。项目章程记录了项目的总体风险。

（2）项目管理计划。规划项目风险管理时，应考虑风险管理计划与所有项目管理子计划的协调。

（3）项目文件。项目文件中的干系人登记册需要作为规划风险管理的输入。

（4）事业环境因素。

（5）组织过程资产。

2．规划风险管理的输出主要有风险管理计划一项。

风险管理计划描述如何安排与实施风险管理活动，主要内容包括：「★案例记忆点★」

（1）风险管理策略：描述管理项目风险的方法。

（2）方法论：开展项目风险管理的具体方法、工具及数据来源。

（3）角色与职责：确定风险管理活动的领导者、支持者和团队成员以及对应职责。

（4）资金：确定开展项目风险管理活动所需资金，确定应急储备和管理储备使用方案。

（5）时间安排：确定实施风险管理的时间和频率，并将风险管理活动纳入进度计划。

（6）风险类别：确定风险分类方式，借助风险分解结构（RBS）构建风险类别。

（7）干系人风险偏好：记录关键干系人的风险偏好。

（8）风险概率和影响：根据环境、组织和干系人风险偏好制订风险概率影响。

（9）概率和影响矩阵：在概率和影响矩阵中列出机会和威胁。

（10）报告格式：描述风险登记册、风险报告等输出的内容和格式。

（11）跟踪：确定如何记录风险活动及如何审计风险的过程。

3．规划风险管理的工具与技术主要有专家判断、数据分析和会议三项。

（1）专家判断。听取具备专业知识或接受相关培训的个人或小组意见。

（2）数据分析。使用的数据分析技术是干系人分析法，通过干系人分析确定干系人风险偏好。

（3）会议。既可以在项目开工会议上，也可以举办专门规划会议来编制风险管理计划。

备考点拨

本考点学习难度星级：★☆☆（简单），考试频度星级：★★☆（中频）。

本考点考查规划风险管理的主要输入和输出。工具与技术考纲做了淡化，但是以防万一，本书依然放在考点精华中供参考。

风险无处不在，所以规划风险管理时，需要参考和翻遍所有的项目管理计划（输入），另外项目文件（输入）中的干系人登记册会记录干系人的风险偏好，也会成为规划风险管理的参考。

规划风险管理的输出就是风险管理计划，风险管理计划中包含的内容需要了解，比如风险概率和影响矩阵就属于风险管理计划。

考题精练

1．（　　）is the Process of defining how to conduct risk management Activities for a Project.

A．Identify Risks

B．Perform Qualitative Risk Analysis

C．Plan Risk Management

D．Plan Risk Responses

【答案 & 解析】答案为C。（　　）是定义如何为项目进行风险管理活动的过程。

A．识别风险　B．实施定性风险分析　C．规划风险管理　D．规划风险应对

【考点 129】识别风险的输入、输出、工具与技术

考点精华

识别风险是识别单个项目风险以及整体项目风险来源，并记录风险特征的过程。本过程的主要作用：①记录现有的单个项目风险，以及整体项目风险来源；②汇总相关信息，以便项目团队能恰当应对已识别风险。

1．识别风险的输入主要有项目管理计划、项目文件、采购文档、协议、事业环境因素和组织过程资产六项。

（1）项目管理计划。项目管理计划中的需求管理计划、进度管理计划、成本管理计划、质量管理计划、资源管理计划、风险管理计划、范围基准、进度基准、成本基准可用于识别风险过程。

（2）项目文件。项目文件中的假设日志、干系人登记册、需求文件、持续时间估算、成本估算、资源需求、问题日志、经验教训登记册可用于识别风险过程。

（3）采购文档。如果项目需要从外部采购，就需要审查采购文档识别风险。

（4）协议。如果项目需要从外部采购，那么协议中的里程碑日期、合同类型、验收标准和奖罚条款等，都可能是风险来源。

（5）事业环境因素。

（6）组织过程资产。

2．识别风险的输出主要有风险登记册、风险报告、项目文件（更新）三项。

（1）风险登记册。风险登记册记录已识别风险的详细信息。完成识别风险过程时的风险登记册内容包括：①已识别风险的清单；②潜在风险责任人；③潜在风险应对措施清单。

（2）风险报告。风险报告记录整体项目风险信息和已识别的单个项目风险信息。完成识别风险过程时的风险报告内容包括：①整体项目风险来源；②已识别单个项目风险的概述信息；③其他信息。

（3）项目文件（更新）。可能需要更新的项目文件包括假设日志、问题日志和经验教训登记册。

3．识别风险的工具与技术主要有专家判断、数据收集、数据分析、人际关系与团队技能、提示清单和会议六项。

（1）专家判断。可以听取相关风险专家的意见，但是也应该意识到专家可能持有的偏见。

（2）数据收集。数据收集技术主要有头脑风暴、核对单和访谈，具体如下：①可以使用风险分解结构作为识别风险的框架开展头脑风暴；②核对单是参考类似项目和其他历史信息编制，核对单简单易用，但不可能识别所有风险，所以不能用核对单取代其他风险识别工作；③可通过对相关干系人和主题专家的访谈，来识别项目风险。

（3）数据分析。数据分析技术包括根本原因分析、假设条件和制约因素分析、SWOT 分析和文件分析四项，具体如下：①根本原因分析用于发现导致问题的深层原因并制订预防措施；②开展假设条件和制约因素分析可以探索假设条件和制约因素的有效性，确定哪些会引发项目风险；③ SWOT 分析是对项目的优势、劣势、机会和威胁进行检查，拓宽识别风险的范围；④文件分析是通过对项目文件的结构化审查识别风险。

（4）人际关系与团队技能。在会议上使用人际关系与团队技能，可以帮助参会者专注风险识别并克服偏见和解决分歧。

（5）提示清单。可以使用风险分解结构底层的风险类别作为提示清单，识别单个项目风险。

（6）会议。项目团队可以召开专门的风险研讨会来识别风险。

备考点拨

本考点学习难度星级：★☆☆（简单），考试频度星级：★★☆（中频）。

本考点考查识别风险的主要输入、输出、工具与技术。

风险无处不在，可能隐藏在各个角落里，为了有效识别风险，需要从一堆的项目管理计划（输入）中，从一堆的项目文件（输入）中进行风险的识别，另外还可以从协议（输入）和采购文档（输入）中，识别和采购有关的风险。

识别风险后，可以把识别到的风险记录在风险登记册（输出）中，同时需要编制风险报告（输出）。

想要尽可能多地识别风险，就要用好数据收集（技术），具体方式是组织头脑风暴活动、进行访谈或者审查核对单，收集之后可以开展数据分析（技术）工作，分析根本原因、分析假设条件和制约因素、分析 SWOT、分析文件等。

考题精练

1.（　　）不属于识别风险的工具与技术。

A．冲突管理　　B．头脑风暴

C．文件分析　　D．假设条件和制约因素分析

【答案 & 解析】答案为A。识别风险的工具与技术主要有专家判断、数据收集、数据分析、人际关系与团队技能、提示清单和会议六项。

2．关于风险登记册的描述，不正确的是（　　）。

A．风险登记册的编制始于风险识别，其内容随着风险管理过程不断完善

B．为了防止遗漏已识别的风险，风险登记册编制完成后尽量不要变更

C．风险登记册中对已识别风险进行尽可能详细的描述

D．风险登记册中也包括对风险的潜在应对措施

【答案 & 解析】答案为B。风险登记册需要在整个项目中进行更新和完善。

3．关于风险的描述，不正确的是（　　）。

A．风险是一种不确定的事件或条件

B．风险是一种客观存在，通过风险管理可以防止风险发生

C．风险性质会因时空各种因素变化而有所变化

D．风险既表示带来损失的可能性，又可指可能获利的机会

【答案 & 解析】答案为B。选项B过于绝对，风险管理无法100%防止风险发生。

4．（　　）不属于识别风险的数据收集技术。

A．核对单　　B．头脑风暴　　C．访谈　　D．排除法

【答案 & 解析】答案为D。数据收集技术主要有头脑风暴、核对单和访谈。

5. 关于识别风险的工具与技术，不正确的是（　　）。

A. 根本原因分析常用于发现导致问题的深层原因并制订预防措施

B. 核对单是包括需要考虑的项目、行动或要点的清单

C. 头脑风暴的目的是获得一份综合的项目风险清单

D. 文件分析是对项目文件进行非结构化的审查

【答案 & 解析】答案为D。文件分析是对项目文件进行结构化的审查。

【考点130】实施定性风险分析的输入、输出、工具与技术

概率影响矩阵和层级图

考点精华

实施定性风险分析是通过评估单个项目风险发生的概率和影响及其他特征，对风险进行优先级排序，从而为后续分析或行动提供基础的过程。本过程的主要作用是重点关注高优先级的风险。

1. 实施定性风险分析的输入主要有项目管理计划、项目文件、事业环境因素和组织过程资产四项。

（1）项目管理计划。项目管理计划中的风险管理计划可用于实施定性风险分析。

（2）项目文件。项目文件中的假设日志、风险登记册、干系人登记册可用于实施定性风险分析。

（3）事业环境因素。

（4）组织过程资产。

2. 实施定性风险分析的输出主要有项目文件更新一项。

可能需要更新的项目文件主要有假设日志、问题日志、风险登记册和风险报告。

3. 实施定性风险分析的工具与技术主要有专家判断、数据收集、数据分析、人际关系与团队技能、风险分类、数据表现和会议七项。

（1）专家判断。可以听取具备专业知识或接受过相关培训的个人或小组意见。

（2）数据收集。用到的数据收集技术是访谈，通过结构化或半结构化的访谈来评估单个项目风险概率和影响。

（3）数据分析。用到的数据分析技术主要有如下三种：

1）风险数据质量评估。风险数据质量评估用于评价单个项目风险数据的准确性和可靠性。低质量的风险数据会导致定性风险分析无用。

2）风险概率和影响评估。风险概率评估考虑风险发生的可能性，风险影响评估考虑风险的潜在影响。

3）其他风险参数评估。对单个项目风险优先级排序时，项目团队需要考虑除概率和影响以外的其他风险：①紧迫性：采取应对措施的时间段，时间短则紧迫性高；②邻近性：风险多久后会影响项目目标，时间短则邻近性高；③潜伏期：从风险发生到影响出现间的时长，时间短则潜伏期短；④可管理性：管理风险发生或影响的难易程度，容易管理则可管理性高；⑤可控性：控制风险后果的程度，后果容易控制则可控性高；⑥可监测性：风险监测的难易程度，风险容易监测则可监测性高；⑦连通性：当前风险与其他风险关联程度的大小，如果风险与多个其他风险关联，

则连通性高；⑧战略影响力：风险对战略目标影响程度的大小，对战略目标影响大，则战略影响力大；⑨密切度：干系人认为风险的要紧程度，风险很要紧，则密切度高。

（4）人际关系与团队技能。可以使用的人际关系与团队技能是引导。

（5）风险分类。依据风险来源、受影响的项目领域、共同根本原因以及其他类别对风险分类，确定哪些项目领域最容易被不确定性影响。

（6）数据表现。可以使用的数据表现技术主要有概率和影响矩阵、层级图两项，具体如下：①概率和影响矩阵（图 12-7）是把风险发生的概率和影响映射起来的表格；②概率和影响矩阵只能对两个参数进行分类，层级图可以对两个以上的参数进行风险分类，比如气泡图可以显示三维数据。气泡图中的每个风险都绘制成一个气泡，并用 X（横）轴值、Y（纵）轴值和气泡大小来表示风险的三个参数，X 轴代表可监测性，Y 轴代表邻近性，气泡大小代表影响值。

概率和影响矩阵										
概率	威胁					机会				
0.90	0.05	0.09	0.18	0.36	0.72	0.72	0.36	0.18	0.09	0.05
0.70	0.04	0.07	0.14	0.28	0.56	0.56	0.28	0.14	0.07	0.04
0.50	0.03	0.05	0.10	0.20	0.40	0.40	0.20	0.10	0.05	0.03
0.30	0.02	0.03	0.06	0.12	0.24	0.24	0.12	0.06	0.03	0.02
0.10	0.01	0.01	0.20	0.04	0.08	0.08	0.04	0.20	0.01	0.01
	0.05	0.10	0.20	0.40	0.80	0.80	0.40	0.20	0.10	0.05
对目标的影响（比率标度）（如费用、时间或范围）										

图 12-7　概率和影响矩阵

（7）会议。可以通过召开会议，审查已识别的风险、评估概率影响、对风险进行分类和优先级排序。

备考点拨

本考点学习难度星级：★★☆（适中），考试频度星级：★★★（高频）。

本考点考查实施定性风险的主要输入、输出、工具与技术。

实施定性风险分析需要在项目管理计划（输入）中的风险管理计划的指导下开展，同时要参考项目文件（输入）中的假设日志、风险登记册和干系人登记册。

实施定性风险分析的输出没有新内容，就是对识别风险输出的风险登记册和风险报告进行更新（输出）。

既然过程名字中有“分析”，所以实施定性风险分析可以使用数据分析（技术）对风险数据质量做评估，对风险概率和影响做评估，依据分析的结果对风险分类（技术），并通过数据表现（技术）展现出来，具体展现的方式可以使用概率影响矩阵、层级图之类的方式。

考题精练

1．关于风险的描述，不正确的是（　　）。

A．风险是一种不以人的意志为转移的客观存在

B．风险的后果与人类社会的相关性决定了风险的社会性

C．在企业管理中所说的风险通常是指由于激烈竞争的环境以及技术条件的改变企业经营管理面临的不确定性

D．风险可以用概率表示其发生的可能性，值越大表示其对项目的影响越大

【答案 & 解析】答案为D。风险概率评估旨在调查每个具体风险发生的可能性，概率值越大代表发生的可能性越大。风险影响评估旨在调查风险对项目目标（如进度、成本、质量或性能）的潜在影响，数值越大代表对目标的影响越大。

敏感性分析和龙卷风图

【考点131】实施定量风险分析的输入、输出、工具与技术

考点精华

实施定量风险分析是就已识别的单个风险对项目目标的影响进行定量分析的过程。本过程的主要作用：①量化整体项目风险；②提供额外的定量风险信息支持风险应对规划。并非所有项目都需要实施定量风险分析，在项目风险管理计划中会规定是否需使用定量风险分析。

1．实施定量风险分析的输入主要有项目管理计划、项目文件、事业环境因素和组织过程资产四项。

（1）项目管理计划。项目管理计划中的风险管理计划、范围基准、进度基准和成本基准可用于实施定量风险分析。

（2）项目文件。项目文件中的假设日志、里程碑清单、估算依据、持续时间估算、成本估算、资源需求、成本预测、风险登记册、风险报告、进度预测可用于实施定量风险分析。

（3）事业环境因素。

（4）组织过程资产。

2．实施定量风险分析的输出主要有项目文件更新一项。

项目文件中的风险报告可能需要更新，从而新增加定量风险分析的结果，具体内容如下：

（1）整体项目风险最大可能性的评估结果。整体项目风险有两种测量方式，分别是项目成功的可能性和项目固有的变化性。

（2）项目详细概率分析的结果。定量风险分析的详细结果包括：所需的应急储备、对项目关键路径有最大影响的单个项目风险清单、整体项目风险主要驱动因素。

（3）单个项目风险优先级清单。

（4）定量风险分析结果的趋势。

（5）风险应对建议。

3．实施定量风险分析的工具与技术主要有专家判断、数据收集、人际关系与团队技能、不确定性表现方式和数据分析五项。

（1）专家判断。可以征求具备专业知识或接受过相关培训的个人或小组意见。

（2）数据收集。可以使用数据收集中的访谈，针对单个项目风险生成定量风险分析的输入。

（3）人际关系与团队技能。可以使用人际关系与团队技能中的引导技术来做定量风险分析。

（4）不确定性表现方式。开展定量风险分析需要建立反映单个项目风险的定量风险分析模型，单个项目风险可以用概率分布图表示，也可以作为定量分析模型中的概率分支，在概率分支上添加风险发生的时间和成本影响。

（5）数据分析。可以使用的数据分析技术主要有模拟、敏感性分析、决策树分析和影响图四项。

1）模拟：定量风险分析可以使用模型来模拟单个项目风险的综合影响，评估对项目目标的潜在影响。模拟可以使用蒙特卡洛分析，蒙特卡洛分析可以得到S曲线。

2）敏感性分析：敏感性分析的结果用龙卷风图表示，有助于确定哪些单个项目风险对项目结果有最大的潜在影响。

3）决策树分析：在决策树分析中计算每条分支的预期货币价值，就可以选出最优路径，进而在若干的备选行动方案中选择最佳方案。

4）影响图：影响图将项目或项目中的情境表现为一系列实体、结果和影响，以及它们之间的关系和相互影响。影响图分析可以得出类似其他定量风险分析的结果，比如S曲线图和龙卷风图。

备考点拨

本考点学习难度星级：★★☆（适中），考试频度星级：★★★（高频）。

本考点考查实施定量风险分析的主要输入、输出、工具与技术。

对风险的定量分析，一方面可以参考项目管理计划（输入）中风险管理计划的具体要求，另一方面需要参考项目管理计划中的基准铁三角：范围基准、进度基准和成本基准，围绕三个基准对可能出现的范围、进度和成本风险进行定量分析。另外项目文件（输入）中的假设日志、里程碑清单、估算依据、持续时间估算、成本估算、资源需求、成本预测、风险登记册、风险报告、进度预测等也可以用来做参考。

对风险做完定量分析之后，需要做的是更新风险报告（输出），在其中增加定量风险分析的结果。

风险的定量分析，需要建立不确定性表现方式（技术）的定量风险分析模型，之后进行诸如模拟、敏感性分析、决策树分析、影响图之类的数据分析（技术）。

考题精练

1．项目遇到了延期风险，项目经理可以用（　　）来表示项目中不同变量和结果之间的因果关系、事件时间顺序及其他关系。

A．过程流程图　　B．影响图　　C．SWOT分析　　D．假设分析

【答案&解析】答案为B。影响图用图形方式表示变量与结果之间的因果关系、事件时间顺序及其他关系。

2．实施定量风险分析可使用（　　）。

A．不确定性表现方式　　B．SWOT分析

C．概率和影响矩阵　　D．风险数据质量评估

【答案 & 解析】答案为A。选项B属于风险识别的工具，选项C和D属于实施定性风险分析的工具。实施定量风险分析的工具与技术主要有专家判断、数据收集、人际关系与团队技能、不确定性表现方式和数据分析五项。

3. 关于风险分析的描述，不正确的是（　　）。

A. 实施定量风险分析的对象是在定性风险分析过程中，被确定为对项目的竞争性需求存在重大潜在影响的风险

B. 实施定量风险分析，是就已识别风险对项目整体目标的影响，进行定量分析的过程，该过程的主要作用是产生量化风险信息来支持决策制订

C. 在没有足够的数据建立模型的时候，定性风险分析可能无法实施

D. 实施定性风险分析评估，并综合分析风险的概率和影响，对风险进行优先排序

【答案 & 解析】答案为C。在没有足够的数据建立模型的时候，定量风险分析可能无法实施。

4.（　　）is the process of numerically analyzing the combined uncertainty on overall project objectives.

A. Perform Qualitative Risk Analysis　　B. Perform Quantitative Risk Analysis

C. Plan Risk Management　　D. Identify Risks

【答案 & 解析】答案为B。（　　）是对项目总体目标的组合不确定性进行数值分析的过程。

A. 实施定性风险分析　B. 实施定量风险分析　C. 规划风险管理　D. 识别风险

【考点132】规划风险应对的输入、输出、工具与技术

考点精华

规划风险应对是为应对项目风险而制订可选方案、选择应对策略并商定应对行动的过程。本过程的主要作用：①制订应对整体项目风险和单个项目风险的方法；②分配资源，并根据需要将相关活动添加进项目文件和项目管理计划中。

1. 规划风险应对的输入主要有项目管理计划、项目文件、事业环境因素和组织过程资产四项。

（1）项目管理计划。项目管理计划中的资源管理计划、风险管理计划和成本基准可用于规划风险应对。

（2）项目文件。项目文件中的干系人登记册、风险登记册、风险报告、资源日历、项目团队派工单、项目进度计划、经验教训登记册可用于规划风险应对。

（3）事业环境因素。

（4）组织过程资产。

2. 规划风险应对的输出主要有变更请求、项目管理计划（更新）和项目文件（更新）三项。

（1）变更请求。成本基准、进度基准或项目管理计划中的其他组件有可能需要变更。

（2）项目管理计划（更新）。项目管理计划中的进度管理计划、成本管理计划、质量管理计划、资源管理计划、采购管理计划、范围基准、进度基准、成本基准可能需要更新。

（3）项目文件（更新）。项目文件中的假设日志、成本预测、经验教训登记册、项目进度计划、项目团队派工单、风险登记册、风险报告可能需要更新。

3．规划风险应对的工具与技术主要有专家判断、数据收集、人际关系与团队技能、威胁应对策略、机会应对策略、应急应对策略、整体项目风险应对策略、数据分析和决策九种。

（1）专家判断。可以征求具备专业知识或接受相关培训的个人或小组意见。

（2）数据收集。可以使用的数据收集技术是访谈。需要营造信任和保密的访谈环境，鼓励被访者提出诚实和无偏见意见。

（3）人际关系与团队技能。适用于规划风险应对过程的人际关系与团队技能是引导。

（4）威胁应对策略。针对威胁可以考虑五种应对策略：「★案例记忆点★」

1）上报。如果项目团队或项目发起人认为威胁不在项目范围内，或应对措施超出了项目经理权限，可以采用上报策略。威胁一旦上报，就不再由项目团队监督，但是仍然可以在风险登记册中保留参考。

2）规避。规避是指采取行动消除威胁，保护项目免受威胁影响。可以用于发生概率高，且具有严重负面影响的高优先级威胁。

3）转移。转移是将应对威胁的责任转移给第三方，让第三方管理风险并承担威胁发生的影响。采用转移策略需要向承担威胁的一方支付风险转移费用。常见的如购买保险、使用履约保函、使用担保书和使用保证书等。

4）减轻。风险减轻指采取措施来降低威胁发生的概率和影响，比如改用较简单流程、进行更多次测试和选用更可靠的卖方，还可以增加原型开发用来降低风险。

5）接受。风险接受是承认威胁的存在，接受策略分为主动接受和被动接受，主动接受策略是建立应急储备，被动接受策略不采取主动行为，仅仅做定期审查。接受策略可用于低优先级威胁，也用于无法有效应对的风险。

（5）机会应对策略。机会的五种备选策略包括：①上报；②开拓；③分享；④提高；⑤接受。「★案例记忆点★」

（6）应急应对策略。对于某些风险，如果项目团队相信风险发生会有充分的预警信号，那么应该制订仅在某些预定条件出现时才执行的应对计划。

（7）整体项目风险应对策略。风险应对策略不仅要针对单个项目风险，还要针对整体项目风险，用于应对单个项目风险的策略也适用于整体项目风险，主要包括：①规避；②开拓；③转移或分享；④减轻或提高；⑤接受。「★案例记忆点★」

（8）数据分析。可以使用的数据分析技术包括：①备选方案分析；②成本收益分析。

（9）决策。可以使用的决策技术是多标准决策分析。

备考点拨

本考点学习难度星级：★☆☆（简单），考试频度星级：★★★（高频）。

本考点考查规划风险应对的主要输入、输出、工具与技术。

规划风险应对除了参考风险管理计划之外，由于风险应对既需要钱，也需要资源，所以项目管理计划（输入）中的成本基准和资源管理计划也是规划风险应对过程的输入。

规划风险应对之后，有可能需要对之前的风险登记册进行更新（输出），对风险报告进行更新（输出），把选定的风险应对措施更新进去。

对风险应对的规划，可以分为威胁应对策略（技术）、机会应对策略（技术）和整体项目风险应对策略（技术）三种，各种应对策略的分类需要牢牢理解和掌握，过去曾经多次考查过。

考题精练

1．整体项日风险应对策略不包括（　　）。

A．开拓　　B．接受　　C．上报　　D．转移或分享

【答案 & 解析】答案为C。整体项目风险应对策略主要包括：①规避；②开拓；③转移或分享；④减轻或提高；⑤接受。上报策略仅仅适合于威胁应对策略或者机会应对策略。威胁应对策略或者机会应对策略针对的是单个项目风险，而企业整体的项目风险已经无处上报，只能通过前面提到的五种方式来应对。

【考点133】规划采购管理的输入、输出、工具与技术

采购步骤

考点精华

规划采购管理是记录项目采购决策、明确采购方法，及识别潜在卖方的过程。本过程的主要作用是确定是否从项目外部获取货物和服务，如果绝对外采，还要确定在什么时间、以什么方式获取什么货物和服务。货物和服务可从执行组织的其他部门采购，也可以从外部渠道采购。

采购步骤一共10步，分别如下：①准备采购工作说明书（SOW）或工作大纲（TOR）；②准备高层级的成本估算，制订预算；③发布招标广告；④确定合格的卖方名单；⑤准备并发布招标文件；⑥由卖方准备并提交建议书；⑦对建议书开展技术和质量评估；⑧对建议书开展成本评估；⑨准备最终的综合评估报告，选出中标建议书；⑩结束谈判，买方和卖方签署合同。「★案例记忆点★」

1．规划采购管理的输入主要有商业文件、项目章程、项目管理计划、项目文件、事业环境因素和组织过程资产六项。

（1）商业文件。商业文件从业务视角描述必要信息，包含商业论证和效益管理计划。

（2）项目章程。项目章程包括目标、项目描述、总体里程碑，以及预先批准的财务资源。

（3）项目管理计划。项目管理计划中的范围管理计划、质量管理计划、资源管理计划和范围基准可用于规划采购管理。

（4）项目文件。项目文件中的风险登记册、干系人登记册、需求文件、需求跟踪矩阵、里程碑清单、资源需求和项目团队派工单可用于规划采购管理。

（5）事业环境因素。

（6）组织过程资产。

2．规划采购管理的输出主要有采购管理计划、采购策略、采购工作说明书、招标文件、招标文件、自制或外购决策、独立成本估算、供应方选择标准、变更请求、项目文件（更新）和组织过程资产（更新）10项。

（1）采购管理计划。采购管理计划包含采购过程中开展的各种活动，具体如下：①如何协调采购与项目的其他工作；②开展重要采购活动的时间表；③管理合同的采购测量指标；④与采购

有关的干系人角色和职责；⑤影响采购工作的制约因素和假设条件；⑥司法管辖权和付款货币；⑦是否编制独立估算以及作为评价标准；⑧风险管理事项；⑨拟使用的预审合格的卖方。

（2）采购策略。决定外采后需要制订采购策略，采购策略涉及交付方法、合同支付类型和采购阶段的相关信息，具体如下：①不同的行业可能需要采用不同的交付方法；②合同支付类型需要与财务系统相协调，与项目交付方法无关；③采购策略也包括与采购阶段有关的信息。

（3）采购工作说明书。采购工作说明书（SOW）仅对包含在合同中的项目范围部分进行定义，工作说明书详细描述拟采购的产品、服务或成果，以便潜在卖方确定是否有能力提供。服务采购可以使用工作大纲（TOR）代替采购工作说明书。

（4）招标文件。招标文件用于向潜在卖方征求建议书，如果依据价格选择卖方，则使用标书、投标或报价等术语；如果其他因素同等重要，可以使用建议书之类的术语。①信息邀请书（RFI）：如果需要卖方提供更多关于采购货物和服务的信息，使用信息邀请书；②报价邀请书（RFQ）：如果需要供应商提供关于成本更多的信息，可以使用报价邀请书；③建议邀请书（RFP）：如果希望回应项目中出现的问题，可以使用建议邀请书。建议邀请书是最正式的邀请书文件。「★案例记忆点★」

（5）自制或外购决策。自制或外购分析用来做出某项特定工作由项目团队完成，还是从外部渠道采购的决策。

（6）独立成本估算。采购组织可针对大型采购准备独立估算，或聘用外部专业估算师做出成本估算。

（7）供应方选择标准。供应方选择标准包括：能力和潜能、产品成本和生命周期成本、交付日期、技术专长和方法、具体的相关经验、工作方法和工作计划、关键员工的资质与可用性、组织的财务稳定性、管理经验、知识转移计划。

（8）变更请求。采购货物、服务或资源的决策可能导致变更请求。

（9）项目文件（更新）。项目文件中的经验教训登记册、里程碑清单、需求文件、需求跟踪矩阵、风险登记册和干系人登记册可能会更新。

（10）组织过程资产（更新）。组织过程资产中合格卖方的信息可能会更新。

3. 规划采购管理的工具与技术主要有专家判断、数据收集、数据分析、供应方选择分析和会议五项。

（1）专家判断。可以征求具备专业知识或接受相关培训的个人或小组意见。

（2）数据收集。数据收集技术用到的是市场调研。市场调研考查行业和具体卖方的能力。

（3）数据分析。数据分析技术用到的是自制或外购分析。

（4）供应方选择分析。常用的选择方法包括：最低成本、仅凭资质、基于质量或技术方案得分、基于质量和成本、唯一来源和固定预算。

（5）会议。会议可用于确定管理和监督采购的策略。

备考点拨

本考点学习难度星级：★☆☆（简单），考试频度星级：★★☆（中频）。

本考点考查规划采购管理的主要输入和输出。工具与技术考纲做了淡化，但是以防万一，本书依然放在考点精华中供参考。

规划采购管理时，需要考虑采购范围、采购质量要求、对哪些资源进行采购，所以就需要参考项目管理计划（输入）中的范围管理计划、质量管理计划、资源管理计划和范围基准，还需要参考项目文件（输入）中的风险登记册、干系人登记册、需求文件、需求跟踪矩阵、里程碑清单、资源需求、项目团队派工单等信息。

规划采购管理的输出，首先能够想到的当然是采购管理计划（输出），除此之外，具体的采购策略（输出），以及在采购策略指引下的采购工作说明书（输出）和招标文件（输出），也是这个过程的输出物。

考题精练

1．项目经理将产品的具体需求、上线时间等信息发送给采购团队，以寻找潜在的供应商，此活动处于（　　）过程。

A．结束采购　　B．实施采购　　C．规划采购管理　　D．控制采购

【答案 & 解析】答案为C。规划采购管理决定采购什么、何时采购、如何采购，还要记录项目对于产品、服务或成果的需求，并且寻找潜在的供应商。

2．（　　）中的信息有规格说明书、期望的数量和质量的登记、性能数据、履约期限、工作地以及其他要求。

A．初始建议征求书　　B．采购工作说明书

C．方案邀请书　　D．征求供应商意见书

【答案 & 解析】答案为B。采购工作说明书的内容包括规格、所需数量、质量水平、绩效数据、履约期间、工作地点和其他要求。

【考点134】合同的分类及内容

合同的内容

考点精华

合同可以从范围和付款方式进行分类，具体如下。

1．按项目范围划分为项目总承包合同、项目单项承包合同和项目分包合同三类。

（1）项目总承包合同。买方将项目全过程作为整体发包给同一个卖方的合同。总承包合同要求只与同一个卖方订立承包合同，但是可以订立多个合同。

（2）项目单项承包合同。买方分别与不同的卖方订立项目单项承包合同。单项承包合同有利于吸引更多卖方参与投标竞争，但是对买方的管理协调能力要求较高。

（3）项目分包合同。经合同约定和买方认可，卖方将其承包项目的某一部分或几部分（非项目的主体结构）再发包给具有相应资质条件的分包方，与分包方订立的合同称为项目分包合同。如果分包项目出现问题，买方既可以要求卖方承担责任，也可以直接要求分包方承担责任。

订立项目分包合同必须同时满足五个条件：①经过买方认可；②分包的部分是非主体工作；③只能分包部分项目，不能转包整个项目；④分包方必须具备相应的资质条件；⑤分包方不能再次分包。

2. 按项目付款方式分为总价合同和成本补偿合同两类。

（1）总价合同。总价合同为产品或服务的采购设定总价。从付款类型上总价合同又可以分为固定总价合同、总价加激励费用合同、总价加经济价格调整合同、订购单四类。

1）固定总价合同：固定总价合同的采购价格一开始就被确定，除非工作范围发生变更，否则不允许改变。

2）总价加激励费用合同：总价加激励费用合同为买方和卖方提供了灵活性，允许有一定的绩效偏差，并对实现既定目标给予财务奖励。

3）总价加经济价格调整合同：如果卖方履约要跨越相当长的周期，可以使用总价加经济价格调整合同，如果买卖双方要维持多种长期关系，也可以采用这种合同类型。

4）订购单：如果不是大量采购标准化产品时，可以由买方直接填写订购单，卖方照此供货。订购单不需要谈判，又称单边合同。

（2）成本补偿合同。成本补偿合同向卖方支付为完成工作发生的全部合法实际成本（可报销成本），外加一笔费用作为卖方利润。成本补偿合同也可为卖方超过或低于预定目标而规定财务奖励条款。

1）成本加固定费用合同：卖方成本实报实销，并向卖方支付一笔固定费用作为利润，该费用以项目初始估算成本（目标成本）的某一百分比计算。

2）成本加激励费用合同：卖方成本实报实销，并在卖方达到合同规定的绩效目标时，向卖方支付预先确定的激励费用。如果卖方的实际成本低于目标成本，节余部分由双方按一定比例分享；如果卖方的实际成本高于目标成本，超过目标成本的部分由双方按比例分担。

3）成本加奖励费用合同：卖方成本实报实销，买方再凭主观感觉给卖方支付一笔利润，这笔利润完全由买方的主观判断来决定，卖方通常无权申诉。

（3）工料合同。工料合同是按项目工作所花费的实际工时数和材料数，按事先确定的单位工时费用标准和单位材料费用标准付款。工料合同适用于工作性质清楚、工作范围明确，但具体工作量无法确定的项目。金额小、工期短、不复杂的项目适合工料合同，金额大、工期长的复杂项目不适合工料合同。

3. 合同类型的选择。可以根据项目实际情况和外界条件约束选择合同类型：「★案例记忆点★」

（1）如果工作范围很明确，且项目设计已具备详细细节，可以使用总价合同。

（2）如果工作性质清楚，但范围不清楚，同时工作不复杂，又需要快速签订合同，可以使用工料合同。

（3）如果工作范围不清楚，可以使用成本补偿合同。

（4）从风险角度看，如果双方分担风险，可以使用工料合同；如果买方承担成本风险可以使用成本补偿合同；如果卖方承担成本风险，可以使用总价合同。

（5）如果购买数量不大的标准产品，可以使用单边合同。

4. 合同的内容包括：①项目名称；②标的内容和范围；③项目的质量要求；④项目的计划、进度、地点、地域和方式；⑤项目建设过程中的各种期限；⑥技术情报和资料的保密；⑦风险责任的承担；⑧技术成果的归属。买方支付开发费用之后，产品所有权转给买方，但产品知识产权仍然属于卖方；⑨验收的标准和方法；⑩价款、报酬（或使用费）及其支付方式；⑪违约金或者损失赔偿的计算方法；⑫解决争议的方法；⑬名词术语解释。「★案例记忆点★」

备考点拨

本考点学习难度星级：★★☆（适中），考试频度星级：★★★（高频）。

本考点考查合同的分类和内容。这部分考点内容比较多，而且大部分都比较重要，值得认真学习和记忆。按范围划分的三类合同理解起来比较容易，签订分包合同的五个条件需要掌握，过去考题曾经考查过。按付款方式划分的合同分类中，成本加激励费用合同和成本加奖励费用合同，一字之差很容易混淆，成本加激励费用合同中的“激励”，起到的就是激励效果，也就是有福同享、有难同当，省钱了大家一起分，超支了大家一起扛。成本加奖励费用合同中的“奖励”完全是最后买方凭主观印象给一笔奖金作为利润，至于奖金的数额，完全由买方说了算，非常强势。

合同类型的选择分了五种情况，这五种情况也是选择题的出题来源，需要掌握，至于合同包括的内容，想必大部分都比较熟悉而且容易理解，所以做了解就好。

考题精练

1．A 公司立项开发信息系统，将算法部分承包给了 B 公司，集成部分承包给了 C 公司，A 公司与其他各公司分别签署的合同属于（　　）。

A．分包合同　　B．工料合同　　C．总承包合同　　D．单项承包合同

【答案 & 解析】答案为D。项目单项承包合同是买方分别与不同的卖方订立项目单项承包合同。单项承包合同有利于吸引更多卖方参与投标竞争，但是对买方的管理协调能力要求较高。

2．成本补偿合同不包含（　　）。

A．成本加奖励费用合同　　B．总价加经济价格调整合同

C．成本加激励费用合同　　D．成本加固定费用合同

【答案 & 解析】答案为B。成本补偿合同包括：①成本加固定费用合同；②成本加激励费用合同；③成本加奖励费用合同。选项 B 属于总价合同类型。

3．（　　）不属于按项目范围标准划分的合同分类。

A．工料合同　　B．总承包合同

C．分包合同　　D．单项承包合同

【答案 & 解析】答案为 A。按项目范围划分为项目总承包合同、项目单项承包合同和项目分包合同三类，按项目付款方式分为总价合同和成本补偿合同两类。

4．关于合同管理的描述，不正确的是（　　）。

A．总价合同允许对合同价格进行调整

B．成本补偿合同中发包人和承包人共同承担风险

C．签订分包合同时，分包工程必须经过发包人同意

D．如果不能很快写出工作说明书，推荐使用工料合同

【答案 & 解析】答案为B。成本补偿合同中发包人需承担项目实际发生的一切费用，因此也承担了项目的全部风险。

5．工程量不太大且能精确计算、工期较短、技术不太复杂、风险不大的项目，适合采用（　　）合同。

A．成本补偿合同　B．总价合同　C．工料合同　D．单价合同

【答案 & 解析】答案为B。总价合同适用于工程量不太大且能精确计算、工期较短、技术不太复杂、风险不大的项目，同时要求发包人必须准备详细全面的设计图纸和各项说明，使承包人能准确计算工程量。

【考点135】规划干系人参与的输入、输出、工具与技术

干系人参与度评估矩阵

考点精华

规划干系人参与是根据干系人的需求、期望、利益和对项目的潜在影响，制订项目干系人参与项目方法的过程。本过程的主要作用是提供与干系人进行有效互动的可行计划。

1．规划干系人参与的输入主要有项目章程、项目管理计划、项目文件、协议、事业环境因素和组织过程资产六项。

（1）项目章程。项目章程包含与项目目的、目标和成功标准有关的信息。

（2）项目管理计划。项目管理计划中的资源管理计划、沟通管理计划和风险管理计划可用于规划干系人参与。

（3）项目文件。项目文件中的假设日志、风险登记册、干系人登记册、项目进度计划、问题日志、变更日志可用作规划干系人参与过程。

（4）协议。在规划供应商参与时，可以通过查看协议确定。

（5）事业环境因素。

（6）组织过程资产。

2．规划干系人参与的输出主要有干系人参与计划一项。

干系人参与计划是项目管理计划的组成部分，该计划制订了干系人有效参与和执行项目决策的策略和行动。

3．规划干系人参与的工具与技术主要有专家判断、数据收集、数据分析、决策、数据表现和会议六项。

（1）专家判断。可以征求具备专业知识或接受过相关培训的个人或小组的意见。

（2）数据收集。数据收集技术的标杆对照可以用来规划干系人参与。

（3）数据分析。数据分析技术主要包括：假设条件和制约因素分析、根本原因分析。

（4）决策。相关的决策技术包括优先级排序或分级。

（5）数据表现。数据表现技术包括思维导图和干系人参与度评估矩阵。其中干系人参与度评估矩阵中干系人参与水平分为五种，如表12-1所示：①不知晓型：不知道项目及其潜在影响；②抵制型：知道项目及其潜在影响，但抵制项目工作或项目成果；③中立型：了解项目，但既不支持，也不反对；④支持型：了解项目及其潜在影响，支持项目工作及其成果；⑤领导型：了解项目及其潜在影响，积极参与以确保项目取得成功。「★案例记忆点★」

表 12-1 干系人参与度评估矩阵

干系人	不知晓	抵制	中立	支持	领导
干系人 1	C			D	
干系人 2			C	D	
干系人 3				DC	

（6）会议。可以通过会议讨论规划干系人参与过程所需信息。

备考点拨

本考点学习难度星级：★☆☆（简单），考试频度星级：★★☆（中频）。

本考点考查规划干系人参与的主要输入、输出、工具与技术。

干系人属于项目资源的一种，所以规划干系人参与需要参考项目管理计划（输入）中的资源管理计划，还需要参考沟通管理计划和风险管理计划，风险管理计划中有风险临界值的相关信息，这样就可以和资源管理计划结合来规划干系人的参与。另外项目文件（输入）中的假设日志、变更日志、问题日志、项目进度计划、风险登记册和干系人登记册也会成为规划干系人参与的输入。

规划干系人参与完成之后，就得到了干系人参与计划（输出），其中会描述干系人参与的策略和行动。

可以使用干系人参与度评估矩阵（技术）来规划干系人参与，通过干系人参与度评估矩阵，能够很清晰地看到希望每个干系人参与的水平以及实际参与的水平，找到差异之后就可以制订具体对策去改变参与度。

考题精练

1．干系人参与度评估矩阵中，了解项目及其潜在影响，支持项目工作及其成果的干系人属于（　　）。

A．不知晓型　　B．中立型　　C．支持型　　D．领导型

【答案 & 解析】答案为 C。支持型是了解项目及其潜在影响，支持项目工作及其成果；领导型是了解项目及其潜在影响，积极参与以确保项目取得成功。

第 13 章

执行过程组考点精讲及考题实练

13.1 章节考情速览

执行过程组一共 10 个知识块，对应了执行过程组中隶属于不同知识域的各个过程，备考的重点依然在输入、输出、工具与技术上。

从过往的考试经验看，五大过程组会在综合知识科目中占 35 分左右。综合知识科目和案例分析科目都可能有所考查。

13.2 考点星级分布图

本章涉及的主要考点分布及难度与频度双星级如图 13-1 所示。

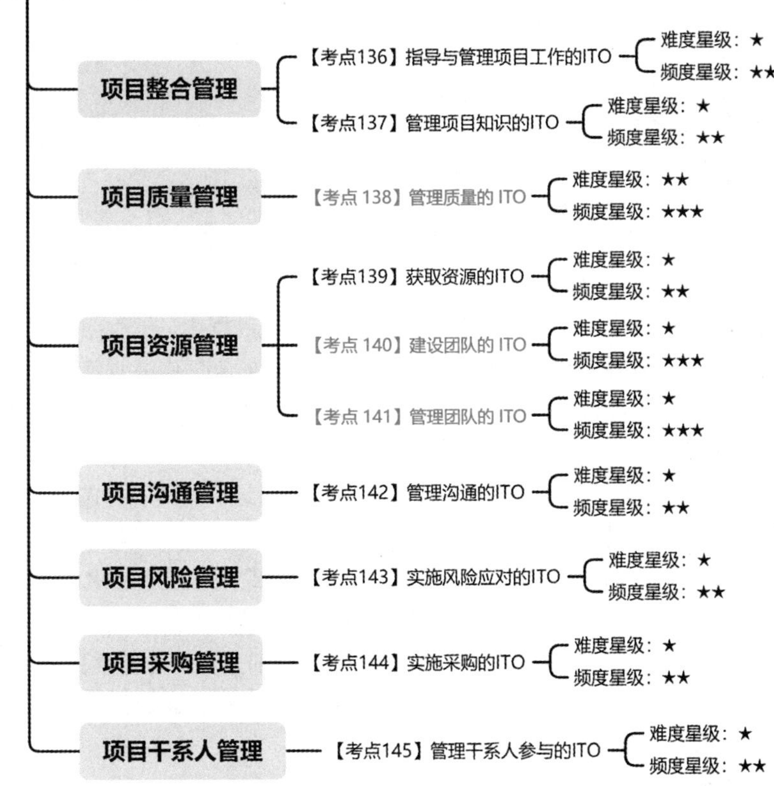

图 13-1　本章考点及星级分布

13.3　核心考点精讲及考题实练

执行过程组包含的过程

【考点 136】指导与管理项目工作的输入、输出、工具与技术

考点精华

指导与管理项目工作是为实现项目目标而领导和执行项目管理计划中的工作，并实施已批准变更的过程。本过程的主要作用是对项目工作和可交付成果开展综合管理，以提高项目成功可能性。

项目执行过程中，工作绩效数据被收集并传达给十大知识域的控制过程做进一步分析，工作绩效数据也用作监控过程组的输入，并反馈进经验教训库，改善未来工作绩效。

1．指导与管理项目工作的输入主要有项目管理计划、项目文件、批准的变更请求、事业环境因素和组织过程资产五项。

（1）项目管理计划。项目管理计划中的所有组件都可用作指导与管理项目工作的输入。

（2）项目文件。项目文件中的变更日志、经验教训登记册、里程碑清单、项目沟通记录、项目进度计划、需求跟踪矩阵、风险登记册、风险报告都可用作指导与管理项目工作的输入。

（3）批准的变更请求。批准的变更请求是实施整体变更控制过程的输出，作为了指导与管理项目工作的输入。

（4）事业环境因素。

（5）组织过程资产。

2. 指导与管理项目工作的输出主要有可交付成果、工作绩效数据、问题日志、变更请求、项目管理计划（更新）、项目文件（更新）和组织过程资产（更新）七项。

（1）可交付成果。可交付成果是在某阶段或项目完成时，产出的产品、成果或服务。

（2）工作绩效数据。工作绩效数据是执行项目工作过程中，收集到的原始观察结果和测量值。工作绩效数据是最低层次的细节，交由其他过程提炼并形成工作绩效信息。

（3）问题日志。问题日志记录和跟进所有问题，问题日志在这个过程被首次创建，然后在监控过程中被不断更新。

（4）变更请求。变更请求一共包含四种类型，分别是：①纠正措施：为使项目工作绩效重新与项目管理计划一致，进行的有目的的活动；②预防措施：为确保项目工作未来绩效符合项目管理计划，进行的有目的的活动；③缺陷补救：为修正不一致产品或产品组件，进行的有目的的活动；④更新：对受控的项目文件或计划进行变更，反映修改或增加的意见内容。「★案例记忆点★」

（5）项目管理计划（更新）。项目管理计划的任一部分都可能需要更新。

（6）项目文件（更新）。项目文件中的活动清单、假设日志、经验教训登记册、风险登记册和干系人登记册有可能需要更新。

（7）组织过程资产（更新）。任何组织过程资产都有可能需要更新。

3. 指导与管理项目工作的工具与技术主要有专家判断、项目管理信息系统和会议三项。

（1）专家判断。可以征求相关专业知识或接受过相关培训的个人或小组意见。

（2）项目管理信息系统。项目管理信息系统可以自动收集和报告关键绩效指标。

（3）会议。会议包括开工会议、技术会议、敏捷或迭代规划会议、每日站会、指导小组会议、问题解决会议、进展跟进会议以及回顾会议。

备考点拨

本考点学习难度星级：★☆☆（简单），考试频度星级：★★☆（中频）。

本考点考查指导与管理项目工作的主要输入和输出。工具与技术考纲做了淡化，但是以防万一，本书依然放在考点精华中供参考。

指导与管理项目工作属于项目整合管理域，由此可见其指导和管理的是全局，依赖的自然是项目管理计划（输入）的所有组件，同样的情况也发生在项目文件（输入）上，项目文件中的变更日志、经验教训登记册、里程碑清单、项目沟通记录、项目进度计划、需求跟踪矩阵、风险登记册和风险报告都会用来做指导与管理项目工作。

经过指导与管理项目工作之后，就可以获取到可交付成果（输出），同时还可以获取到工作绩效数据（输出），这个过程中难以避免问题和变更的发生，所以问题日志（输出）和变更请求（输出）也会一并产生，变更请求一共分四种，分别是纠正措施、预防措施、缺陷补救和更新，需要掌握。

考题精练

1．当遇到变更请求时，为使项目工作绩效重新与项目管理计划一致，而进行的有目的的活动属于（　　）。

A．纠正措施　　B．更新　　C．预防措施　　D．缺陷补救

【答案 & 解析】答案为A。题干中提到了“重新与……一致”，说明现在已经不一致，出现偏差了，这样就需要纠正，而不是更新或者预防。缺陷是针对产品而言，不是针对工作。变更请求包括：①纠正措施：为使项目工作绩效重新与项目管理计划一致，进行的有目的的活动；②预防措施：为确保项目工作未来绩效符合项目管理计划，进行的有目的的活动；③缺陷补救：为修正不一致产品或产品组件，进行的有目的的活动；④更新：对受控的项目文件或计划进行变更，反映修改或增加的意见内容。

知识管理过程4步骤

【考点137】管理项目知识的输入、输出、工具与技术

考点精华

管理项目知识是使用现有知识生成新知识，以实现项目目标并且帮助组织学习的过程。管理项目知识过程的主要作用：①利用已有的组织知识来创造或改进项目成果；②使当前项目创造的知识可用于支持组织运营和未来的项目或阶段。

知识管理最重要的环节就是营造相互信任的氛围，激励人们分享知识或关注他人知识。在实践中，可以联合使用知识管理工具与技术以及信息管理工具与技术来分享知识。

1．知识管理过程包括：知识获取与集成、知识组织与存储、知识分享、知识转移与应用和知识管理审计。

（1）知识获取与集成。组织显性知识获取的途径有图书资料、内外部数据挖掘、网络搜索、营销与销售信息等。隐性知识获取方式有结构式访谈、行动学习、标杆学习、分析学习、经验学习、综合学习和交互学习等。

（2）知识组织与存储。知识组织是以知识为对象的一系列组织过程及其方法，是以满足各类客观知识主观化需要为目的，针对客观知识的无序化所实施的一系列有序化组织活动。知识存储是指在组织中建立知识库，知识库包括显性知识和隐性知识。构建知识库不仅是为了存储知识，更重要的目的是实现知识分享，促进组织知识流动和创新。

（3）知识分享。知识分享是知识从一个个体、群体或组织向另一个个体、群体或组织转移或传播的行为。

（4）知识转移与应用。知识转移是由知识传输和知识吸收两个过程所共同组成的统一过程。知识的成功转移必须完成知识传递和知识吸收两个过程，并使知识接收者感到满意。

（5）知识管理审计。知识管理审计是对组织知识资产和关联的知识管理系统的评估，起到了

承上启下的重要作用。知识管理的审计对象包括知识资源、安全和能力。

2．管理项目知识的输入主要有项目管理计划、项目文件、可交付成果、事业环境因素和组织过程资产五项。

（1）项目管理计划。项目管理计划的所有组成部分都是管理项目知识的输入。

（2）项目文件。项目文件中的经验教训登记册、项目团队派工单、资源分解结构、供方选择标准和干系人登记册，都有助于项目知识管理。

（3）可交付成果。可交付成果是在某一过程、阶段或项目完成时，产出的产品、成果或服务能力。

（4）事业环境因素。

（5）组织过程资产。

3．管理项目知识的输出主要有经验教训登记册、项目管理计划（更新）和组织过程资产（更新）三项。

（1）经验教训登记册。经验教训登记册在项目早期创建，作为管理项目知识过程的输出。在项目或阶段结束时，把相关信息归入经验教训知识库，作为组织过程资产的一部分。

（2）项目管理计划（更新）。项目管理计划的任一组成部分都可在管理项目知识过程中更新。

（3）组织过程资产（更新）。组织过程资产有可能在管理项目知识过程中更新。

4．管理项目知识的工具与技术主要有专家判断、知识管理、信息管理和人际关系与团队技能四项。

（1）专家判断。征求具备领域相关专业知识或接受过相关培训的个人或小组的意见。

（2）知识管理。知识管理主要包括：①人际交往；②实践社区和特别兴趣小组；③会议；④工作跟随和跟随指导；⑤讨论论坛；⑥知识分享活动；⑦研讨会；⑧讲故事；⑨创造力和创意管理技术；⑩知识展会和茶座；⑪交互式培训。

（3）信息管理。信息管理工具与技术用于创建人们与知识之间的联系。

（4）人际关系与团队技能。主要包括积极倾听、引导、领导力、人际交往和政治意识。

备考点拨

本考点学习难度星级：★☆☆（简单），考试频度星级：★★☆（中频）。

本考点考查管理项目知识的主要输入和输出。工具与技术考纲做了淡化，但是以防万一，本书依然放在考点精华中供参考。

在管理项目知识的 ITO 之前，关于知识管理过程的五步需要掌握，从知识的获取到存储，再到分享和转移，最后是审计，步骤的逻辑顺序学习起来会比较清晰，这个子考点的学习以理解为主，记住五个步骤大致的关键词即可。

知识来自于工作中，所以项目知识可以来自项目管理计划（输入）中的各个子计划及基准组件，项目知识也可以来自于项目文件（输入），典型的如经验教训登记册、干系人登记册。非典型的如资源分解结构和项目团队派工单，这两个是从人力资源的角度看团队拥有或欠缺的知识。知识可能还来自项目文件中的供方选择标准，因为供应商的知识也完全可以为己所用。

管理项目知识最终获取的知识，放在哪里比较合适呢？自然是经验教训登记册（输出）。

考题精练

1. ( ) is an acquisition and collection method of the implicit knowledge.

A. Books and reference materials B. Structured interview

C. Web searching D. Data access

【答案 & 解析】答案为B。翻译如下：( ) 是一种隐性知识的获取和收集方法。

A. 书籍及参考资料 B. 结构化面试 C. 网络搜索 D. 数据访问

【考点138】管理质量的输入、输出、工具与技术

考点精华

管理质量是把组织的质量政策用于项目，并将质量管理计划转化为可执行的质量活动的过程。本过程的主要作用：①提高实现质量目标的可能性；②识别无效过程和导致质量低劣的原因；③促进质量过程改进。

管理质量的定义比质量保证更广，管理质量可用于非项目工作。项目管理的质量保证着眼于项目使用的过程，管理质量包括所有的质量保证活动，还与产品设计和过程改进有关。

项目经理和项目团队可通过质量保证等部门执行管理质量活动，质量保证部门在质量工具和技术的使用方面拥有跨组织经验。

管理质量是所有人的共同职责，包括项目经理、项目团队、项目发起人、执行组织的管理层，甚至是客户。在敏捷型项目中，项目期间的质量管理由所有团队成员执行；在传统项目中，质量管理是特定团队成员的职责。

1. 管理质量的输入主要有项目管理计划、项目文件和组织过程资产三项。

(1) 项目管理计划。项目管理计划中的质量管理计划可以用于管理质量的输入。

(2) 项目文件。项目文件中的经验教训登记册、质量控制测量结果、质量测量指标和风险报告可作为管理质量过程的输入。

(3) 组织过程资产。

2. 管理质量的输出主要有质量报告、测试与评估文件、变更请求、项目管理计划（更新）和项目文件（更新）五项。

(1) 质量报告。质量报告可以是图形、数据或文件的形式。

(2) 测试与评估文件。测试与评估文件用于评估质量目标的实现情况。

(3) 变更请求。可能输出对项目管理计划、项目文件或项目 / 产品管理过程的变更。

(4) 项目管理计划（更新）。可能要对质量管理计划、范围基准、进度基准、成本基准进行更新。

(5) 项目文件（更新）。可能需要对项目文件中的问题日志、经验教训登记册和风险登记册进行更新。

3. 管理质量的工具与技术主要有数据收集、数据分析、决策、数据表现、审计、面向X的设计、问题解决和质量改进方法八项。

(1) 数据收集。适用于管理质量过程的数据收集技术是核对单。核对单是结构化工具，用来核实所要求的步骤是否已得到执行或检查需求列表是否已得到满足。

（2）数据分析。适用于管理质量过程的数据分析技术主要包括：

1）备选方案分析：用于评估已识别的可选方案，以选择那些最合适的质量方案或方法。

2）文件分析：分析控制过程输出的不同文件，如质量报告、测试报告、绩效报告和偏差分析。

3）过程分析：分析过程改进的机会，发现最值得改进的环节。

4）根本原因分析：分析引起偏差、缺陷或风险的根本原因。

（3）决策。适用于本过程的决策技术主要是多标准决策分析，可以使用多标准决策评估多个标准。

（4）数据表现。适用于管理质量过程的数据表现技术包括亲和图、因果图、流程图、直方图、矩阵图和散点图。

1）亲和图对潜在缺陷成因进行分类，展示最应关注的领域，如图13-2所示。

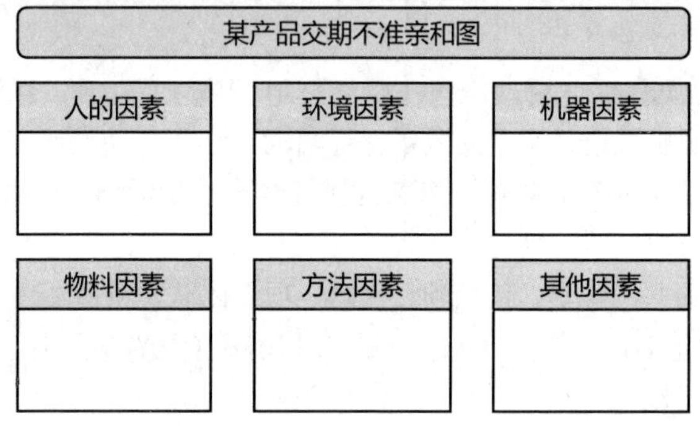

图13-2　亲和图

2）因果图又称"鱼骨图""石川图"，将问题陈述的原因分解为离散的分支，有助于识别问题的主要原因或根本原因，如图13-3所示。

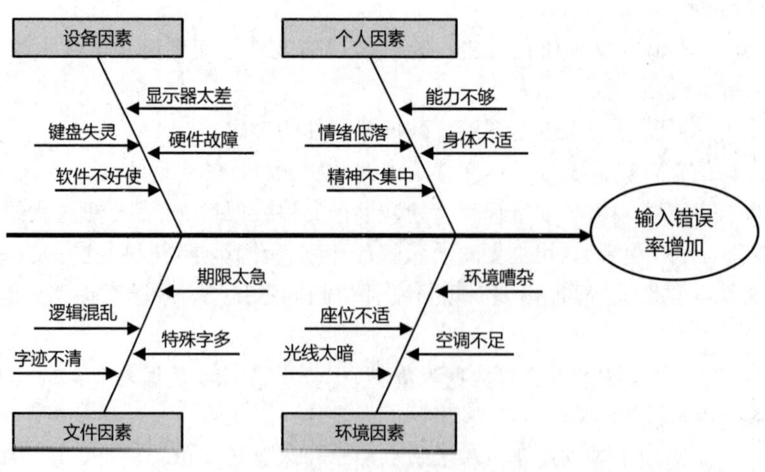

图13-3　因果图

3）流程图展示引发缺陷的一系列步骤，用于完整分析质量问题产生的全过程。

4）直方图是展示各种问题分布情况的条形图，每个柱子代表一个问题，柱子的高度代表问题出现的次数。

5）矩阵图：矩阵图在行列交叉的位置展示因素、原因和目标之间的关系强弱，有屋顶形、L 形、T 形、X 形、Y 形和 C 形六种常用的矩阵图，如图 13-4 所示。

		R			
		R1	R2	R3	R*m*
L	L1		○		
	L2			○	
	L3	△			
	L*n*	△			

图 13-4　矩阵图

6）散点图：散点图是展示两个变量之间关系的图形，散点图的两支轴，一支轴表示过程、环境或活动的任何要素，另一支轴表示质量缺陷，散点图定量显示两个变量之间的关系，是最简单的回归分析工具，所有数据点的分布越靠近某条斜线，两个变量之间的关系就越密切。

（5）审计。质量审计通常由项目外部的团队开展，如组织内部审计部门、项目管理办公室（Project Management Office，PMO）或组织外部的审计师。质量审计可事先安排，也可随机进行，可由内部或外部审计师进行。

（6）面向 X 的设计。面向 X 的设计（Design for X，DfX）是产品设计期间可采用的一系列技术指南，旨在优化设计的特定方面，可以控制或提高产品最终特性。DfX 中的 X 可以是产品开发的不同方面，使用 DfX 可以降低成本、改进质量、提高绩效和客户满意度。

（7）问题解决。问题解决用结构化的方法从根本上解决在控制质量过程或质量审计中发现的质量管理问题。问题解决方法包括以下要素：定义问题，识别根本原因，生成可能的解决方案，选择最佳解决方案，执行解决方案，验证解决方案的有效性等。

（8）质量改进方法。计划—实施—检查—行动和六西格玛是最常用于分析和评估改进机会的两种质量改进工具。

备考点拨

本考点学习难度星级：★★☆（适中），考试频度星级：★★★（高频）。

本考点考查管理质量的输入、输出、工具与技术。

想要管理质量，自然要用到项目管理计划（输入）中的质量管理计划。另外想要有效管理质量，一定要有个参照标杆，这个参照标杆可以是质量测量指标，而且还要拿到指标对应的质量控制测量结果，还可以翻看经验教训登记册中记载的和质量有关的信息以及风险报告中和质量有关的信息，前面讲到的质量测量指标、质量控制测量结果、经验教训登记册和风险报告，都属于项目文件（输入）的一部分，成了管理质量的输入。

管理质量的产出物是一份质量报告（输出），还有一份测试与评估文件（输出），这份文件可以用于后续的控制质量过程。

管理质量可以使用的工具与技术比较多，一共有八种。这八种并没有明显的前后逻辑关系，为了方便记忆，我尝试把这八种串成一段有逻辑的话，如下：

想要管理好质量，首先要用核对单进行数据收集（技术），数据拿到手后开展数据分析（技术），数据分析的结果用于面向 X 的设计（技术），提出质量改进方法（技术）并以数据表现（技术）的方式呈现，最终经过决策（技术）和审计（技术）后，实现问题解决（技术）。

上述的这段话仅仅是为了方便记忆，叙述中的逻辑先后关系均为虚构，以上请知悉。

考题精练

1．项目经理发现项目出现多个质量问题，需要使用一个图表向项目干系人描述质量问题的集中趋势、分散程度并统计分布形状，可以使用（　　）。

A．控制图　　B．因果图　　C．直方图　　D．散点图

【答案 & 解析】答案为 C。直方图是一种显示各种问题分布情况的柱状图，直方图可以展示每个可交付成果的缺陷数量、缺陷成因的排列、各个过程的不合规次数，或项目与产品缺陷的其他表现形式。

2．测试员正在编写测试用例覆盖所有的可能分支，包括成功的、边缘的以及失败情况下的不同情况。目前测试员正在进行（　　）。

A．规划质量管理　　B．制订质量核对单

C．质量控制　　D．质量管理

【答案 & 解析】答案为 B。质量核对单是一种结构化工具，通常具体列出各项内容，用来核实所要求的一系列步骤是否已得到执行。基于项目需求和实践，核对单可简可繁。许多组织都有标准化的核对单，用来规范地执行经常性任务。

3．管理质量过程保证旨在建立对（　　）满足特定的需求和期望的信心。

A．项目已完成的工作　　B．项目正在进行的工作

C．项目可交付物　　D．确立项目范围相关的工作

【答案 & 解析】答案为 B。管理质量旨在建立对未来输出或未完输出（也称正在进行的工作）将在完工时满足特定的需求和期望的信心。

4．下图为质量管理工具与技术中的（　　）。

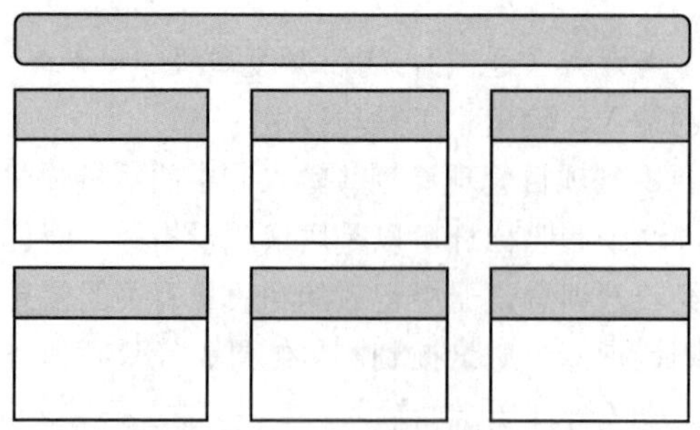

A．优先矩阵　　B．关联图　　C．矩阵图　　D．亲和图

【答案 & 解析】答案为 D。亲和图用于根据其亲近关系对导致质量问题的各种原因进行归类，展示最应关注的领域。

5.（　　）是指按照过程改进计划中概括的步骤来识别所需的改进，是用于识别问题、探究根本原因，并制订预防措施的一种技术。

A. 过程分析　　B. 优先矩阵　　C. 质量审计　　D. 帕累托图

【答案 & 解析】答案为 A。过程分析用于把一个生产过程分解成若干环节，逐一加以分析，发现最值得改进的环节。

6. 关于实施质量审计的描述，不正确的是（　　）。

A. 在具体领域中有专长的内部审计师或第三方组织都可以实施质量审计，该工作可由内部或外部审计师进行

B. 质量审计，又称质量保证体系审核，是对具体质量管理活动的结构性的评审

C. 为了不影响和干扰项目进度，质量审计必须事先安排好

D. 质量审计可确认已批准的变更请求（包括更新、纠正措施、缺陷补救和预防措施）的实施情况

【答案 & 解析】答案为 C。质量审计可以事先安排，也可以随机进行。

7. 关于管理质量工具的描述，不正确的是（　　）。

A. 矩阵图在行列交叉的位置展示因素、原因和目标之间的关系强弱

B. 流程图展示了引发缺陷的一系列步骤，用于完整地分析某个或某类质量问题产生的全过程

C. 因果图中问题陈述被放在鱼骨的头部，作为起点

D. 散点图用于识别造成问题的所有原因

【答案 & 解析】答案为 D。散点图是展示两个变量之间关系的图形。

8.（　　）的作用是识别无效过程和导致质量低劣的原因。

A. 规划质量　　B. 控制质量　　C. 评估质量　　D. 管理质量

【答案 & 解析】答案为 D。管理质量是把组织的质量政策用于项目，并将质量管理计划转化为可执行的质量活动的过程。本过程的主要作用：①提高实现质量目标的可能性；②识别无效过程和导致质量低劣的原因；③促进质量过程改进。

【考点 139】获取资源的输入、输出、工具与技术

考点精华

获取资源是获取项目所需的团队成员、设施、设备、材料、用品和其他资源的过程。本过程的主要作用：①概述和指导资源的选择；②将选择的资源分配给相应的活动。

项目所需资源可能来自项目执行组织的内部或外部。内部资源由职能经理或资源经理负责获取（分配），外部资源则通过采购过程获得。

因为集体劳资协议或其他原因，项目管理团队有可能没有对资源选择的直接控制权。因此，在获取项目资源过程中应注意如下事项：①项目经理或项目团队应该进行有效谈判，并影响那些

能为项目提供所需团队和实物资源的人员；②不能获得项目所需的资源时，可能会降低项目成功的概率，最坏情况下可能导致项目被取消；③因制约因素而无法获得所需团队资源时，项目经理可能不得不使用能力和成本不同的替代资源。

1．获取资源的输入主要有项目管理计划、项目文件、事业环境因素和组织过程资产四项。

（1）项目管理计划。项目管理计划中的资源管理计划、成本基准和采购管理计划可作为获取资源过程的输入。

（2）项目文件。项目文件中的项目进度计划、资源需求和干系人登记册可作为获取资源过程的输入。

（3）事业环境因素。

（4）组织过程资产。

2．获取资源的输出主要有物质资源分配单、项目团队派工单、资源日历、变更请求、项目管理计划（更新）、项目文件（更新）、事业环境因素（更新）和组织过程资产（更新）八项。

（1）物质资源分配单。物质资源分配单记录了项目将使用的材料、设备、用品、地点和其他实物资源。

（2）项目团队派工单。项目团队派工单记录了团队成员目录及其在项目中的角色和职责。

（3）资源日历。资源日历识别每种具体资源可用的工作日、班次、上下班时间、假期等。

（4）变更请求。通过实施整体变更控制过程对变更请求进行审查和处理。

（5）项目管理计划（更新）。项目管理计划中的资源管理计划和成本基准有可能需要更新。

（6）项目文件（更新）。项目文件中的经验教训登记册、项目进度计划、资源分解结构、资源需求、风险登记册、干系人登记册有可能需要更新。

（7）事业环境因素（更新）。需要更新的事业环境因素包括组织内资源的可用性、组织已使用的消耗资源数量。

（8）组织过程资产（更新）。需要更新的组织过程资产包括有关采购、配置和分配资源的文件。

3．获取资源的工具与技术主要有决策、人际关系与团队技能、预分派和虚拟团队四项。

（1）决策。决策技术用到的是多标准决策分析，可使用的选择标准有：①可用性：资源能否在需要的时候为项目所用；②成本：资源成本是否在规定预算内；③能力：成员是否具备项目所需的能力；④经验：成员是否具备项目所需的经验；⑤知识：成员是否掌握类似项目的相关知识；⑥技能：成员是否拥有相关技能；⑦态度：成员是否能与他人协同工作；⑧其他因素：团队成员的位置、时区和沟通能力。

（2）人际关系与团队技能。谈判是用得最多的人际关系与团队技能，在资源分配谈判中，项目管理团队影响他人的能力很重要。项目管理团队需要与职能经理、执行组织中的其他项目管理团队、外部供应商谈判。

（3）预分派。预分派是事先确定项目的实物或团队资源，采用预分派的场景有三个，分别是：①竞标过程中承诺分派特定人员进行项目工作；②项目取决于特定人员的专有技能；③制订项目章程过程或其他过程已经提前指定了某些团队成员的工作。

（4）虚拟团队。虚拟团队是具有共同目标，在完成任务过程中很少或没有时间面对面工作的一群人，在虚拟团队的环境中，沟通规划变得日益重要。虚拟团队使人们有可能：①在处于不同地理位置的员工间组建团队；②为项目团队增加特殊技能，即使专家不在同一地理区域；③将在家办公的员工纳入团队；④在工作班次或工作日不同的员工之间组建团队；⑤将行动不便者或残疾人纳入团队；⑥执行原本会因差旅费用过高而被搁置或取消的项目；⑦节省员工办公室和实物设备开支。

备考点拨

本考点学习难度星级：★☆☆（简单），考试频度星级：★★☆（中频）。

本考点考查获取资源的主要输入、输出、工具与技术。

获取资源同样要在项目管理计划（输入）中的资源管理计划指导下开展，另外资源的获取不仅可以来自组织内部，也完全可以来自组织外部，所以项目管理计划中的采购管理计划同样可以成为获取资源过程的参考。世界上有贵的资源，也有便宜的资源，在获取资源时需要考虑价格与项目能够承受的成本预算，所以项目管理计划中的成本基准也需要作为参考。项目文件（输入）中的项目进度计划、资源日历、资源需求和干系人登记册，能够让项目拿到希望获取资源的时间、可用资源的日历限制、需要获取的资源种类数量、干系人对特定资源的要求等关键信息。

获取资源完成后，就可以拿到两个单子和一本日历。两个单子分别是物质资源分配单（输出）和项目团队派工单（输出），一本日历是资源日历（输出）。

项目能够获取的资源中的一部分来自预分派（技术），最典型的场景是投标时的承诺。另外项目想要尽可能多地争取优质资源，必然离不开项目经理的人际关系与团队技能（技术），必要时还需要考虑通过虚拟团队（技术）的方式来获取资源，最终留哪些资源进团队，需要进行多标准的决策（技术）。

考题精练

1．通过编制项目资源管理计划过程，不能确定（　　）。

A．项目的角色和职责　　B．项目人员配备管理计划

C．项目培训需求　　D．项目团队的人数和人员名单

【答案 & 解析】答案为 D。项目团队的人数和人员名单属于获取资源过程输出的项目团队派工单。

【考点 140】建设团队的输入、输出、工具与技术

团队高效运作和团队建设目标

考点精华

建设团队是提高工作能力、促进团队成员互动、改善团队整体氛围，以提高项目绩效的过程。本过程的主要作用是改进团队协作、增强人际关系技能、激励员工、减少摩擦以及提升整体项目绩效。

建设项目团队的目标有：①提高团队成员的知识和技能；②提高团队成员之间的信任和认同感；③创建富有生气、凝聚力和协作性的团队文化；④提高团队参与决策的能力。

塔克曼阶梯理论提供了团队发展的模型，将团队建设分成了形成、震荡、规范、成熟和解散

五个阶段：①形成阶段。典型特征是团队刚刚组建，成员由于陌生而选择保持独立的距离感，不会开诚布公。②震荡阶段。典型特征是开始出现矛盾和冲突，缺乏合作和开放的态度。③规范阶段。典型特征是团队成员开始能够彼此协同，逐渐开始互相信任并支持团队。④成熟阶段。典型特征是成员间互相依靠，高效解决遇到的问题。⑤解散阶段。完成所有工作后，团队成员离开项目。「★案例记忆点★」

1. 建设团队的输入主要有项目管理计划、项目文件、事业环境因素和组织过程资产四项。

（1）项目管理计划。项目管理计划中的资源管理计划包括团队绩效评价标准，所以可作为建设团队过程的输入。

（2）项目文件。项目文件中的团队章程、项目进度计划、项目团队派工单、资源日历、经验教训登记册可作为建设团队过程的输入。

（3）事业环境因素。

（4）组织过程资产。

2. 建设团队的输出主要有团队绩效评价、变更请求、项目管理计划（更新）、项目文件（更新）、事业环境因素（更新）和组织过程资产（更新）。

（1）团队绩效评价。随着项目团队建设工作的开展，项目管理团队应该对项目团队的有效性进行正式或非正式的评价。评价团队有效性的指标包括：①个人技能的改进，使成员更有效地完成工作任务；②团队能力的改进，使团队成员更好地开展工作；③团队成员离职率的降低；④团队凝聚力的加强，团队成员愿意公开分享信息和经验，互相帮助提高项目绩效。

（2）变更请求。如果影响了项目管理计划或项目文件，就需要提交变更请求。

（3）项目管理计划（更新）。项目管理计划中的资源管理计划可能需要更新。

（4）项目文件（更新）。项目文件中的项目进度计划、项目团队派工单、资源日历、经验教训登记册、团队章程可能需要更新。

（5）事业环境因素（更新）。可能需要更新的事业环境因素包括员工发展计划记录、技能评估等。

（6）组织过程资产（更新）。可能需要更新的组织过程资产包括培训需求和人事评测等。

3. 建设团队的工具与技术主要有集中办公、虚拟团队、沟通技术、人际关系与团队技能、认可与奖励、培训、个人和团队评估和会议八项。

（1）集中办公。集中办公是把团队成员安排在同一个地点工作，集中办公既可以是临时的，也可以贯穿整个项目。

（2）虚拟团队。虚拟团队可以使用更多技术熟练的资源、降低成本、减少出差及搬迁费用，以及拉近团队成员与供应商和客户等重要干系人的距离。

（3）沟通技术。沟通技术有助于为集中办公团队营造融洽的环境，促进虚拟团队更好地相互理解，可采用的沟通技术包括共享门户、视频会议、音频会议、电子邮件/聊天软件。

（4）人际关系与团队技能，人际关系与团队技能主要包括：①冲突管理；②影响力；③激励；④谈判；⑤团队建设。

（5）认可与奖励。只有满足被奖励者的重要需求的奖励，才是有效奖励，认可与奖励应考虑文化差异。项目经理应该在项目生命周期中尽可能给予表彰，而不是等到项目完成时才表彰。

（6）培训。培训成本应该包括在项目预算中，如果增加的技能有利于未来的项目，则由执行组织承担。

（7）个人和团队评估。个人和团队评估工具能让项目经理和项目团队洞察成员的优势和劣势。

（8）会议。可以通过会议讨论和解决团队建设的问题。

备考点拨

本考点学习难度星级：★☆☆（简单），考试频度星级：★★★（高频）。

本考点考查建设团队的主要输入和输出。考纲淡化了工具与技术，但是以防万一，本书依然将工具与技术放在考点精华中供考生参考。

关于建设团队需要掌握塔克曼阶梯理论，掌握五个阶段的特点，达到考题中提供一段阶段描述就能够选出属于哪个阶段的程度。

建设团队同样需要属于项目管理计划的资源管理计划（输入）提供指导，除此之外，还可以使用项目文件（输入）中的经验教训登记册、项目进度计划、项目团队派工单、资源日历和团队章程来为建设团队提供支持。其中经验教训登记册的作用是吃一堑长一智；进度计划和资源日历可以用来参考安排培训时间；项目团队派工单有助于了解团队成员角色职责，以便知己知彼做好团建；团队章程是指导团队建设的文件。

建设团队过程的输出是团队绩效评价（输出），包含了一系列的评价指标，用于改进团队和个人技能，增强团队凝聚力。

考题精练

1．A 公司成立项目组承接某城市污水治理项目，项目团队成员来自各个部门。在项目开始执行三个月后的一次项目例会上，项目成员讨论方案时产生分歧，互相指责业务水平差，并质疑项目经理的协调能力，则该项目团队处于（　　）。

A．震荡阶段　　B．规范阶段　　C．成熟阶段　　D．形成阶段

【答案 & 解析】答案为 A。团队建设分成形成、震荡、规范、成熟和解散五个阶段：①形成阶段。典型特征是团队刚刚组建，成员由于陌生而选择保持独立的距离感，不会开诚布公。②震荡阶段。典型特征是开始出现矛盾和冲突，缺乏合作和开放的态度。③规范阶段。典型特征是团队成员开始能够彼此协同，逐渐开始互相信任并支持团队。④成熟阶段。典型特征是成员间互相依靠，高效解决遇到的问题。⑤解散阶段。完成所有工作后，团队成员离开项目。

2．项目团队建设过程中，为了调动团队成员的积极性，就需要运用（　　）促使团队成员产生积极的工作动机。

A．激励理论　　B．冲突管理　　C．规章制度　　D．问题管理

【答案 & 解析】答案为 A。为了调动团队成员的积极性，就需运用激励理论促使团队成员产生积极工作的动机。同时在形成团队的过程中，也需要项目经理发挥领导者的作用，以形成一支高绩效的团队。

3．（　　）不是达成项目团队建设的目标。

A．提高项目团队成员的个人技能以改进质量并提高绩效

B. 提高项目团队成员之间的信任感和凝聚力以促进团队合作

C. 创建团结合作的团队文化以促进团队生产率

D. 严格控制汇报层级以将问题解决控制在层级内

【答案 & 解析】答案为 D。建设项目团队的目标有：①提高团队成员的知识和技能；②提高团队成员之间的信任和认同感；③创建富有生气、凝聚力和协作性的团队文化；④提高团队参与决策的能力。

4.（　　）不属于项目团队建设的五个阶段。

A. 规范阶段　　B. 成熟阶段　　C. 解散阶段　　D. 冲突阶段

【答案 & 解析】答案为 D。项目团队建设的五个阶段：①形成阶段；②震荡阶段；③规范阶段；④成熟阶段；⑤结束阶段。

5. 关于项目团队建设的主要目标，不正确的是（　　）。

A. 提高项目团队成员之间的信任感和凝聚力

B. 提高项目团队成员的个人技能

C. 创建团结合作的团队文化

D. 解决团队冲突并缓解工作压力

【答案 & 解析】答案为 D。选项 D 属于管理团队的内容。建设项目团队的目标有：①提高团队成员的知识和技能；②提高团队成员之间的信任和认同感；③创建富有生气、凝聚力和协作性的团队文化；④提高团队参与决策的能力。

6. 关于提高项目绩效的描述，不正确的是（　　）。

A. 虚拟团队也可以通过团队建设提升工作绩效

B. 越早进行团队建设，也会越早收到效果

C. 提高团队效能要正向激励，不要使用惩罚

D. 处在发挥阶段的团队，效能通常是最高的

【答案 & 解析】答案为 C。不要使用惩罚过于绝对，是少用，而不是不用。

7.（　　）is/are not the outputs of the process develop team.

A. Team performance assessment　　B. Chance requests

C. Organizational Process Assets　　D. Project management plan updates

【答案 & 解析】答案为 C。翻译如下：（　　）不是建设项目团队的输出。

A. 团队绩效评价　B. 变更请求　C. 组织过程资产　D. 项目管理计划更新

【考点 141】管理团队的输入、输出、工具与技术

冲突解决办法

考点精华

管理团队是跟踪团队成员工作表现、提供反馈、解决问题并管理团队变更以优化项目绩效的过程。本过程的主要作用是影响团队行为、管理冲突以及解决问题。

1. 管理团队的输入主要有项目管理计划、项目文件、工作绩效报告、团队绩效评价、事业

环境因素和组织过程资产六项。

（1）项目管理计划。项目管理计划中的资源管理计划，为管理和遣散项目团队资源提供了指南，可作为管理团队的输入。

（2）项目文件。项目文件中的团队章程、问题日志、项日团队派工单和经验教训登记册可作为管理团队过程的输入。

（3）工作绩效报告。工作绩效报告是为制订决策、采取行动或引起关注的实物或电子工作绩效信息，包括从进度控制、成本控制、质量控制和范围确认中得到的结果。

（4）团队绩效评价。项目团队绩效评价有助于采取措施解决问题、调整沟通方式、解决冲突和改进团队互动。

（5）事业环境因素。事业环境因素中的人力资源管理政策能够影响管理团队过程。

（6）组织过程资产。组织过程资产中的嘉奖证书、品牌物品、额外待遇等能够影响管理团队过程。

2．管理团队的输出主要有变更请求、项目管理计划（更新）、项目文件（更新）和事业环境因素（更新）四项。

（1）变更请求。管理团队过程中有可能需要提出变更请求。

（2）项目管理计划（更新）。项目管理计划中的资源管理计划、进度基准、成本基准可能需要更新。

（3）项目文件（更新）。项目文件中的问题日志、经验教训登记册和项目团队派工单有可能需要更新。

（4）事业环境因素（更新）。事业环境因素中的组织绩效评价有可能需要更新。

3．管理团队的工具与技术主要有人际关系与团队技能和项目管理信息系统两项。

（1）人际关系与团队技能。人际关系与团队技能包括冲突管理、制订决策、情商、影响力和领导力五项。

1）冲突管理。冲突不可避免，冲突的来源包括资源稀缺、进度优先级排序和个人工作风格差异等。冲突的发展分为五个阶段：①潜伏阶段；②感知阶段；③感受阶段；④呈现阶段；⑤结束阶段。冲突解决方法分为五种：①撤退/回避：从实际或潜在冲突中退出，将问题推迟到时机成熟时或者他人解决；②缓和/包容：强调一致而非差异，为维持和谐关系而退让一步；③妥协/调解：寻找能让各方都在一定程度上满意的方案，有时会导致“双输”；④强迫/命令：以牺牲其他方为代价，推行某一方的观点，通常用权力来强行解决，导致“赢一输”局面；⑤合作/解决问题：综合考虑不同的观点和意见，采用合作态度和开放式对话引导各方达成共识，可以带来“双赢”局面。「★案例记忆点★」

2）制订决策。进行有效决策需要：①着眼于所要达到的目标；②遵循决策流程；③研究环境因素；④分析可用信息；⑤激发团队创造力；⑥理解风险等。

3）情商。情商是识别、评估和管理个人情绪、他人情绪及团体情绪的能力。

4）影响力。在矩阵环境中，项目经理对团队成员通常没有或仅有很小的命令职权，所以影响干系人的能力对保证项目成功非常关键。

5）领导力。领导力是领导团队、激励团队做好本职工作的能力。

（2）项目管理信息系统。项目管理信息系统的资源管理或进度计划软件，用于在项目活动中管理和协调团队成员。

备考点拨

本考点学习难度星级：★☆☆（简单），考试频度星级：★★★（高频）。

本考点考查管理团队的主要输入、工具与技术。考纲淡化了管理团队的输出，但是以防万一，本书依然将输出放在考点精华中供考生参考。

对团队进行有效管理，自然离不开项目管理计划（输入）中的资源管理计划指导，除此之外，管理好团队，一离不开有效沟通，所以需要项目管理计划中的沟通管理计划；二离不开内、外部干系人的协调支持，所以需要项目管理计划中的干系人参与计划。同时还需要经常查阅项目文件（输入）中的变更日志、问题日志、经验教训登记册、质量报告、风险报告和干系人登记册等内容。对团队进行管理，项目经理还需要依据两份重要的文件，一份是工作绩效报告（输入），根据绩效进行有效管理；另一份是建设团队过程的输出即团队绩效评价（输入）。

管理团队的工具与技术有人际关系与团队技能（技术）和项目管理信息系统（技术），其中最重要的是人际关系与团队技能，一共有冲突管理、制订决策、情商、影响力和领导力五项，这其中最重要的是冲突管理，需要熟练掌握冲突解决的五种方法。

考题精练

1．通过管理团队可以（　　）。

A．解决项目团队成员之间的冲突，保障高效开展项目工作

B．将项目的监控结果全面记录在工作绩效报告里

C．为项目团队成员提供组织的政策、流程和规定

D．在人员配备管理计划中列出团队成员在项目中的工作周期

【答案 & 解析】答案为 A。项目管理团队过程包含冲突管理。

2．一次项目例会上，研发工程师和产品经理因为某个功能定义的频繁变更发生了激烈的争吵，此时项目经理制止了争吵，提出会后再单独组织一次会议来讨论解决方案。该项目经理采用的冲突管理方法是（　　）。

A．撤退　　B．妥协　　C．强迫　　D．合作

【答案 & 解析】答案为 A。撤退是搁置争议或冲突，从冲突中撤退，留待未来处理解决。

3．项目管理信息系统包括（　　）软件，用于监督资源的使用情况，协助确保合适的资源适时、适地用于合适的活动。

A．资源管理或进度计划　　B．CRM 系统

C．采购系统或智能分析　　D．BOM 系统

【答案 & 解析】答案为 A。项目管理信息系统可包括资源管理或进度计划软件，用于监督资源的使用情况，协助确保合适的资源适时、适地用于合适的活动。分析题干中提到了“监督资源”

这个关键词，而选项中只有选项A呼应了关键词，通过这个技巧很容易选对正确答案，其他三个选项明显没有迷惑性。

【考点142】管理沟通的输入、输出、工具与技术

考点精华

管理沟通是确保项目信息及时且恰当地收集、生成、发布、存储、检索、管理、监督和最终处置的过程。本过程的主要作用是促成项目团队与干系人之间的有效信息流动。

1. 管理沟通的输入主要有项目管理计划、项目文件、工作绩效报告、事业环境因素和组织过程资产五项。

（1）项目管理计划。项目管理计划中的资源管理计划、沟通管理计划和干系人参与计划可用于管理沟通。

（2）项目文件。项目文件中的变更日志、问题日志、经验教训登记册、质量报告、风险报告和干系人登记册可用于管理沟通。

（3）工作绩效报告。工作绩效报告的形式包括状态报告和进展报告。工作绩效报告的内容包含挣值图表信息、趋势和预测、燃尽图、缺陷直方图、合同绩效信息以及风险概述信息。

（4）事业环境因素。

（5）组织过程资产。

2. 管理沟通的输出主要有项目沟通记录、项目管理计划（更新）、项目文件（更新）和组织过程资产（更新）四项。

（1）项目沟通记录。项目沟通记录包括绩效报告、可交付成果状态、进度进展、成本、演示，以及其他信息。

（2）项目管理计划（更新）。项目管理计划中的沟通管理计划和干系人参与计划可能需要更新。

（3）项目文件（更新）。项目文件中的问题日志、经验教训登记册、项目进度计划、风险登记册和干系人登记册可能需要更新。

（4）组织过程资产（更新）。组织过程资产中的项目记录、项目报告和演示等可能需要更新。

3. 管理沟通的工具与技术主要有沟通技术、沟通方法、沟通技能、项目管理信息系统、项目报告、人际关系与团队技能、会议七项。

（1）沟通技术。影响沟通技术选用的因素有：是否集中办公、信息分享是否保密、成员的可用资源，以及组织文化对会议讨论正常开展的影响。

（2）沟通方法。沟通方法的选择需要灵活应对干系人的成员变化、需求和期望的变化。

（3）沟通技能。沟通技能包括沟通胜任力、反馈、非口头技能、演示等。

（4）项目管理信息系统。项目管理信息系统能确保干系人及时便利获取所需信息。

（5）项目报告。项目报告是收集和发布项目信息的行为。

（6）人际关系与团队技能。人际关系与团队技能主要包括积极倾听、冲突管理、文化意识、会议管理、人际交往、政策意识。

（7）会议。通过召开会议来支持沟通策略和沟通计划所定义的行动。

备考点拨

本考点学习难度星级：★☆☆（简单），考试频度星级：★★☆（中频）。

本考点考查管理沟通的主要输入、输出、工具与技术。

管理沟通需要依据项目管理计划（输入）中的沟通管理计划，沟通是和干系人进行的沟通，所以需要依据项目管理计划中的干系人参与计划，沟通通常是围绕资源的沟通，所以需要依据项目管理计划中的资源管理计划。另外管理沟通同样需要查阅变更日志、问题日志、经验教训登记册、质量报告、风险报告和干系人登记册等项目文件（输入）中的内容。

在管理沟通的过程中会持续产生项目沟通记录（输出），好记性不如烂笔头，沟通中关于项目的各种信息都需要记录下来。

因为沟通是软技能，所以管理沟通可以使用的技术也比较多，一共有七项，用到的也都是软技能，如沟通技术（技术）、方法（技术）、技能（技术）、人际关系与团队技能（技术）等，也可以采用会议（技术）和项目管理信息系统（技术）的形式来辅助管理沟通，采用项目报告（技术）的方式来总结和发送项目信息。

考题精练

1．在管理沟通过程中，某项目经理认为所谓的激烈的权力游戏、控制战术和冲突管理与自己的工作毫无关联，则他缺少人际关系交往中的（　　）。

A．文化意识　　B．积极倾听　　C．政策意识　　D．人际交往

【答案 & 解析】答案为C。政策意识也是政治意识，有助于项目经理根据项目环境和组织的政策环境来规划沟通。政策意识是指对正式和非正式权力关系的认知，以及在这些关系中工作的意愿。理解组织战略、了解谁能行使权力并施加影响，以及培养与这些干系人沟通的能力，都属于政策意识范畴。文化意识指理解个人、群体和组织之间的差异，并据此调整项目的沟通策略。

【考点143】实施风险应对的输入、输出、工具与技术

考点精华

实施风险应对是执行既定的风险应对计划的过程。本过程的主要作用：①确保按计划执行既定的风险应对措施；②管理整体项目风险入口、最小化单个项目威胁以及最大化单个项目机会。

1．实施风险应对的输入主要有项目管理计划、项目文件和组织过程资产三项。

（1）项目管理计划。项目管理计划中的风险管理计划，列明了与风险管理相关的项目团队成员和其他干系人的角色和职责，可用于实施风险应对。

（2）项目文件。项目文件中的经验教训登记册、风险登记册和风险报告，可用于实施风险应对。

（3）组织过程资产。组织过程资产中的经验教训知识库，可用于实施风险应对。

2．实施风险应对的输出主要有变更请求和项目文件（更新）两项。

（1）变更请求。项目管理计划中的成本基准和进度基准等组件有可能产生变更请求。

（2）项目文件（更新）。项目文件中的经验教训登记册、问题日志、项目团队派工单、风险登记册和风险报告有可能需要更新。

3．实施风险应对的工具与技术主要有专家判断、人际关系与团队技能和项目管理信息系统三项。

（1）专家判断。可以征求具备相应专业知识的个人或小组的意见。

（2）人际关系与团队技能。可以使用的人际关系与团队技能是影响力，通过影响力鼓励风险责任人采取行动。

（3）项目管理信息系统。项目管理信息系统把风险应对计划及其相关活动纳入项目。

备考点拨

本考点学习难度星级：★☆☆（简单），考试频度星级：★★☆（中频）。

本考点考查实施风险应对的主要输入。考纲淡化了输出、工具与技术，但是以防万一，本书依然将输出、工具与技术放在考点精华中供考生参考。

既然是风险相关的过程，自然会用到项目管理计划（输入）中的风险管理计划，除此之外，还可以翻看经验教训登记册中关于风险的经验教训，以及风险登记册和风险报告中关于风险的详细信息，这些资料都可以在项目文件（输入）中找到。

考题精练

1．以下（　　）不属于实施风险应对的输入。

A．经验教训登记册　　B．变更请求

C．风险登记册　　D．风险报告

【答案 & 解析】答案为B。实施风险应对的输入主要有项目管理计划、项目文件和组织过程资产三项，其中项目文件中的经验教训登记册、风险登记册和风险报告，可用于实施风险应对。

【考点144】实施采购的输入、输出、工具与技术

考点精华

实施采购是获取卖方应答、选择卖方并授予合同的过程。本过程的主要作用是选定合格卖方并签署关于货物或服务交付的协议。

实施采购过程包括招标、投标、评标和授标四个环节，其中评标工作通常由专门的评标委员会进行。常用的评标方法有加权打分法、筛选系统和独立估算三种。

1．实施采购的输入主要有项目管理计划、项目文件、采购文档、卖方建议书、事业环境因素和组织过程资产六项。

（1）项目管理计划。项目管理计划中的范围管理计划、需求管理计划、沟通管理计划、风险管理计划、采购管理计划、配置管理计划和成本基准可用于实施采购。

（2）项目文件。项目文件中的需求文件、项目进度计划、风险登记册和经验教训登记册可用于实施采购。

（3）采购文档。采购文档中的招标文件、采购工作说明书、独立成本估算和供应方选择标准可用于实施采购。

（4）卖方建议书。卖方建议书中包含的信息可以被评估团队用于选择投标人（卖方）。

（5）事业环境因素。

（6）组织过程资产。

2．实施采购的输出主要有选定的卖方、协议、变更请求、项目管理计划（更新）、项目文件（更新）和组织过程资产（更新）六项。

（1）选定的卖方。对于较复杂、高价值和高风险的采购，在授予合同前，要把选定卖方报给组织高级管理人员审批。

（2）协议。合同是对双方有约束力的协议。协议的主要内容包括：①采购工作说明书或主要的可交付成果；②进度计划、里程碑或进度计划中规定的日期；③绩效报告；④定价和支付条款；⑤检查、质量和验收标准；⑥担保和后续产品支持；⑦激励和惩罚；⑧保险和履约保函；⑨下属分包商批准；⑩一般条款和条件；⑪变更请求处理；⑫终止条款和替代争议解决方法。

（3）变更请求。项目管理计划及其组件可能会产生变更请求。

（4）项目管理计划（更新）。项目管理计划组件中的需求管理计划、质量管理计划、沟通管理计划、风险管理计划、采购管理计划、范围基准、进度基准和成本基准可能需要更新。

（5）项目文件（更新）。项目文件中的经验教训登记表、需求跟踪矩阵、资源日历、风险登记册和干系人登记册可能需要更新。

（6）组织过程资产（更新）。组织过程资产中的潜在和预审合格的卖方清单、与卖方合作的相关经验可能需要更新。

3．实施采购的工具与技术主要有专家判断、广告、投标人会议、数据分析、人际关系与团队技能五项。

（1）专家判断。可以征求具备专业知识或接受过相关培训的个人或小组的意见。

（2）广告。在大众出版物或专门行业出版物上刊登广告，可以扩充现有的潜在卖方名单。

（3）投标人会议。投标人会议又称承包商会议、供应商会议或投标前会议，是在卖方提交建议书之前，在买方和潜在卖方之间召开的会议，目的是确保所有潜在投标人对采购要求都有清楚且一致的理解，并确保没有任何投标人会得到特别优待。

（4）数据分析。可以使用的数据分析技术是建议书评估。建议书评估的目的是确定是否对招标文件包中的文件，都做出了完整且充分的响应。

（5）人际关系与团队技能。可以使用的人际关系与团队技能是谈判。谈判由采购团队中拥有合同签署职权的成员主导。项目经理和项目管理团队的其他成员可以参加谈判并提供必要协助。

备考点拨

本考点学习难度星级：★☆☆（简单），考试频度星级：★★☆（中频）。

本考点考查实施采购的主要输入和输出。考纲淡化了工具与技术，但是以防万一，本书依然将工具与技术放在考点精华中供考生参考。

采购工作是一件综合性工作，在实施采购时，要和供应商沟通范围及需求，要管理供应商风险、处理配置和采购相关的事项，还要控制好采购的成本，所以会需要用到项目管理计划（输入）中的范围管理计划、需求管理计划、沟通管理计划、风险管理计划、采购管理计划、配置管理计划和成本基准，还需要用到项目文件（输入）中的经验教训登记册、项目进度计划、需求文件、风险登记册和干系人登记册等信息。除了项目管理计划和项目文件这两份常见的输入之外，实施采购还需要参考采购文档（输入），因为采购文档中包含采购工作说明书、招标文件等有用的文档，还可以参考与招标文件对应的卖方建议书（输入）。

管理采购结束时，就可以确定选定的卖方（输出），以及和卖方签订的协议（输出）。

考题精练

1．关于实施采购工作的描述，不正确的是（　　）。

A．供方选择标准在编制采购管理计划过程中制订

B．包含对潜在卖方资质进行评估

C．企业以往的供应商名单可能影响实施采购的过程

D．采购合同由买方进行编制并组织谈判

【答案 & 解析】答案为D。最终的采购合同应该是双方共同编制形成。

2．（　　）is the process of obtaining seller responses, selecting a seller, and awarding a contrast.

A．Plan Stakeholder management　　B．Plan Procurement management

C．Conduct Procurements　　D．Control Procurements

【答案 & 解析】答案为C。翻译如下：（　　）是获得卖家回复、选择卖家并授予合同的过程。

A．规划干系人管理　B．规划采购管理　C．实施采购　D．控制采购

3．（　　）不属于实施采购的工具与技术。

A．自制 / 外购分析　　B．数据分析

C．人际关系与团队技能　　D．广告

【答案 & 解析】答案为A。实施采购的工具与技术主要有专家判断、广告、投标人会议、数据分析、人际关系与团队技能五项。没什么好说的，都到实施阶段了，难道还在做自制或者外购的分析吗？

【考点145】管理干系人参与的输入、输出、工具与技术

考点精华

管理干系人参与是通过与干系人进行沟通协作，以满足其需求与期望、处理问题，并促进干系人合理参与的过程。本过程的主要作用是尽可能提高干系人的支持度，并降低干系人的抵制程度。

1．管理干系人参与的输入主要有项目管理计划、项目文件、事业环境因素和组织过程资产四项。

（1）项目管理计划。项目管理计划中的沟通管理计划、风险管理计划、干系人参与计划和变更管理计划可用于管理干系人参与。

（2）项目文件。项目文件中的问题日志、干系人登记册、变更日志和经验教训登记册可用于管理干系人参与。

（3）事业环境因素。

（4）组织过程资产。

2. 管理干系人参与的输出主要有变更请求、项目管理计划（更新）和项目文件（更新）三项。

（1）变更请求。变更请求是管理干系人参与的结果。

（2）项目管理计划（更新）。项目管理计划中的沟通管理计划和干系人参与计划可能需要更新。

（3）项目文件（更新）。项目文件中的变更日志、问题日志、经验教训登记册和干系人登记册可能需要更新。

3. 管理干系人参与的工具与技术主要有专家判断、沟通技能、人际关系与团队技能、基本规则和会议五项。

（1）专家判断。可以征求具备专业知识或接受过相关培训的个人或小组意见。

（2）沟通技能。可以根据沟通管理计划，针对每个干系人采取相应的沟通方法。

（3）人际关系与团队技能。人际关系与团队技能包括：①冲突管理；②文化意识；③谈判；④观察和交谈；⑤政策意识。

（4）基本规则。团队章程中的基本规则，能够明确引导干系人参与的行为。

（5）会议。可以通过会议方式，讨论和处理与干系人参与有关的问题。

备考点拨

本考点学习难度星级：★☆☆（简单），考试频度星级：★★☆（中频）。

本考点考查管理干系人参与的主要输入。考纲淡化了输出、工具与技术，但是以防万一，本书依然将输出、工具与技术放在考点精华中供考生参考。

管理干系人参与时，首先需要查看项目管理计划（输入）中的干系人参与计划，其次需要根据项目管理计划中的沟通管理计划确定干系人沟通方式，还要查看项目管理计划中的风险管理计划和变更管理计划，找出和干系人有关的风险和变更。和计划对应的项目文件（输入）中的变更日志、问题日志、经验教训登记册和干系人登记册都是管理干系人参与时可以用到的文件。

考题精练

1. 以下（　　）不属于管理干系人参与的输入。

A. 风险管理计划　　B. 变更管理计划

C. 干系人登记册　　D. 变更请求

【答案 & 解析】答案为 D。管理干系人参与的输入主要有项目管理计划、项目文件、事业环境因素和组织过程资产四项，其中项目管理计划中的沟通管理计划、风险管理计划、干系人参与计划和变更管理计划可用于管理干系人参与，项目文件中的问题日志、干系人登记册、变更日志和经验教训登记册可用于管理干系人参与。

第 14 章 监控过程组考点精讲及考题实练

14.1 章节考情速览

监控过程组一共 12 个知识块，对应了监控过程组中隶属于不同知识域的各个过程，备考的重点依然在输入、输出、工具与技术上。

从过往的考试经验看，五大过程组会在综合知识科目中占 35 分左右。综合知识科目和案例分析科目都可能有所考查。

14.2 考点星级分布图

本章涉及的主要考点分布及难度与频度双星级如图 14-1 所示。

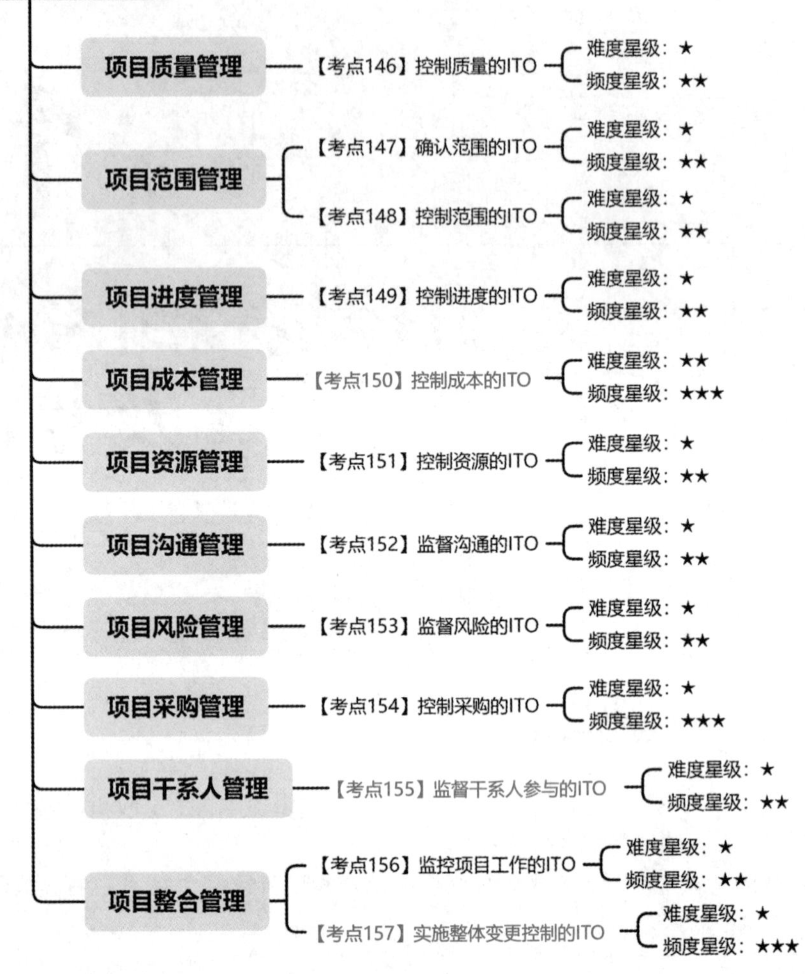

图 14-1　本章考点及星级分布

14.3　核心考点精讲及考题实练

监控过程组包含过程

【考点 146】控制质量的输入、输出、工具与技术

考点精华

控制质量是为了评估绩效，确保项目输出完整、正确且满足客户期望，而监督和记录质量管理活动执行结果的过程。本过程的主要作用：①核实项目可交付成果是否已经达到干系人的质量

要求，可供最终验收；②确定项目输出是否达到预期目的，这些输出是否满足所有适用的标准、要求、法规和规范。

控制质量过程的目的是在用户验收和最终交付之前测量产品或服务的完整性、合规性和适用性。在敏捷或适应型项目中，控制质量活动由所有团队成员在整个项目生命周期中执行；在瀑布或预测型项目中，控制质量活动由特定团队成员在特定时间点或者项目、阶段快结束时执行。

1．控制质量的输入主要有项目管理计划、项目文件、可交付成果、工作绩效数据、批准的变更请求、事业环境因素和组织过程资产七项。

（1）项目管理计划。项目管理计划中的质量管理计划，定义了如何在项目中开展质量控制。

（2）项目文件。项目文件中的测试与评估文件、质量测量指标和经验教训登记册可用于控制质量的输入。

（3）可交付成果。可交付成果与验收标准进行对比，可用于控制质量的输入。

（4）工作绩效数据。工作绩效数据包括产品质量相关的状态数据，可用于控制质量的输入。

（5）批准的变更请求。批准的变更请求需要纳入控制质量的范畴。

（6）事业环境因素。

（7）组织过程资产。

2．控制质量的输出主要有工作绩效信息、质量控制测量结果、核实的可交付成果、变更请求、项目管理计划（更新）和项目文件（更新）六项。

（1）工作绩效信息。工作绩效信息包含需求实现情况的信息、拒绝原因、要求的返工、纠正措施建议、核实的可交付成果列表、质量测量指标的状态以及过程调整需求。

（2）质量控制测量结果。质量控制测量结果是对质量控制结果的书面记录。

（3）核实的可交付成果。核实的可交付成果是确认范围过程的输入，以便正式验收。

（4）变更请求。项目管理计划组件或项目文件有可能因为控制质量产生变更请求。

（5）项目管理计划（更新）。项目管理计划的质量管理计划有可能需要更新。

（6）项目文件（更新）。项目文件中的问题日志、经验教训登记册、风险登记册、测试与评估文件有可能需要更新。

3．控制质量的工具与技术主要有数据收集、数据分析、检查、测试 / 产品评估、数据表现和会议六项。

（1）数据收集。数据收集技术包括核对单、核查表、统计抽样和问卷调查。①核对单有助于以结构化的方式管理控制质量活动；②核查表又称计数表，用于合理排列各种事项，以便有效收集关于潜在质量问题的数据；③统计抽样是从目标总体中选取部分样本用于检查；④问卷调查用于在部署产品或服务之后收集关于客户满意度的数据。

（2）数据分析。数据分析技术包括绩效审查和根本原因分析。绩效审查针对实际结果测量、比较和分析规划质量管理过程中定义的质量测量指标；根本原因分析用于识别缺陷成因。

（3）检查。检查是检验工作产品，以确定是否符合书面标准。可以检查单个活动成果或者项目最终产品，检查也可用于确认缺陷补救。

（4）测试 / 产品评估。测试贯穿于整个项目，可以在项目组成部分变得可用时进行，也可以在项目结束时进行。

（5）数据表现。数据表现技术包括因果图、控制图、直方图和散点图。①因果图用于识别质量缺陷和错误可能造成的结果；②控制图用于确定一个过程是否稳定，或者是否具有可预测的绩效；③直方图可按来源或组成部分展示缺陷数量；④散点图可在一支轴上展示计划的绩效，在另一支轴上展示实际绩效。

（6）会议。可作为控制质量过程的一部分的会议有：①审查已批准的变更请求；②回顾 / 经验教训。

备考点拨

本考点学习难度星级：★☆☆（简单），考试频度星级：★★☆（中频）。

本考点考查控制质量的输入、输出、工具与技术。

控制质量时需要用到项目管理计划（输入）中的质量管理计划，以及项目文件（输入）中的经验教训登记册、质量测量指标和测试与评估文件。除此之外，控制质量既要控制可交付成果（输入）的质量，也要控制批准的变更请求（输入）的质量，此时需要参考工作绩效数据（输入）。

控制质量过程的输出自然是质量控制测量结果（输出），控制质量过程把工作绩效数据转化为工作绩效信息（输出），把可交付成果转化为核实的可交付成果（输出）。

控制质量可以采用会议（技术）的方式进行，也可以采用检查（技术）和测试 / 产品评估（技术）等常见的方式进行，还可以通过数据收集（技术）、数据分析（技术）和数据表现（技术）的方式进行。三种数据常见的细分技术可以参考上面的考点精华，需要强调的是数据表现技术中的因果图、控制图、直方图和散点图，一定要掌握其特征，也是过往考试中的高频考点。

考题精练

1. 在（　　）过程中，测试员根据测试用例进行测试并记录测试结果。

A．改进测试计划　B．控制质量　C．管理质量　D．规划质量管理

【答案 & 解析】答案为 B。控制质量是为了评估绩效，确保项目输出完整、正确且满足客户期望，而监督和记录质量管理活动执行结果的过程，根据测试用例进行测试并记录测试结果属于控制质量的活动。

2. 质量管理中，为了有效地收集潜在质量问题的有用数据，可以使用（　　）。

A．亲和图　B．因果图　C．核查表　D．矩阵图

【答案 & 解析】答案为 C。核查表又称计数表，用于合理排列各种事项，以便有效地收集关于潜在质量问题的有用数据。在开展检查以识别缺陷时，用核查表收集属性数据就特别方便，例如关于缺陷数量或后果的数据。

3.（　　）不是控制质量的输入。

A．批准的变更请求　B．质量管理计划

C．质量测量指标　D．核实的可交付成果

【答案 & 解析】答案为 D。核实的可交付成果是控制质量的输出，可交付成果是控制质量的输入。

【考点 147】确认范围的输入、输出、工具与技术

确认范围步骤和检查内容

考点精华

确认范围是正式验收已完成的项目可交付成果的过程。本过程的主要作用：①使验收过程具有客观性；②通过确认每个可交付成果来提高最终产品、服务或成果获得验收的可能性。

确认范围过程与控制质量过程的区别是，确认范围关注可交付成果的验收，控制质量关注可交付成果的正确性及是否满足质量要求。控制质量过程通常先于确认范围过程，但二者也可同时进行。

1. 确认范围的步骤如下。

（1）确定需要进行范围确认的时间。

（2）识别范围确认需要哪些投入。

（3）确定范围正式被接受的标准和要素。

（4）确定范围确认会议的组织步骤。

（5）组织范围确认会议。

2. 项目干系人进行范围确认时，需要检查以下六个方面的问题。

（1）可交付成果是否是确定的、可确认的。

（2）每个可交付成果是否有明确的里程碑，里程碑是否有明确的、可辨别的事件。

（3）是否有明确的质量标准。

（4）审核和承诺是否有清晰的表达。

（5）项目范围是否覆盖需要完成的产品或服务的所有活动，是否有遗漏或错误。

（6）项目范围的风险是否太高。

3. 干系人对确认范围的关注点不同。「★案例记忆点★」

（1）管理层关注项目范围，关注范围对项目进度、资金和资源的影响，是否超过了组织承受范围，是否在投入产出上具有合理性。

（2）客户关注产品范围，关注项目可交付成果是否足够完成产品或服务。

（3）项目管理人员关注项目制约因素，关注项目可交付成果是否足够和必须完成，时间、资金和资源是否充足，关注主要的潜在风险和解决方法。

（4）项目团队成员关注项目范围中自己参与的元素和负责的元素。

4. 确认范围的输入主要有项目管理计划、项目文件、工作绩效数据和核实的可交付成果四项。

（1）项目管理计划。项目管理计划中的范围管理计划、需求管理计划和范围基准可以用于确认范围的输入。

（2）项目文件。项目文件中的需求文件、需求跟踪矩阵、质量报告和经验教训登记册可以用于确认范围的输入。

（3）工作绩效数据。工作绩效数据包含符合需求的程度、不一致数量、不一致的严重性或开展确认的次数。

（4）核实的可交付成果。核实的可交付成果是已经完成，并被控制质量过程检查为正确的可

交付成果。

5．确认范围的输出主要有验收的可交付成果、变更请求、工作绩效信息和项目文件（更新）四项。

（1）验收的可交付成果。符合验收标准的可交付成果由客户或发起人正式签字批准。

（2）变更请求。可能需要针对可交付成果提出变更请求。

（3）工作绩效信息。工作绩效信息包括项目进展信息。

（4）项目文件（更新）。项目文件中的需求文件、需求跟踪矩阵和经验教训登记册可能需要更新。

6．确认范围的工具与技术主要有检查和决策两项。

（1）检查。检查是开展测量、审查与确认等活动，判断工作和可交付成果是否符合需求和产品验收标准的过程。

（2）决策。可以使用的决策技术是投票，项目团队和干系人验收时可以使用投票来形成结论。

备考点拨

本考点学习难度星级：★☆☆（简单），考试频度星级：★★☆（中频）。

本考点考查确认范围的主要输入和输出。考纲淡化了工具与技术，但是以防万一，本书依然将工具与技术放在考点精华中供考生参考。

确认范围的五个步骤、六个方面的检查问题以及干系人关注点这三个细分考点可以在理解的前提下掌握，特别是干系人的关注点。

既然确认的是范围，那么过程就需要项目管理计划（输入）中，与范围有关的范围管理计划、需求管理计划和范围基准，还需要项目文件（输入）中，与需求有关的需求文件、需求跟踪矩阵，与质量有关的质量报告，以及经验教训登记册。控制质量过程输出的核实的可交付成果（输入）就可以用来确认范围，此时同样需要参考工作绩效数据（输入）。

确认范围将核实的可交付成果转化为验收的可交付成果（输出），把工作绩效数据转化为工作绩效信息（输出）。

考题精练

1．确认范围过程的一般步骤是（　　）。

①组织确认范围会议　　②识别确认范围需要哪些投入

③确定需要进行确认范围的时间　　④确定确认范围会议的组织步骤

⑤确定范围正式被接受的标准和要素

A．③①②⑤④　　B．③②⑤④①　　C．①⑤④③②　　D．①③②⑤④

【答案 & 解析】答案为 B。确认范围的步骤包括：①确定需要进行确认范围的时间；②识别确认范围需要哪些投入；③确定范围正式被接受的标准和要素；④确定确认范围会议的组织步骤；⑤组织确认范围会议。

2．由客户或者发起人正式签字批准的文件是（　　）。

A．核实的可交付成果　　B．工作绩效信息

C．验收的可交付成果　　D．可交付成果

第 14 章

【答案 & 解析】答案为 C。客户已经签字了，证明已经通过验收了，所以只有选项 C 最准确。符合验收标准的可交付成果应该由客户或发起人正式签字批准。从客户或发起人处获得的正式文件，证明干系人对项目可交付成果已正式验收，这些文件将提交给结束项目或阶段过程。

【考点 148】控制范围的输入、输出、工具与技术

考点精华

控制范围是监督项目和产品的范围状态、管理范围基准变更的过程。本过程的主要作用是在整个项目期间保持对范围基准的维护。控制范围过程应该与其他控制过程协调开展，未经控制的产品或项目范围的扩大被称为范围蔓延。

1．控制范围的输入主要有项目管理计划、项目文件、工作绩效数据和组织过程资产四项。

（1）项目管理计划。项目管理计划中的范围管理计划、需求管理计划、变更管理计划、配置管理计划、范围基准和绩效测量基准可用于控制范围的输入。

（2）项目文件。项目文件中的需求文件、需求跟踪矩阵和经验教训登记册可用于控制范围的输入。

（3）工作绩效数据。工作绩效数据中的变更和交付成果的相关信息，可以用于控制范围的输入。

（4）组织过程资产。

2．控制范围的输出主要有工作绩效信息、变更请求、项目管理计划（更新）和项目文件（更新）四项。

（1）工作绩效信息。工作绩效信息包括项目和产品范围实施情况、变更信息、范围偏差及原因、偏差影响以及范围绩效预测信息等。

（2）变更请求。过程可能针对范围基准、进度基准或项目管理计划其他部分提出变更请求。

（3）项目管理计划（更新）。项目管理计划的范围管理计划、范围基准、进度基准、成本基准和绩效测量基准可能需要更新。

（4）项目文件（更新）。项目文件的需求文件、需求跟踪矩阵和经验教训登记册可能需要更新。

3．控制范围的工具与技术主要有数据分析一项。

用于控制范围过程的数据分析技术如下。

（1）偏差分析：将基准与实际比较，确定偏差是否处于临界值区间内、是否需要采取纠正或预防措施。

（2）趋势分析：审查项目绩效随时间的变化情况，判断绩效正在改善还是在恶化。

备考点拨

本考点学习难度星级：★☆☆（简单），考试频度星级：★★☆（中频）。

本考点考查控制范围的主要输入和输出。工具与技术考纲做了淡化，但是以防万一，本书依然放在考点精华中供参考。

控制范围需要用到工作绩效数据（输入）；项目管理计划（输入）中的范围管理计划、需求管理计划、变更管理计划、配置管理计划、范围基准和绩效测量基准等；项目文件（输入）中的

经验教训登记册、需求文件和需求跟踪矩阵。想要控制好范围，离不开和范围、需求有关的一系列计划、基准和文件，离不开对变更和配置的管理与控制，离不开对绩效基准的对比分析。

控制范围过程将工作绩效数据转化为工作绩效信息（输出）。

考题精练

1．关于范围蔓延的描述，正确的是（　　）。

A．用户需求变化导致的项目范围的延伸

B．需求基线内具体内容的调整

C．WBS 拆分不够细致导致的研发工作增加

D．测试问题增加导致的项目完成时间延迟

【答案 & 解析】答案为 A。未经控制的产品或项目范围的扩大（未对时间、成本和资源做相应调整）被称为范围蔓延。

2．关于控制范围的描述，不正确的是（　　）。

A．发现用户需求变更需通过变更流程　　B．通过范围变更控制降低项目风险

C．确定范围正式被接受的标准和要素　　D．判断范围变更是否已经发生

【答案 & 解析】答案为 C。选项 C 属于确认范围的一般步骤。确认范围的步骤包括：①确定需要进行确认范围的时间；②识别确认范围需要哪些投入；③确定范围正式被接受的标准和要素；④确定确认范围会议的组织步骤；⑤组织确认范围会议。

3．关于控制范围与变更的描述，不正确的是（　　）。

A．项目组所有成员都有责任维护项目范围，杜绝范围蔓延

B．即使需求变更请求被批准，也不一定需要更新范围说明书

C．项目范围变更需要项目投资人、用户及其他干系人的批准

D．项目越到后期，需求变更的代价越高

【答案 & 解析】答案为 C。项目范围变更通常需要通过 CCB 的批准。

4．控制范围的目的是监督项目和产品的范围状态，控制范围不涉及（　　）。

A．确定范围变更是否已经发生

B．确保所有被请求的变更按照项目整体变更控制过程处理

C．影响导致范围变更的因素

D．管理实际的变更

【答案 & 解析】答案为 A。控制范围涉及影响引起范围变更的因素，确保所有被请求的变更、推荐的纠正措施或预防措施按照项目整体变更控制处理，并在范围变更实际发生时进行管理。

【考点 149】控制进度的输入、输出、工具与技术

考点精华

控制进度是监督项目状态，以更新项目进度和管理进度基准变更的过程。本过程的主要作用是在项目期间保持对进度基准的维护。

1. 控制进度的输入主要有项目管理计划、项目文件、工作绩效数据和组织过程资产四项。

(1) 项目管理计划。项目管理计划中的进度管理计划、进度基准、范围基准和绩效测量基准可以用于控制进度的输入。

(2) 项目文件。项目文件中的资源日历、项目进度计划、项目日历、进度数据和经验教训登记册可以用于控制进度的输入。

(3) 工作绩效数据。工作绩效数据包含关于项目进度的数据，可以用于控制进度的输入。

(4) 组织过程资产。组织过程资产中含有与进度控制有关的政策、程序和指南、进度控制工具、可用的监督和报告方法等内容。

2. 控制进度的输出主要有工作绩效信息、进度预测、变更请求、项目管理计划（更新）和项目文件（更新）五项。

(1) 工作绩效信息。工作绩效信息包括与进度基准相比较的项目工作执行情况。

(2) 进度预测。进度预测是对项目未来情况和事件进行估算或预计。

(3) 变更请求。控制进度过程可能会产生对进度基准、范围基准等项目管理计划组件的变更请求。

(4) 项目管理计划（更新）。项目管理计划的进度管理计划、进度基准、成本基准和绩效测量基准有可能需要更新。

(5) 项目文件（更新）。项目文件的假设日志、估算依据、经验教训登记册、项目进度计划、资源日历、进度数据和风险登记册有可能需要更新。

3. 控制进度的工具与技术主要有数据分析、关键路径法、项目管理信息系统、资源优化、提前量和滞后量和进度压缩六项。

(1) 数据分析。控制进度过程的数据分析技术包括：挣值分析、迭代燃尽图、绩效审查、趋势分析、偏差分析和假设情景分析六项。①可以用挣值分析的进度绩效测量指标评价进度基准偏离度；②迭代燃尽图对实际与理想燃尽图进行偏差分析和趋势预测；③绩效审查根据进度基准测量、对比、分析进度绩效；④趋势分析检查项目绩效的变化趋势；⑤偏差分析关注实际开始和完成日期与计划的偏离以及浮动时间偏差；⑥假设情景分析对各种情景进行评估，推动进度模型符合基准。

(2) 关键路径法。检查关键路径进展有助于确定项目进度状态，检查关键路径进展有助于识别进度风险。

(3) 项目管理信息系统。通过项目管理信息系统的进度计划工具，可以跟踪进度、报告偏差和预测影响。

(4) 资源优化。资源优化技术在考虑资源可用性和项目时间情况下，对活动和活动所需资源进行进度规划。

(5) 提前量和滞后量。通过调整提前量与滞后量，可以促使进度滞后的项目活动赶上进度。

(6) 进度压缩。采用进度压缩技术如快速跟进或者赶工，可以促使进度滞后的活动赶上进度。

备考点拨

本考点学习难度星级：★☆☆（简单），考试频度星级：★★☆（中频）。

本考点考查控制进度的主要输入、输出、工具与技术。

控制进度除了用到项目管理计划中的进度管理计划（输入）之外，用得最多的三个基准是：进度基准、范围基准和绩效测量基准。除此之外，还需要用到项目文件（输入）中的经验教训登记册、项目日历、项目进度计划、资源日历和进度数据。工作绩效数据（输入）能够给控制进度提供详细的项目状态信息。

控制进度把工作绩效数据转化为工作绩效信息（输出），而且提供了进度预测（输出）。

项目经理控制进度有五件工具，可以使用挣值分析、迭代燃尽图、绩效审查、趋势分析、偏差分析和假设情景分析的方式进行数据分析（技术），可以使用关键路径法（技术）检查关键路径的状态，还可以使用资源优化（技术）、进度压缩（技术）、提前量和滞后量（技术）来针对性解决进度问题。

考题精练

1.（　　）is the Monitoring activity progress, managing changes to the schedule baseline.

A．Estimate activity duration　　B．Define activities

C．Develop schedule　　D．Control schedule

【答案 & 解析】答案为D。翻译如下：（　　）是监督项目活动状态，管理进度基准变更。

A．估计活动持续时间　B．定义活动　C．开发计划　D．控制进度

2．当项目的实际进度滞后于计划进度时，不适合采取（　　）的措施来控制进度。

A．改进项目方法技术　　B．减少项目活动范围

C．更新项目进度计划　　D．降低质量管理要求

【答案 & 解析】答案为D。通常可用以下方法缩短活动的工期：①赶工，投入更多的资源或增加工作时间，以缩短关键活动的工期；②快速跟进、并行施工，以缩短关键路径的长度；③使用高素质的资源或经验更丰富的人员；④减少活动范围或降低活动要求；⑤改进方法或技术，以提高生产效率；⑥加强质量管理，及时发现问题、减少返工，从而缩短工期。

3．项目进度管理过程中，可用于控制进度过程的数据分析技术包括（　　）。

A．蒙特卡洛分析　　B．计划评审技术（PERT）

C．参数估算　　D．挣值分析

【答案 & 解析】答案为D。控制进度过程的数据分析技术包括挣值分析、迭代燃尽图、绩效审查、趋势分析、偏差分析、假设情景分析六项。

挣值分析概念

【考点150】控制成本的输入、输出、工具与技术

考点精华

控制成本是监督项目状态更新项目成本和管理成本基准变更的过程。本过程的主要作用是在整个项目期间保持对成本基准的维护。

1．控制成本的输入主要有项目管理计划、项目资金需求、项目文件、工作绩效数据和组织过程资产五项。

（1）项目管理计划。项目管理计划中的成本管理计划、成本基准和绩效测量基准可用于控制成本。

（2）项目资金需求。项目资金需求包含的预计支出及预计债务可用于控制成本。

（3）项目文件。项目文件中的经验教训登记册可用于控制成本。

（4）工作绩效数据。工作绩效数据包含的项目成本状态数据可用于控制成本。

（5）组织过程资产。

2．控制成本的输出主要有工作绩效信息、成本预测、变更请求、项目管理计划（更新）和项目文件（更新）五项。

（1）工作绩效信息。工作绩效信息包括有关项目工作成本实施情况的信息，可以在工作包层级和控制账户层级上评估成本偏差。

（2）成本预测。成本预测的 EAC 值，需要记录并传达给干系人。

（3）变更请求。可能会针对成本基准、进度基准等项目管理计划的组件提出变更请求。

（4）项目管理计划（更新）。项目管理计划的成本管理计划、成本基准和绩效测量基准可能需要更新。

（5）项目文件（更新）。项目文件的假设日志、估算依据、成本估算、经验教训登记册和风险登记册可能需要更新。

3．控制成本的工具与技术主要有专家判断、数据分析、完工尚需绩效指数和项目管理信息系统四项。

（1）专家判断。可以征求具备专业知识或接受过相关培训的个人或小组意见。

（2）数据分析。数据分析技术包括：挣值分析、偏差分析、趋势分析和储备分析四项，其相关概念关系如图 14-2 所示。

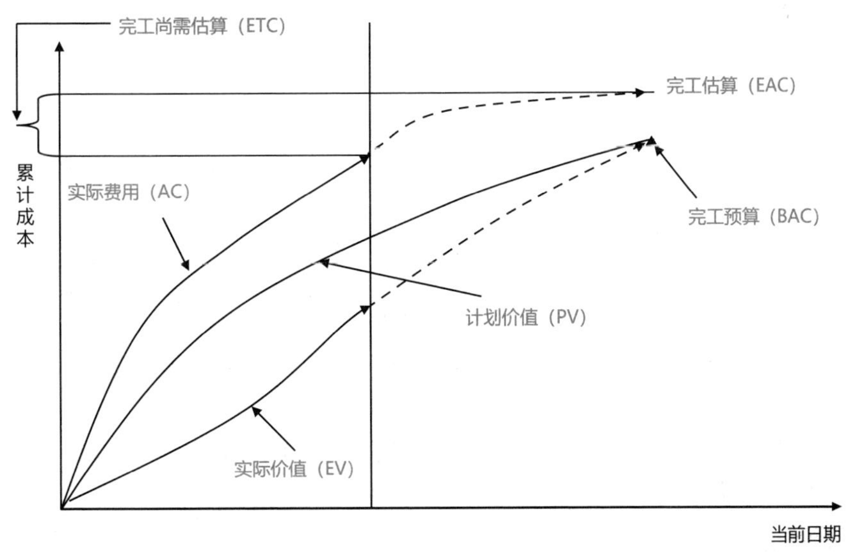

图 14-2　控制成本相关概念关系图

1）挣值分析（Earned Value Analyse，EVA）计算监测计划价值、挣值、实际成本三个关键指标：①计划价值（Planned Value，PV）是为计划工作分配的经批准预算，不包括管理储备。PV 的总和也称为绩效测量基准（Performance Measurement Baseline，PMB），项目的总计划价值也称为完工预算（Budget At Completion，BAC）。②挣值（Earned Value，EV）是已完成工作的经批准预算，用该工作的批准预算来表示。③实际成本（Actual Cost，AC）是执行某活动实际发生的成本，是为完成与 EV 对应的工作而发生的成本。

2）偏差分析计算监测进度偏差、成本偏差、进度绩效指数、成本绩效指数四个关键指标。① 进度偏差计算公式：SV=EV−PV，进度偏差（Schedule Variance，SV）等于挣值（EV）减去计划价值（PV）。表明项目进度是落后还是提前于进度基准，项目完工时的进度偏差等于零。② 成本偏差计算公式：CV=EV−AC，成本偏差（Cost Variance，CV）等于挣值（EV）减去实际成本（AC），表明实际绩效与成本支出间的关系，项目结束时的成本偏差等于完工预算（BAC）与实际成本之间的差值。CV 为负值时一般无法挽回。③进度绩效指数计算公式：SPI=EV/PV，进度绩效指数（Schedule Performance Index，SPI）表示为挣值与计划价值之比，反映项目团队完成工作的效率。当 SPI 小于 1.0 时，说明已完成的工作量未达到计划要求；当 SPI 大于 1.0 时，说明已完成的工作量超过计划。④成本绩效指数公式：CPI=EV/AC，成本绩效指数（Cost Performance Index，CPI）表示为挣值与实际成本之比，用来测量已完成工作的成本效率。当 CPI 小于 1.0 时，说明已完成工作的成本超支；当 CPI 大于 1.0 时，说明到目前成本有节省。

3）趋势分析。趋势分析用来判断绩效正在改善还是正在恶化，趋势分析技术包括图表和预测。① 图表：对于计划价值、挣值和实际成本三个参数，通过图表方式既可以分阶段进行监督和报告，也可针对累计值进行监督和报告。② 预测：如果完工预算（BAC）已明显不再可行，则项目经理应考虑对完工估算（Estimate At Completion，EAC）进行预测。计算 EAC 时，用已完成工作的实际成本，加上剩余工作的完工尚需估算（Estimate To Complete，ETC）。公式为 EAC=AC+自下而上的 ETC。假设未来绩效将会改进时，公式：EAC=AC+（BAC−EV）；假设目前情况将继续进行时，公式：EAC=BAC/CPI。

4）储备分析。储备分析监督项目中应急储备和管理储备的使用情况，判断是否还需要这些储备，或者是否需要增加额外储备。如果已识别的风险没有发生，就可能要从项目预算中扣除未使用的应急储备，为其他项目或运营让出资源。

（3）完工尚需绩效指数。完工尚需绩效指数（To Complete Performance Index，TCPI）是为了实现特定的管理目标（如 BAC 或 EAC），剩余资源的使用必须达到的成本绩效指标。如果 BAC 已明显不再可行，则项目经理应考虑使用预测的 EAC。经过批准后，就用 EAC 取代 BAC。基于 BAC 的 TCPI 公式：TCPI=(BAC−EV)/(BAC−AC)。基于 EAC 的 TCPI 公式：TCPI=(BAC−EV)/(EAC−AC)。

（4）项目管理信息系统。项目管理信息系统可用于监测 PV、EV 和 AC 挣值分析指标、绘制趋势图，并预测最终项目结果的区间。

备考点拨

本考点学习难度星级：★★☆（适中），考试频度星级：★★★（高频）。

本考点考查控制成本的主要输入、输出、工具与技术。

控制成本需要用到项目管理计划（输入）中的成本管理计划、成本基准和绩效测量基准，还需要用到项目文件（输入）中的经验教训登记册，由于是成本相关的过程，所以需要通过查看项目资金需求（输入）、工作绩效数据（输入）进行成本控制。

控制成本过程将工作绩效数据转化为工作绩效信息（输出），并提供了成本预测（输出）。

控制成本可以使用四个分析、一个指数和一个系统，四个分析是挣值分析（技术）、偏差分析（技术）、趋势分析（技术）和储备分析（技术），一个指数是完工尚需绩效指数 TCPI（技术），一个系统是项目管理信息系统（技术），其中涉及的计算是重点考点，将在后续的计算专题篇重点讲解。

考题精练

1．下表给出了某项目 2023 年 1 月至 4 月的成本执行数据，其中（　　）适合采取“赶工”的方式来控制项目进度。

时间点	1 月	2 月	3 月	4 月
累计 PV/ 万元	54.7	326.5	417.5	485
累计 EV/ 万元	53.8	328.2	405	488.6
累计 AC/ 万元	55.7	327.9	399	498

A．1 月　　B．4 月　　C．2 月　　D．3 月

【答案 & 解析】答案为 D。1 月：CV=EV−AC=53.8−55.7=−1.9<0，SV=EV−PV=53.8−54.7=−0.90<0，可知进度延期且成本超支，所以采用“快速跟进”的方式控制项目进度；2 月：CV=EV−AC−328.2−327.9=0.3>0，SV=EV−PV=328.2−326.5=1.7>0，可知进度提前且成本节约，不需要控制项目进度；3 月：CV=EV−AC=405−399=6>0，SV=EV−PV=405−417.5=−12.5<0，可知进度延期且成本节约，所以采用“赶工”的方式控制项目进度；4 月：CV=EV−AC=488.6−498=−9.4<0，SV=EV−PV=488.6−485=3.6>0，可知进度提前且成本超支，不需要控制项目进度。

2．某项目的 BAC 为 600 万元，截至目前 PV 为 280 万元，AC 为 250 万元，EV 为 240 万元，按照当前绩效，项目的 EAC 为（　　）万元。

A．655　　B．610　　C．675　　D．625

【答案 & 解析】答案为 D。按照当前绩效，意味着不纠偏，属于典型偏差，因此 EAC=BAC/CPI=600/(240/250)=625（万元）。

3．（　　）不属于控制成本过程的输入。

A．项目资金需求　　B．项目管理计划　　C．组织过程资产　　D．工作绩效信息

【答案 & 解析】答案为 D。工作绩效信息是控制成本的输出。

4．某项目成本偏差（CV）大于 0，进度偏差（SV）小于 0，则该项目的状态是（　　）。

A．成本节省、进度落后　　B．成本超支、进度落后

C．成本节省、进度超前　　D．成本超支、进度超前

【答案 & 解析】答案为 A。送分题，成本偏差大于 0 代表成本节约，进度偏差小于 0 代表进度延期。

【考点 151】控制资源的输入、输出、工具与技术

考点精华

控制资源是确保按计划为项目分配实物资源，以及根据资源使用计划监督资源实际使用情况，并采取必要纠正措施的过程。本过程的主要作用：①确保所分配的资源适时、适地可用于项目；②资源在不再需要时被释放。

1. 控制资源的输入主要有项目管理计划、项目文件、工作绩效数据、协议和组织过程资产五项。

（1）项目管理计划。项目管理计划中的资源管理计划，为如何使用、控制和释放资源提供了指南。

（2）项目文件。项目文件中的项目进度计划、问题日志、资源需求、资源分解结构、经验教训登记册、物质资源分配单和风险登记册可用于控制资源。

（3）工作绩效数据。工作绩效数据包含项目资源使用情况的状态数据，可用于控制资源。

（4）协议。协议通常用于获取组织外部资源，可作为控制资源过程的输入。

（5）组织过程资产。

2．控制资源的输出主要有工作绩效信息、变更请求、项目管理计划（更新）和项目文件（更新）四项。

（1）工作绩效信息。工作绩效信息包括项目资源使用情况的进展信息。

（2）变更请求。控制资源过程中有可能出现变更请求。

（3）项目管理计划（更新）。项目管理计划的资源管理计划、进度基准和成本基准可能需要更新。

（4）项目文件（更新）。项目文件中的假设日志、问题日志、经验教训登记册、物质资源分配单、资源分解结构和风险登记册可能需要更新。

3．控制资源的工具与技术主要有数据分析、问题解决、人际关系与团队技能和项目管理信息系统四项。

（1）数据分析。用于控制资源的数据分析技术包括备选方案分析、成本效益分析和绩效审查趋势分析。

（2）问题解决。问题解决的步骤如下：①识别和明确问题；②定义和分解问题；③调查收集数据；④分析找出问题根因；⑤解决问题；⑥检查确认问题是否解决。

（3）人际关系与团队技能。人际关系与团队技能包括谈判和影响力。

（4）项目管理信息系统。项目管理信息系统的资源管理或进度计划软件用于监督资源使用。

备考点拨

本考点学习难度星级：★☆☆（简单），考试频度星级：★★☆（中频）。

本考点考查控制资源的主要输入。考纲淡化了输出、工具与技术，但是以防万一，本书依然将输出、工具与技术放在考点精华中供考生参考。

控制资源除了使用项目管理计划（输入）中的资源管理计划，项目文件（输入）中的问题日志、经验教训登记册、物质资源分配单、项目进度计划、资源分解结构、资源需求和风险登记册之外，还需要参考工作绩效数据（输入）中的资源使用情况信息，另外资源可能会涉及外采，所以需要用到协议（输入）。

考题精练

1．以下（　　）不属于控制资源的输入。

A．工作绩效信息　B．协议　C．资源分解结构　D．资源管理计划

【答案 & 解析】答案为 A。工作绩效信息是控制资源的输出，控制资源的输入是工作绩效数据。

【考点 152】监督沟通的输入、输出、工具与技术

考点精华

监督沟通是确保满足项目及其干系人的信息需求的过程。本过程的主要作用是按沟通管理计划和干系人参与计划的要求优化信息传递流程。

1．监督沟通的输入主要有项目管理计划、项目文件、工作绩效数据、事业环境因素和组织过程资产五项。

（1）项目管理计划。项目管理计划的资源管理计划、沟通管理计划和干系人参与计划可用于监督沟通。

（2）项目文件。项目文件中的问题日志、经验教训登记册和项目沟通记录可用于监督沟通。

（3）工作绩效数据。工作绩效数据包含关于已开展的沟通类型和数量。

（4）事业环境因素。

（5）组织过程资产。

2．监督沟通的输出主要有工作绩效信息、变更请求、项目管理计划（更新）和项目文件（更新）四项。

（1）工作绩效信息。工作绩效信息包括计划沟通的实际开展情况和沟通反馈。

（2）变更请求。有可能针对沟通活动提出变更申请。

（3）项目管理计划（更新）。项目管理计划中的沟通管理计划和干系人参与计划可能需要更新。

（4）项目文件（更新）。项目文件中的问题日志、经验教训登记册和干系人登记册可能需要更新。

3．监督沟通的工具与技术主要有专家判断、项目管理信息系统、数据表现、人际关系与团队技能和会议五项。

（1）专家判断。可以征求具备专业知识或接受过相关培训的个人或小组意见。

（2）项目管理信息系统。项目管理信息系统为项目经理提供一系列沟通相关的工具。

（3）数据表现。用到的数据表现技术是干系人参与度评估矩阵。

（4）人际关系与团队技能。用到的人际关系与团队技能是观察和交谈。

（5）会议。可以通过面对面会议或虚拟会议方式和干系人沟通讨论。

备考点拨

本考点学习难度星级：★☆☆（简单），考试频度星级：★★☆（中频）。

本考点考查监督沟通的主要输入。考纲淡化了输出、工具与技术，但是以防万一，本书依然将输出、工具与技术放在考点精华中供考生参考。

监督沟通用到了项目管理计划（输入）中的资源管理计划、沟通管理计划和干系人参与计划，还用到了项目文件（输入）中的问题日志、经验教训登记册和项目沟通记录。除此之外，和其他大部分的监控过程类似，都用到了工作绩效数据（输入）。

考题精练

1．以下（　　）不属于监督沟通的输入。

A．问题日志　　B．工作绩效信息　　C．经验教训登记册　　D．项目沟通记录

【答案 & 解析】答案为B。工作绩效信息是监督沟通的输出，监督沟通的输入是工作绩效数据。

【考点153】监督风险的输入、输出、工具与技术

考点精华

监督风险是在项目期间监督风险应对计划实施、跟踪已识别风险、识别和分析新风险，以及评估风险管理有效性的过程。本过程的主要作用是保证项目决策是在整体项目风险和单个项目风险当前信息基础上进行的。

1．监督风险的输入主要有项目管理计划、项目文件、工作绩效数据和工作绩效报告四项。

（1）项目管理计划。项目管理计划的风险管理计划可作为监督风险的输入。

（2）项目文件。项目文件中的问题日志、经验教训登记册、风险登记册和风险报告可作为监督风险的输入。

（3）工作绩效数据。工作绩效数据中包含项目风险状态的信息，可作为监督风险的输入。

（4）工作绩效报告。工作绩效报告提供了关于项目工作绩效的信息，可作为监督风险的输入。

2．监督风险的输出主要有工作绩效信息、变更请求、项目管理计划（更新）、项目文件（更新）和组织过程资产（更新）五项。

（1）工作绩效信息。工作绩效信息通过对比单个风险的实际发生和预计发生，得到项目风险管理执行绩效信息。

（2）变更请求。成本基准、进度基准等项目管理计划的组件可能产生相应的变更请求。

（3）项目管理计划（更新）。项目管理计划的任何组件都可能受到影响而更新。

（4）项目文件（更新）。项目文件中的假设日志、问题日志、经验教训登记册、风险登记册和风险报告可能需要更新。

（5）组织过程资产（更新）。组织过程资产中的风险管理计划、风险登记册和风险报告模板、风险分解结构可能需要更新。

3．监督风险的工具与技术主要有数据分析、审计和会议三项。

（1）数据分析。数据分析技术包括技术绩效分析和储备分析。技术绩效分析是把项目期间所

取得的实际技术成果与计划技术成果进行对比分析；储备分析是指在项目任一时点比较剩余应急储备与剩余风险量，从而确定剩余储备是否仍然合理。

（2）审计。风险审计用于评估风险管理过程的有效性，可以在日常会议上开展，也可以召开专门的风险审计会。

（3）会议。可以通过专门的风险审查会，也可以将风险审查作为定期例会中的一项议程。

备考点拨

本考点学习难度星级：★☆☆（简单），考试频度星级：★★☆（中频）。

本考点考查监督风险的主要输入、输出、工具与技术。

监督风险用到了项目管理计划（输入）中的风险管理计划以及项目文件（输入）中的问题日志、经验教训登记册、风险登记册和风险报告等。除此之外还用到了两份与绩效有关的文档，一份是工作绩效数据（输入），一份是工作绩效报告（输入）。

监督风险过程把工作绩效数据转化为工作绩效信息（输出）。

可以使用技术绩效分析和储备分析等数据分析（技术）工具、召开风险审查的会议（技术），以及采用风险审计（技术）方式监督风险。

考题精练

1．项目经理小王发现项目可能延期，分析原因后按照风险登记册中的风险应对计划进行了处理，该过程属于项目风险管理中的（　　）。

A．规划风险应对　　B．监督风险

C．实施定量风险分析　　D．识别风险

【答案 & 解析】答案为 B。监督风险是在整个项目中实施风险应对计划、跟踪已识别风险、监督残余风险、识别新风险以及评估风险过程有效性的过程。

2．有些项目的可交付成果需要返工，却不知道返工的工作量是多少，可以预留（　　）来应对这些未知。

A．技术储备　　B．管理储备　　C．人员储备　　D．应急储备

【答案 & 解析】答案为 D。对于那些已知但又无法主动管理的风险，要分配一定的应急储备。将在项目中没有被识别和分析过，但也有发生可能的风险定义为未知风险，未知风险是无法被主动管理的，因此需要分配一定的管理储备。根据题干“有些项目的可交付成果需要返工”，说明已经成了已知风险；“却不知道返工的工作量是多少”，说明是“未知风险”，也就是已知的未知风险，所以需要预留应急储备。

3．测试员对项目进行测试并和期望结果对比后输出了测试成功率、失败率等数据，测试员使用的是监督风险的（　　）。

A．储备分析　　B．风险审计　　C．风险再评估　　D．技术绩效分析

【答案 & 解析】答案为 D。技术绩效分析是把项目执行期间所取得的技术成果与计划取得的技术成果进行比较，要求定义关于技术绩效的客观的、量化的测量指标，以便据此比较实际结果与计划要求。这些技术绩效指标包括重量、处理时间、缺陷数量和存储容量等。

4．某企业准备通过融资的方式进行项目的二期开发，在进行成本预算时，发现项目资金可能在融资款到账时间之前用尽，可应对此风险的措施不包括（　　）。

A．更新风险登记册，进行风险分析和应对规划

B．结合资金到账计划，调整项目进度计划

C．与融资方沟通，申请提早释放一部分资金

D．向管理层申请使用管理储备，应对资金缺口

【答案 & 解析】答案为 A。可以使用排除法，选项 B、C、D 都是具体措施。

【考点 154】控制采购的输入、输出、工具与技术

考点精华

控制采购是管理采购关系、监督合同绩效、实施必要的变更和纠偏，以及关闭合同的过程。本过程的主要作用是确保买卖双方履行法律协议，满足项目需求。

1．控制采购的输入主要有项目管理计划、项目文件、采购文档、协议、工作绩效数据、批准的变更请求、事业环境因素和组织过程资产八项。

（1）项目管理计划。项目管理计划中的需求管理计划、风险管理计划、采购管理计划、变更管理计划和进度基准可用于控制采购的输入。

（2）项目文件。项目文件中的假设日志、需求文件、需求跟踪矩阵、里程碑清单、风险登记册、干系人登记册、质量报告和经验教训登记册可用于控制采购的输入。

（3）采购文档。采购文档包含用于管理采购过程的工作说明书、支付信息、承包商工作绩效信息、计划、往来邮件等信息，可用于控制采购的输入。

（4）协议。对照相关协议的条款和条件的执行情况，可用于控制采购的输入。

（5）工作绩效数据。工作绩效数据包含相关卖方的绩效数据及卖方付款情况，可用于控制采购的输入。

（6）批准的变更请求。批准的变更请求可能包括对合同条款的修改，可用于控制采购的输入。

（7）事业环境因素。

（8）组织过程资产。

2．控制采购的输出主要有采购关闭、工作绩效信息、采购文档（更新）、变更请求、项目管理计划（更新）、项目文件（更新）和组织过程资产（更新）七项。

（1）采购关闭。通常由买方的采购管理员，向卖方发出合同完成的正式书面通知。

（2）工作绩效信息。工作绩效信息是卖方的工作绩效情况，包括可交付成果完成情况、技术绩效达成情况以及成本情况。

（3）采购文档（更新）。可能需要对采购文档进行相关的更新。

（4）变更请求。可能提出对项目管理计划相关组件的变更请求。

（5）项目管理计划（更新）。项目管理计划的风险管理计划、采购管理计划、进度基准和成本基准可能需要更新。

（6）项目文件（更新）。项目文件的经验教训登记册、资源需求、需求跟踪矩阵、风险登记

册和干系人登记册可能需要更新。

（7）组织过程资产（更新）。组织过程资产的支付计划和请求、卖方绩效评估文件、预审合格卖方清单、经验教训知识库和采购档案可能需要更新。

3．控制采购的工具与技术主要有专家判断、索赔管理、数据分析、检查和审计五项。

（1）专家判断。可以征求具备专业知识或接受过相关培训的个人或小组意见。

（2）索赔管理。有争议的变更称为索赔，谈判是解决所有索赔和争议的首选方法。

（3）数据分析。数据分析技术主要包括绩效审查、挣值分析和趋势分析。绩效审查对质量、资源、进度和成本绩效进行测量分析，用来审查合同工作绩效；挣值分析（EVA）用来计算进度和成本偏差，以及进度和成本绩效指数，确定偏离目标程度；趋势分析用于编制成本绩效的完工估算（EAC），以确定绩效正在改善还是在恶化。

（4）检查。检查是对承包商正在执行的工作进行结构化审查，包括对可交付成果的简单审查和对工作本身的实地审查。

（5）审计。审计是对采购过程的结构化审查。

备考点拨

本考点学习难度星级：★☆☆（简单），考试频度星级：★★★（高频）。

本考点考查控制采购的主要输入、输出、工具与技术。

既然与控制采购相关，必然会用到和供应商签订的协议（输入）以及采购文档（输入），除此之外，工作绩效数据（输入）、项目管理计划（输入）中的需求管理计划、风险管理计划、采购管理计划、变更管理计划和进度基准也是控制采购的输入，项目文件（输入）中的假设日志、经验教训登记册、里程碑清单、质量报告、需求文件、需求跟踪矩阵、风险登记册和干系人登记册等也可作为控制采购的输入。

控制采购过程将工作绩效数据转化为工作绩效信息（输出），控制采购过程的结束也标志着采购关闭（输出）。

可以借助专家判断（技术）来执行控制采购，毕竟项目团队中鲜有法务相关的专家；控制采购过程中一旦出现争议，就可能需要用到索赔管理（技术）；控制采购还可以使用检查（技术）或者数据分析（技术）来对绩效、挣值或者趋势进行控制，另外还可以借助内外部的力量做采购审计（技术）。

考题精练

1．控制采购是管理采购关系、（　　）、根据需要实施变更和采取纠正措施的过程。

A．合同询价　　B．签订合同　　C．供应商摸底　　D．监督合同绩效

【答案 & 解析】答案为 D。控制采购是管理采购关系、监督合同绩效、根据需要实施变更和采取纠正措施的过程。

2．项目正在根据合同内容检查项目的进展，检查项目的进度和范围是否在计划中。当前项目处于（　　）过程。

A．控制采购　　B．实施采购　　C．结束采购　　D．质量控制

【答案 & 解析】答案为 A。控制采购即管理合同以及买卖双方之间的关系、监控合同的执行情况、审核并记录供应商的绩效以采取必要的纠正措施并将其作为将来选择供应商的参考、管理与合同相关的变更。

3.（　　）不属于控制采购的依据。

A. 协议　　B. 项目管理计划　　C. 供方选择标准　　D. 采购文档

【答案 & 解析】答案为 C。控制采购的输入主要有项目管理计划、项目文件、采购文档、协议、工作绩效数据、批准的变更请求、事业环境因素和组织过程资产八项。

4.（　　）不属于控制采购过程中的工作内容。

A. 检查和核实卖方产品是否符合要求　　B. 控制风险

C. 签订采购合同　　D. 授权卖方在适当时间开始工作

【答案 & 解析】答案为 C。选项 C“签订采购合同”属于实施采购过程中的工作内容。

5.（　　）是解决所有索赔和争议的首选方法。

A. 诉讼　　B. 调解　　C. 仲裁　　D. 谈判

【答案 & 解析】答案为 D。谈判是解决所有索赔和争议的首选方法。

6.（　　）属于控制采购过程的活动。

①管理合同以及买卖双方　　②审核并记录供应商的绩效　　③监控合同的执行情况

④管理与合同相关的变更　　⑤审核所有建议书或报价

A. ②③④⑤　　B. ①②③④⑤　　C. ①②③⑤　　D. ①②③④

【答案 & 解析】答案为 D。可以使用排除法，审核所有建议书或报价是实施采购的内容。

【考点 155】监督干系人参与的输入、输出、工具与技术

考点精华

监督干系人参与是监督项目干系人关系，并通过修订参与策略和计划来引导干系人合理参与项目的过程。本过程的主要作用是随着项目进展和环境变化，维持或提升干系人参与活动的效率和效果。

1. 监督干系人参与的输入主要有项目管理计划、项目文件、工作绩效数据、事业环境因素和组织过程资产五项。

（1）项目管理计划。项目管理计划中的资源管理计划、沟通管理计划和干系人参与计划可用于监督干系人参与的输入。

（2）项目文件。项目文件中的风险登记册、问题日志、项目沟通记录和经验教训登记册可用于监督干系人参与的输入。

（3）工作绩效数据。工作绩效数据中的项目状态数据，描述了支持项目的干系人以及参与水平和类型。

（4）事业环境因素。

（5）组织过程资产。

2. 监督干系人参与的输出主要有工作绩效信息、变更请求、项目管理计划（更新）和项目

文件（更新）四项。

（1）工作绩效信息。工作绩效信息包括与干系人参与状态有关的信息。

（2）变更请求。变更请求包括用于改善当前干系人参与水平的纠正及预防措施。

（3）项目管理计划（更新）。项目管理计划中的资源管理计划、沟通管理计划、干系人参与计划可能需要更新。

（4）项目文件（更新）。项目文件中的问题日志、经验教训登记册、风险登记册、干系人登记册可能需要更新。

3．监督干系人参与的工具与技术主要有数据分析、决策、数据表现、沟通技能、人际关系与团队技能和会议六项。

（1）数据分析。数据分析技术包括备选方案分析、根本原因分析和干系人分析。备选方案分析用于评估应对干系人期望偏差的各种备选方案；根本原因分析用于确定干系人参与未达预期效果的根本原因；干系人分析用于确定干系人群体和个人在项目任何特定时间的状态。

（2）决策。决策技术包括多标准决策分析和投票。多标准决策分析用于考查干系人成功参与项目的标准，并进行优先级排序加权、识别最适当的选项；投票用于选出应对干系人参与水平偏差的最佳方案。

（3）数据表现。使用数据表现技术的干系人参与度评估矩阵，跟踪干系人参与水平变化并加以监督。

（4）沟通技能。沟通技能包括反馈和演示。反馈用于确保发送给干系人的信息被接收理解；演示是为干系人提供清晰信息。

（5）人际关系与团队技能。人际关系与团队技能包括：积极倾听、文化意识、领导力、人际交往和政策意识。

（6）会议。通过召开状态会议、站会、回顾会以及其他会议，监督和评估干系人的参与水平。

备考点拨

本考点学习难度星级：★☆☆（简单），考试频度星级：★★☆（中频）。

本考点考查监督干系人参与的主要输入、输出、工具与技术。

监督干系人参与需要用到工作绩效数据（输入），通过查看绩效能够了解干系人参与程度。另外监督干系人参与用到了项目管理计划（输入）中的资源管理计划、沟通管理计划和干系人参与计划，以及项目文件（输入）中的问题日志、经验教训登记册、项目沟通记录、风险登记册和干系人登记册。

监督干系人参与将工作绩效数据转化为工作绩效信息（输出）。

和监督干系人参与有关的工具与技术大部分都是软技能相关的，所以要用到人际关系与团队技能（技术）、沟通技能（技术），可以通过会议（技术）的方式、通过数据分析（技术）、数据表现（技术）的方式来监督干系人参与，本过程中不可避免会涉及各种相关的决策（技术）。

考题精练

1．适用于监督干系人参与过程的数据表现技术是（　　）。

A．沟通技能　　　　　　　　　　　　B．根本原因分析

C．干系人参与度评估矩阵　　　　　　D．干系人分析技术

【答案 & 解析】答案为 C。这道题如果没有掌握对应的工具与技术，就很容易跳进选项 D 的陷阱中。适用于监督干系人参与过程的数据表现技术主要是干系人参与度评估矩阵。使用干系人参与度评估矩阵来跟踪每个干系人参与水平的变化，对干系人参与加以监督。

【考点 156】监控项目工作的输入、输出、工具与技术

工作绩效数据信息和报告的区别

考点精华

监控项目工作是跟踪、审查和报告整体项目进展，以实现项目管理计划中确定的绩效目标的过程。本过程的主要作用：①让干系人了解项目的当前状态并认可为处理绩效问题而采取的行动；②通过成本和进度预测，让干系人了解项目的未来状态。

监控项目工作过程主要关注：①把项目的实际绩效与项目管理计划进行比较；②定期评估项目绩效，决定是否采取纠正或预防措施；③检查单个项目风险的状态；④项目期间维护准确且及时更新的信息库，以反映产品及文件情况；⑤为状态报告、进展测量和预测提供信息；⑥做出预测，以更新当前的成本与进度信息；⑦监督已批准变更的实施情况；⑧如果项目隶属于项目集，应向项目集管理层报告项目进展和状态；⑨确保项目与商业需求保持一致。

1．监控项目工作的输入主要有项目管理计划、项目文件、工作绩效信息、协议、事业环境因素和组织过程资产六项。

（1）项目管理计划。项目管理计划的组成部分可用于监控项目工作的输入。

（2）项目文件。项目文件中的假设日志、风险登记册、风险报告、里程碑清单、估算依据、问题日志、经验教训登记册、成本预测、进度预测和质量报告可用于监控项目工作的输入。

（3）工作绩效信息。工作绩效信息可以用来了解项目执行情况。

（4）协议。可以通过采购协议监督承包商的工作。

（5）事业环境因素。

（6）组织过程资产。

2．监控项目工作输出主要有工作绩效报告、变更请求、项目管理计划（更新）和项目文件（更新）四项。

（1）工作绩效报告。基于工作绩效信息可以编制形成工作绩效报告，工作绩效报告包括状态报告和进展报告，包含挣值图表和信息趋势线预测、储备燃尽图、缺陷直方图、合同绩效信息和风险情况概述，还可以报告仪表指示图、热点报告、信号灯图或其他信息。

（2）变更请求。监控项目工作过程中对实际情况与计划要求的比较，有可能引发变更请求。

（3）项目管理计划（更新）。项目管理计划有可能因为监控项目工作而更新。

（4）项目文件（更新）。项目文件中的成本预测、进度预测、问题日志、经验教训登记册和风险登记册有可能需要更新。

3. 监控项目工作的工具与技术主要有专家判断、数据分析、决策和会议四项。

（1）专家判断。可以征求具备领域相关专业知识或接受过相关培训的个人或小组意见。

（2）数据分析。数据分析技术包括备选方案分析、成本效益分析、挣值分析、根本原因分析、趋势分析和偏差分析六项。①备选方案分析用于出现偏差时选择纠正措施或纠正措施和预防措施的组合；②成本效益分析用于出现偏差时确定最节约成本的纠正措施；③挣值分析是对范围、进度和成本绩效进行综合分析；④根本原因分析关注识别问题的主要原因；⑤趋势分析是根据以往结果预测未来绩效；⑥偏差分析用于审查目标绩效与实际绩效间的差异。

（3）决策。可以使用的决策技术是投票。投票可以采用一致同意、大多数同意或相对多数原则的决策方式。

（4）会议。会议可以是面对面会议或虚拟会议，正式会议或非正式会议。

备考点拨

本考点学习难度星级：★☆☆（简单），考试频度星级：★★☆（中频）。

本考点考查监控项目工作的主要输入、输出、工具与技术。

监控项目工作使用工作绩效信息（输入）进行相关的监控，对外还需要用到协议（输入）来监控供应商工作。除此之外，常见的项目管理计划（输入）中大部分组件，项目文件（输入）中的假设日志、估算依据、成本预测、问题日志、经验教训登记册、里程碑清单、质量报告、风险登记册、风险报告和进度预测等都是监控项目工作的输入。

监控项目工作过程将工作绩效信息转化为工作绩效报告（输出）。需要掌握工作绩效数据、工作绩效信息和工作绩效报告三者之间的关系和区别。

主要使用数据分析（技术）和决策（技术）来进行监控项目工作，数据分析技术用到了备选方案分析、成本效益分析、挣值分析、根本原因分析、趋势分析和偏差分析。

考题精练

1.（　　）不是监控项目工作的输入。

A. 工作绩效信息　B. 成本预测　C. 项目管理计划　D. 变更请求

【答案 & 解析】答案为D。选项D“变更请求”属于监控项目工作的输出。监控项目工作的输入主要有项目管理计划、项目文件、工作绩效信息、协议、事业环境因素和组织过程资产六项。

2.（　　）不是监控项目工作的输出。

A. 协议　B. 纠正措施

C. 项目管理计划更新　D. 工作绩效报告

【答案 & 解析】答案为A。选项A“协议”属于监控项目工作的输入。监控项目工作输出主要有工作绩效报告、变更请求、项目管理计划更新和项目文件更新四项。

3.（　　）不是监控项目工作过程需要关注的内容。

A. 做出预测　B. 分析需求　C. 评估绩效　D. 识别风险

【答案 & 解析】答案为B。监控项目工作过程主要关注：①把项目的实际绩效与项目管理计划进行比较；②定期评估项目绩效，决定是否采取纠正或预防措施；③检查单个项目风险的状态；④项目期间维护准确且及时更新的信息库，以反映产品及文件情况；⑤为状态报告、进展测量和预测提供信息；⑥做出预测，以更新当前的成本与进度信息；⑦监督已批准变更的实施情况；⑧如果项目隶属于项目集，应向项目集管理层报告项目进展和状态；⑨确保项目与商业需求保持一致。

4.（　　）不是监控项目工作的输入。

A．工作绩效报告　B．进度预测　C．风险报告　D．成本预测

【答案 & 解析】答案为 A。选项 A“工作绩效报告”是监控项目工作的输出。项目文件中的假设日志、风险登记册、风险报告、里程碑清单、估算依据、问题日志、经验教训登记册、成本预测、进度预测和质量报告可用于监控项目工作的输入。

【考点 157】实施整体变更控制的输入、输出、工具与技术

变更控制与配置控制的区别

考点精华

实施整体变更控制是审查所有变更请求、批准变更，管理对可交付成果、项目文件和项目管理计划的变更，并对变更处理结果进行沟通的过程。本过程的作用是确保对项目中已记录在案的变更做出综合评审。

在基准确定之前，变更无须正式受控或按照变更控制流程。一旦确定了项目基准，就必须通过实施整体变更控制过程来处理变更请求。尽管变更可以口头提出，但所有变更请求都必须以书面形式记录，并纳入变更管理和配置管理系统中。每项记录在案的变更请求都必须由一位责任人批准、推迟或否决，这个责任人通常是项目发起人或项目经理。应该在项目管理计划或组织程序中指定这位责任人，必要时由 CCB 来开展实施整体变更控制过程。

1．实施整体变更控制的输入主要有项目管理计划、项目文件、工作绩效报告、变更请求、事业环境因素和组织过程资产六项。

（1）项目管理计划。项目管理计划中的变更管理计划、配置管理计划、范围基准、进度基准和成本基准可用于实施整体变更控制的输入。

（2）项目文件。项目文件中的需求跟踪矩阵、风险报告和估算依据可用于实施整体变更控制的输入。

（3）工作绩效报告。工作绩效报告包括资源可用情况、进度和成本数据、挣值报告、燃烧图或燃尽图，可用于实施整体变更控制的输入。

（4）变更请求。项目执行中很多过程都会输出变更请求，可用于实施整体变更控制的输入。

（5）事业环境因素。

（6）组织过程资产。

2．实施整体变更控制的输出主要有批准的变更请求、项目管理计划（更新）和项目文件（更新）三项。

（1）批准的变更请求。由项目经理、CCB 或指定的团队成员，根据变更管理计划处理变更请求，做出批准、推迟或否决的决定。

（2）项目管理计划（更新）。

（3）项目文件（更新）。

3．实施整体变更控制的工具与技术主要有专家判断、变更控制工具、数据分析、决策和会议五项。

（1）专家判断。可以征求具备领域相关专业知识或接受过相关培训的个人或小组意见。

（2）变更控制工具。配置控制和变更控制的关注点区别是：配置控制关注可交付成果及各个过程的技术规范；变更控制关注识别、记录、批准或否决对项目文件、可交付成果或基准的变更。

变更控制工具支持的配置管理活动包括：①识别配置项；②记录并报告配置项状态；③进行配置项核实与审计。

变更控制工具支持的变更管理活动包括：①识别变更；②记录变更；③做出变更决定；④跟踪变更。

（3）数据分析。数据分析技术包括备选方案分析和成本效益分析。

（4）决策。决策技术包括投票、独裁型决策制定和多标准决策分析。

（5）会议。可以与 CCB 一起召开变更控制会。

备考点拨

本考点学习难度星级：★☆☆（简单），考试频度星级：★★★（高频）。

本考点考查实施整体变更控制的主要输入和输出。考纲淡化了工具与技术，但是以防万一，本书依然将工具与技术放在考点精华中供考生参考。

工作绩效报告（输入）和变更请求（输入）是实施整体变更控制的两个重要输入，项目经理需要结合变更本身和当前绩效，才能更好地判断变更的影响。另外项目管理计划（输入）中的变更管理计划、配置管理计划、范围基准、进度基准和成本基准，项目文件（输入）中的需求跟踪矩阵、风险报告和估算依据也可以作为实施整体变更控制的参考。

经过实施整体变更控制过程，就可以得到批准的变更请求（输出）。

考题精练

1．关于实施整体变更控制的描述，不正确的是（　　）。

A．所有变更请求，经客户批准后即可确认

B．项目经理对实施整体变更控制过程负责任

C．项目的任何干系人都可以提出变更请求

D．实施整体变更控制过程贯穿项目始终，并且应用于项目的各个阶段

【答案 & 解析】答案为 A。选项 A 过于绝对，每项记录在案的变更请求都必须由一位责任人批准或否决，这个责任人通常是项目发起人或项目经理。必要时，应该由变更控制委员会（CCB）来决策是否实施整体变更控制过程。

2．变更管理的原则是（　　）和变更管理过程规范化。

A．项目基准化　　　　B．项目风险最小化

C．项目资源增值化　　D．项目配置完整化

【答案 & 解析】答案为 A。变更管理的基本原则是首先建立项目基准、变更流程和变更控制委员会 (也称变更管理委员会)。

3．关于实施整体变更控制的描述，不正确的是（　　）。

A．实施整体变更控制过程的主要作用是降低因未考虑变更对整个项目目标或计划的影响而产生的项目风险

B．实施整体变更控制过程可用于控制和批准项目整体管理计划的更新

C．实施整体变更控制过程贯穿项目始终，并且应用于项目的各个阶段

D．实施整体变更控制过程审查可交付成果、组织过程资产、项目文件和项目管理计划

【答案 & 解析】答案为 D。实施整体变更控制是审查所有变更请求，批准或否决变更，管理对可交付成果、组织过程资产、项目文件和项目管理计划的变更，并对变更处理结果进行沟通的过程。

4．关于项目变更管理的描述，正确的是（　　）。

A．变更管理可以使项目的进度管理更有效

B．变更管理的结果通常是接受变更并调整基准

C．变更管理能够有效节约项目成本、提高项目质量

D．变更管理的实质是不断调整项目需求

【答案 & 解析】答案为 A。送分题，变更管理的结果可能是接受变更，也可能是拒绝变更。选项 C 和选项 D 明显是错误的。

5．关于实施整体变更控制过程的描述，不正确的是（　　）。

A．实施整体变更控制过程贯穿项目始终

B．项目的任何干系人都可以提出变更请求

C．工作绩效报告是实施整体变更控制过程的输入

D．未经批准的变更请求不需要记录在变更日志中

【答案 & 解析】答案为 D。不管变更请求是否被批准，都需要记录在变更日志中。

6．（　　）可以度量项目的生产率、对照计划跟踪已完成的工作量、显示剩余工作的数量或已减少的风险的数量。

A．仪表盘　　B．燃烧图　　C．气泡图　　D．任务板

【答案 & 解析】答案为 B。燃烧图（包括燃起图或燃尽图）用于显示项目团队的“速度”，此“速度”可度量项目的生产率。燃起图可以对照计划，跟踪已完成的工作量；燃尽图可以显示剩余工作（如采用适应型方法的项目中的故事点）的数量或已减少的风险数量。

第15章 收尾过程组考点精讲及考题实练

15.1 章节考情速览

收尾过程组共有2个知识块、1个过程，即结束项目或阶段的输入、输出、工具与技术以及收尾过程组的重点工作，这是第3版新增的考点，备考时需要留意。

从过往的考试经验看，五大过程组在综合知识科目中占35分左右。综合知识科目和案例分析科目都可能有所考查。

15.2 考点星级分布图

本章涉及的主要考点分布及难度与频度双星级如图15-1所示。

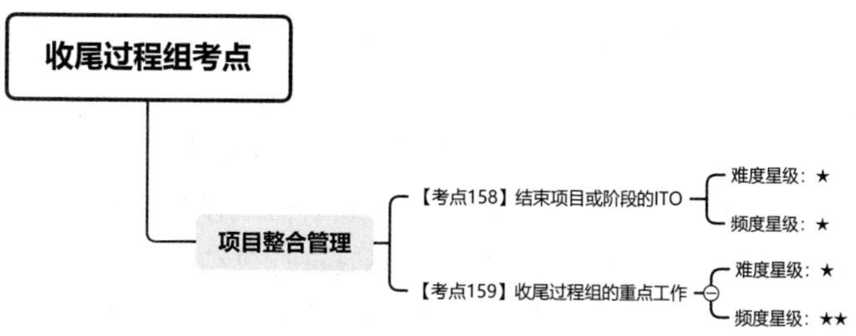

图15-1　本章考点及星级分布

15.3 核心考点精讲及考题实练

【考点158】结束项目或阶段的输入、输出、工具与技术

考点精华

结束项目或阶段是终结项目、阶段或合同所有活动的过程。本过程的主要作用：①存档项目或阶段信息，完成计划工作；②释放组织团队资源以展开新的工作。

结束项目或阶段过程所需执行的活动包括：①为达到项目或阶段的完工或退出标准所必需的行动和活动；②为关闭项目合同协议或项目阶段合同协议所必须开展的活动；③为完成收集项目或阶段记录、审计项目成败、管理知识分享和传递、总结经验教训、存档项目信息以供组织未来使用等工作所必须开展的活动；④为向下一个阶段，或者向生产和（或）运营部门移交项目的产品、服务或成果所必须开展的行动和活动；⑤收集关于改进或更新组织政策和程序的建议，并将它们发送给相应的组织部门；⑥测量干系人的满意程度等。

1．结束项目或阶段的输入主要有项目章程、项目管理计划、项目文件、验收的可交付成果、立项管理文件、协议、采购文档和组织过程资产八项。

（1）项目章程。项目章程记录了项目成功标准、审批要求，以及签署项目结束的负责人。

（2）项目管理计划。项目管理计划的所有组成部分均可以作为结束项目或阶段的输入。

（3）项目文件。项目文件中的假设日志、需求文件、里程碑清单、风险登记册、风险报告、估算依据、变更日志、问题日志、经验教训登记册、项目沟通记录、质量控制测量结果和质量报告可以作为结束项目或阶段的输入。

（4）验收的可交付成果。验收的可交付成果包括批准的产品规范、交货收据和工作绩效文件。

（5）立项管理文件。立项管理文件中的可行性研究报告和项目评估报告可以作为结束项目或阶段的输入。

（6）协议。结束项目或阶段时需要查阅协议，确保正式关闭采购的要求均已完成。

（7）采购文档。收集采购文档、建立索引和归档后，方可结束和关闭合同。

（8）组织过程资产。组织过程资产中的项目或阶段收尾指南或要求、配置管理知识库可以作为结束项目或阶段的输入。

2．结束项目或阶段的输出主要有项目文件（更新），最终产品、服务或成果，项目最终报告和组织过程资产（更新）四项。

（1）项目文件（更新）。结束项目或阶段需要将所有项目文件更新为最终版本。

（2）最终产品、服务或成果。最终产品、服务或成果需要移交客户。

（3）项目最终报告。项目最终报告用来对项目绩效进行总结。

（4）组织过程资产（更新）。组织过程资产中的项目文件、运营和支持文件、项目或阶段收尾文件、经验教训知识库可能需要更新。

3．结束项目或阶段的工具与技术主要有专家判断、数据分析和会议三项。

（1）专家判断。可以征求具备领域相关专业知识或接受过相关培训的个人或小组意见。

（2）数据分析。用到的数据分析技术主要有文件分析、回归分析、趋势分析和偏差分析。

（3）会议。结束项目或阶段的会议通常有收尾报告会、客户总结会、经验教训总结会、庆祝会等。

备考点拨

本考点学习难度星级：★☆☆（简单），考试频度星级：★☆☆（低频）。

本考点考查结束项目或阶段的主要输入和输出。考纲淡化了工具与技术，但是以防万一，本书依然将工具与技术放在考点精华中供考生参考。

结束项目或阶段时，需要回顾最早的项目章程（输入），需要再次审视验收的可交付成果（输入），涉及外采的还需要查看协议（输入）和采购文档（输入），另外项目管理计划（输入）和相关的项目文档（输入）也是本过程的输入。

技术项目或阶段完成后，最终可以得到最终产品、服务或成果（输出），随之还有一份项目最终报告（输出）。

考题精练

1．（　　）不属于结束项目或阶段需要更新的组织过程资产。

A．历史信息　　B．项目所产出的最终产品、服务

C．项目或阶段收尾文件　　D．项目档案

【答案 & 解析】答案为 B。结束项目或阶段需要更新的组织过程资产至少包括项目档案、项目或阶段收尾文件、历史信息。

2．（　　）不是结束项目或阶段的输入。

A．项目管理计划　B．项目沟通记录　C．项目最终报告　D．验收的可交付成果

【答案 & 解析】答案为 C。项目最终报告属于结束项目或阶段的输出。结束项目或阶段的输入主要有项目章程、项目管理计划、项目文件、验收的可交付成果、立项管理文件、协议、采购文档和组织过程资产八项。

3．软件过程管理中的（　　）阶段涉及项目验收、归档、事后分析和过程改进。

A．项目收尾与关闭　　B．项目规划

C．项目实施　　D．项目监控与评审

【答案 & 解析】答案为 A。项目收尾与关闭是为了项目结束所做的活动，需要项目验收并在验收后进行归档、事后分析和过程改进等活动。

4．（　　）不属于结束项目或阶段的工作内容。

A．确认已完成的可交付成果是否符合验收标准

B．移交已完成或已取消的项目或阶段

C．终结项目、阶段或合同的所有活动

D．协调和配合顾客或出资人对这些可交付物的正式接受

【答案 & 解析】答案为 A。选项 A 属于确认范围的工作内容。结束项目或阶段是完成并结束

所有项目管理过程组的所有活动，以正式结束项目或项目阶段的过程。本过程包括完成所有项目过程中的所有活动以正式关闭整个项目或阶段；恰当地移交已完成或已取消的项目或阶段；对项目可交付物进行验证和记录；协调和配合顾客或出资人对这些可交付物的正式接受。本过程的主要作用是总结经验教训、正式结束项目工作、为开展新工作而释放组织资源。

5．在结束项目时，项目经理需要基于（　　）审查，确保在项目工作全部完成后才宣布项目结束。

A．进度基准　　B．验收的可交付成果

C．项目收尾文件　　D．范围基准

【答案 & 解析】答案为D。由于项目范围是依据项目管理计划来考核的，项目经理需要审查范围基准，确保在项目工作全部完成后再宣布项目结束。

项目收尾的项目移交

【考点159】收尾过程组的重点工作

考点精华

收尾过程组的重点工作主要有项目验收、项目移交和项目总结三项。「★案例记忆点★」

1．项目验收

项目验收是项目收尾中的首要环节，只有完成项目验收工作后，才能进入后续的项目总结等工作阶段。如果在项目执行过程中发生了合同变更，还应将变更内容也作为项目验收的评价依据，对于软件类型的系统集成项目，软件需求规格说明书也要作为验收依据，而且需求规格说明书中所有的功能性需求和非功能性需求都要被验收测试用例覆盖。

项目验收工作需要完成正式的验收报告，参与验收的各方应该对验收结论进行签字确认，验收测试工作可以由业主和承建单位共同进行，也可以由第三方公司进行。具体而言，系统集成项目在验收阶段主要包含以下四方面的工作内容，分别是验收测试、系统试运行、系统文档验收以及项目终验。「★案例记忆点★」

（1）验收测试是对信息系统进行全面的测试，确保满足建设方的功能需求和非功能需求，并能正常运行。

（2）信息系统通过验收测试环节以后，可以开通系统试运行。对于在试运行期间系统发生的问题，根据其性质判断是否是系统缺陷，如果是系统缺陷，应该及时更正系统的功能；如果不是系统自身缺陷，而是额外的信息系统新需求，可以遵循项目变更流程进行变更，也可以将其暂时搁置，作为后续升级项目工作内容的一部分。

（3）系统验收测试过程中，与系统相匹配的系统文档应同步交由用户进行验收，在最终交付系统前，系统的所有文档都应当验收合格并经甲乙双方签字认可。

（4）在系统经过试运行以后的约定时间内，双方可以启动项目的最终验收工作。大型项目分为试运行和最终验收两步。最终验收报告是确认项目工作结束的重要标志，最终验收标志着项目的结束和售后服务的开始。

2．项目移交

系统集成项目的移交包含三个主要移交对象，分别是向用户移交、向运维和支持团队移交，以及过程资产向组织移交。「★案例记忆点★」

（1）向用户移交的内容包括需求说明书、设计说明书，项目研发成果，测试报告、可执行程序及用户使用手册等。

（2）向运维和支持团队移交的内容包括需求说明书、设计说明书、项目研发成果、测试报告、可执行程序、用户使用手册、安装部署手册或运维手册等。

（3）在项目收尾过程中，项目团队应归纳总结项目的过程资产和技术资产，提交组织更新至过程资产库。向组织移交的过程资产通常包括项目档案、项目或阶段收尾文件、技术和管理资产。

3．项目总结

项目总结属于项目收尾的管理收尾。管理收尾又称为行政收尾，检查项目团队成员及相关干系人是否按规定履行了所有职责。项目总结准备工作包括以下两点。「★案例记忆点★」

（1）收集整理项目过程文档和经验教训。需要全体项目人员共同进行，而非项目经理一人的工作。

（2）收集经验教训并形成项目总结会议的讨论稿。项目总结会应讨论如下内容：①项目目标；②技术绩效；③成本绩效；④进度计划绩效；⑤项目的沟通；⑥识别问题和解决问题；⑦意见和改进建议。

备考点拨

本考点学习难度星级：★☆☆（简单），考试频度星级：★★☆（中频）。

本考点考查收尾过程组的重点工作。重点工作有三件，分别是项目验收、项目移交和项目总结。这三件工作重在理解，需要理解验收要做的具体工作事项及其意义、项目移交的三个对象分别移交的内容以及项目总结需要准备的两点内容。

考题精练

1．（　　）不属于收尾过程组的工作。

A．进行项目后评价或阶段结束评价　　B．控制变更，推荐纠正措施

C．对组织过程资产进行更新　　D．获得客户或发起人的验收

【答案 & 解析】答案为 B。选项 B“控制变更，推荐纠正措施”属于监控过程组的内容。

2．系统集成项目在验收阶段主要包含四方面的工作内容，分别是验收测试、（　　）、系统文档验收以及项目终验。

A．系统过程评价　B．系统试运行　C．项目部署　D．系统技术评价

【答案 & 解析】答案为 B。系统集成项目在验收阶段主要包含四方面的工作内容，分别是验收测试、系统试运行、系统文档验收以及项目终验。

第16章

组织保障考点精讲及考题实练

16.1 章节考情速览

第3版考纲中的组织保障章节，在上一版本中为两个章节，分别为信息（文档）和配置管理，以及变更管理。第3版中合二为一，并且升级名称为组织保障。

从组织保障考点在考试大纲中的定位看，虽然其不属于项目管理五大过程组，但是却为五大过程组提供了三重保障，即信息文档管理保障、配置管理保障和变更管理保障。

从历年的考试数据分析看，信息文档管理知识块偶尔会在综合知识科目出现；配置管理会在案例分析科目出现，属于考试的重难点，因为配置管理中专业术语较多，而且日常工作中仅仅有少数人会深入接触，所以大部分人会对此感觉陌生；变更管理在综合知识科目和案例分析科目中都可能考到，通常会结合项目管理五大过程组来考查对考点的掌握程度。

在综合知识科目中，本章考查的分值预计在2分左右，但是也有可能在案例分析科目中进行考查。

16.2 考点星级分布图

本章涉及的主要考点分布及难度与频度双星级如图16-1所示。

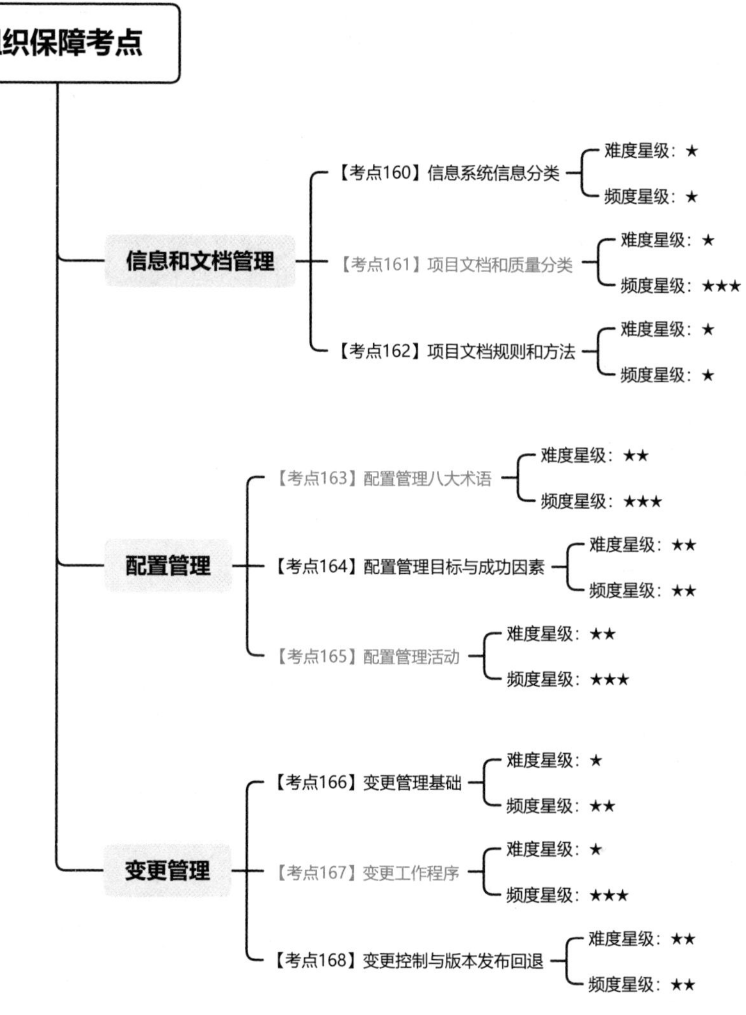

图 16-1 本章考点及星级分布

16.3 核心考点精讲及考题实练

信息系统的信息分类

【考点160】信息系统信息分类

考点精华

信息分为用户信息、业务信息、经营管理信息和系统运行信息四类。

1．用户信息包括个人或组织的基本信息、账号信息、信用信息和行为数据信息等。

2．业务信息根据所属行业可以划分为金融行业信息、能源行业信息、交通行业信息等；根据业务自身特点可以划分为研发信息、生产信息和维护信息等。

3．经营管理信息从业务管理视角可以划分为市场营销、经营、财务、并购融资、产品、运营、交付信息等。

4．系统运行信息包括系统配置信息、监测数据、备份数据、日志数据和安全漏洞信息等。

备考点拨

本考点学习难度星级：★☆☆（简单），考试频度星级：★☆☆（低频）。

本考点考查信息的四种分类，内容简单容易理解。本考点需要掌握四种分类对应的名字，以及每种分类的代表示例，考题通常会提供具体示例，让你从四个选项中选择正确的分类。

考题精练

1．产品、运营、交付信息等属于（　　）。

A．用户信息　　B．业务信息　　C．经营管理信息　　D．系统运行信息

【答案 & 解析】答案为C。经营管理信息从业务管理视角可以划分为市场营销、经营、财务、并购融资、产品、运营、交付信息等。

【考点161】项目文档和质量分类

项目文档的质量分类

考点精华

信息系统开发项目的文档一般分为开发文档、产品文档和管理文档三类。「★案例记忆点★」

1．开发文档是对开发过程进行的描述，常见的开发文档包括可行性研究报告和项目任务书、需求规格说明、功能规格说明、设计规格说明、程序和数据规格说明、开发计划、软件集成和测试计划、质量保证计划、安全和测试信息等。

2．产品文档是对开发过程产物的描述，常见的产品文档包括培训手册、参考手册、用户指南、软件支持手册、产品手册和信息广告等。

3．管理文档是对项目管理信息的描述，常见的管理文档包括每个阶段的进度及进度变更记录、软件变更情况记录、开发团队职责定义、项目计划、项目阶段报告、配置管理计划等。

项目文档的质量一共可以分为以下四类。

1．一级文档是最低限度文档，适合开发工作量低于一人月的开发者自用程序，一级文档包含程序清单、开发记录、测试数据和程序简介。

2．二级文档是内部文档，可用于不与其他用户共享资源的专用程序。除一级文档包含的信息外，二级文档还包含充分的程序注释。

3．三级文档是工作文档，适合同一单位若干人联合开发的程序或可被其他单位使用的程序。

4．四级文档是正式文档，适合正式发行供普遍使用的软件产品。关键性程序或具有重复管理应用性质的程序需要使用四级文档。

备考点拨

本考点学习难度星级：★☆☆（简单），考试频度星级：★★★（高频）。

本考点考查项目文档的三种分类以及质量的四种分类，其中文档分类是重点，考生需要掌握

每种分类对应的具体文档，至于文档质量的分类，达到了解的程度即可。

考题精练

1．软件文档分为三类，开发文档、产品文档、管理文档。（　　）不属于开发文档。

A．进度变更的记录　　B．需求规格说明

C．安全和测试信息　　D．开发计划

【答案 & 解析】答案为 A。本题属于经常考到的基础题，选项 A 属于管理文档，软件文档分为三类：开发文档、产品文档、管理文档。开发文档描述开发过程本身，常见的开发文档包括可行性研究报告和项目任务书、需求规格说明、功能规格说明、设计规格说明、程序和数据规格说明、开发计划、软件集成和测试计划、质量保证计划、安全和测试信息等。

2．关于信息系统文档的规范化管理描述，不正确的是（　　）。

A．应该编写文档目录，文档名称要完整规范

B．项目干系人签字确认后才可以对文档进行阅读和编辑

C．文档的借阅应该进行详细地记录，涉密文档要保密处理

D．所有的文档都应该遵循统一的编写规范

【答案 & 解析】答案为 B。项目干系人签字确认后的文档要与关联的电子文档一一对应，这些电子文档还应设置为只读（即只能阅读不能编辑）。

【考点 162】项目文档规则和方法

考点精华

文档规范化管理体现在文档书写规范、图表编号规则、文档目录编写标准和文档管理制度等四个方面。

1．文档书写规范。文档资料涉及文本、图形和表格等多种类型，无论哪种类型的文档都应该遵循统一的书写规范。

2．图表编号规则。图表编号采用分类结构，根据生命周期法五个阶段，可以通过图表编号判断图表属于系统开发周期的哪个阶段、哪个文档、文档的哪个部分以及第几张图表。推荐的图表编号规则为：图表编号的第 1 位代表生命周期法各阶段，第 2 位代表各阶段的文档，第 3 位和第 4 位代表文档内容，第 5 位和第 6 位代表流水码。

3．文档目录编写标准。为了存档及未来使用方便，应该编写文档目录。

4．文档管理制度。文档借阅应该详细记录，并且需要考虑借阅人是否有使用权限。如果文档中存在商业或技术秘密，还需要注意保密。项目干系人签字确认的文档要与关联的电子文档一一对应，电子文档应设置为只读。

备考点拨

本考点学习难度星级：★☆☆（简单），考试频度星级：★☆☆（低频）。

本考点考查项目文档的规则。对四个文档规范化管理的体现，要重点关注第 2 个图表编号规则和第 4 个文档管理制度，要知道图表编号各个位数代表的含义。

考题精练

1．图表编号中代表文档内容的是（　　）。

A．第1位　　B．第2位　　C．第3～4位　　D．第5～6位

【答案 & 解析】答案为C。推荐的图表编号规则为：图表编号的第1位代表生命周期法各阶段，第2位代表各阶段的文档，第3位和第4位代表文档内容，第5位和第6位代表流水码。

【考点163】配置管理八大术语

配置库3种类型

考点精华

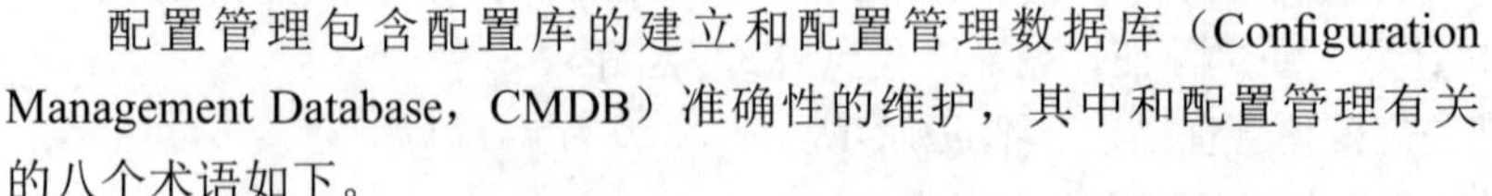

配置管理包含配置库的建立和配置管理数据库（Configuration Management Database，CMDB）准确性的维护，其中和配置管理有关的八个术语如下。

1．配置项（Configuration Items，CI）。配置项是配置管理设计的硬件、软件或二者的集合，是信息系统组件或与其有关的项目，包括软件、硬件和各种文档，如变更请求、服务、服务器、环境、设备、网络设施、台式机、移动设备、应用系统、协议和电信服务等。「★案例记忆点★」在配置管理中配置项作为单个实体对待。配置项按照规定统一编号，并以一定的目录结构保存在CMDB中。需要控制的配置项分为基线配置项和非基线配置项，基线配置项包括所有的设计文档和源程序等，非基线配置项包括项目的各类计划和报告等。「★案例记忆点★」基线配置项向开发人员开放读取权限；非基线配置项向项目经理、CCB及相关人员开放读取权限。

2．配置项状态。配置项状态分“草稿”“正式”和“修改”三种。「★案例记忆点★」配置项刚建立时的状态为“草稿”。配置项通过评审后的状态为“正式”。更改配置项时的状态为“修改”，配置项修改完毕并重新通过评审时，状态又变回“正式”。

3．配置项版本号。配置项的版本号与配置项状态有关。

（1）处于“草稿”状态的配置项版本号为0.YZ，数字YZ的取值范围为01～99。对草稿的持续修改会导致YZ取值的不断增加，YZ初值和增加幅度由用户把握。

（2）处于“正式”状态的配置项版本号为X.Y，X为主版本号，取值范围为1～9，Y为次版本号，取值范围为0～9。配置项第1次成为“正式”文件时，版本号为1.0。

（3）处于“修改”状态的配置项版本号为X.YZ。配置项正在修改时，XY值保持不变，只增加Z值。当配置项修改完毕成为“正式”文件时，将Z的值设为0，增加X.Y的值。

4．配置项版本管理。版本管理是按一定的规则保存配置项所有版本，避免发生版本丢失或混淆，而且可以快速找到配置项的任何版本。

5．配置基线。交付给用户使用的基线称为发行基线，内部使用的基线称为构造基线。

6．配置管理数据库。配置管理数据库是包含每个配置项及配置项间关系的数据库，配置管理数据库用来管理配置项。

7．配置库。配置库分为开发库、受控库和产品库三种类型。「★案例记忆点★」

（1）开发库也称动态库、程序员库或工作库，用来保存开发人员当前开发的配置实体。开发库是开发人员的个人工作区，无须进行配置控制，而是由开发人员自行控制。

（2）受控库也称主库，包含当前基线以及对基线的变更。受控库中的配置项处于完全的配置管理中。在开发工作结束时，需要将当前的工作产品存入受控库。

（3）产品库也称静态库、发行库、软件仓库，包含已发布使用的各种基线存档，产品库中的配置项处于完全的配置管理中。在产品完成系统测试后，将作为最终产品存入产品库，等待交付用户或现场安装。

8. 配置库的建库模式有两种，分别是按配置项类型建库和按开发任务建库。「★案例记忆点★」

（1）按配置项类型建库的模式适合通用软件的开发组织，优点是有利于对配置项进行统一管理和控制，提高编译和发布效率，缺点是开发人员的工作目录结构过于复杂。

（2）按开发任务建库的模式适合专业软件的开发组织，优点是设置策略比较灵活。

9．角色与职责

配置管理相关的角色包括四种，分别是配置管理负责人、配置管理员、配置项负责人和配置控制委员会（Change Control Board，CCB）。

（1）配置管理负责人也称配置经理，负责管理和决策项目生命周期中的配置活动。

（2）配置管理员负责在项目生命周期中进行配置管理的实施活动。

（3）配置项负责人确保所负责的配置项准确、真实。

（4）配置控制委员会也称变更控制委员会，CCB 不仅仅负责控制变更，也负责其他的配置管理任务，如配置管理策略、配置管理计划的决策。

备考点拨

本考点学习难度星级：★★☆（适中），考试频度星级：★★★（高频）。

本考点考查配置管理八大术语。配置管理的术语较多，如果没有做过配置管理员，或者没有做过相关的运维服务管理，可能会比较陌生，其中相对高频的子考点有配置项的三种状态、配置项版本号的详细规则、配置库三种分类和配置库两种建库模式，都需要认真记住并掌握。

考题精练

1．配置管理中，（　　）库中的信息通常有较为频繁的修改。可以不对其进行配置控制。

A．开发库　　B．发行库　　C．受控库　　D．产品库

【答案 & 解析】 答案为 A。开发库中的信息可能有较为频繁的修改，只要开发库的使用者认为有必要，无须对其进行配置控制，因为这通常不会影响到项目的其他部分。

2．关于配置基线的描述，不正确的是（　　）。

A．基线对应于开发过程中的里程碑，一个产品只能有一个基线

B．每个基线都要纳入配置控制，更新只能采用正式的变更控制程序

C．一组拥有唯一标识号的需求、设计、源代码文卷以及相应的可执行代码、构造文卷和用户文档构成一条基线

D．基线为开发工作提供了一个快照

【答案 & 解析】 答案为 A。基线通常对应于开发过程中的里程碑，一个产品可以有多个基线，也可以只有一个基线。

3．（　　）包含已发布使用的各种基线的存档，被置于完全的配置管理之下。

A．产品库　　B．数据库　　C．测试库　　D．开发库

【答案＆解析】答案为A。产品库也称为静态库、发行库、软件仓库，包含已发布使用的各种基线的存档，被置于完全的配置管理之下。

4．关于配置基线的描述，不正确的是（　　）。

A．配置基线对应开发过程的里程碑　　B．一个产品可以有多个基线

C．基线为开发工作提供了快照　　D．配置基线中的配置项不可以被修改

【答案＆解析】答案为D。基线中的配置项被“冻结”了，不能再被任何人随意修改，对基线的变更必须遵循正式的变更控制过程。

5．配置管理中（　　）不是发布管理和交付活动的主要任务。

A．有效控制配置项的更改和优化　　B．妥善保存代码和文档的母拷贝

C．有效控制软件产品的发行和交付　　D．有效控制软件文档的发行和交付

【答案＆解析】答案为A。发布管理和交付活动的主要任务是有效控制软件产品和文档的发行和交付，在软件产品的生存期内妥善保存代码和文档的母拷贝。

6．配置控制委员会（CCB）负责的配置管理工作不包括（　　）。

A．配置库操作权限分配　　B．基线设立审批

C．配置变更评估　　D．产品发布审批

【答案＆解析】答案为A。配置库操作权限分配是配置管理员的职责。

7．关于发布管理和交付的描述，不正确的是（　　）。

A．确保发布的配置项在旧版本上仍可配置，必要时可重建软件环境

B．代码和文档的母拷贝必须保存至整个软件产品生存期结束

C．需要建立规程以确保软件复制的一致性和完整性

D．已存档的配置项不得再次使用或刷新

【答案＆解析】答案为D。根据媒体的存储期，以一定的频次运行或刷新已存档的配置项。

8．配置管理为了系统地控制配置变更，在系统的整个生命周期中维持配置的完整性和（　　），而标识系统在不同时间点上的配置。

A．健壮性　　B．安全性　　C．可跟踪性　　D．一致性

【答案＆解析】答案为C。配置管理是为了系统地控制配置变更，在系统的整个生命周期中维持配置的完整性和可跟踪性，而标识系统在不同时间点上配置的学科。

【考点164】配置管理目标与成功因素

考点精华

项目配置管理的目标有以下六点。

1．所有配置项能被识别和记录。

2．维护配置项记录的完整性。

3．为其他管理过程提供配置项的准确信息。

4．核实信息系统配置记录的正确性并纠正错误。

5．配置项当前和历史状态得到汇报。

6．确保信息系统配置项的有效控制和管理。

组织配置管理的目标有以下四点。

1．确保软件配置管理计划得以制订，并经过相关人员评审和确认。

2．识别要控制的项目产品，并制订相关控制策略，确保项目产品被合适的人员获取。

3．制订控制策略，确保项目产品在受控制范围内更改。

4．采取适当的工具方法，确保相关组别和个人及时了解软件基线的状态和内容。

配置管理的成功因素有以下八点。

1．所有配置项应该记录。

2．配置项应该分类。

3．所有配置项进行编号。

4．定期对配置库或配置管理数据库中的配置项信息进行审计。

5．配置项建立后有配置负责人负责。

6．关注配置项变化情况。

7．定期回顾配置管理。

8．能与项目其他管理活动关联。

备考点拨

本考点学习难度星级：★★☆（适中），考试频度星级：★★☆（中频）。

本考点考查配置管理目标与成功因素，考试需要达到了解的程度。目标分为两类：一类是项目视角的配置管理目标；另一类是组织视角的配置管理目标。配置管理的成功因素有八条，这些成功因素看起来更像是个清单，用来检查自己的配置管理到底有没有做到位，有没有漏掉一些配置管理的动作，这也是一个非常好的案例纠错考点。

考题精练

1．以下（　　）不属于配置管理的成功因素。

A．配置项应该分类

B．配置项建立后由项目团队成员各自负责

C．定期对配置库或配置管理数据库中的配置项信息进行审计

D．能与项目其他管理活动关联

【答案 & 解析】答案为B。每个配置项建立后，应有配置负责人负责。

【考点165】配置管理活动

配置项识别7步走

考点精华

配置管理的日常管理活动包括制订配置管理计划、配置项识别、配置项控制、配置状态报告、配置审计、配置管理回顾与改进。「★案例记忆点★」

1. 制订配置管理计划。配置管理计划的主要内容为：①配置管理目标和范围；②配置管理活动，包括配置项标识、配置项控制、配置状态报告、配置审计、发布管理与交付等；③配置管理角色和责任安排；④配置管理活动的规范和流程；⑤配置管理活动的进度安排；⑥与其他管理之间的接口控制；⑦负责实施活动的人员或团队，以及和其他团队间的关系；⑧配置管理信息系统的规划；⑨配置管理的日常事务；⑩计划的配置基准线、重大发布、里程碑，以及每个期间的工作量和资源计划。

2. 配置项识别。配置项识别是识别信息系统组件的关键配置，以及各配置项间的关系和配置文档等结构识别。配置项识别包括为配置项分配标识和版本号。配置项识别的七个步骤：①识别需要受控的配置项；②为每个配置项指定唯一的标识号；③定义每个配置项的重要特征；④确定每个配置项的所有者及责任；⑤确定配置项进入配置管理的时间和条件；⑥建立并控制基线；⑦维护文档和组件的修订与产品版本间的关系。

3. 配置项控制。配置项控制是对配置项和基线的变更控制，包括：①变更申请；②变更评估；③通告评估结果；④变更实施；⑤变更验证与确认；⑥变更发布；⑦基于配置库的变更控制。

基于配置库的变更控制过程分为四步，如图 16-2 所示。

（1）将待升级的基线从产品库中取出，放入受控库。

（2）开发人员将要修改的代码段从受控库中检出（Check out），放入自己的开发库中修改。代码被检出后马上被“锁定”，这样同一段代码只能同时被一名人员修改。

（3）修改完毕后，开发人员将自己开发库中的代码检入（Check in）受控库。此时代码的“锁定”状态被解除，其他开发人员就可以自由检出该段代码。

（4）产品的升级修改工作全部完成后，将受控库中的新基线存入产品库。

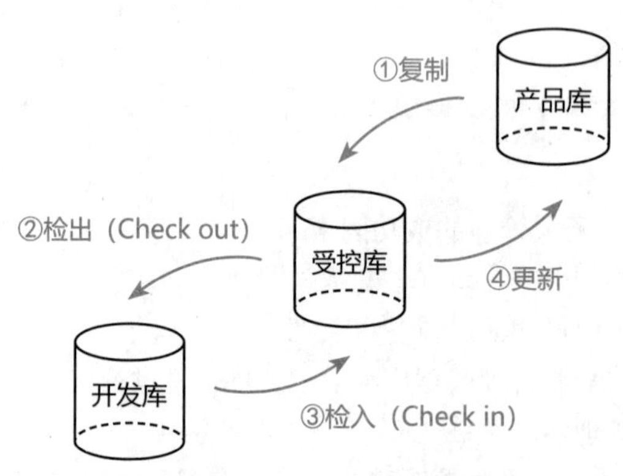

图 16-2 配置库变更控制过程

4. 配置状态报告。配置状态报告有效地记录并报告管理配置所需的信息，能够及时、准确地给出配置项的当前状况。

配置状态报告包含内容如下：①受控配置项的标识和状态；②变更申请的状态和已批准修改的实施状态；③基线当前和过去版本的状态以及各版本的区别；④其他配置管理活动的记录。

5. 配置审计。配置审计包括功能配置审计和物理配置审计，用以验证当前配置项的一致性和完整性。功能配置审计审计配置项的一致性，即配置项的实际功能是否和需求一致；物理配置审计审计配置项的完整性，即配置项的物理存在是否和预期一致。「★案例记忆点★」

6. 配置管理回顾与改进。配置管理回顾与改进活动包括：①对本次配置管理回顾进行准备；②召开配置管理回顾会议；③根据会议结论制订并提交服务改进计划；④根据过程改进计划，协调并落实改进。

备考点拨

本考点学习难度星级：★★☆（适中），考试频度星级：★★★（高频）。

本考点考查配置管理活动。配置管理活动共有六个，这六个配置管理活动是配置管理知识块的重点。

（1）做计划。项目管理各知识领域只要开始做，肯定先做计划，不会不做计划直接开工。配置管理计划做完之后不能直接用，要提交给 CCB 审批，审批完成后计划才生效。

（2）配置项识别。完成配置管理计划后要找到配置项，没有配置项的配置管理就是光杆司令。配置项识别即识别所有的关键配置项，以及它们之间的关系和配置文档。

（3）配置项控制。配置项控制是对配置项和基线进行变更控制，一定要掌握基于配置库的变更控制过程四步，属于过去多次考到的考点。

（4）配置状态报告。配置状态报告记录配置管理相关的信息，配置项当前状态会放在配置状态报告里。配置状态报告看名字就知道，这是当前时间点的快照、一张照片，代表当前的配置状态。

（5）配置审计。配置审计最核心的目的是确保配置管理的有效性。

（6）配置管理回顾与改进。定期回顾是非常好的习惯，无论是个人、项目还是组织，通过回顾可以找出做得好的地方与做得不好的地方，对不好的地方改进，好的地方存入经验教训知识库，成为组织的最佳实践之一。

考题精练

1. 功能配置审计的内容包含（　　）。

①交付配置项是否存在

②配置项已达到配置标识中规定的性能和功能特征

③配置项中是否包含了所有必需的项目

④配置项的开发已圆满完成

⑤配置项的操作和支持文档已完成并且是符合要求的

A. ②④⑤　　B. ①③④

C. ①②④⑤　　D. ②③④

【答案 & 解析】答案为 A。功能配置审计和物理配置审计是考试的高频考点，经常考查两者的区别或者包含的内容。功能配置审计是审计配置项的一致性（配置项的实际功能是否和需求一致），具体验证内容主要包括：① 配置项的开发已圆满完成；②配置项已达到配置标识中规定的性能和功能特征；③配置项的操作和支持文档已完成并且是符合要求的。

【考点 166】变更管理基础

变更的分类

考点精华

变更产生的原因有如下六点：①产品范围定义的过失或者疏忽；②项目范围定义的过失或者疏忽；③增值变更；④应对风险的紧急计划或回避计划；⑤项目执行过程与基准要求不一致带来的被动调整；⑥外部事件等。

根据变更性质可以将变更分为重大变更、重要变更和一般变更，根据变更的迫切性可以将变更分为紧急变更和非紧急变更，不同的分类走不同的审批权限控制。「★案例记忆点★」

变更管理的原则是项目基准化和变更管理过程规范化。主要原则包括：①基准管理；②变更控制流程化；③明确组织分工；④与干系人充分沟通；⑤变更的及时性；⑥评估变更的可能影响；⑦妥善保存变更产生的相关文档。

项目变更管理中涉及多种角色，不同角色在变更管理中担任不同的职责。「★案例记忆点★」

1．项目经理在变更中的职责是：①响应变更提出者的需求；②评估变更对项目的影响及应对方案；③将需求由技术需求转化为资源需求，供授权人决策；④依据变更结果调整基准，同时监控变更的正确实施。

2．变更管理负责人。变更管理负责人也称变更经理，是变更管理过程解决方案的负责人。

3．变更请求者。变更请求者负责记录与提交变更请求单，给变更请求设定类型。

4．变更实施者。变更实施者负责按照变更计划实施变更任务。

5．变更控制委员会。作为决策机构，CCB 在变更管理过程中负责对提交的变更申请进行审查，并对变更申请做出批准、否决或其他决定。

6．变更顾问委员会。变更顾问委员会在紧急变更时可以行使审判权限，听取变更经理汇报并提供专业建议。

备考点拨

本考点学习难度星级：★☆☆（简单），考试频度星级：★★☆（中频）。

本考点考查变更管理基础。变更管理产生的原因简单地了解即可。变更有很多分类方式，需要理解紧急变更的流程非常快，因为已经火烧眉毛，如果再走 3 天流程，会耗费更多时间，所以紧急变更是个快速的紧急通道，但是需要控制紧急通道的使用，如果所有变更都走紧急通道，也就失去了意义。变更管理原则最重要的是两个，一个是项目基准化，另一个是变更管理过程规范化，抓住这两点，变更就能做得很好。变更管理的角色关注变更顾问委员会和控制委员会的区别，变更顾问委员会与专家组定位类似，提供专业意见，有时候也会做辅助审批，而变更控制委员会是决策机构，负责审批。

考题精练

1．以下关于变更管理的描述中，不正确的是（　　）。

A．根据变更性质可以将变更分为重大变更、重要变更和一般变更

B．所有变更都必须遵循变更控制流程，紧急变更除外，可以后补流程

C．变更宜早不宜晚，越在项目早期，项目变更的代价越小

D．基准是变更的依据，每次变更通过评审后，都应重新确定基准

【答案 & 解析】答案为 B。紧急变更也需要遵循变更控制流程，变更控制流程应考虑紧急变更时的流程效率，任何流程都不能后补。

【考点 167】变更工作程序

考点精华

变更的工作流程一共有八步，分别如下。「★案例记忆点★」

1．变更申请。变更的提出可以是各种形式，但是在评估之前要以书面形式提出。

2．对变更的初审。变更初审的方式为变更申请文档的审核流转，变更初审的目的包括：①对变更提出方施加影响；②格式校验和完整性校验；③在干系人间就变更信息达成共识。

3．变更方案论证。变更方案的作用是对变更请求是否可实现进行论证，方案内容包括技术评估和经济与社会效益评估，技术评估是对需求如何转化为成果进行评估，经济与社会效益评估是对变更方面的经济与社会价值和潜在风险进行评估。

4．变更审查。变更审查是根据变更申请及评估方案，决定是否变更。审查可以采用文档或会签的形式，重大的变更审查可以采用正式会议形式。

5. 发出通知并实施。变更通知的内容包括：①项目实施基准的调整；②变更及项目的交付日期；③成果对相关干系人的影响。如果变更造成交付日期调整，需要在变更确认时发布，不要拖到交付前发布。

6．实施监控。变更实施的过程监控通常由项目经理负责，由 CCB 监控变更的主要成果和进度里程碑等。

7．效果评估。变更效果评估的依据是项目基准，需要结合变更目标，评估变更要达到的目的是否达成，同时还需要评估变更方案中的技术、经济论证内容与实施过程的差距并妥善解决。

8．变更收尾。变更收尾判断发生变更后的项目是否已回归正常轨道。

备考点拨

本考点学习难度星级：★☆☆（简单），考试频度星级：★★★（高频）。

本考点考查变更工作程序。变更工作程序需要考生牢牢掌握，也是过往考试考查的热点之一，掌握的技巧是多多结合工作中的情况进行理解式记忆。

考题精练

1．Project manager realizes that the development cost is already over budget, the project manager should（　　）.

A．stop the development

B．tailor the scope of the project

C．accept the budget And continue the development

D．submit a change request

【答案 & 解析】答案为 D。一定要按照流程走，先提交变更请求。

翻译如下：项目经理意识到开发成本已经超出了预算，项目经理应该（　　）。

A．停止开发　　B．裁减项目范围

C．接受预算并继续开发　　D．提交变更请求

2．以下描述不正确的是（　　）。

A．需求变更及项目范围变更都必须遵循由 CCB 制订的变更控制流程

B．每次需求变更并经过需求评审后，都要确定新的项目范围

C．随着项目进展，需求基线将越定越高，容许的需求变更将越来越少

D．用户的需求变更必须控制在可控范围之内

【答案 & 解析】答案为 B。每次需求变更并经过需求评审后，都要确定新的需求基线，而不是确定新的项目范围。

3．项目经理收到客户要求增加一个新功能的要求，接下来应该（　　）。

A．向 CCB 提交变更申请　　B．联系项目发起人获得批准

C．通知研发开发新功能　　D．讨论新功能的实现方法

【答案 & 解析】答案为 A。"客户要求增加一个新功能的要求"属于变更，而出现变更就要走变更控制流程，所以首先需要向 CCB 提交变更申请。

4．关于变更控制流程的排序，正确的是（　　）。

①批准或否决变更　②变更综合评估　③变更引发成本进度与质量的分析

④范围变更申请　⑤实施或监控变更

A．③②④⑤①　B．④②③①⑤　C．④③②①⑤　D．③④①②⑤

【答案 & 解析】答案为 C。使用排除法，变更控制流程的第一步一定要是提出申请，由此可以排除选项 A 和 D。另外肯定要先进行单项分析，分析之后再进行综合评估，由此可以排除选项 B。

【考点 168】变更控制与版本发布回退

版本发布准备

考点精华

项目的变更控制主要关注变更申请的控制、变更内容的控制、变更类型的控制和变更输入、输出的控制。

1．变更申请的控制。变更申请是变更管理流程的起点，需要严格控制变更申请，严格控制指变更管理体系能够确保项目基准反映项目实施情况。

2．变更内容的控制。对变更内容进行控制，重点关注对进度变更的控制、对成本变更的控制和对合同变更的控制。

（1）对进度变更的控制包括：①判断项目进度当前状态；②对造成进度变化的因素施加影响；③查明进度是否已改变；④在变化出现时进行管理。

（2）对成本变更的控制包括：①对造成成本基准变更的因素施加影响；②确保变更请求获得同意；③在变更发生时管理变更；④保证潜在的成本超支不超过项目阶段资金和总体资金；⑤监督成本绩效，找出成本基准偏差；⑥准确记录成本基准偏差；⑦防止错误的、不恰当的或未批准

的变更被纳入成本或资源使用报告中；⑧将审定的变更通知相关干系人；⑨采取措施将预期的成本超支控制在可接受范围内；⑩项目成本控制，查找正负偏差原因。

（3）对合同变更的控制。合同变更控制需要规定合同的修改过程，另外合同变更控制需要和整体变更控制相结合。

3．变更类型的控制。

（1）标准变更的控制：标准变更通常是低风险、预先授权的变更。风险评估不需要在每次实施标准变更时重复执行。

（2）正常变更的控制：正常变更通常是常规的、较低风险的变更，通过已确定的变更授权角色和变更管理流程进行管理。可通过自动化来提高变更效率，如连续集成和连续部署的自动化管道。

（3）紧急变更的控制：紧急变更通常不包括在变更计划中，必须快速响应、尽快实施。紧急变更处理流程在必要时可以精简，在紧急时可以临时调整。

4．变更输入、输出的控制。

（1）变更输入的控制包括：①控制变更的基准、项目计划、配置管理计划、项目文件和组织过程资产；②变更前的项目工作绩效报告；③提出的变更请求和变更方案。

（2）变更输出的控制包括：①批准的变更请求；②更新的项目基准，更新的项目计划、配置管理计划、项目文件和变更日志；③变更后的项目工作绩效报告；④经验教训。

版本发布前的准备工作一共包含六项，分别是：①进行回退分析；②备份涉及的存储过程、函数等数据存储；③备份配置数据；④备份在线生产平台接口、应用、工作流等版本；⑤启动回退机制的触发条件；⑥对变更回退的机制职责进行说明。

版本的回退步骤一共包含八步，分别是：①通知用户系统开始回退；②通知关联系统进行版本回退；③回退存储过程等数据对象；④配置数据回退；⑤应用程序、接口程序、工作流等版本回退；⑥回退完成通知周边关联系统；⑦回退后进行相关测试，保证回退系统正常运行；⑧通知用户回退完成。

备考点拨

本考点学习难度星级：★★☆（适中），考试频度星级：★★☆（中频）。

本考点考查变更控制与版本发布回退。变更控制分四块，分别是变更申请的控制，变更内容的控制，变更类型的控制，变更输入、输出的控制。变更完成后很可能就会版本发布，版本发布有可能失败，失败就要回退，所以项目变更必须要做版本发布才能真正生效，而且要做应急回退。

考题精练

1．项目的变更控制中，对变更内容的控制，重点关注的部分不包括（　　）。

A．进度变更控制　　B．成本变更控制

C．范围变更控制　　D．合同变更控制

【答案 & 解析】答案为C。对变更内容的控制，重点关注进度变更控制、成本变更控制和合同变更控制。

第 17 章

监理基础知识考点精讲及考题实练

17.1 章节考情速览

监理基础知识是第 3 版考纲新增内容，主要介绍了监理概念、监理内容和要素等，内容不多，理解起来比较容易，本章考查的分值预计在 1 分左右。

17.2 考点星级分布图

本章涉及的主要考点分布及难度与频度双星级如图 17-1 所示。

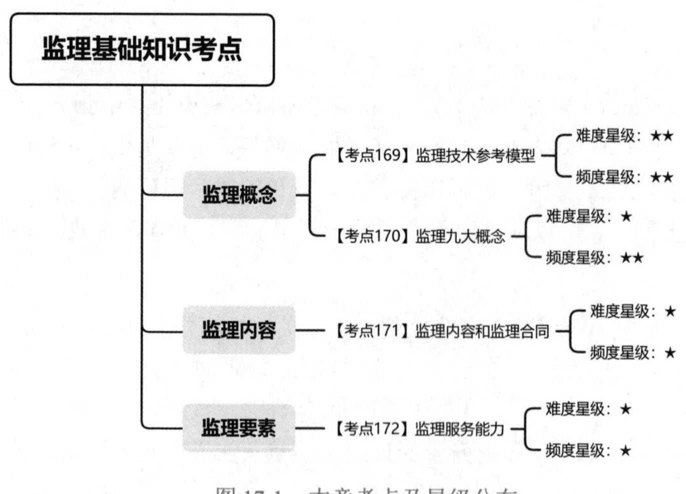

图 17-1 本章考点及星级分布

17.3　核心考点精讲及考题实练

【考点 169】监理技术参考模型

考点精华

信息系统监理代表项目业主单位对项目实施过程进行全程跟踪和监督管理。项目监理在项目的可行性研究、项目实施、项目交付过程中要全程参与，通过对技术方案评价、管理过程监督、交付成果检验等方法手段，为项目承建单位提供技术建议和解决对策。信息系统工程监理对象包括五个方面，分别是信息应用系统、信息资源系统、信息网络系统、信息安全和运行维护。

信息系统工程监理及相关服务技术参考模型由监理运行周期、监理对象、监理内容和监理支撑要素四部分组成，如图 17-2 所示。

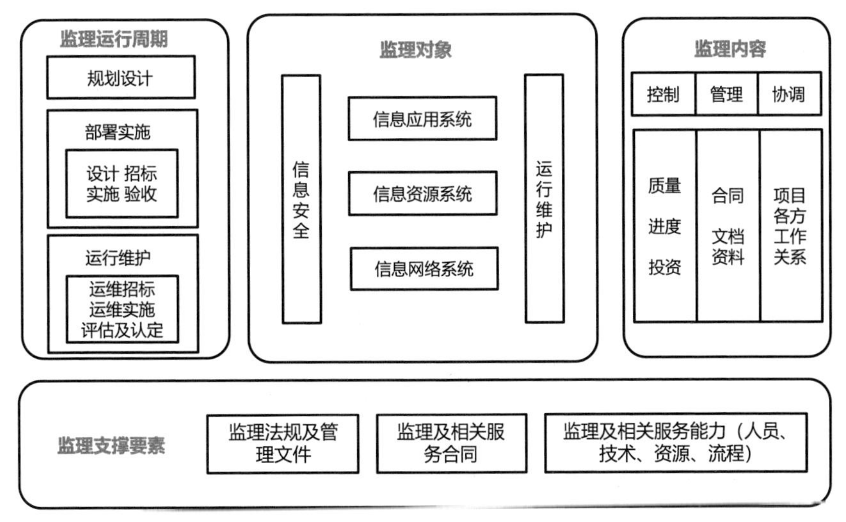

图 17-2　信息系统工程监理及相关服务技术参考模型

监理支撑要素包括监理法规及管理文件、监理及相关服务合同和监理及相关服务能力。其中监理服务能力要素由人员、技术、资源和流程组成。

1．人员。人员包括总监理工程师、总监理工程师代表、监理工程师、监理员、外部技术协作体系、人力资源管理体系。

2．技术。技术包括监理工作体系、业务流程研究能力、监理技术规范、质量管理体系、监理大纲、监理规划、监理实施细则。

3．资源。资源包括监理机构、监理设施、监理知识库、监理案例库、检测分析工具及仪器设备、企业管理信息系统。

4．流程。流程包括项目管理体系、客户服务体系、监理及相关服务的制度和流程。

监理活动的内容是“三控、两管、一协调”，“三控”指信息系统工程质量控制、信息系统工程进度控制和信息系统工程投资控制；“两管”指信息系统工程合同管理、信息系统工程信息管理；“一协调”指实施过程中协调有关单位及人员的关系。

备考点拨

本考点学习难度星级：★★☆（适中），考试频度星级：★★☆（中频）。

本考点考查监理技术参考模型。监理的知识理解起来比较容易，主要是熟悉和记忆，信息系统监理的概念很简单，就是代表业主单位对项目的实施过程进行全程的跟踪和监督管理，在项目的可行性研究、项目实施、项目交付过程中要全程参与，为项目承建单位提供技术建议和解决对策。本考点的学习方式是结合技术参考模型图来理解和记忆。

考题精练

1. 信息系统工程监理的技术参考模型的构成为（　　）。

①监理支撑要素　②监理安全　③监理运行周期

④监理对象　⑤监理设施　⑥监理内容

A. ①③④⑥　B. ②③④⑥　C. ①③④⑤　D. ①③⑤⑥

【答案 & 解析】答案为 A。信息系统工程监理的技术参考模型由监理支撑要素、监理运行周期、监理对象和监理内容四部分组成。

【考点 170】监理九大概念

考点精华

想要掌握监理的相关知识，需要提前了解监理的相关概念术语，关于监理有以下九个相关概念。

1. 信息系统工程监理。信息系统工程监理是具有信息系统工程监理能力及资格的单位，受业主单位委托对信息系统工程项目实施的监督管理。

2. 信息系统工程监理单位。信息系统工程监理单位是指从事信息系统工程监理业务的企业。

3. 业主单位。业主单位是指具有信息系统工程发包主体资格、支付工程及相关服务价款能力的单位。

4. 承建单位。承建单位是指具有独立企业法人资格，具有承接信息系统工程建设能力的单位。

5. 监理机构。监理机构是指当监理单位对信息系统工程项目实施监理及相关服务时，负责履行监理合同的组织机构。

6. 监理人员。监理人员包括监理工程师、总监理工程师、总监理工程师代表和监理员等。

「★案例记忆点★」

（1）监理工程师是监理单位聘任，取得信息系统工程监理工程师资格证书的专业技术人员。

（2）总监理工程师是由监理单位书面授权的监理工程师，总监理工程师负责监理及相关服务合同的履行，负责主持监理机构工作。

（3）总监理工程师代表是由总监理工程师书面授权的监理工程师，代表总监理工程师行使其部分职责和权力。

（4）监理员是经过监理及相关业务培训、具有相关工程专业知识、从事监理及相关工作的人员。

7. 监理资料和工具。监理资料是监理过程中需要的文件资料，包括监理大纲、监理规划、监理实施细则、监理意见和监理报告等。「★案例记忆点★」

（1）监理大纲是在投标阶段由监理单位负责编制的文件，监理大纲在编制后需要经过监理单位法定代表人的书面批准，用于取得监理服务合同并指导监理服务。

（2）监理规划由总监理工程师主持编制，之后需要监理单位技术负责人书面批准，监理规划用来指导监理机构开展监理服务工作。

（3）监理实施细则在监理规划的指导下，由监理工程师进行编制，编制后需要总监理工程师的书面批准。监理实施细则是操作性文件，针对的是工程建设运维或监理服务中的某个方面。

（4）监理意见是监理机构通过书面形式向业主或承建单位提出的见解和主张。

（5）监理报告是监理机构对工程监理及服务的阶段性进展汇报，通常以书面形式向业主单位提出。

8. 监理过程。监理过程包括全过程监理、里程碑监理和阶段监理，任何一种类型的监理过程，都需要根据委托监理及相关合同和信息系统工程标准规范的要求开展。

（1）全过程监理是工程建设及运行维护全过程的监理，包括部署实施的招标、设计、实施和验收中的监理工作，还包括运行维护的招标、实施、评价及认定中的监理工作。

（2）里程碑监理是对工程里程碑的结果进行确认。

（3）阶段监理是开展某个或某些阶段的监理。

9. 监理形式。监理形式是监理过程中采用的方式，包括监理例会、签认、现场和旁站四种。

（1）监理例会由监理机构主持定期召开的会议，议题主要围绕质量、进度、投资控制、合同事宜、资料管理以及项目协调。

（2）签认是工程建设或运维管理任何一方签署的，认可其他方所提供文件的活动。

（3）现场是指开展项目监理及相关活动的地点。现场监理的代表是驻场服务，也就是监理人员一直在现场执行监理服务。

（4）旁站往往发生在关键模块或关键工序的实施中，由监理人员在现场进行监督或见证。

备考点拨

本考点学习难度星级：★☆☆（简单），考试频度星级：★★☆（中频）。

本考点考查监理的概念。监理的相关概念共有九个，前面五个一句话就能明白，所以可以把学习重心放在后面四个上面，分别是：监理人员、监理资料工具、监理过程和监理形式。监理人员主要包括监理工程师、总监理工程师、总监理工程师代表和监理员；监理资料是指监理过程中需要的文件资料，主要包括监理大纲、监理规划、监理实施细则、监理意见和监理报告等；监理过程是指监理阶段负责进行监理的种类，主要包括全过程监理、里程碑监理和阶段监理等；监理形式是指监理过程中所采用的方式，包括监理例会、签认、现场和旁站。

考题精练

1．以下关于监理资料和工具的描述中，不正确的是（　　）。

A．监理大纲是在投标阶段由监理单位负责编制的文件，需要经过监理单位法定代表人的书面批准

B．监理实施细则在监理规划的指导下，由总监理工程师主持编制

C．监理意见是监理机构通过书面形式向业主或承建单位提出的见解和主张

D．监理报告通常以书面形式向业主单位提出

【答案 & 解析】答案为 B。监理实施细则在监理规划的指导下，由监理工程师进行编制，编制后需要总监理工程师的书面批准。

【考点 171】监理内容和监理合同

监理合同内容

考点精华

1．在信息系统工程建设的不同阶段，监理服务内容也有所区别。

（1）规划阶段的监理内容包括：①协助业主构建信息系统架构；②为业主提供规划设计服务和决策依据；③审查项目需求、计划和初步设计方案；④协助策划招标方并提出意见。

（2）招标阶段的监理内容包括：①经业主授权，参与招标准备并协助编制工作计划；②经业主授权，参与招标文件编制并提出监理意见；③经业主授权，协助招标和审核招标代理机构资质；④向业主提供招投标咨询服务；⑤经业主授权，参与承建合同签订并提出监理意见。

（3）设计阶段的监理内容包括：①审查设计方案、测试验收方案、计划方案，除了文档规范性，还应审查设计内容完整性、正确性和合理性；②变更方案和文档资料管理。

（4）实施阶段的监理内容包括质量控制、进度控制、投资控制、合同管理、文档资料和协调。

（5）验收阶段的监理内容包括：①审核验收方案符合性及可行性；②协调承建单位配合第三方机构的系统测评；③促使项目最终功能和性能符合要求；④促使承建单位各阶段的文档符合标准。

2．监理合同。

（1）监理合同包括监理服务内容、周期、双方的权利义务、费用计取和支付，违约责任及争议解决和其他事项。

（2）监理合同可按规划设计、部署实施、运行维护单独或合并签订，各部分服务范围及费用需在合同中明确。

（3）监理机构应参与承建合同和运维服务合同的签订，在承建合同和运维服务合同中应明确要求承建单位和运维服务供应单位接受监理机构的监理。

备考点拨

本考点学习难度星级：★☆☆（简单），考试频度星级：★☆☆（低频）。

本考点考查监理内容和监理合同。项目的不同阶段，涉及的监理内容也不尽相同，内容理解起来不难，监理内容的了考点需要达到了解的程度。监理合同的内容同样很简单，达到了解的程度即可。

考题精练

1. 为业主提供规划设计服务和决策依据属于（　　）的监理内容。

A. 规划阶段　　B. 招标阶段　　C. 设计阶段　　D. 实施阶段

【答案 & 解析】答案为 A。规划阶段的监理内容包括：①协助业主构建信息系统架构；②为业主提供规划设计服务和决策依据；③审查项目需求、计划和初步设计方案；④协助策划招标方并提出意见。

【考点 172】监理服务能力

监理服务能力的资源

考点精华

监理服务能力的建立，需要聚焦在人员、技术、资源和流程四个方面。

1. 人员。监理人员包括总监理工程师、总监理工程师代表、监理工程师和监理员。可以从招聘、培训、绩效、薪酬等维度关注人力资源管理。

2. 技术。技术能力的建立，包括监理工作体系、监理技术规范、监理技术、监理大纲、监理规划和监理实施细则。

（1）监理工作体系。监理工作体系包括组织体系、管理体系和文档体系。组织体系包括组织机构职责、专业人员及岗位分工；管理体系包括工作制度和工作程序；文档体系包括标准化文档编制、使用和保存。另外，监理单位还需要建立相应的质量管理体系。

（2）监理技术规范。监理技术规范需要符合相关标准。

（3）监理技术。监理技术包括检查、旁站、抽查、测试和软件特性分析；利用监理知识库和案例库，对项目开展风险分析管理，并依据相关标准审核或编制项目文档资料。

（4）监理大纲。监理大纲包括监理目标、依据、范围，机构及人员、工作计划、各阶段工作内容、流程成果、服务承诺及其他内容。监理单位可以依据业主要求、监理招标文件、质量管理体系、监理规范、法律法规和技术标准等进行监理大纲的编制，编制后由监理单位技术负责人审核，审核通过后交由监理单位法定代表人（或授权代表）书面批准。

（5）监理规划。监理规划是实施监理工作的指导性文件。在签订监理合同后，由总监理工程师主持编制监理规划，完成后交监理单位技术负责人审批，最后将监理规划报送业主单位确认后生效。

（6）监理实施细则。监理机构按照监理规划编制监理细则，据此开展具体的监理工作。监理实施细则由监理工程师编制，完成后提交总监理工程师批准。

3. 资源。监理资源包括监理机构、监理知识库和监理案例库、检测分析工具及仪器设备、企业管理信息系统。

（1）监理机构。监理单位需要建立项目的监理机构，在履行完监理合同之后，可以撤销监理机构。

（2）监理知识库和监理案例库。监理单位应具备知识库和监理案例库，监理单位案例库中的案例公开信息须征得业主单位同意，并符合有关的保密规定。

（3）检测分析工具及仪器设备。在监理实施中运用检测分析工具及仪器设备对信息系统工程进行检测。

（4）企业管理信息系统。监理单位通过内网的管理软件实现办公、财务和合同的信息化管理。

4．流程。流程包括项目管理体系、客户服务体系以及监理及相关服务的制度和流程。

（1）项目管理体系。监理单位应有项目管理部门，有项目管理制度流程，有项目管理评价方法、项目管理知识库和工具。

（2）客户服务体系。监理单位应配置专门机构和人员，有客户服务制度流程，有满意度调查和投诉处理机制。

（3）监理及相关服务的制度和流程。

备考点拨

本考点学习难度星级：★☆☆（简单），考试频度星级：★☆☆（低频）。

本考点考查监理服务能力。监理服务能力分为人员、技术、资源和流程。学习的重点一方面放在不同能力的具体分类上；另一方面放在对每个具体分类的理解上，特别是技术能力和资源能力。

考题精练

1．监理服务能力的建立，需要聚焦在人员、技术、（　　）和流程四个方面。

A．体系　　B．工具　　C．资源　　D．数据

【答案 & 解析】答案为 C。监理服务能力的建立，需要聚焦在人员、技术、资源和流程四个方面。

第18章

法律法规和标准规范考点精讲及考题实练

18.1　章节考情速览

法律法规和标准规范章节，以记忆为主，从往年经验看，可能会考到1分的选择题，也可能不会考到。本考点虽然不是考试重点，但是好在需要掌握记忆的内容不多，所以还是把这1分拿下为好。

18.2　考点星级分布图

本章涉及的主要考点分布及难度与频度双星级如图18-1所示。

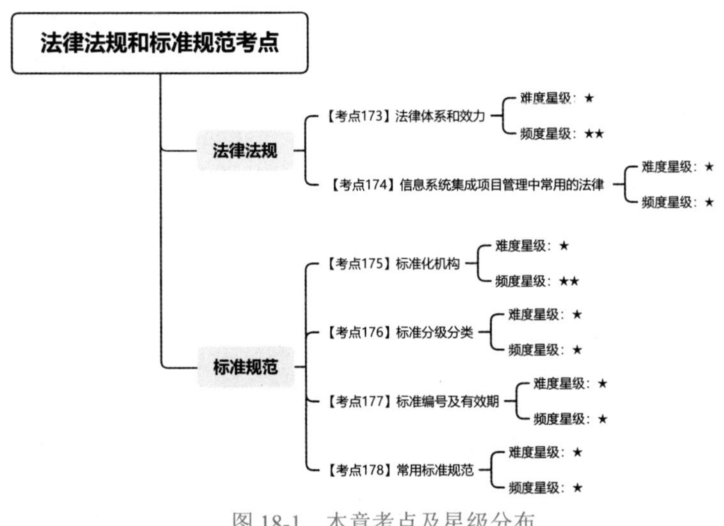

图18-1　本章考点及星级分布

18.3 核心考点精讲及考题实练

法的特征和法系

【考点173】法律体系和效力

考点精华

法的四大基本特征为：①法是调整人的行为或社会关系的规范；②法由国家制定或认可，是具有普遍约束力的社会规范；③法是由国家的强制力保证实施；④法是规定权利义务的社会规范。

对世界影响最大的法系是大陆法系和英美法系。大陆法系崇尚法理的逻辑推理，以此为依据实行司法审判，要求法官严格按照法条审判；英美法系是判例之法，而非制定之法，审判时更注重采取当事人主义和陪审团制度。下级法庭必须遵从上级法庭以往的判例，同级的法官判例没有必然约束力，但一般会互相参考。

中国特色社会主义法律体系，是以宪法为统帅，以法律为主干，以行政法规、地方性法规为组成，由宪法相关法、民法商法、行政法、经济法、社会法、刑法、诉讼与非诉讼程序法等多个法律组成的有机整体。我国的法律体系包括法律、法律解释、行政法规、地方性法规、自治条例和单行条例、规章等。

法的效力分为对象效力、空间效力和时间效力。

1．对象效力是对人的效力，我国对人的效力包括对中国公民的效力和对外国人、无国籍人的效力。在境外的中国公民，也应遵守中国法律并受中国法律保护；外国人和无国籍人在中国领域内，除法律另有规定者外，也应遵守中国法律。

2．空间效力指法律在哪些地域有效力，通常一国法律适用于该国主权范围内的全部领域，包括领土、领水及其底土和领空，以及作为领土延伸的本国驻外使馆、在外船舶及飞机。

3．时间效力指法律何时生效和终止以及对生效以前的事件和行为是否有溯及力。

法律法规的效力层级指法律体系中的各种法具有不同的效力，由此形成法律法规的效力等级体系。

（1）纵向效力层级。宪法具有最高的法律效力，随后依次是法律、行政法规、地方性法规、规章。

（2）横向效力层级。横向效力层级指同一机关制定的法律法规，特别规定的效力高于一般规定。

（3）时间序列效力层级。时间序列效力层级指同一机关制定的法律法规，新规定效力高于旧规定。

备考点拨

本考点学习难度星级：★☆☆（简单），考试频度星级：★★☆（中频）。

本考点考查法律体系和效力。信息化法律法规是国家信息化体系的六大要素之一，对信息化建设起到了规范和保障作用，但是这部分不是备考重点，从历年考试来看考的也很少。

法具有四大基本特征，从四大基本特征可以看出，法首先是规范，其次是国家背书的强制性规范。大陆法系和英美法系的区别可以加以了解，大陆法系崇尚法理的逻辑推理，英美法系是判例之法。

三种法的效力以及三种效力等级体系的名字需要掌握，相关的含义需要了解。

考题精练

1. 法律法规的效力等级体系中，不包括（　　）。

A. 纵向效力层级　　B. 横向效力层级

C. 时间序列效力层级　　D. 空间序列效力层级

【答案 & 解析】 答案为 D。法律法规的效力层级指法律体系中的各种法具有不同的效力，由此形成的法律法规效力等级体系包括：纵向效力层级、横向效力层级和时间序列效力层级。

【考点 174】信息系统集成项目管理中常用的法律

考点精华

信息系统集成项目管理中常用的法律有八部。

1.《中华人民共和国民法典合同编》[简称“民法典（合同编）”]。民法典（合同编）是信息化法律法规领域最重要的法律基础，合同是民事主体之间设立、变更、终止民事法律关系的协议。

2.《中华人民共和国招标投标法》（简称“招标投标法”）。招标投标法是国家用来规范招标投标活动、调整招标投标各种关系的法律规范。

3.《中华人民共和国政府采购法》（简称“政府采购法”）。政府采购法规范政府采购行为，提高政府采购资金的使用效益，促进廉政建设。

4.《中华人民共和国专利法》（简称“专利法”）。专利法规定发明、实用新型和外观设计。发明指新技术方案；实用新型是对产品形状、构造提出实用的新技术方案；外观设计是对产品整体或局部形状、图案的新设计。

5.《中华人民共和国著作权法》（简称“著作权法”）。著作权法对著作权保护及具体实施作出明确规定。

6.《中华人民共和国商标法》（简称“商标法”）。商标法规定商标注册人享有商标专用权，受法律保护。

7.《中华人民共和国网络安全法》（简称“网络安全法”）。网络安全法是我国第一部全面规范网络空间安全管理的基础性法律。

8.《中华人民共和国数据安全法》（简称“数据安全法”）。数据安全法从数据安全发展、数据安全制度、数据安全保护义务、政务数据安全与开放角度对数据安全保护的义务和相应法律责任进行规定。

备考点拨

本考点学习难度星级：★☆☆（简单），考试频度星级：★☆☆（低频）。

本考点考查信息系统集成项目管理中常用的八部法律，这八部法律知道名字、了解其概要内容即可。

考题精练

1．某企业自主开发的某导航软件的源代码，在我国受（　　）保护。

A．《科学技术进步法》　　B．专利法

C．著作权法　　D．商标法

【答案 & 解析】答案为 C。源代码属于著作，受著作权法保护，可以使用排除法判断。

2．合同法是我国（　　）的重要组成部分。

A．刑法　　B．宪法　　C．经济法　　D．民法典

【答案 & 解析】答案为 D。合同法是我国民法典的重要组成部分。

【考点 175】标准化机构

考点精华

从国内外看，目前一共有六个比较有影响力的标准化机构。

1．国际标准化组织（International Organization for Standardization，ISO）。ISO 是世界上最大、最有权威性的国际标准化专门机构。

2．国际电工委员会（International Electrotechnical Commission，IEC）。IEC 是世界上成立最早的国际性电工标准化机构，负责电气工程和电子工程领域中的国际标准化工作。

3．国际电信联盟（International Telecommunication Union，ITU）。ITU 中标准化部门的职责是完成国际电信联盟有关电信标准化的目标，使全世界的电信标准化。

4．中国标准化协会（China Association For Standardization，CAS）。CAS 是由全国从事标准化工作的组织和个人自愿参与构成的全国性法人社会团体。

5．国家标准化管理委员会（Standardization Administration of the People's Republic of China，SAC）。SAC 的职责划入国家市场监督管理总局，对外保留国家标准化管理委员会牌子。

6．全国信息技术标准化技术委员会（China National Information Technology Standardization Network，CITS）。CITS 是在国家标准化委员会和工业和信息化部的共同领导下，从事全国信息技术领域标准化工作的技术组织。

备考点拨

本考点学习难度星级：★☆☆（简单），考试频度星级：★★☆（中频）。

本考点考查标准化机构。国内外的标准化机构一共有六个，需要记住其中文名字和英文缩写，对机构的基本特点有所了解。

考题精练

1．（　　）不是国际标准化组织。

A．ISO　　B．ANSI　　C．ITU　　D．IEC

【答案 & 解析】答案为 B。国际标准化组织（ISO）、国际电工委员会（IEC）、国际电信联盟（ITU），ANSI 是美国国家标准学会。

【考点176】标准分级分类

考点精华

《中华人民共和国标准化法》将标准分为国家标准、行业标准、地方标准、团体标准和企业标准五个级别，如图18-2所示。

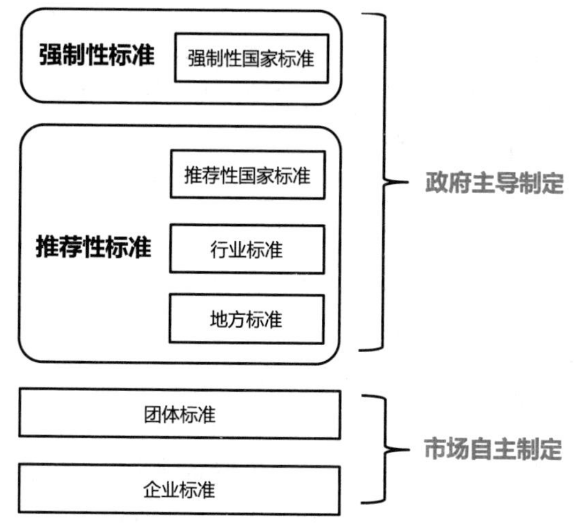

图18-2　五个级别的标准

1. 国家标准。国家标准由国务院标准化行政主管部门编制，并统一审批、编号和发布。

2. 行业标准。行业标准由国务院有关行政主管部门制定。

3. 地方标准。地方标准由省、自治区、直辖市人民政府标准化行政主管部门制定，并报国务院标准化行政主管部门备案，由国务院标准化行政主管部门通报国务院有关行政主管部门。

4. 团体标准。国务院标准化行政主管部门统一管理团体标准化工作，国务院有关行政主管部门分工管理本部门、本行业的团体标准化工作。

5. 企业标准。企业可以根据需要自行制定企业标准，或与其他企业联合制定企业标准。

根据《中华人民共和国标准化法》，国家标准分强制性标准和推荐性标准。强制性标准必须执行，行业标准和地方标准是推荐性标准，国家鼓励采用推荐性标准。

1. 强制性标准。对保障人身健康和生命财产安全、国家安全、生态环境安全以及满足经济社会管理基本需要的技术要求，制定强制性国家标准。

2. 推荐性标准。对满足基础通用、与强制性国家标准配套、对各有关行业起引领作用等需要的技术要求，制定推荐性国家标准。推荐性国家标准由国务院标准化行政主管部门制定。

备考点拨

本考点学习难度星级：★☆☆（简单），考试频度星级：★☆☆（低频）。

本考点考查标准的分级分类。需要记住标准五个级别的名字，对不同级别标准的编制部门有所了解，需要了解强制性标准和推荐性标准的适用场景。

考题精练

1. 关于下列标准的分类分级描述中，不正确的是（　　）。

A.《中华人民共和国标准化法》将标准分为国家标准、地方标准、行业标准和企业标准四个级别

B. 国家标准分强制性标准和推荐性标准，行业标准和地方标准是推荐性标准

C. 国家鼓励采用推荐性标准

D. 推荐性国家标准由国务院标准化行政主管部门制定

【答案 & 解析】答案为 A。《中华人民共和国标准化法》将标准分为国家标准、行业标准、地方标准、团体标准和企业标准五个级别。

【考点 177】标准编号及有效期

考点精华

国家标准代号由大写汉语拼音字母构成。强制性国家标准代号为“GB”，推荐性国家标准代号为“GB/T”，国家标准样品的代号为“GSB”，指导性技术文件的代号为“GB/Z”。

国家标准的编号由国家标准代号、国家标准发布的顺序号和国家标准发布的年份号构成。国家标准样品的编号由国家标准样品代号、分类目录号、发布顺序号、复制批次号和发布年份号构成。

行业标准代号由国务院标准化行政主管部门规定，行业标准编号由行业标准代号、标准顺序号及发布年号组成。

省级地方标准代号，由汉语拼音字母“DB”加上其行政区划代码前两位数字组成。市级地方标准代号，由汉语拼音字母“DB”加上其行政区划代码前四位数字组成。地方标准编号由地方标准代号、顺序号和年代号三部分组成。

团体标准编号依次由团体标准代号“T”、社会团体代号、团体标准顺序号和年代号四部分组成。社会团体代号由社会团体自行拟定，可使用大写拉丁字母或大写拉丁字母与阿拉伯数字的组合。社会团体代号应当合法，不得与现有标准代号重复。

企业标准的编号由企业标准代号“Q”、企业代号、标准发布顺序号和标准发布年代号组成。

我国在《国家标准管理办法》中规定国家标准实施 5 年内需要进行复审，即国家标准有效期一般为 5 年。《行业标准管理办法》《地方标准管理办法》中分别规定了行业标准、地方标准的复审周期一般不超过 5 年。

备考点拨

本考点学习难度星级：★☆☆（简单），考试频度星级：★☆☆（低频）。

本考点考查标准编号及有效期，需要记住不同的标准代号代表的含义。

考题精练

1. 我国标准的代号中，（　　）为国家标准指导性技术文件代号。

A. GB　　B. GSB　　C. GB/Z　　D. GB/T

【答案 & 解析】答案为 C。GB/Z 为国家标准指导性技术文件代号。

【考点178】常用标准规范

考点精华

信息系统集成项目管理中常用的标准规范分为四类，分别是基础标准、生存周期管理标准、质量与监测标准和文档管理标准。

基础标准有以下四个代表性的标准。

1.《信息技术 软件工程术语》（GB/T 11457）给出了软件工程领域的中文术语以及每个中文术语对应的英文词汇

2.《软件工程 软件工程知识体系指南》（GB/Z 31102）描述了软件工程学科的边界范围。

3.《信息处理 数据流程图、程序流程图、系统流程图、程序网络图和系统资源图的文件编制符号及约定》（GB/T 1526）。该标准给出指导性原则，遵循该原则可以增强图的可读性，有利于图与正文的交叉引用。

4.《信息处理系统 计算机系统配置图符号及约定》（GB/T 14085）。该标准规定了计算机系统配置图中所使用的图形符号及其约定。

生存周期管理标准有以下三个代表性的标准。

1.《系统与软件工程 软件生存周期过程》（GB/T 8566）。该标准为软件生存周期过程建立了一个公共框架，可供软件工业界使用。

2.《系统和软件工程 生存周期管理 过程描述指南》（GB/T 30999）。该标准统一过程描述，通过提取过程描述形式的通用特性，为标准修订选择合适的过程描述形式。

3.《系统与软件工程 系统生存周期过程》（GB/T 22032）为描述人工系统的生存周期建立了通用框架，从工程的角度定义了一组过程及相关的术语，并定义了软件生存周期过程。

质量与监测标准有以下两个代表性的标准。

1.《计算机软件测试规范》（GB/T 15532）规定了计算机软件生存周期内各类软件产品的基本测试方法、过程和准则。

2.《系统与软件工程 系统与软件质量要求和评价（SQuaRE）》（GB/T 25000），本系列标准分为多个部分，为系统与软件质量需求定义和评价提供指导和建议。

文档管理标准有以下三个代表性的标准。

1.《计算机软件文档编制规范》（GB/T 8567）该标准主要对软件的开发过程和管理过程应编制的主要文档及其编制的内容、格式规定了基本要求。

2.《计算机软件测试文档编制规范》（GB/T 9386）描述一组与软件测试实施方面有关的基本测试文档，标准中定义了每一种基本文档的目的、格式和内容。

3.《系统与软件工程 用户文档的管理者要求》（GB/T 16680）该标准从管理者的角度定义了软件文档编制过程。

备考点拨

本考点学习难度星级：★☆☆（简单），考试频度星级：★☆☆（低频）。

本考点考查常用的标准规范，需要对各个标准规范的名字以及大概的内容有所了解。

考题精练

1. 在信息系统集成项目管理常用的技术标准中，(　　)标准定义软件工程领域中通用的术语。

A.《信息处理系统 计算机系统配置图符号及约定》（GB/T 14085）

B.《系统与软件工程 软件生存周期过程》（GB/T 8566）

C.《信息技术 软件工程术语》（GB/T 11457）

D.《信息处理 数据流程图、程序流程图、系统流程图、程序网络图和系统资源图的文件编辑符号及约定》（GB/T 1526）

【答案 & 解析】答案为 C。《信息技术 软件工程术语》（GB/T 11457）定义软件工程领域中通用的术语，适用于软件开发、使用维护、科研、教学和出版等方面。

第19章 职业道德规范考点精讲及考题实练

19.1 章节考情速览

职业道德规范章节，从往年经验看，可能会考到 1 分的选择题，也可能不会考到，这一章往往通过日常工作的常识就能得分。

19.2 考点星级分布图

本章涉及的主要考点分布及难度与频度双星级如图 19-1 所示。

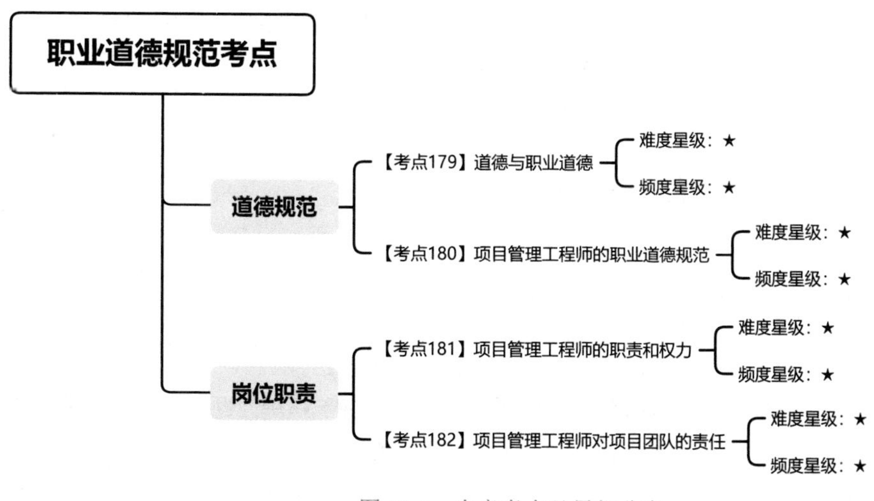

图 19-1 本章考点及星级分布

19.3 核心考点精讲及考题实练

道德与职业道德

【考点 179】道德与职业道德

考点精华

道德指人们依靠社会舆论、教育、内心信念和风俗习惯等力量，来协调人与人、人与社会之间关系的行为规范，以及人们以善恶标准进行相互评价的意识和行为。

道德的具体含义如下：①道德规范人们的思想和行为；②道德依靠舆论、信念和习俗等非强制性手段起作用；③道德以善恶观念为标准来评价人们。

职业道德是从业人员在职业活动中应该遵循的行为准则，涵盖了人员与服务对象、人员与职业、职业与职业间的关系。职业道德的主要内容是爱岗敬业、诚实守信、办事公道、服务群众和奉献社会。

备考点拨

本考点学习难度星级：★☆☆（简单），考试频度星级：★☆☆（低频）。

本考点考查道德与职业道德。道德和法律最大的不同是道德是非强制性的。

考题精练

1. 关于道德的描述，正确的是（　　）。

   A. 道德是不同人或群体之间相互管理的一组规矩

   B. 道德的主要功能是规定人们的思想和行为

   C. 道德用于评价人们的思想和行为

   D. 道德和法律相对应，都具有强制性

【答案 & 解析】答案为 C。道德以善恶观念为标准来评价人们的思想和行为，所以选项 C 正确；通俗地讲，道德就是自己管自己的一组规矩，所以选项 A 错误；道德的主要功能是规范人们的思想和行为，所以选项 B 错误；道德通常与法律相对应，具有非强制性，所以选项 D 错误。

【考点 180】项目管理工程师的职业道德规范

考点精华

项目管理工程师的职业道德规范有如下六点。

1. 爱岗敬业、遵纪守法、诚实守信、办事公道、与时俱进。
2. 梳理流程、建立体系、量化管理、优化改进、不断积累。
3. 对项目负管理责任，计划指挥有方，全面全程监控，善于解决问题，沟通及时到位。
4. 为客户创造价值，为雇主创造利润，为组员创造机会，合作多赢。
5. 积极进行团队建设，公平、公正、无私地对待每位项目团队成员。

6. 平等与客户相处，与客户协同工作时注重礼仪，公务消费应合理并遵守有关标准。

备考点拨

本考点学习难度星级：★☆☆（简单），考试频度星级：★☆☆（低频）。

本考点考查项目管理工程师的职业道德规范，通常情况下，按照常识就可以做对职业道德相关的考题，不用额外学习，了解即可。

考题精练

1. 关于职业道德规范的描述，不正确的是（　　）。

　A. 每个人都应该以德为先，做有职业道德的人

　B. 项目中应该平等与客户相处

　C. 只有每个人都遵守职业道德，职业道德才会起作用

　D. 项目中应该积极进行团队建设，公平、公正地对待每位团队成员

【答案 & 解析】答案为C。常识题，不能根据其他人是否遵守职业道德，来看待职业道德作用的大小。

2.（　　）违反了项目管理工程师岗位的职业道德规范。

　A. 平等与客户相处

　B. 公务消费应尽量满足客户需求

　C. 为客户创造价值，为雇主创造利润

　D. 与客户协同工作时，注重礼仪

【答案 & 解析】答案为B。送分题，明显选项B不符合职业道德规范。

【考点181】项目管理工程师的职责和权力

考点精华

项目管理工程师的职责有如下五点。

1. 不断提高个人的项目管理能力。
2. 贯彻执行国家和项目所在地的法律法规，执行所在单位的管理制度和技术规范标准。
3. 对信息系统项目的全生命期进行有效控制，确保项目质量和工期，提高经济效益。
4. 严格执行财务制度，加强财务管理，严格控制项目成本。
5. 执行所在单位规定的应由项目管理工程师负责履行的各项条款。

项目管理工程师的权力有如下三点。

1. 组织项目团队。
2. 组织制订信息系统项目计划，协调管理信息系统项目相关的人力、设备等资源。
3. 协调信息系统项目内外部关系，受委托签署有关合同、协议或其他文件。

备考点拨

本考点学习难度星级：★☆☆（简单），考试频度星级：★☆☆（低频）。

本考点考查项目管理工程师的职责和权力，五点职责和三点权力有所了解即可。

考题精练

1.（　　）不属于系统集成项目管理工程师的职责。

A．贯彻执行国家和项目所在地的有关法律法规和政策

B．平衡项目干系人的利益

C．严格执行财务制度，严格控制项目成本

D．协调项目内外部关系，签署有关合同

【答案 & 解析】答案为 D。签署合同不一定需要项目经理完成，而是由法务部门完成。

2．项目管理工程师的工作，是对项目进行（　　），从而为项目团队完成项目目标提供领导和管理作用。

A．计划、组织和控制　　B．规划、执行和验证

C．发起、组织和激励　　D．发起、协调和推进

【答案 & 解析】答案为 A。项目管理工程师的工作是对项目进行计划、组织和控制，从而为项目团队完成项目目标提供领导和管理作用。

【考点 182】项目管理工程师对项目团队的责任

考点精华

项目管理工程师的职责之一是建设一支具有如下特征的高效项目团队。

1．明确项目的目标。

2．建立团队的规章制度。

3．建立学习型团队。

4．培养团队成员严谨细致的工作作风。

5．分工明确。

6．培养勇于承担责任、和谐协作的团队文化。

7．善于利用项目团队中的非正式组织来提升凝聚力。

项目管理工程师有责任领导团队形成健康的团队价值观。

1．信任。

2．遵守纪律。

3．良好的、方便的沟通机制与氛围。

4．尊重差异，求同存异。

5．经验交流与共享。

6．结果导向。

7．勇于创新。

备考点拨

本考点学习难度星级：★☆☆（简单），考试频度星级：★☆☆（低频）。

本考点考查项目管理工程师对项目团队的责任，了解即可。

考题精练

1．项目管理工程师的职责之一是建设高效的项目团队，其特征不包括（　　）。

A．建立团队的规章制度

B．培养团队成员严谨细致的工作作风

C．善于利用项目团队中的冲突管理来提升凝聚力

D．培养勇于承担责任、和谐协作的团队文化

【答案 & 解析】答案为C。善于利用项目团队中的非正式组织来提升凝聚力是高效项目团队的特征。

第 20 章

案例专项强化之问答题型

系统集成项目管理工程师的案例分析的问答题型可以分为两大类：一类为和题干背景有关的问答题，通常分为两步进行考查，第 1 步是让你从题干的项目背景中找出有问题或者有错误的做法，紧接着第 2 步是让你写出应对措施或者纠正方案；另一类和题干背景关系不大，针对基础理论知识进行考查，这类问答通常以简答、填空、选择、判断等具体的题型展现。

例题手把手

阅读下列说明，回答问题 1 至问题 4，将答案填入答题纸的对应栏内。

[说明] 为实现空气质量的精细化治理，某市规划了智慧环保项目。该项目涉及网格化监测、应急管理、执法系统等多个子系统。作为总集成商，A 公司非常重视，委派李经理任项目经理，对公司内研发部门与项目相关的各产品线研发人员及十余家供应商进行统筹管理。李经理明确了关键时间节点，识别出项目干系人为客户和供应商后，开始了项目建设工作。

项目开始建设五个月后，公司高层希望了解项目情况，要求李经理进行阶段性汇报。李经理对各方面工作进展进行汇总，发现三个问题：一是原本该到位的服务器、交换机，采购部门迟迟没有采购到位，部分研发完成的功能无法部署到客户现场与客户进行演示确认；二是 S 公司作为 A 公司的供应商，承担空气质量监测核心算法工作，一直与客户方直接对接，其进度已经不受李经理掌控，且 S 公司作为核心算法国内唯一权威团队，可以确保算法工作按期交付，因此其认为不需要向李经理汇报工作进展；三是公司研发部门负责人因其他项目交付紧迫性更高，从该项目抽调走了两名研发人员张工、王工，项目目前研发人员的空缺需要后续补充。

李经理忧心忡忡，向公司汇报完项目进展情况后，公司政策研究院相关领导表示国家在环境执法方面的法律法规在本月初已经进行了较大改版，项目相关子系统会有关联；营销副总裁听完项目汇报后表达不满，认为该项目作为公司的重点项目，希望作为全国性的标杆项目进行展示和推广，但当前各子系统的研发成果基本照搬了公司现有产品，没有任何创新性的体现，不利于公司后期的宣传推广；PMO 提醒李经理依据财务部门推送的数据，公司对部分供应商已经根据进度完成了第二节点款项支付，但当前 A 公司作为总集成商，与客户的第二个合同付款节点还未到，项目的成本支出和收益方面将面临较大的压力。人力资源负责人提醒李经理，项目成员张工和王工的本月绩效评价还未提交，截止日期为 2 天以后。

[问题 1] 结合案例，请指出李经理在资源管理和沟通管理方面存在的问题。

[问题 2] 请将下面（1）～（5）处的答案填写在答题纸的对应栏内。

本案例中，项目的组织结构是__（1）__，李经理发现人员空缺时需要再选 2 ～ 3 名研发人员进入项目，选择标准包括经验、__（2）__、__（3）__、__（4）__、__（5）__、成本、能力和国际因素。

[问题 3] 结合案例，请帮助李经理补充他没有识别到的其他干系人。

[问题 4] 请写出项目资源管理包含的过程，并描述每个过程的主要作用。

百闻不如一见，这里举出一道具体的案例分析题，近距离看看这两类出题风格和答题策略。

这道例题就是典型的问答题型的案例分析，通过一段项目状况的简介，考查了资源管理和沟通管理两个考点，一共提出了四个问题。问题 1 让你指出李经理在资源管理和沟通管理方面存在的问题，这就是一个典型的找错类问题 ；问题 2 的前半问是和项目背景有关的填空题，后半问是和项目背景无关的基础理论填空题 ；问题 3 是和项目背景有关系的问题，让你找出李经理漏掉的项目干系人 ；问题 4 是和项目背景无关的问题，让你写出项目资源管理包含的过程，以及每个过程的作用。

接下来一起围绕这个具体案例，看看如何应对这类问题，如何找到破解案例问答题型的窍门。

第一个窍门是 ：带着问题看案例，也就是先把问题看一遍，找出提问的要点，然后带着要点去回看正文，这样做的好处是头脑在阅读案例正文时一直会保持着对问题的敏感度，进而更容易找到案例正文中的关键词。回到这个案例，四个问题中的要点是资源管理、沟通管理、组织结构和干系人识别，那么就可以带着这四个要点来阅读案例正文。

第二个窍门是 ：使用机考系统的“强调显示”功能，在阅读时将关键词高亮显示，这样读完案例正文一遍之后，李经理的问题就跃然纸上了。

这道题的案例背景讲的是某市的智慧环保项目，总集成商 A 公司的李经理任项目经理，对十多家供应商，以及内外部各部门人员进行统筹管理。这篇案例正文中能够发现什么问题呢？首先第一个问题是“识别出项目干系人为客户和供应商后，开始了项目建设工作”，可见李经理对干系人的识别并不全面，只识别出了客户和供应商，前期的干系人识别不全，后期的沟通管理肯定会存在风险。

第二个问题是“五个月后，公司高层希望了解项目情况，要求李经理进行阶段性汇报”，这说明项目已经开展了将近半年，都从来没有给公司高层做过汇报，可见李经理是被动做阶段性汇报，和高层的沟通管理方面出了问题，没有主动向公司高层定期汇报。由此可以发现第三个问题：我们在正文中没有看到李经理做过任何的计划，没有做过沟通管理计划，也没有做过资源管理计划，没有计划的指导导致一步错、步步错。

此时李经理着急了，做工作汇总时发现了三个问题，第一个问题是“原本该到位的服务器、交换机，采购部门迟迟没有采购到位”。这说明服务器、交换机等重要的项目资源管理出现了问题，至少是执行和监控没有做到位。另外这一点也反映出李经理和采购部门的沟通管理出现问题，并没有提前沟通资源的到位进度，更深层次的原因是李经理没有把采购部门识别为干系人，由此可见这个资源问题的根源在干系人管理，干系人管理影响到了沟通管理，沟通管理又影响到了资源管理，彼此是环环相扣的关系。

李经理发现的第二个问题是"S 公司作为 A 公司的供应商，一直与客户方直接对接，其进度已经不受李经理掌控，S 公司认为不需要向李经理汇报工作进展"。这说明了李经理在资源管理方面，对供应商资源的管理监控不到位，没有管控好供应商资源，另外 S 公司作为供应商不愿意向李经理汇报工作进展，也说明李经理沟通管理存在问题。

李经理发现的第三个问题是"公司研发部门负责人从该项目抽调走了两名研发人员，项目人员空缺需要补充"。这说明资源管理存在问题，首先研发部门调走研发人员，说明项目经理对资源的掌控力和风险提前应对能力的欠缺，其次项目经理一直没有及时补充空缺，也没有对人员空缺风险进行评估。

汇报完项目进展情况后，"公司政策研究院的相关领导表示，国家在环境执法方面的法律法规本月初进行了较大的一个改版，项目的相关子系统会有所关联"。这说明李经理和政策研究院的沟通管理存在问题，之前一直没有提前沟通，汇报完之后才拿到了政策研究院领导的意见；"营销副总裁听完项目汇报后表达不满"，这说明李经理和营销副总裁一样没有提前沟通，没有做好沟通管理；"PMO 提醒李经理，公司对部分供应商已经完成了第二节点款项支付，但当前 A 公司与客户的第二个合同付款节点还未到，项目的成本支出和收益方面将面临较大的压力"，这说明李经理和 PMO 也没有提前沟通，导致 PMO 主动提醒，没有做好沟通管理。而且成本、钱也是资源，在成本的资源管理方面存在问题；"人力资源负责人提醒李经理，项目成员张工和王工的本月绩效评价还未提交，截止日期为 2 天以后"，这说明李经理的人力资源管理存在明显的问题。

这样从头到尾读下来，通过机考系统的"强调显示"功能，把正文中的关键词标识出来进行逐个分析，这样问题 1 的答案自然就出来了，所以答题的关键是如何在阅读题干正文的过程中，敏锐地捕捉到关键词，尽量多地找出来，这是以问题 1 为示例，了解和掌握如何解答和正文有关的找错题。

至于和题干正文背景关系不大，针对基础理论知识进行作答的题型，就是第 2 问的后半问和第 4 问。第 2 问是填空题型，后半问需要回答项目人员的选择标准。人员的选择标准和案例背景无关，属于执行过程组中的获取资源过程的决策技术，决策技术提到获取资源时，可使用的选择标准包括可用性、成本、能力、经验、知识、技能、态度和其他客观因素。所以这是一问纯粹考查基础理论记忆的考题，面对这样的问题，如果你记得不太熟悉，也需要尽量结合工作实际把空都填满了，尽量能够得一部分分数。第 4 问是问答题型，即考查项目资源管理包含的过程和每个过程的作用。每个过程的作用一字不落背下来其实挺难，更重要还是理解，理解每个过程的作用，可以用自己的话写出来，意思对得上就能够得分。

通过这道案例例题的讲解，相信你已经对两类题型有了进一步的体会和理解，接下来本书会分别针对两类题型，结合过往十余年的考题特点，总结出针对性的问答题型案例分析应对策略。

20.1 理论记忆型的案例问答

理论记忆型案例问答题的答题关键在于记忆，如果是选择或者判断题倒还好，但是如果遇到填空题或者简答题型，能够拼的只剩下记忆力，从过往的考题统计规律看，其中有相当一部分理论记忆考题会多次重复出现，本书对高频案例理论记忆考点集中整理如下，方便你一网打尽。

说明：如已经在之前考点精讲中出现过，则此处仅标识对应的考点编号。

20.1.1 项目管理概论案例记忆点

1. 问：项目的组织结构有哪些类型？

答：详见【考点 95】组织结构及项目经理角色。

2. 问：项目经理需要具备哪些知识和技能？

答：详见【考点 95】组织结构及项目经理角色。

3. 问：组织过程资产包含哪些主要内容？

答：详见【考点 94】组织过程资产与事业环境因素。

4. 问：项目办公室 PMO 的职责有哪些？

答：详见【考点 95】组织结构及项目经理角色。

5. 问：项目生命周期的类型包含哪些？分别有什么样的特点？

答：详见【考点 96】项目生命周期特征与类型。

6. 问：项目可行性研究的内容包含哪些？

答：详见【考点 98】可行性研究的内容。

7. 问：项目立项前包括的四个过程是什么？

答：详见【考点 97】立项管理与立项申请。

8. 问：项目评估的依据是什么？

答：详见【考点 101】项目评估。

20.1.2 启动过程组案例记忆点

1. 问：项目章程包含的内容有哪些？

答：详见【考点 106】项目章程。

2. 问：请画出权力 / 利益方格，并注明不同区域的管理策略是什么？

答：详见【考点 108】识别干系人的输入、输出、工具与技术。

3. 问：干系人分类模型包含哪些？

答：详见【考点 108】识别干系人的输入、输出、工具与技术。

20.1.3 规划过程组案例记忆点

1. 问：项目管理计划包含的内容有哪些？

答：详见【考点 110】制订项目管理计划的输入、输出、工具与技术。

2. 问：项目管理计划包含哪些子计划？

答：详见【考点 110】制订项目管理计划的输入、输出、工具与技术。

3. 问：制订项目管理计划的作用是什么？

答：详见【考点 110】制订项目管理计划的输入、输出、工具与技术。

4. 问：项目整体管理包含哪些过程？分别属于哪些过程组？

答：详见附录 C：五大过程组、十大知识域和 49 个过程。

5. 问：范围说明书包含的内容有哪些？

答：详见【考点 113】定义范围的输入、输出、工具与技术。

6. 问：范围说明书的作用是什么？

答：详见【考点 113】定义范围的输入、输出、工具与技术。

7. 问：WBS 的结构有哪些形式？

答：详见【考点 114】创建 WBS 的输入、输出、工具与技术。

8. 问：WBS 分解的步骤是什么？

答：详见【考点 114】创建 WBS 的输入、输出、工具与技术。

9. 问：创建 WBS 需要遵循的注意事项有哪些？

答：详见【考点 114】创建 WBS 的输入、输出、工具与技术。

10. 问：范围基准包含哪些内容？

答：详见【考点 114】创建 WBS 的输入、输出、工具与技术。

11. 问：活动之间的四种依赖关系是什么？

答：详见【考点 117】排列活动顺序的输入、输出、工具与技术。

12. 问：项目进度计划包含的种类有哪些？用途分别是什么？

答：详见【考点 119】制订进度计划的输入、输出、工具与技术。

13. 问：制订预算的步骤是什么？

答：详见【考点 122】制订预算的输入、输出、工具与技术。

14. 问：制订预算的作用是什么？

答：详见【考点 122】制订预算的输入、输出、工具与技术。

15. 问：应急储备、管理储备、成本基准之间的关系是什么？

答：详见【考点 122】制订预算的输入、输出、工具与技术。

16. 问：质量成本的类型有哪些？

答：详见【考点 123】规划质量管理的输入、输出、工具与技术。

17. 问：项目质量管理计划包含的内容有哪些？

答：详见【考点 123】规划质量管理的输入、输出、工具与技术。

18．问：规划资源管理的数据表现有哪些形式？

答：详见【考点124】规划资源管理的输入、输出、工具与技术。

19．问：项目资源管理计划包含的内容有哪些？

答：详见【考点124】规划资源管理的输入、输出、工具与技术。

20．问：沟通方法有哪三种？

答：详见【考点126】规划沟通管理的输入、输出、工具与技术。

21．问：项目沟通管理计划的内容包含哪些？

答：详见【考点126】规划沟通管理的输入、输出、工具与技术。

22．问：请画出项目干系人参与度评估矩阵，并说明干系人参与水平有哪些？

答：详见【考点135】规划干系人参与的输入、输出、工具与技术。

23．问：风险应对措施有哪些？

答：详见【考点132】规划风险应对的输入、输出、工具与技术。

24．问：项目风险管理计划包含哪些内容？

答：详见【考点128】规划风险管理的输入、输出、工具与技术。

25．问：采购管理的步骤和过程有哪些？

答：详见【考点133】规划采购管理的输入、输出、工具与技术。

26．问：常见的招标文件有哪些形式？

答：详见【考点133】规划采购管理的输入、输出、工具与技术。

27．问：合同类型如何进行选择？

答：详见【考点134】合同的分类及内容。

28．问：合同内容包含哪些？

答：详见【考点134】合同的分类及内容。

20.1.4 执行过程组案例记忆点

1．问：变更请求的分类有几种？

答：详见【考点136】指导与管理项目工作的输入、输出、工具与技术。

2．问：冲突管理的方法有哪些？分别有什么样的特点？

答：详见【考点141】管理团队的输入、输出、工具与技术。

3．问：团队建设通常需要经历哪些阶段？

答：详见【考点140】建设团队的输入、输出、工具与技术。

20.1.5 监控过程组案例记忆点

1．问：干系人对确认范围的关注点有哪些不同？

答：详见【考点147】确认范围的输入、输出、工具与技术。

2．问：进度压缩技术有哪些？优缺点分别是什么？

答：详见【考点 119】制订进度计划的输入、输出、工具与技术。

3．问：资源平衡和资源平滑的区别是什么？

答：详见【考点 119】制订进度计划的输入、输出、工具与技术。

20.1.6 收尾过程组案例记忆点

1．问：收尾过程组的主要工作有哪些？

答：详见【考点 159】收尾过程组的重点工作。

2．问：收尾验收的步骤有哪些？

答：详见【考点 159】收尾过程组的重点工作。

3．问：项目总结的内容有哪些？

答：详见【考点 159】收尾过程组的重点工作。

4．问：项目收尾时需要移交哪些文档？

答：详见【考点 159】收尾过程组的重点工作。

20.1.7 组织保障案例记忆点

1．问：配置管理包含哪些主要的活动？

答：详见【考点 165】配置管理活动。

2．问：基线配置项和非基线配置项分别包含什么？

答：详见【考点 163】配置管理八大术语。

3．问：配置项的内容有哪些？

答：详见【考点 163】配置管理八大术语。

4．问：配置库的分类和作用分别是什么？

答：详见【考点 163】配置管理八大术语。

5．问：配置库的建库模式有哪几种？优缺点分别是什么？

答：详见【考点 163】配置管理八大术语。

6．问：配置审计的功能有哪些？

答：详见【考点 165】配置管理活动。

7．问：配置项的状态分几种？

答：详见【考点 163】配置管理八大术语。

8．问：文档的分类有几种？

答：详见【考点 161】项目文档和质量分类。

9．问：变更的工作程序流程是什么？

答：详见【考点 167】变更工作程序。

10．问：变更的分类有哪些种？

答：详见【考点 166】变更管理基础。

11. 问：变更的角色有哪些？

答：详见【考点 166】变更管理基础。

20.1.8 监理基础知识案例记忆点

1. 问：监理人员包含哪些？

答：详见【考点 170】监理九大概念。

2. 问：监理资料包含哪些？

答：详见【考点 170】监理九大概念。

20.1.9 过程 ITO 的案例记忆点

问：项目十大知识域，每个知识域的过程包含哪些，分别属于什么过程组（考试时可能挑选其中的某个知识域进行考查）。

答：详见附录 C：五大过程组、十大知识域和 49 个过程。

20.2 找错纠正型的案例问答

找错纠正型案例问答题的答题关键在于关键词以及随之触发的条件反射，依然拿前面的案例来说，当在案例背景正文看到“识别出项目干系人为客户和供应商后，开始了项目建设工作”的关键词后，就要马上条件反射出“干系人识别不全的问题”；看到“营销副总裁听完项目汇报后表达不满”的关键词后，就要马上条件反射出“干系人识别和应对等管理不到位的问题”；看到“成员张工和王工的本月绩效评价还未提交”的关键词后，就要马上条件反射出“管理团队不到位的资源管理问题”。

找错纠正型案例问答题的回答，一定要排除自己日常工作经验的惯性思考，不要拿自己的日常工作作为找错纠正的标准，而是要将五大过程组、十大知识域的 ITO 作为找错纠正的标准，将合同管理、配置管理、立项管理中的考点描述作为找错纠正的标准。

通常而言，针对找错纠正型的案例问答，首先需要检查有没有过程缺失，特别是有没有提前制订对应的管理计划，检查各项计划、说明书等重要产出有没有经过评审，检查各种活动有没有遵循流程开展，如变更管理流程就是此类案例问答的高频出题点。

除此之外，还会有一些个性化的找错纠正型案例问答题，本书结合历年考试情况和案例覆盖的考点，整理了具有代表性的高频找错纠正型案例问答题的“关键词”以及对应的“条件反射”，你需要做的就是熟读这些关键词，在自己头脑中建立对应的条件反射，这样才能在面对找错纠正型案例问答题时，敏锐捕捉到案例正文中的问题所在，进而答全和答对。

为了阅读方便，本书按照官方大纲的过程组进行了分类，并细化到对应的域和过程，方便对照学习。

20.2.1 启动过程组的关键词及条件反射

启动过程组的个性化找错纠正型问题整理见表20-1。

表20-1 启动过程组案例关键词及条件反射

域	过程	案例正文中的"关键词"	头脑中的"条件反射"
项目整合管理	制订项目章程	公司中标后，口头安排小李负责进行本项目的管理工作，小李收到通知后马上投入到了项目中	项目经理的任命需要通过项目章程的方式
		公司中标后，安排小张担任项目经理，小张收到任命后，亲自编制完成并发布了项目章程	项目章程由发起人编制，项目经理可以参与编制，但是项目经理无权发布项目章程
		小张详细分析了项目的目标、范围和交付成果，并以此为内容协助完成了项目章程的编制	项目章程内容有缺失，需要包含①项目目的；②可测量的项目目标和成功标准；③高层级需求、高层级项目描述、边界及主要可交付成果；④整体项目风险；⑤总体里程碑进度计划；⑥预先批准的财务资源；⑦关键干系人名单；⑧项目审批要求；⑨项目退出标准；⑩委派的项目经理及其职责和职权；⑪发起人或其他批准项目章程的人员的姓名和职权等
		因为人手紧张，部门负责人指定编程高手小李担任此项目的项目经理，小李同时兼任模块的编程工作	项目经理通常情况下不建议是兼职角色，同时小李缺乏项目管理经验，不适合担任项目经理
项目干系人管理	识别干系人	案例正文中描述到后期出现了没有识别到的干系人，导致项目出现了一系列的问题	项目团队对干系人的识别不到位，导致遗漏了重要的干系人

20.2.2 规划过程组的关键词及条件反射

规划过程组的个性化找错纠正型问题整理见表20-2。

表20-2 规划过程组案例关键词及条件反射

域	过程	案例正文中的"关键词"	头脑中的"条件反射"
项目整合管理	制订项目管理计划	项目经理疯疯在收到任命之后，马上投入项目工作，对目前项目整体情况通过日例会方式进行监控指导	项目经理在收到任命之后，首先要着手进行项目管理计划的制订
		在一次例会上，项目经理疯疯发现成员小李把本周和下周的任务进行了互换，没有按照计划执行，小李认为整体上不会影响项目进度，疯疯也认为问题不大	项目管理计划需要保持其严肃性，一旦团队对项目管理计划达成共识，就需要严格遵守计划，而不是随意改变，不按照计划执行

续表

域	过程	案例正文中的“关键词”	头脑中的“条件反射”
项目整合管理	制订项目管理计划	疯疯经理按照过往的经验，并参考组织过程资产，完成了项目管理计划的制订	项目管理计划不能由一个人制订，需要和团队成员以及相关干系人一起制订
		项目管理计划编制完成后，小李马上按照计划开展项目管理工作	项目管理计划编制完成后，需要通过评审才能生效
项目范围管理	规划范围管理	项目经理接到任命通知后，立即召集团队成员开展需求收集工作	项目经理需要提前规划范围管理，制订范围管理计划和需求管理计划
	收集需求	考虑到时间紧，项目经理参考过往类似的项目，完成了需求文件的编制	需求收集工作开展不到位
		项目经理对客户需求进行了初步分析后，启动了项目的开发实施工作	需要对项目干系人进行全面的需求收集和详细的需求分析工作
	定义范围	考虑到时间紧，项目经理参考过往类似的项目范围说明书，完成了本项目的范围说明书编制	需要根据项目的实际情况进行范围说明书的编制，而不是照搬类似项目的范围说明书
		项目经理完成项目范围说明书的编制工作，并以此作为控制范围的依据	项目范围说明书编制后需要通过评审，另外不能由项目经理一个人完成编制
		项目经理召集项目团队成员完成了项目范围的评审	项目范围评审需要邀请团队外部关键干系人比如客户参与，确保和客户关于范围提前达成一致
	创建 WBS	项目经理对 WBS 进行了分解	WBS 分解不能由项目经理一人完成，项目团队成员需要参与进来
		项目经理召集团队成员进行了 WBS 的分解，将 WBS 分解到三层，分别是……	WBS 分解的最佳实践是 4 ～ 6 层
		项目经理带领大家，把项目团队需要完成的工作完成了分解，形成了 WBS 及 WBS 字典	WBS 应该也要包含分包出去的工作
		考虑到项目管理工作由自己完成，而且非常熟悉，所以项目经理决定不把项目管理工作列入 WBS 分解范围	WBS 应该也要包含项目管理工作
		在 WBS 分解过程中，考虑到某项工作挑战很大，所以项目经理安排了小李和小王共同负责完成	一项工作只能由唯一一个人负责完成
项目进度管理	规划进度管理	项目经理接到任命之后，立即组织团队成员开始定义活动	没有进行规划进度管理过程，没有制订进度管理计划
项目成本管理	规划成本管理	项目经理快速完成了成本管理计划的制订后，开始据此进行成本管理	项目成本管理计划的制订需要相关干系人参与； 项目成本管理计划需要经过评审

续表

域	过程	案例正文中的"关键词"	头脑中的"条件反射"
项目质量管理	规划质量管理	项目经理赵经理安排开发工程师王工兼任QA，负责项目的质量保证工作	人员安排不当，不能安排没有质量保证经验的人员兼任QA
		项目经理认为质量管理工作是质量部门的职责，自己作为项目经理做好配合即可	项目经理对质量管理职责的认识存在问题
		案例正文中没有提到质量管理计划的制订	开展质量管理之前，需要先制订并评审通过质量管理计划
项目资源管理	规划资源管理	案例正文中描述到项目经理直接开始具体的资源管理活动	没有在此之前开展规划资源管理活动
		案例正文中描述到项目实施中出现成员职责不清的问题	没有通过职责分配RACI矩阵提前对成员的任务职责进行分配
	估算活动资源	案例正文中描述到项目后期出现资源不足的问题	前期估算活动资源不充分、不准确，进而导致后续出现的资源不足
		案例正文中描述到因为个别成员的事假、病假导致进度出现延期风险或者人员超负荷加班工作	估算活动资源时，没有考虑到意外情况而对资源有合理的冗余储备
项目沟通管理	规划沟通管理	案例正文中描述到项目经理直接开始具体的管理沟通活动	没有在此之前开展规划沟通管理活动
		案例正文中描述到项目经理一人完成了沟通管理计划的制订	沟通管理计划需要和关键干系人一起制订，并需要通过评审
项目风险管理	规划风险管理	案例正文中描述到项目经理直接开始识别风险活动	没有在此之前开展规划风险管理活动
		项目经理参考之前的项目模板，编制完成了风险管理计划	过去的风险管理模板只能作为参考之一，不能完全按照模板来完成风险管理计划的编制
		项目经理独立完成了风险管理计划的编制	风险管理计划需要项目成员及相关干系人一起参与编制
	识别风险	项目收尾时，小王发现交付的软件存在部分功能与设计文档不一致	没有对质量风险进行提前识别，直到软件交付时，才发现部分功能与设计文档不一致
		项目经理按照自己的经验和对项目的了解，对风险进行了识别	项目的风险识别，需要与项目成员一起开展，充分调动干系人参与风险识别
		项目团队一起对主要风险进行了识别，并将主要风险写入了风险登记册	风险识别需要识别出全部风险，不能只识别出主要风险就结束
		由于项目本身时间周期较短，又受疫情影响，时间更加紧迫，为了不耽误进度，在项目进行到后期时，小王要求项目组采取997工作模式	对进度风险认识不到位，没有对进度风险进行提前识别，导致后期997的工作模式

续表

域	过程	案例正文中的“关键词”	头脑中的“条件反射”
项目风险管理	规划风险应对	案例正文中描述到项目经理亲自负责各项风险的应对措施	风险应对措施责任需要分配至合适的人员，而非完全归到项目经理
		项目成员按照自己的经验，分别制订了所负责风险的风险应对计划	风险应对计划的制订，需要结合定性风险分析和定量风险分析的结果，并且在团队内部充分讨论后完成
项目采购管理	规划采购管理	作为政府重点项目，为扶持当地民营企业，将项目建设工作交给 A 公司牵头负责	需要通过公开招标进行承建方的选定，不应该直接把建设任务交给当地民营企业
		案例正文中描述到项目经理直接开始采购的具体实施工作	没有提前进行规划采购管理的相关活动
		案例正文中描述到了后期出现采购成本大于自制成本的情况，给公司带来了经济损失的问题	没有提前进行充分的自制 / 外购分析工作
		采购部通过网站搜索发现 B 公司能够提供项目所需全部备件且价格较低，于是确定 B 公司作为备件供应商并签署了备件采购合同	供应商的选择仅仅以低价作为选择标准，没有对供应商进行全面调查，供应商的选择标准存在问题，另外实施采购环节存在问题，没有进行必要的询价比较、谈判等过程，就签订了备件采购合同

20.2.3 执行过程组的关键词及条件反射

执行过程组的个性化找错纠正型问题整理见表 20-3。

表 20-3 执行过程组案例关键词及条件反射

域	过程	案例正文中的“关键词”	头脑中的“条件反射”
项目整合管理	管理项目知识	案例正文中没有出现项目经理在知识管理方面的总结、培训和优化工作	如果案例考查的是项目整合管理，不能缺失对项目知识的管理环节
项目质量管理	管理质量	案例正文中描述到项目后期验收出现质量问题，同时前面并未提及过程中的质量管理	需要加强项目执行过程中的质量保证和质量控制工作，避免最后发现质量问题
		QA 按照自己过往的经验，对项目开展质量管理工作	质量管理工作，需要严格按照事先制订的质量管理体系开展
		案例正文中描述到质量管理由人员兼任	质量管理人员需要指定专人负责，而且要具备相应的能力和经验

续表

域	过程	案例正文中的“关键词”	头脑中的“条件反射”
项目资源管理	建设团队	为了不耽误进度，小王要求项目组采取 997 工作模式，项目中后期，有核心人员提出离职	团队建设不到位，没有及时对加班进行同步的激励，同时对人力资源风险识别不足
		案例正文中描述到项目成员的工位依然在各自部门，分散在不同的区域甚至不同的办公楼	项目成员工位分散，不利于沟通和团队凝聚力建设，可以采用集中办公等措施来强化团队建设
	管理团队	项目团队成员开始抱怨周例会效率低下、缺乏效果，而且由于例会上意见不同，导致彼此争吵，甚至影响到了人际关系的融洽	项目经理管理团队有问题，对冲突的处理缺乏经验，团队章程可能缺失或者形同虚设
		部分项目团队成员提出对自己的绩效评价不够客观，希望人力资源部门介入	项目团队成员的绩效考核和评价标准不够明确和客观，并且没有提前和成员达成共识
		项目经理认为好的项目团队中绝对不能出现冲突现象，这次冲突与小张的个人素养有直接关系	项目经理对冲突的认识不到位，冲突是不可避免的，关键是如何妥善处理冲突
项目沟通管理	管理沟通	案例正文中很少提及项目经理主动和各方干系人进行卓有成效的沟通	项目经理管理沟通有问题，没有充分利用沟通技能和方法，促进团队和干系人之间有效率和有效果的沟通
		案例正文中描述到和成员的沟通不顺畅、无效果甚至出现了冲突	项目经理没有提前对项目成员的沟通需求和沟通风格进行分析，执行适合的沟通策略
项目采购管理	实施采购	案例正文中描述到项目中后期发现中标供应商由于缺乏某项资质，导致交付出现问题的现象	招投标时没有对供应商资质进行有效审查
		案例正文中描述到评标委员会的成员构成	评标委员会要有技术、经济类专家，5 人以上单数，而且技术、经济类专家占 2/3
		案例正文中描述到投标截止时间	投标截止时间自招标文件发出至投标文件提交，不得少于 20 日

20.2.4 监控过程组的关键词及条件反射

监控过程组的个性化找错纠正型问题整理见表 20-4。

表 20-4 监控过程组案例关键词及条件反射

域	过程	案例正文中的"关键词"	头脑中的"条件反射"
项目整合管理	监控项目工作	项目开展三个月后，高层组织项目汇报会，发现了项目存在诸多问题	项目经理的监控工作不力，同时也没有进行阶段性内部评审
	实施整体变更控制	项目经理收到客户的变更申请后，认为是小改动，对项目没有影响，就直接安排工程师完成，取得了客户的表扬	没有执行变更控制流程，再小的变更都要走变更控制程序
		PMO 对项目中期审查时发现，项目计划和实际情况不符	项目发生变更后，没有及时更新并同步至项目计划
		项目经理对变更完成进行确认后，直接关闭了对应的变更	变更完成后，需要及时通知变更提出人，以及受到影响的干系人
项目范围管理	控制范围	工程师小王在开发过程中，认为增加智能提醒功能更有必要，于是直接增加了这个功能	项目成员存在范围镀金的现象
		开发人员直接对软件进行了修改	需要走流程，否则容易导致范围蔓延
		案例正文中描述到客户的需求和小问题层出不穷，没有收敛的迹象，团队成员疲于应付	范围控制出现问题，可能出现了范围蔓延问题
项目进度管理	控制进度	项目进入设计阶段时，项目经理联系架构师进行架构设计，但是架构师反馈按照资源日历，目前还在另外一个项目中无法抽身	项目经理在制订进度计划时，未及时参考资源日历，导致资源用时出现冲突现象
		考虑到项目时间紧张，项目经理临时招聘到岗两名应届毕业生参与项目工作，但是应届毕业生交付的代码出现了较多 bug，进度延期问题并没有得到有效缓解	增加人手并不能直接带来进度的压缩，项目经理没有考虑到新人的熟悉、培训等摩擦成本，导致进度延期未改善
		客户找到了项目经理，希望能够赶在端午节活动前提前上线广告发布模块，项目经理要求负责模块开发的工程师小孙压缩 3 天，以便满足客户要求	变更需要走变更流程，进度压缩需要经过评估后才能进行
项目质量管理	控制质量	项目由于时间原因，项目经理要求测试人员减少测试用例，仅仅测试关键流程	不能因为时间原因就压缩测试时间，造成质量风险
		项目经理提出公司的质量管理部门只需要在项目交付时对结果进行检查即可	公司的质量管理部门应该全程参与项目质量管理和体系运行
		项目经理组织人员对问题进行了原因分析，发现是另外一个缺陷修复导致了此问题的发生	缺陷修复后没有及时组织进行回归测试，并通知相关受到影响的干系人

续表

域	过程	案例正文中的“关键词”	头脑中的“条件反射”
项目沟通管理	监督沟通	案例正文中描述到和干系人的沟通不顺畅，或者信息发布出现延误等现象	项目经理没有建立有效的沟通机制和沟通渠道，沟通信息传输不顺畅
		案例正文中描述到干系人或者成员对会议机制意见很大，但是项目经理迟迟未解决，也没有给出明确的答复	项目经理对沟通控制不到位，没有对存在的沟通问题进行及时和彻底的解决
		案例正文中描述到客户向PMO部门投诉项目不透明、项目进度不清楚等问题，PMO部门需要先向项目经理了解当前的绩效信息，才能回复客户的投诉	项目经理的沟通管理存在问题，缺乏向客户和PMO定期发送工作绩效报告的渠道和机制，同时监督沟通工作不到位
项目风险管理	监督风险	案例正文中描述到项目由于天气等外部原因，或者成员离职等内部原因，导致项目出现问题	项目经理没有提前识别并妥善处理相关的潜在风险，没有制订有效的应对措施
		案例正文中描述到后期出现了没有及时发现的风险	风险识别和监控做得不到位，出现了没有发现的风险

20.2.5 收尾过程组的关键词及条件反射

收尾过程组的个性化找错纠正型问题整理见表20-5。

表20-5 收尾过程组案例关键词及条件反射

域	过程	案例正文中的“关键词”	头脑中的“条件反射”
项目整合管理	结束项目或阶段	项目结束后，项目经理疯疯就地解散了项目团队，各自回到了自己的部门	项目收尾工作不到位，收尾过程组的重点工作包括项目验收、项目移交和项目总结

20.2.6 其他类别的关键词及条件反射

项目立项管理、配置管理和合同管理的个性化找错纠正型问题整理见表20-6。

表20-6 其他类别案例关键词及条件反射

分类	案例正文中的“关键词”	头脑中的“条件反射”
项目立项管理	项目经理独立编制了投标文件	投标文件不能单独完成，需要相关干系人一起参与，包括法务专家
	李经理从技术角度对项目可行性进行了分析	可行性分析不全面，需要包含技术、经济、社会效益和运行环境等分析

续表

分类	案例正文中的"关键词"	头脑中的"条件反射"
项目立项管理	项目经理安排工程师小王负责投标文件的编写	技术人员编制投标文件不合适，因为缺乏相关经验
	项目经理收到任务后，判断项目满足上级国家主管部门要求，决定立即启动项目	项目需要经过可行性研究和评估论证后才能启动
	小王负责完成可行性研究报告之后，即刻组织项目的启动工作	重要的报告和文件，如可行性研究报告等都需要通过评审之后才能生效
	公司任命项目经理疯疯编制立项申请，疯疯完成并提交公司高层审批通过后，开始启动项目	立项申请（项目建议书）由建设单位的上级主管部门负责审批，而非建设单位自行审批
	项目经理完成立项申请和初步可行性分析之后，认为项目整体可控且目标清晰，于是着手开展后期的项目启动工作	详细可行性研究不能缺失
	公司高层领导当场拍板决定启动项目，要求产品部补充编制项目建议书，并组建项目团队	项目建议书又称立项申请，需要在立项前完成，而不是后补
配置管理	案例正文描述中，配置管理的关键活动有所缺失	配置管理计划是否编写、配置识别是否及时执行、是否进行有效的配置控制、是否制订并发布配置状态报告
	项目经理认为有配置管理工具对代码进行控制，大家只要对程序代码做好版本控制就可以了，考虑到项目组人员紧张，没必要再安排专人负责配置管理工作	需要设置专职的配置管理员
	项目经理发现，经常收到用户提出之前其他用户已经提出过的问题，或者成员还在讨论之前已经处理完毕的问题	问题缺乏及时的书面记录，或者文档的配置管理存在问题
	产品部发现说明书描述的内容与软件不完全一致，项目经理经检查发现提交的说明书并不是最新的说明书	版本管理和变更管理有问题，没有建立配置库并做好基线管理
	小张要求看一下配置管理库，小马回复："我正忙着，让测试工程师王工给你看吧，我们十个人都有管理员权限"	配置库权限设置存在问题，项目组全体人员不能都被设置为管理员权限
	小张看到配置库分为了开发库和产品库	配置库设置存在问题，应该还需要设置受控库
	产品库与实际运行版本有偏差	版本管理存在问题，产品库版本与实际运行版本不一致
	项目经理拿到提出人的变更后，对变更进行评估和影响分析后，直接提交 CCB 审批，CCB 审批通过后项目经理安排开发人员进行了实现	变更的评估和影响分析需要及时通知变更提出人，CCB 对变更的审批意见和后续实施关键节点也需要及时通知变更提出人
	小版本只能在开发库中找到代码，但没有相关文档	文档管理存在问题，部分文档存在缺失

续表

分类	案例正文中的“关键词”	头脑中的“条件反射”
配置管理	新需求迭代太快，有些很细微的修改，开发人员随手进行了修改，文档和代码存在一些偏差	变更管理存在问题，没有对变更进行记录
	开发工程师修改完成后直接发布	修改完成后需要进行验证，验证通过后才能发布
	CCB 完成了配置管理计划的制订，并交由项目团队及配置管理员按照计划执行	CCB 是决策机构，不是作业机构，所以不负责配置管理计划的制订
	案例正文中描述到后期出现重要版本丢失的问题	缺乏统一的版本管理机制
合同管理	案例正文中描述到后期和供应商针对合同条款产生了理解上的歧义	前期在制订合同时，条款缺乏清晰无歧义的说明，或者合同条款不够严谨
	案例正文中描述到后期根据合同条款进行验收时，出现了验收问题	可能存在合同中的验收标准出现缺失、歧义、漏洞等问题
	案例正文中描述到合同变更的随意现象或者没有对合同进行及时变更的现象	缺少事前约定并达成共识的合同变更流程，没有按照合同变更流程进行合同变更
	案例正文中描述到后期发生找不到合同历史版本的现象	合同管理过程中没有做到合同的版本管理和归档工作，合同档案管理不够规范
	C 公司将项目的某项重要工作分包给了第三方公司	订立项目分包合同必须同时满足五个条件：①经过买方认可；②分包的部分是非主体工作；③只能分包部分项目，不能转包整个项目；④分包方必须具备相应的资质条件；⑤分包方不能再次分包

第21章 案例专项强化之计算题型

21.1 关键路径计算专题

首先看位列第一的五星级计算考点——关键路径计算。

关键路径是项目进度管理域的知识点，首先要真正理解关键路径的含义，关键路径是项目中时间最长的活动顺序，决定着项目最短工期。回想自己曾参与或管理过的项目，其中会包含非常多的任务，这些任务有些并行，有些串行，有些花费时间长，有些花费时间短。不管怎样，我们总能从其中找到一条花费时间最长的线，这条线就叫关键路径。关键路径上的活动叫作关键活动，这些关键活动的最早开始时间和最晚开始时间完全相等，所有的这些关键活动串联起来就形成了关键路径。

进度网络图中可能有多条关键路径。在项目进展过程中，有的活动会提前完成，有的活动会推迟完成，有的活动会中途取消，新的活动可能会在中途加入，于是进度网络图可能会不断变化，由此也将引发关键路径的不断变化，这个特点往往会在案例题中，让你找出变化或者进度压缩之后的新关键路径。

关键路径考点有两幅图，分别是前导图和箭线图、需要考生牢牢掌握，不仅要会看图，也要会动手画图。

前导图法（Precedence Diagramming Method，PDM），也称为紧前关系绘图法，用方框（也称为节点）代表活动，节点之间用箭头连接，这是最常见也是曾经考查最多的项目进度网络图。由于这种网络图只有节点需要编号，因此也被称为单代号网络图。

箭线图法（Arrow Diagramming Method，ADM）用箭线表示活动（活动标在箭头线上方），箭线之间用标着数字的圆圈连接。由于节点和箭线都要编号，所以也被称为双代号网络图。提到箭线图，就不得不提虚活动，虚活动是人为引入的一种额外的、特殊的活动，在网络图中由一根虚箭线表示。虚活动不消耗时间，也不消耗资源，只是为了弥补箭线图在表达活动依赖关系方面的不足，借助虚活动，我们可以更好地、更清楚地表达活动之间的关系。

以上是关于关键路径、前导图和箭线图的核心概念，了解这些核心概念，不仅有助于计算题，也有助于非计算类的选择题作答。

关键路径的计算方法其实很简单，用穷举法即可，从起点开始针对每一条路径计算长度，最终看哪一条路径最长，最长的就是关键路径。

举例如下，下图中一共有 A、B、C、D、E、F、G、H、I 九个活动，每个活动的持续时长和彼此之间的依赖关系从图中可以非常容易看出，想要找出关键路径，就可以从起始活动 A 出发开始画线，首先画出第一条路径，这条路径历经 ACDGI，接着把历经的五个活动持续时长相加，就可以算出这条路径的长度为 25；继续从起始活动 A 出发画第二条线，第二条路径历经 ACEGI，路径长度为 27；按照同样的方式，依次可以得到第三条路径 ACEHI 长度为 25；第四条路径 ABFHI 长度为 24；而关键路径是最长的路径，所以该前导图的关键路径是 ACEGI，如图 21-1 所示。

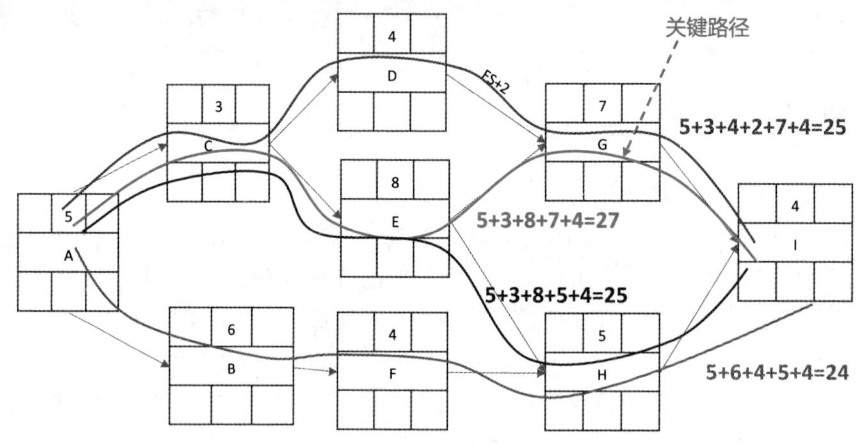

图 21-1　前导图关键路径求解

在案例分析科目的考试中，有可能会让你先画出网络图，然后再找出关键路径，绘制双代号网络图时，根据题干提供的项目紧前活动和工期信息，就能够画出双代号网络图，双代号网络图画出来之后，计算项目的关键路径和工期自然就不在话下。

21.2　时差计算专题

计算时差，也就是计算总浮动时间和自由浮动时间，解题关键在于画出活动七格图。活动七格图如图 21-2 所示。

ES 最早开始日期	活动历时 DU	EF 最早结束日期
	活动 ID	
LS 最晚开始日期	TF 总时差	LF 最晚结束日期

图 21-2　活动七格图

每个活动都需要用七格图来表示，每个七格图中有七个格子，最中间打通的格子是活动 ID，最左边上下的两个格子分别是最早开始日期和最晚开始日期，最右边上下的两个格子分别是最早结束日期和最晚结束日期。中间上下的两个格子分别是活动历时和总时差。

画出活动七格图的关键是分别计算最左边的两个开始日期和最右边的两个结束日期。计算的方式为两次计算，一次正向计算得出最早完工时间，一次反向计算得出最晚完工时间，正向计算是指从第一个活动到最后一个活动的顺序计算，反向计算是指从最后一个活动到第一个活动的顺序计算。

正向计算的步骤一共有五步，分别如下：①从网络图始端向终端计算；②第一活动的开始时间为项目开始时间；③活动完成时间为开始时间加持续时间；④后续活动的开始时间根据前置活动的时间和搭接时间而定；⑤多个前置活动存在时，根据最晚活动时间来定。

反向计算的步骤也是五步，分别如下：①从网络图终端向始端计算；②最后一个活动的完成时间为项目完成时间；③活动开始时间为完成时间减持续时间；④前置活动的完成时间根据后续活动的时间和搭接时间而定；⑤多个后续活动存在时，根据最早活动时间来定。

正向和反向计算，建议扫描下面的二维码，在视频中会用一个例子，手把手带你正向计算一次，填写最上方的最早开始日期和最早结束日期，再手把手带你反向计算一次，填写最下方的最晚开始日期和最晚结束日期。但是在这之前，先把前面提到的五个步骤，转化为简单易懂的公式，公式共有如下四个。

最早结束日期 = 最早开始日期 + 活动历时；

最晚开始日期 = 最晚结束日期 - 活动历时；

最早开始日期 = 取最大值（前置活动的最早结束日期）；

最晚结束日期 = 取最小值（后续活动的最晚开始日期）；

需要提醒的是，以上公式适用于七格图的第一个活动从第 0 天开始标记，如果从第 1 天开始标记，公式后面需要加减 1，但本质上都一样。

活动七格图计算

活动七格图画完之后，就可以继续计算时差，也就是总时差和自由时差，或者叫总浮动时间和自由浮动时间。

总浮动时间是指在任一网络路径上，进度活动可以从最早开始日期推迟的时间，但是不会延误项目完成日期或违反进度制约因素。总浮动时间的计算公式为：本活动的最晚完成时间减去本活动的最早完成时间，或本活动的最晚开始时间减去本活动的最早开始时间。

自由浮动时间是指在不延误任何紧后活动的最早开始日期或不违反进度制约因素的前提下，某进度活动可以推迟的时间量。自由浮动时间的计算公式为：紧后活动最早开始时间的最小值减去本活动的最早完成时间。

同样的浮动时间的计算依然可以扫描下方视频二维码，手把手通过具体例子带你完成计算。

活动时差计算

21.3 挣值计算专题

挣值计算是案例分析科目中，考查次数最多的计算类考点，也是综合知识科目考试中的热点，挣值在计算类考点中，属于偏容易的考点。

挣值计算是计算进度绩效测量指标或者成本绩效测量指标，如进度偏差（SV）、进度绩效指数（SPI）、成本偏差（CV）和成本绩效指数（CPI），这些指标可以用于评价偏离初始进度或者成本基准的程度。

计算公式方面，成本偏差 CV=EV-AC，进度偏差 SV=EV-PV，成本绩效指数 CPI=EV/AC，进度绩效指数 SPI=EV/PV。由此可见，如果想求得绩效测量指标，首先需要分别求得 PV、EV 和 AC。

从成本视角看，PV 是计划价值，也就是为计划工作分配的经批准的预算，代表计划属性。EV 是挣值，是对已完成工作的测量值，用该工作的批准预算来表示，代表挣到的值，类似于赚到的钱。AC 是实际成本，是在给定时段内执行某活动而实际发生的成本，代表实际投入。

使用上面介绍的四个公式，分别计算出 CV、SV、CPI、SPI 之后，考题往往会跟着追问目前项目执行情况，比如是超支了，还是进度提前。此时项目执行情况的判断规则如下：如果算出来的成本偏差 CV 大于零，代表此时成本节约，如果 CV 小于零，代表此时成本超支。如果算出来的进度偏差 SV 大于零，代表此时工期提前，如果 SV 小于零，代表此时工期滞后。简单理解就是大于零是好事，小于零是坏事。如果 SV 和 CV 同时大于零，说明既实现了成本节约，又实现了工期提前，可谓完美，如果两者都小于零，相信此时的项目经理会很难过。

CPI 和 SPI 的计算公式，仅仅是把 CV 和 SV 公式中的减法，换成了除法，除此之外没有任何区别，所以 CPI 和 SPI 如果大于 1，说明是好事，成本节约的同时工期提前，如果均小于 1，则说明是坏事，成本超支的同时工期还滞后延期。

比如曾经有一年考过这样一道选择题，如下所示。

【例题】如果项目的成本预算是 1000 万元，当前的实际成本是 500 万元，挣值是 450 万元，则该项目的成本绩效指数是（　　），成本绩效为（　　）。

A．0.9　成本超支　　B．1.1　成本节约

C．1.1　成本超支　　D．0.9　成本节约

这道题的求解过程比较简单，首先要计算成本绩效指数（CPI），就需要知道挣值（EV）和实际成本（AC），题干中已经直接给出了 EV 为 450 万元，实际成本为 500 万元，此时可以直接代入公式 CPI=EV/AC，求得 CPI 为 0.9，所以成本超支，正确答案为选项 A。

21.4 预测计算专题

同样是五星级计算考点的预测计算，从逻辑上讲，可以视为挣值计算的延伸，相比挣值计算，预测计算的公式稍微复杂一点，不过也同样简单。

项目往往不会按照提前设定的方向前进，随着项目进展，有可能完工预算（BAC）已明显不

再可行，那么项目团队就不能坚持使用过时的 BAC，而是需要根据项目绩效，对完工估算（EAC）进行预测。对 EAC 的预测，依据的是当前掌握的绩效信息和相关知识，预计项目未来的情况和事件，绩效信息包含项目过去的绩效，以及可能在未来对项目产生影响的任何信息。

在计算完工估算（EAC）时，可以把工作分为两个部分，一部分是已经完成的工作，这部分工作花掉的成本无法改变，所以计算 EAC 时需要把已完成工作的实际成本加进来；另一部分是还没有完成的剩余工作，这部分依赖预测，对应完工尚需估算（ETC）。由此可见，完工估算（EAC）= 已完成工作的实际成本（AC）+ 剩余工作的完工尚需估算（ETC）。

那么，还没有完成的剩余工作到底要花多少成本，完全依赖项目组的预测，预测不同，得出的结论也就大相径庭，摆在项目组面前主要有两种预测场景。

第一种预测场景是，假设项目将按截至目前的情况继续进行，也就是过去的实施情况表明，原来所作的估算彻底过时了，原来的估算已经不再适合该项目，一切会按照目前的最新趋势发展下去，这个时候 EAC 的计算公式为：EAC=AC+ETC=BAC/CPI。

第二种预测场景是，目前出现的偏差只是一种特例，并且将来不会再发生类似情况，这个时候 EAC 的计算公式为：EAC=AC+(BAC−EV)。

当然还有第三种预测场景，也就是 SPI 与 CPI 将同时影响 ETC 的情形，这种场景没有考过，知道即可。

接下来咱们同样看一道过去曾经考过的试题，用做题来巩固下刚才学到的公式，考题如下所示。

【例题】下表是某项目截至 3 月 20 日的成本执行（绩效）情况，按照当前项目绩效，如果剩余工作仍按计划效率完成，则完工尚需估算（ETC）为（　　）。

活动编号	活动	计划值（PV）/ 万元	实际成本（AC）/ 万元	完成百分比 %
1	A	8000	9000	100
2	B	5000	5000	100
3	C	3000	3000	100
4	D	4000	3000	90
5	E	3000	2000	80
合计		23000	22000	
项目总预算（BAC）/ 万元：25000				
报告日期：3 月 20 日				

A．2000 万元　　B．2500 万元　　C．3000 万元　　D．4136.36 万元

这是一道典型的预测计算，给了你一张表格，列出了目前各个活动的计划值、实际成本和完成百分比，同时也给出了项目总预算（BAC），让你计算完工尚需估算（ETC）。前面讲过，计算 ETC 时，存在两种分叉的预测场景，而根据题干中提到的“剩余工作仍按计划效率完成”，说明目前的偏差被视为一种特例，是非典型偏差，将来不会再发生类似情况，那么计算 ETC 的公式

就是 ETC=BAC−EV。接下来求解挣值 EV=8000+5000+3000+4000×90%+3000×80%=22000，继续求解 ETC=BAC−EV=25000−22000=3000，所以正确答案为选项 C。

21.5 三点估算专题

三点估算是四星级计算考点，通过考虑估算中的不确定性与风险，使用三种估算值来界定活动成本 / 时间的近似区间，来提高单点成本 / 时间估算的准确性，这是三点估算的目的和意义。三种估算值分别是最可能、最乐观和最悲观，根据这三种估算值，可以计算出期望值 =(最可能 ×4+ 最乐观 + 最悲观)/6，这就是三点估算的公式。

公式中的最可能时间 / 成本，指的是基于最可能获得的资源、最可能取得的资源生产率，所估算的活动持续时间 / 成本；最乐观时间 / 成本，是基于活动的最好情况，所估算的活动持续时间 / 成本；最悲观时间 / 成本，是基于活动的最差情况，所估算的活动持续时间 / 成本。

三点估算可以用于时间，也可以用于成本。举个用于时间的例子，假设你平时下班回家，如果不堵车，最快 30 分钟就能到家，但是如果赶上大堵车，需要两个小时才能到家，不过多数情况是 1 小时就能到家，那么问题来了，如何估算回家所需的时间呢？

此时就可以使用三点估算来求解。期望时间值 =(最可能持续时间 ×4+ 最乐观 + 最悲观)/6，根据题意，最可能时间是 60 分钟，最乐观时间是 30 分钟，最悲观时间是 120 分钟，代入公式就可以求出回家所需的期望时间是 65 分钟。

三点估算的概念源自计划评审（Program Evaluation and Review Technique，PERT）技术，需要掌握并记住标准差的计算公式：标准差 =(最悲观 − 最乐观)/6。上述下班回家的例子中，回家时长的最悲观时间是 120 分钟，最乐观时间是 30 分钟，那么标准差就是：(120−30)/6=15 分钟。

标准差在计算考题中的作用在于求解概率，首先标准差是正态分布的概念，PERT 技术认为项目的完成时间服从正态分布，根据正态分布的规律，在正负一个标准差范围内完成的概率为 68%，在正负两个标准差范围内完成的概率为 95%，在正负三个标准差范围内完成的概率为 99%，如图 21-3 所示。

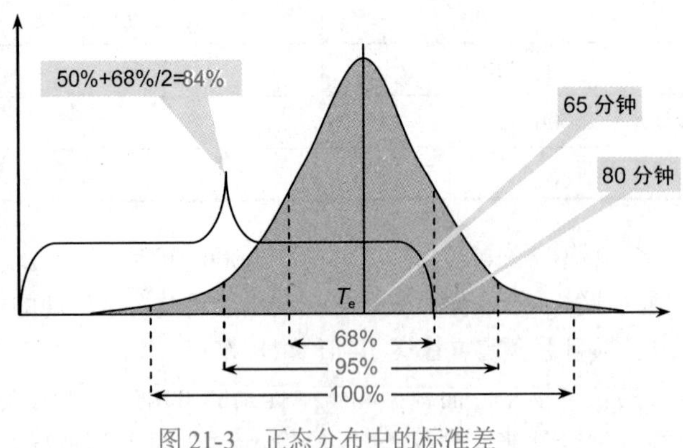

图 21-3 正态分布中的标准差

三类标准差对应的三个百分比68%、95%和99%务必要记牢掌握，通过这三个百分比和标准差，就可以求解接下来的衍生概率问题。

上述下班回家的例子中，如果想要求80分钟以内到家概率问题怎么解？之前通过三点估算法，求得回家的期望时间是65分钟，这个65分钟对应正态分布图中间的垂直线，标记为T_e。从概率上看，期望时间65分钟内到家的概率是50%，正好对应垂直线T_e左侧50%的阴影面积。80分钟等于65分钟加上15分钟，而15分钟是刚才计算的标准差，前面提到正负一个标准差范围内完成的概率是68%，也就是在区间（65-15，65+15），即（50，80）分钟内回家的概率是68%，那么区间（65，80）分钟内回家的概率是68%/2=34%。于是80分钟内回家的概率是区间（0，65）和区间（65，80）回家概率的和，也就是50%+34%=84%。

理解了上面的求解过程，如果再问80分钟以上回家的概率，求解就很简单了，100%减去区间（0，80）间回家的概率，也就是100%-84%=16%就是正确答案，在正态分布图中的位置为平均值右侧超过一个标准差的区域。

21.6 沟通渠道专题

沟通渠道是项目经理用来测算项目沟通复杂程度的工具，计算公式简单易懂，假如某个项目有n个干系人，那么潜在的沟通渠道总量为$n(n-1)/2$。比如有六个干系人的项目，就有$6\times(6-1)/2=15$条潜在沟通渠道，假如此时有2名新成员加入项目，此时沟通渠道就变成了$8\times(8-1)/2=28$条，仅仅增加了两个人，项目沟通渠道就增加了13条之多。

沟通渠道的计算公式很简单，甚至比三点估算都简单，如果考试考到了，大概率是送分题，比如下面这考题。

【例题】某项目潜在沟通渠道数为153，则项目干系人数量为（　　）。

A．16　　B．17　　C．18　　D．19

这道例题相当于告诉了沟通渠道，让反过来求解项目干系人的数量，可以直接使用公式$n(n-1)/2$逆向求解正确的干系人数量n值，也可以分别计算四个选项的沟通渠道数来求解正确答案，经过计算可得项目干系人数量为18。本题正确答案为选项C。

21.7 决策树分析EMV专题

决策树分析与EMV计算是三星级计算考点，属于定量风险分析的工具与技术。EMV是预期货币价值，本身是个统计概念，用来计算将来某种情况发生或不发生时的平均结果，也就是不确定状态下的分析，需要掌握机会的预期货币价值为正数，而风险的预期货币价值为负数。

预期货币价值的计算很简单，将每个可能结果的数值与其发生概率相乘之后相加，就能得出预期货币价值，预期货币价值通常用于决策树分析。决策树分析是对所考虑的决策以及相应可能产生的后果进行描述的图解方法。决策树综合了每种可用选项的费用和概率，以及每条事件逻辑路径的收益。当所有收益和后续决策全部量化后，通过决策树的求解过程就能得出每项方案的预期货币价值。

如图 21-4 所示，是一棵向右方生长的决策树，这棵决策树描述了需要做的投资决策，既可以投资项目 A，也可以投资项目 B。投资项目 A 有 50% 的概率赚 500 万元，但是也有 50% 的概率赔 300 万元，投资项目 B 有 80% 的概率赚 300 万元，但是也有 20% 的概率赔 500 万元。此时科学的决策就会用到决策树分析技术。

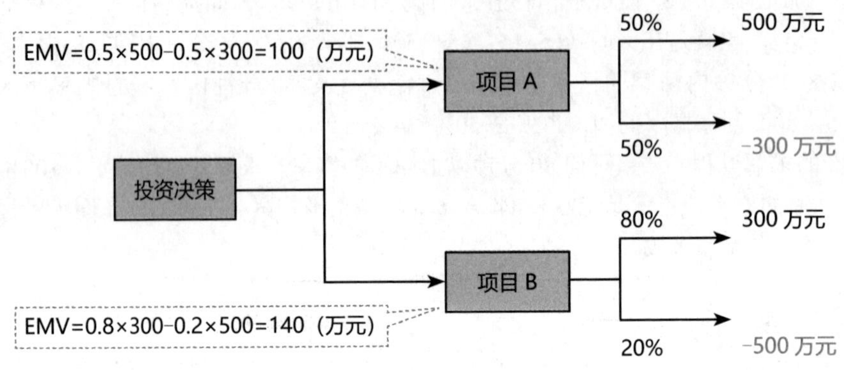

图 21-4　决策树

具体而言，决策树分析是用求解对比每个项目的预期货币价值，来制订决策的方法。首先看项目 A 的预期货币价值，由于预期货币价值是把每种可能的收益乘以概率，最后加在一起。所以项目 A 的 EMV=0.5×500+0.5×(−300)=100（万元），同理求得项目 B 的 EMV 为 140 万元。由此可见，项目 B 的预期货币价值更大，所以最明智的投资应该是投给项目 B。

附录

必备必背集

附录 A　英文选择题必背单词集合

英文常见词汇	中文
5th-Generation	5G
application layer	应用层
AR（Augmented Reality）	增强现实
artificial intelligence	人工智能
Beidou Satellite Navigation System	北斗卫星导航系统
BI（Business Intelligence）	商业智能
Big Data	大数据
Blockchain	区块链
Cloud Computing	云计算
Data Mining	数据挖掘
Data Warehouse	数据仓库
DES（Data Encryption Standard）	数据加密标准
DFD（Data Flow Diagram）	数据流图
Digital Currency	数字货币
Digital Transformation	数字化转型
Distributed Computing	分布式计算
Driverless	无人驾驶
Embedded system	嵌入式系统
Green Storage	绿色存储

续表

英文常见词汇	中文
IaaS	基础设施即服务
IDEA（International Data Encryption Algorithm）	国际加密数据算法
IM（Intelligent Manufacturing）	智能制造
Industrial Internet	工业互联网
Industry 4.0	工业 4.0
Internet+	互联网＋
IoT（Internet of Things）	物联网
LAN（Local Area Network）	局域网
IoV（Internet of Vehicles）	车联网
machine learning	机器学习
MEMS（Micro-Electro-Mechanical Systems）	微机电系统
Metaverse	元宇宙
Middleware	中间件
network layer	网络层
Network Security Situation Awarencss	网络安全态势感知
New infrastructure construction	新型基础设施建设
NLP（Natural Language Processing）	自然语言处理
OLAP（Online Analytical Processing）	在线联机分析处理
PaaS	平台即服务
RFID（Radio Frequency Identification）	射频识别
Router	路由器
SA（Structured Analysis）	结构化分析方法
SaaS	软件即服务
SDN（Software Defned Network）	软件定义网络
sensing layer	感知层
SOA（Service Oriented Architecture）	面向服务的体系结构
Storage Virtualization	存储虚拟化
Switch	交换机
TSN	时间敏感网络
UEBA（User and Entity Behavior Analytics）	用户和实体行为分析

续表

英文常见词汇	中文
Value	价值
Variety	多样
Velocity	高速
Volume	大量
VR（Virual Reality）	虚拟现实
WAN（Wide Area Network）	广域网
RFQ（Request for Quotation）	报价邀请书
Accepted Deliverables	验收的可交付成果
Acquire Resources	获取资源
Activity Duration Estimates	活动持续时间估算
Adaptive Life Cycle	适应型生命周期
Affinity Diagrams	亲和图
Alternative Analysis	备选方案分析
Analogous Estimating	类比估算
Benchmarking	标杆对照
Bid Documents	招标文件
Bottom-Up Estimating	自下而上估算
Cause and Effect Diagram	因果图
Check Sheets	核查表
Checklist Analysis	核对单分析
Closc Project or Phase	结束项目或阶段
Closing Process Group	收尾过程组
Collect Requirements	收集需求
Co-location	集中办公
Communication Methods	沟通方法
Communication Models	沟通模型
Communication Technology	沟通技术
Communications Management Plan	沟通管理计划
Conduct Procurements	实施采购
Context Diagrams	系统交互图

续表

英文常见词汇	中文
Contingency Reserve	应急储备
Control Chart	控制图
Control Costs	控制成本
Control Procurements	控制采购
Control Quality	控制质量
Control Resources	控制资源
Control Schedule	控制进度
Control Scope	控制范围
CoQ（Cost of Quality）	质量成本
Cost Aggregation	成本汇总
Cost Baseline	成本基准
Cost Management Plan	成本管理计划
Cost-Benefit Analysis	成本效益分析
CPM（Critical Path Method ）	关键路径法
Crashing	赶工
Create WBS	创建工作分解结构
Decision Tree Analysis	决策树分析
Decomposition	分解
Defect Repair	缺陷补救
Define Activities	定义活动
Define Scope	定义范围
Determine Budget	制订预算
Develop Project Charter	制订项目章程
Develop Schedule	制订进度计划
Diagramming Techniques	图解技术
Direct and Manage Project Work	指导与管理项目工作
Documentation Reviews	文件审查
Emotional Intelligence	情商
Estimate Activity Durations	估算活动持续时间
Estimate Activity Resources	估算活动资源

续表

英文常见词汇	中文
Estimate Costs	估算成本
Executing Process Group	执行过程组
Fast Tracking	快速跟进
Fishbone diagram	鱼骨图
Flowchart	流程图
Focus Groups	焦点小组
Free Float	自由浮动时间
Funding Limit Reconciliation	资金限制平衡
Gantt Chart	甘特图
Ground Rules	基本规则
Histogram	直方图
Identify Risks	识别风险
Identify Stakeholders	识别干系人
IFB（Invitation for Bid）	投标邀请书
Implement Risk Responses	实施风险应对
Incremental Life Cycle	增量型生命周期
Independent Estimates	独立估算
Influence Diagram	影响图
Initiating Process Group	启动过程组
Interpersonal and Team Skills	人际关系与团队技能
Intcrviews	访谈
Iterative Life Cycle	迭代型生命周期
Make-or-Buy Analysis	自制或外购分析
Make-or-Buy Decisions	自制或外购决策
Manage Communications	管理沟通
Manage Quality	管理质量
Manage Stakeholder Engagement	管理干系人参与
Management Reserve	管理储备
Mandatory Dependency	强制性依赖关系
Matrix Diagrams	矩阵图

续表

英文常见词汇	中文
Matrix Organization	矩阵型组织
Monitor Communications	监督沟通
Monitor Risks	监督风险
Monitoring and Controlling Process Group	监控过程组
Monte Carlo Simulation	蒙特卡洛模拟
Multicriteria Decision Analysis	多标准决策分析
Nominal Group Technique	名义小组技术
OBS（Organizational Breakdown Structure）	组织分解结构
Overall Project Risk	整体项目风险
Parametric Estimating	参数估算
Perform Integrated Change Control	实施整体变更控制
Perform Qualitative Risk Analysis	实施定性风险分析
Perform Quantitative Risk Analysis	实施定量风险分析
Performance Reviews	绩效审查
Plan Communications Management	规划沟通管理
Plan Cost Management	规划成本管理
Plan Procurement Management	规划采购管理
Plan Quality Management	规划质量管理
Plan Resource Management	规划资源管理
Plan Risk Management	规划风险管理
Plan Risk Responses	规划风险应对
Plan Schedule Management	规划进度管理
Plan Scope Management	规划范围管理
Plan Stakeholder Engagement	规划干系人参与
Planning Process Group	规划过程组
Plurality	相对多数原则
Predictive Life Cycle	预测型生命周期
Preventive Action	预防措施
Probability and Impact Matrix	概率和影响矩阵
Procurement Audits	采购审计

续表

英文常见词汇	中文
Procurement Documents	采购文件
Procurement Management Plan	采购管理计划
Procurement Statement of Work	采购工作说明书
Procurement Strategy	采购策略
Product Analysis	产品分析
Project Calendar	项目日历
Project Communications Management	项目沟通管理
Project Cost Management	项目成本管理
Project Integration Management	项目整合管理
Project Procurement Management	项目采购管理
Project Quality Management	项目质量管理
Project Resource Management	项目资源管理
Project Risk Management	项目风险管理
Project Schedule	项目进度计划
Project Schedule Management	项目进度管理
Project Schedule Network Diagram	项目进度网络图
Project Scope Management	项目范围管理
Project Scope Statement	项目范围说明书
Project Stakeholder Management	项目干系人管理
Proposal Evaluation Techniques	建议书评价技术
Quality Audits	质量审计
Quality Checklists	质量核对单
Quality Control Measurements	质量控制测量结果
Quality Management Plan	质量管理计划
Quality Metrics	质量测量指标
Quality Report	质量报告
Questionnaires	问卷调查
Regression Analysis	回归分析
Requirements Management Plan	需求管理计划
Requirements Traceability Matrix	需求跟踪矩阵

续表

英文常见词汇	中文
Reserve Analysis	储备分析
Resource Breakdown Structure	资源分解结构
Resource Calendar	资源日历
Resource Leveling	资源平衡
Resource Management Plan	资源管理计划
Resource Optimization Technique	资源优化技术
Resource Smoothing	资源平滑
RFI（Request for Information ）	信息邀请书
RFP（Request for Proposal ）	建议邀请书
Risk Acceptance	风险接受
Risk Audit	风险审计
Risk Avoidance	风险规避
Risk Data Quality Assessment	风险数据质量评估
Risk Enhancement	风险提高
Risk Escalation	风险上报
Risk Exploiting	风险开拓
Risk Exposure	风险敞口
Risk Management Plan	风险管理计划
Risk Mitigation	风险减轻
Risk Owner	风险责任人
Risk Register	风险登记册
Risk Report	风险报告
Risk Review	风险审查
Risk Sharing	风险分享
Risk Threshold	风险临界值
Risk Transference	风险转移
Root Cause Analysis	根本原因分析
Schedule Baseline	进度基准
Schedule Compression	进度压缩
Schedule Forecasts	进度预测

续表

英文常见词汇	中文
Schedule Management Plan	进度管理计划
Schedulc Network Analysis	进度网络分析
Scope Baseline	范围基准
Scope Creep	范围蔓延
Scope Management Plan	范围管理计划
Self-Organizing Teams	自组织团队
Seller Proposals	卖方建议书
Sensitivity Analysis	敏感性分析
Sequence Activities	排列活动顺序
Simulation	模拟
Source Selection Criteria	供方选择标准
Sponsor	发起人
Stakeholder Analysis	干系人分析
Stakeholder Engagement Assessment Matrix	干系人参与度评估矩阵
Stakeholder Engagement Plan	干系人参与计划
Stakeholder Register	干系人登记册
SOW (Statement of Work)	工作说明书
Statistical Sampling	统计抽样
SWOT analysis	SWOT 分析
Team Charter	团队章程
Team Management Plan	团队管理计划
Test and Evaluation Documents	测试与评估文件
Three-Point Estimating	三点估算
Tornado Diagram	龙卷风图
Total Float	总浮动时间
Trend Analysis	趋势分析
Unanimity	一致同意
Validate Scope	确认范围
Variance Analysis	偏差分析
Verified Deliverables	核实的可交付成果

续表

英文常见词汇	中文
Virtual Teams	虚拟团队
WBS Dictionary	WBS 词典
WBS（Work Breakdown Structure）	工作分解结构
What-If Scenario Analysis	假设情景分析
Work Package	工作包
Work Performance Data	工作绩效数据
Work Performance Information	工作绩效信息
Work Performance Reports	工作绩效报告

附录B　五大过程组输入、工具与技术和输出汇总表

1．启动过程组

知识域	过程	输入	工具与技术	输出
项目整合管理	制订项目章程	1．立项管理文件 2．协议 3．事业环境因素 4．组织过程资产	1．专家判断 2．数据收集 • 头脑风暴 • 焦点小组 • 访谈 3．人际关系与团队技能 • 冲突管理 • 引导 • 会议管理 4．会议	1．项目章程 2．假设日志
项目干系人管理	识别干系人	1．项目章程 2．立项管理文件 3．项目管理计划 • 沟通管理计划 • 干系人参与计划 4．项目文件 • 变更日志 • 问题日志 • 需求文件 5．协议 6．事业环境因素 7．组织过程资产	1．专家判断 2．数据收集 • 问卷调查 • 头脑风暴 3．数据分析 • 干系人分析 • 文件分析 4．数据表现 • 作用影响方格 • 干系人立方体 • 凸显模型 • 影响方向 • 优先级排序 5．会议	1．干系人登记册 • 身份信息 • 评估信息 • 干系人分类 2．变更请求 3．项目管理计划更新 • 需求管理计划 • 沟通管理计划 • 风险管理计划 • 干系人参与计划 4．项目文件更新 • 假设日志 • 问题日志 • 风险登记册

2．规划过程组

域分类	过程	输入	工具与技术	输出
项目整合管理	制订项目管理计划	1．项目章程 2．其他过程的输出 3．事业环境因素 4．组织过程资产	1．专家判断 2．数据收集 • 头脑风暴 • 核对单 • 焦点小组 • 访谈 3．人际关系与团队技能 • 冲突管理 • 领导 • 会议管理 4．会议	项目管理计划 • 子管理计划 • 基准 • 其他组件
项目范围管理	规划范围管理	1．项目章程 2．项目管理计划 • 质量管理计划 • 项目生命周期描述 • 开发方法 3．事业环境因素 4．组织过程资产	1．专家判断 2．数据分析 • 备选方案分析 3．会议	1．范围管理计划 2．需求管理计划
	收集需求	1．项目章程 2．项目管理计划 • 范围管理计划 • 需求管理计划 • 干系人参与计划 3．项目文件 • 假设日志 • 经验教训登记册 • 干系人登记册 4．立项管理文件 5．协议 6．事业环境因素 7．组织过程资产	1．专家判断 2．数据收集 • 头脑风暴 • 访谈 • 焦点小组 • 问卷调查 • 标杆对照 3．数据分析 • 文件分析 4．决策 • 投票 • 独裁型决策制订 • 多标准决策分析 5．数据表现 • 亲和图 • 思维导图 6．人际关系与团队技能 • 名义小组技术 • 观察和交谈 • 引导 7．系统交互图 8．原型法	1．需求文件 2．需求跟踪矩阵

续表

域分类	过程	输入	工具与技术	输出
项目范围管理	定义范围	1. 项目章程 2. 项目管理计划 • 范围管理计划 3. 项目文件 • 假设日志 • 需求文件 • 风险登记册 4. 事业环境因素 5. 组织过程资产	1. 专家判断 2. 数据分析 • 备选方案分析 3. 决策 • 多标准决策分析 4. 人际关系与团队技能 • 引导 5. 产品分析	1. 项目范围说明书 2. 项目文件更新 • 假设日志 • 需求文件 • 需求跟踪矩阵 • 干系人登记册
	创建 WBS	1. 项目管理计划 • 范围管理计划 2. 项目文件 • 项目范围说明书 • 需求文件 3. 事业环境因素 4. 组织过程资产	1. 专家判断 2. 分解	1. 范围基准 2. 项目文件更新 • 假设日志 • 需求文件
项目进度管理	规划进度管理	1. 项目章程 2. 项目管理计划 • 范围管理计划 • 开发方法 3. 事业环境因素 4. 组织过程资产	1. 专家判断 2. 数据分析 3. 会议	进度管理计划
	定义活动	1. 项目管理计划 • 进度管理计划 • 范围基准 2. 事业环境因素 3. 组织过程资产	1. 专家判断 2. 分解 3. 滚动式规划 4. 会议	1. 活动清单 2. 活动属性 3. 里程碑清单 4. 变更请求 5. 项目管理计划更新 • 进度基准 • 成本基准
	排列活动顺序	1. 项目管理计划 • 进度管理计划 • 范围基准 2. 项目文件 • 活动属性 • 活动清单 • 假设日志 • 里程碑清单 3. 事业环境因素 4. 组织过程资产	1. 紧前关系绘图法 2. 箭线图法 3. 提前量和滞后量 4. 项目管理信息系统	1. 项目进度网络图 2. 项目文件更新 • 活动属性 • 活动清单 • 假设日志 • 里程碑清单

续表

域分类	过程	输入	工具与技术	输出
项目进度管理	估算活动持续时间	1. 项目管理计划 • 进度管理计划 • 范围基准 2. 项目文件 • 活动属性 • 活动清单 • 假设日志 • 经验教训登记册 • 里程碑清单 • 项目团队派工单 • 资源分解结构 • 资源日历 • 资源需求 • 风险登记册 3. 事业环境因素 4. 组织过程资产	1. 专家判断 2. 类比估算 3. 参数估算 4. 三点估算 5. 自下而上估算 6. 数据分析 • 备选方案分析 • 储备分析 7. 决策 8. 会议	1. 持续时间估算 2. 估算依据 3. 项目文件更新 • 活动属性 • 假设日志 • 经验教训登记册
	制订进度计划	1. 项目管理计划 • 进度管理计划 • 范围基准 2. 项目文件 • 活动清单 • 活动属性 • 里程碑清单 • 估算依据 • 假设日志 • 资源日历 • 资源需求 • 项目团队派工单 • 持续时间估算 • 项目进度网络图 • 风险登记册 • 经验教训登记册 3. 协议 4. 事业环境因素 5. 组织过程资产	1. 进度网络分析 2. 关键路径法 3. 资源优化 • 资源平衡 • 资源平滑 4. 数据分析 • 假设情景分析 • 模拟 5. 提前量和滞后量 6. 进度压缩 7. 计划评审技术 8. 项目管理信息系统 9. 敏捷发布规划	1. 进度基准 2. 项目进度计划 3. 进度数据 4. 项目日历 5. 变更请求 6. 项目管理计划更新 • 进度管理计划 • 成本基准 7. 项目文件更新 • 活动属性 • 假设日志 • 持续时间估算 • 资源需求 • 风险登记册 • 经验教训登记册
项目成本管理	规划成本管理	1. 项目章程 2. 项目管理计划 • 进度管理计划 • 风险管理计划 3. 事业环境因素 4. 组织过程资产	1. 专家判断 2. 数据分析 3. 会议	成本管理计划

续表

域分类	过程	输入	工具与技术	输出
项目成本管理	估算成本	1. 项目管理计划 •成本管理计划 •质量管理计划 •范围基准 2. 项目文件 •经验教训登记册 •项目进度计划 •资源需求 •风险登记册 3. 事业环境因素 4. 组织过程资产	1. 专家判断 2. 类比估算 3. 参数估算 4. 自下而上估算 5. 三点估算 6. 数据分析 •备选方案分析 •储备分析 •质量成本 7. 项目管理信息系统 8. 决策 •投票	1. 成本估算 2. 估算依据 3. 项目文件更新 •假设日志 •经验教训登记册 •风险登记册
	制订预算	1. 项目管理计划 •成本管理计划 •资源管理计划 •范围基准 2. 项目文件 •估算依据 •成本估算 •项目进度计划 •风险登记册 3. 商业文件 •商业论证 •效益管理计划 4. 协议 5. 事业环境因素 6. 组织过程资产	1. 专家判断 2. 成本汇总 3. 数据分析 •储备分析 4. 历史信息审核 5. 资金限制平衡 6. 融资	1. 成本基准 2. 项目资金需求 3. 项目文件更新 •成本估算 •项目进度计划 •风险登记册
项目质量管理	规划质量管理	1. 项目章程 2. 项目管理计划 •需求管理计划 •风险管理计划 •干系人参与计划 •范围基准 3. 项目文件 •假设日志 •需求文件 •需求跟踪矩阵 •风险登记册 •干系人登记册 4. 事业环境因素 5. 组织过程资产	1. 专家判断 2. 数据收集 •标杆对照 •头脑风暴 •访谈 3. 数据分析 •成本效益分析 •质量成本 4. 决策 •多标准决策分析 5. 数据表现 •流程图 •逻辑数据模型 •矩阵图 •思维导图 6. 测试与检查的规划 7. 会议	1. 质量管理计划 2. 质量测量指标 3. 项目管理计划更新 •风险管理计划 •范围基准 4. 项目文件更新 •经验教训登记册 •需求跟踪矩阵 •风险登记册 •干系人登记册

续表

域分类	过程	输入	工具与技术	输出
项目资源管理	规划资源管理	1. 项目章程 2. 项目管理计划 • 质量管理计划 • 范围基准 3. 项目文件 • 项目进度计划 • 需求文件 • 风险登记册 • 干系人登记册 4. 事业环境因素 5. 组织过程资产	1. 专家判断 2. 数据表现 • 层级型 • 矩阵型 • 文本型 3. 组织理论 4. 会议	1. 资源管理计划 2. 团队章程 3. 项目文件更新 • 假设日志 • 风险登记册
	估算活动资源	1. 项目管理计划 • 资源管理计划 • 范围基准 2. 项目文件 • 活动属性 • 活动清单 • 假设日志 • 成本估算 • 资源日历 • 风险登记册 3. 事业环境因素 4. 组织过程资产	1. 专家判断 2. 自下而上估算 3. 类比估算 4. 参数估算 5. 数据分析 • 备选方案分析 6. 项目管理信息系统 7. 会议	1. 资源需求 2. 估算依据 3. 资源分解结构 4. 项目文件更新 • 活动属性 • 假设日志 • 经验教训登记册
项目沟通管理	规划沟通管理	1. 项目章程 2. 项目管理计划 • 资源管理计划 • 干系人参与计划 3. 项目文件 • 需求文件 • 干系人登记册 4. 事业环境因素 5. 组织过程资产	1. 专家判断 2. 沟通需求分析 3. 沟通技术 4. 沟通模型 5. 沟通方法 6. 人际关系与团队技能 • 沟通风格评估 • 政治意识 • 文化意识 7. 数据表现 • 干系人参与度评估矩阵 8. 会议	1. 沟通管理计划 2. 项目管理计划更新 • 干系人参与计划 3. 项目文件更新 • 项目进度计划 • 干系人登记册
项目风险管理	规划风险管理	1. 项目章程 2. 项目管理计划 3. 项目文件 • 干系人登记册 4. 事业环境因素 5. 组织过程资产	1. 专家判断 2. 数据分析 • 干系人分析 3. 会议	风险管理计划

续表

域分类	过程	输入	工具与技术	输出
项目风险管理	识别风险	1. 项目管理计划 •需求管理计划 •进度管理计划 •成本管理计划 •质量管理计划 •资源管理计划 •风险管理计划 •范围基准 •进度基准 •成本基准 2. 项目文件 •假设日志 •成本估算 •持续时间估算 •问题日志 •经验教训登记册 •需求文件 •资源需求 •干系人登记册 3. 协议 4. 采购文档 5. 事业环境因素 6. 组织过程资产	1. 专家判断 2. 数据收集 •头脑风暴 •核对单 •访谈 3. 数据分析 •根本原因分析 •假设条件和制约因素分析 •SWOT分析 •文件分析 4. 人际关系与团队技能 •引导 5. 提示清单 6. 会议	1. 风险登记册 2. 风险报告 3. 项目文件更新 •假设日志 •问题日志 •经验教训登记册
	实施定性风险分析	1. 项目管理计划 •风险管理计划 2. 项目文件 •假设日志 •风险登记册 •干系人登记册 3. 事业环境因素 4. 组织过程资产	1. 专家判断 2. 数据收集 •访谈 3. 数据分析 •风险数据质量评估 •风险概率和影响评估 •其他风险参数评估 4. 人际关系与团队技能 •引导 5. 风险分类 6. 数据表现 •概率和影响矩阵 •层级图 7. 会议	1. 项目文件更新 •假设日志 •问题日志 •风险登记册 •风险报告

续表

域分类	过程	输入	工具与技术	输出
项目风险管理	实施定量风险分析	1. 项目管理计划 • 风险管理计划 • 范围基准 • 进度基准 • 成本基准 2. 项目文件 • 假设日志 • 估算依据 • 成本估算 • 成本预测 • 持续时间估算 • 里程碑清单 • 资源需求 • 风险登记册 • 风险报告 • 进度预测 3. 事业环境因素 4. 组织过程资产	1. 专家判断 2. 数据收集 • 访谈 3. 人际关系与团队技能 • 引导 4. 不确定性表现方式 5. 数据分析 • 模拟 • 敏感性分析 • 决策树分析 • 影响图	1. 项目文件更新 • 风险报告
	规划风险应对	1. 项目管理计划 • 资源管理计划 • 风险管理计划 • 成本基准 2. 项目文件 • 经验教训登记册 • 项目进度计划 • 项目团队派工单 • 资源日历 • 风险登记册 • 风险报告 • 干系人登记册 3. 事业环境因素 4. 组织过程资产	1. 专家判断 2. 数据收集 • 访谈 3. 人际关系与团队技能 • 引导 4. 威胁应对策略 5. 机会应对策略 6. 应急应对策略 7. 整体项目风险应对策略 8. 数据分析 • 备选方案分析 • 成本效益分析 9. 决策 • 多标准决策分析	1. 变更请求 2. 项目管理计划更新 • 进度管理计划 • 成本管理计划 • 质量管理计划 • 资源管理计划 • 采购管理计划 • 范围基准 • 进度基准 • 成本基准 3. 项目文件更新 • 假设日志 • 成本预测 • 经验教训登记册 • 项目进度计划 • 项目团队派工单 • 风险登记册 • 风险报告

续表

域分类	过程	输入	工具与技术	输出
项目采购管理	规划采购管理	1. 项目章程 2. 商业文件 •商业论证 •效益管理计划 3. 项目管理计划 •范围管理计划 •质量管理计划 •资源管理计划 •范围基准 4. 项目文件 里程碑清单 •项目团队派工单 •需求文件 •需求跟踪矩阵 •资源需求 •风险登记册 •干系人登记册 5. 事业环境因素 6. 组织过程资产	1. 专家判断 2. 数据收集 •市场调研 3. 数据分析 •自制或外购分析 4. 供方选择分析 5. 会议	1. 采购管理计划 2. 采购策略 3. 招标文件 4. 采购工作说明书 5. 供方选择标准 6. 自制或外购决策 7. 独立成本估算 8. 变更请求 9. 项目文件更新 •经验教训登记册 •里程碑清单 •需求文件 •需求跟踪矩阵 •风险登记册 •干系人登记册 10. 组织过程资产更新
项目干系人管理	规划干系人参与	1. 项目章程 2. 项目管理计划 •资源管理计划 •沟通管理计划 •风险管理计划 3. 项目文件 •假设日志 •变更日志 •问题日志 •项目进度计划 •风险登记册 •干系人登记册 4. 协议 5. 事业环境因素 6. 组织过程资产	1. 专家判断 2. 数据收集 •标杆对照 3. 数据分析 •假设条件和制约因素分析 •根本原因分析 4. 决策 •优先级排序 / 分级 5. 数据表现 •思维导图 •干系人参与度评估矩阵 6. 会议	干系人参与计划

3．执行过程组

域分类	过程	输入	工具与技术	输出
项目整合管理	指导与管理项目工作	1．项目管理计划 2．项目文件 • 变更日志 • 经验教训登记册 • 里程碑清单 • 项目沟通记录 • 项目进度计划 • 需求跟踪矩阵 • 风险登记册 • 风险报告 3．批准的变更请求 4．事业环境因素 5．组织过程资产	1．专家判断 2．项目管理信息系统 3．会议	1．可交付成果 2．工作绩效数据 3．问题日志 4．变更请求 5．项目管理计划更新 6．项目文件更新 • 活动清单 • 假设日志 • 经验教训登记册 • 需求文件 • 风险登记册 • 干系人登记册 7．组织过程资产更新
	管理项目知识	1．项目管理计划 2．项目文件 • 经验教训登记册 • 项目团队派工单 • 资源分解结构 • 供方选择标准 • 干系人登记册 3．可交付成果 4．事业环境因素 5．组织过程资产	1．专家判断 2．知识管理 3．信息管理 4．人际关系与团队技能 • 积极倾听 • 引导 • 领导力 • 人际交往 • 政治意识	1．经验教训登记册 2．项目管理计划更新 3．组织过程资产更新
项目质量管理	管理质量	1．项目管理计划 • 质量管理计划 2．项目文件 • 经验教训登记册 • 质量控制测量结果 • 质量测量指标 • 风险报告 3．组织过程资产	1．数据收集 • 核对单 2．数据分析 • 备选方案分析 • 文件分析 • 过程分析 • 根本原因分析 3．决策 • 多标准决策分析 4．数据表现 • 亲和图 • 因果图 • 流程图 • 直方图 • 矩阵图 • 散点图 5．审计 6．面向 X 的设计 7．问题解决 8．质量改进方法	1．质量报告 2．测试与评估文件 3．变更请求 4．项目管理计划更新 • 质量管理计划 • 范围基准 • 进度基准 • 成本基准 5．项目文件更新 • 问题日志 • 经验教训登记册 • 风险登记册

续表

域分类	过程	输入	工具与技术	输出
项目资源管理	获取资源	1．项目管理计划 •资源管理计划 •采购管理计划 •成本基准 2．项目文件 •项目进度计划 •资源日历 •资源需求 •干系人登记册 3．事业环境因素 4．组织过程资产	1．决策 •多标准决策分析 2．人际关系与团队技能 •谈判 3．预分派 4．虚拟团队	1．物质资源分配单 2．项目团队派工单 3．资源日历 4．变更请求 5．项目管理计划更新 •资源管理计划 •成本基准 6．项目文件更新 •经验教训登记册 •项目进度计划 •资源分解结构 •资源需求 •风险登记册 •干系人登记册 7．事业环境因素更新 8．组织过程资产更新
	建设团队	1．项目管理计划 •资源管理计划 2．项目文件 •经验教训登记册 •项目进度计划 •项目团队派工单 •资源日历 •团队章程 3．事业环境因素 4．组织过程资产	1．集中办公 2．虚拟团队 3．沟通技术 4．人际关系与团队技能 •冲突管理 •影响力 •激励 •谈判 •团队建设 5．认可与奖励 6．培训 7．个人和团队评估 8．会议	1．团队绩效评价 2．变更请求 3．项目管理计划更新 •资源管理计划 4．项目文件更新 •经验教训登记册 •项目进度计划 •项目团队派工单 •资源日历 •团队章程 5．事业环境因素更新 6．组织过程资产更新
	管理团队	1．项目管理计划 •资源管理计划 2．项目文件 •问题日志 •经验教训登记册 •项目团队派工单 •团队章程 3．工作绩效报告 4．团队绩效评价 5．事业环境因素 6．组织过程资产	1．人际关系与团队技能 •冲突管理 •制订决策 •情商 •影响力 •领导力 2．项目管理信息系统	1．变更请求 2．项目管理计划更新 •资源管理计划 •进度基准 •成本基准 3．项目文件更新 •问题日志 •经验教训登记册 •项目团队派工单 4．事业环境因素更新

续表

域分类	过程	输入	工具与技术	输出
项目沟通管理	管理沟通	1. 项目管理计划 • 资源管理计划 • 沟通管理计划 • 干系人参与计划 2. 项目文件 • 变更日志 • 问题日志 • 经验教训登记册 • 质量报告 • 风险报告 • 干系人登记册 3. 工作绩效报告 4. 事业环境因素 5. 组织过程资产	1. 沟通技术 2. 沟通方法 3. 沟通技能 • 沟通胜任力 • 反馈 • 非言语 • 演示 4. 项目管理信息系统 5. 项目报告 6. 人际关系与团队技能 • 积极倾听 • 冲突管理 • 文化意识 • 会议管理 • 人际交往 • 政治意识 7. 会议	1. 项目沟通记录 2. 项目管理计划更新 • 沟通管理计划 • 干系人参与计划 3. 项目文件更新 • 问题日志 • 经验教训登记册 • 项目进度计划 • 风险登记册 • 干系人登记册 4. 组织过程资产更新
项目风险管理	实施风险应对	1. 项目管理计划 • 风险管理计划 2. 项目文件 • 经验教训登记册 • 风险登记册 • 风险报告 3. 组织过程资产	1. 专家判断 2. 人际关系与团队技能 • 影响力 3. 项目管理信息系统	1. 变更请求 2. 项目文件更新 • 问题日志 • 经验教训登记册 • 项目团队派工单 • 风险登记册 • 风险报告
项目采购管理	实施采购	1. 项目管理计划 • 范围管理计划 • 需求管理计划 • 沟通管理计划 • 风险管理计划 • 采购管理计划 • 配置管理计划 • 成本基准 2. 项目文件 • 经验教训登记册 • 项目进度计划 • 需求文件 • 风险登记册 • 干系人登记册 3. 采购文档 4. 卖方建议书 5. 事业环境因素 6. 组织过程资产	1. 专家判断 2. 广告 3. 投标人会议 4. 数据分析 • 建议书评价 5. 人际关系与团队技能 • 谈判	1. 选定的卖方 2. 协议 3. 变更请求 4. 项目管理计划更新 • 需求管理计划 • 质量管理计划 • 沟通管理计划 • 风险管理计划 • 采购管理计划 • 范围基准 • 进度基准 • 成本基准 5. 项目文件更新 • 经验教训登记册 • 需求文件 • 需求跟踪矩阵 • 资源日历 • 风险登记册 • 干系人登记册 6. 组织过程资产更新

续表

域分类	过程	输入	工具与技术	输出
项目干系人管理	管理干系人参与	1．项目管理计划 •沟通管理计划 •风险管理计划 •干系人参与计划 •变更管理计划 2．项目文件 •变更日志 •问题日志 •经验教训登记册 •干系人登记册 3．事业环境因素 4．组织过程资产	1．专家判断 2．沟通技能 •反馈 3．人际关系与团队技能 •冲突管理 •文化意识 •谈判 •观察 / 交谈 •政治意识 4．基本规则 5．会议	1．变更请求 2．项目管理计划更新 •沟通管理计划 •干系人参与计划 3．项目文件更新 •变更日志 •问题日志 •经验教训登记册 •干系人登记册

4．监控过程组

域分类	过程	输入	工具与技术	输出
项目质量管理	控制质量	1．项目管理计划 •质量管理计划 2．项目文件 •经验教训登记册 •质量测量指标 •测试与评估文件 3．批准的变更请求 4．可交付成果 5．工作绩效数据 6．事业环境因素 7．组织过程资产	1．数据收集 •核对单 •核查表 •统计抽样 •问卷调查 2．数据分析 •绩效审查 •根本原因分析 3．检查 4．测试 / 产品评估 5．数据表现 •因果图 •控制图 •直方图 •散点图 6．会议	1．质量控制测量结果 2．核实的可交付成果 3．工作绩效信息 4．变更请求 5．项目管理计划更新 •质量管理计划 6．项目文件更新 •问题日志 •经验教训登记册 •风险登记册 •测试与评估文件
项目范围管理	确认范围	1．项目管理计划 •范围管理计划 •需求管理计划 •范围基准 2．项目文件 •经验教训登记册 •质量报告 •需求文件 •需求跟踪矩阵 3．核实的可交付成果 4．工作绩效数据	1．检查 2．决策 •投票	1．验收的可交付成果 2．工作绩效信息 3．变更请求 4．项目文件更新 •经验教训登记册 •需求文件 •需求跟踪矩阵

续表

域分类	过程	输入	工具与技术	输出
项目范围管理	控制范围	1. 项目管理计划 • 范围管理计划 • 需求管理计划 • 变更管理计划 • 配置管理计划 • 范围基准 • 绩效测量基准 2. 项目文件 • 经验教训登记册 • 需求文件 • 需求跟踪矩阵 3. 工作绩效数据 4. 组织过程资产	1. 数据分析 • 偏差分析 • 趋势分析	1. 工作绩效信息 2. 变更请求 3. 项目管理计划更新 • 范围管理计划 • 范围基准 • 进度基准 • 成本基准 • 绩效测量基准 4. 项目文件更新 • 经验教训登记册 • 需求文件 • 需求跟踪矩阵
项目进度管理	控制进度	1. 项目管理计划 • 进度管理计划 • 进度基准 • 范围基准 • 绩效测量基准 2. 项目文件 • 经验教训登记册 • 项目日历 • 项目进度计划 • 资源日历 • 进度数据 3. 工作绩效数据 4. 组织过程资产	1. 数据分析 • 挣值分析 • 迭代燃尽图 • 绩效审查 • 趋势分析 • 偏差分析 • 假设情景分析 2. 关键路径法 3. 项目管理信息系统 4. 资源优化 5. 提前量和滞后量 6. 进度压缩	1. 工作绩效信息 2. 进度预测 3. 变更请求 4. 项目管理计划更新 • 进度管理计划 • 进度基准 • 成本基准 • 绩效测量基准 5. 项目文件更新 • 假设日志 • 估算依据 • 经验教训登记册 • 项目进度计划 • 资源日历 • 风险登记册 • 进度数据
项目成本管理	控制成本	1. 项目管理计划 • 成本管理计划 • 成本基准 • 绩效测量基准 2. 项目文件 • 经验教训登记册 3. 项目资金需求 4. 工作绩效数据 5. 组织过程资产	1. 专家判断 2. 数据分析 • 挣值分析 • 偏差分析 • 趋势分析 • 储备分析 3. 完工尚需绩效指数 4. 项目管理信息系统	1. 工作绩效信息 2. 成本预测 3. 变更请求 4. 项目管理计划更新 • 成本管理计划 • 成本基准 • 绩效测量基准 5. 项目文件更新 • 假设日志 • 估算依据 • 成本估算 • 经验教训登记册 • 风险登记册

续表

域分类	过程	输入	工具与技术	输出
项目资源管理	控制资源	1. 项目管理计划 • 资源管理计划 2. 项目文件 • 问题日志 • 经验教训登记册 • 物质资源分配单 • 项目进度计划 • 资源分解结构 • 资源需求 • 风险登记册 3. 工作绩效数据 4. 协议 5. 组织过程资产	1. 数据分析 • 备选方案分析 • 成本效益分析 • 绩效审查 • 趋势分析 2. 问题解决 3. 人际关系与团队技能 • 谈判 • 影响力 4. 项目管理信息系统	1. 工作绩效信息 2. 变更请求 3. 项目管理计划更新 • 资源管理计划 • 进度基准 • 成本基准 4. 项目文件更新 • 假设日志 • 问题日志 • 经验教训登记册 • 物质资源分配单 • 资源分解结构 • 风险登记册
项目沟通管理	监督沟通	1. 项目管理计划 • 资源管理计划 • 沟通管理计划 • 干系人参与计划 2. 项目文件 • 问题日志 • 经验教训登记册 • 项目沟通记录 3. 工作绩效数据 4. 事业环境因素 5. 组织过程资产	1. 专家判断 2. 项目管理信息系统 3. 数据分析 • 干系人参与度评估矩阵 4. 人际关系与团队技能 • 观察 / 交谈 5. 会议	1. 工作绩效信息 2. 变更请求 3. 项目管理计划更新 • 沟通管理计划 • 干系人参与计划 4. 项目文件更新 • 问题日志 • 经验教训登记册 • 干系人登记册
项目风险管理	监督风险	1. 项目管理计划 • 风险管理计划 2. 项目文件 • 问题日志 • 经验教训登记册 • 风险登记册 • 风险报告 3. 工作绩效数据 4. 工作绩效报告	1. 数据分析 • 技术绩效分析 • 储备分析 2. 审计 3. 会议	1. 工作绩效信息 2. 变更请求 3. 项目管理计划更新 4. 项目文件更新 • 假设日志 • 问题日志 • 经验教训登记册 • 风险登记册 • 风险报告 5. 组织过程资产更新

续表

域分类	过程	输入	工具与技术	输出
项目采购管理	控制采购	1. 项目管理计划 • 需求管理计划 • 风险管理计划 • 采购管理计划 • 变更管理计划 • 进度基准 2. 项目文件 • 假设日志 • 经验教训登记册 • 里程碑清单 • 质量报告 • 需求文件 • 需求跟踪矩阵 • 风险登记册 • 干系人登记册 3. 协议 4. 采购文档 5. 批准的变更请求 6. 工作绩效数据 7. 事业环境因素 8. 组织过程资产	1. 专家判断 2. 索赔管理 3. 数据分析 • 绩效审查 • 挣值分析 • 趋势分析 4. 检查 5. 审计	1. 采购关闭 2. 工作绩效信息 3. 采购文档更新 4. 变更请求 5. 项目管理计划更新 • 风险管理计划 • 采购管理计划 • 进度基准 • 成本基准 6. 项目文件更新 • 经验教训登记册 资源需求 • 需求跟踪矩阵 • 风险登记册 • 干系人登记册 7. 组织过程资产更新
项目干系人管理	监督干系人参与	1. 项目管理计划 • 资源管理计划 • 沟通管理计划 • 干系人参与计划 2. 项目文件 • 问题日志 • 经验教训登记册 • 项目沟通记录 • 风险登记册 • 干系人登记册 3. 工作绩效数据 4. 事业环境因素 5. 组织过程资产	1. 数据分析 • 备选方案分析 • 根本原因分析 • 干系人分析 2. 决策 • 多标准决策分析 • 投票 3. 数据表现 • 干系人参与度评估矩阵 4. 沟通技能 • 反馈 • 演示 5. 人际关系与团队技能 • 积极倾听 • 文化意识 • 领导力 • 人际交往 • 政治意识 6. 会议	1. 工作绩效信息 2. 变更请求 3. 项目管理计划更新 • 资源管理计划 • 沟通管理计划 • 干系人参与计划 4. 项目文件更新 • 问题日志 • 经验教训登记册 • 风险登记册 • 干系人登记册

续表

域分类	过程	输入	工具与技术	输出
项目整合管理	监控项目工作	1. 项目管理计划 • 任何组件 2. 项目文件 • 假设日志 • 估算依据 • 成本预测 • 问题日志 • 经验教训登记册 • 里程碑清单 • 质量报告 • 风险登记册 • 风险报告 • 进度预测 3. 工作绩效信息 4. 协议 5. 事业环境因素 6. 组织过程资产	1. 专家判断 2. 数据分析 • 备选方案分析 • 成本效益分析 • 挣值分析 • 根本原因分析 • 趋势分析 • 偏差分析 3. 决策 4. 会议	1. 工作绩效报告 2. 变更请求 3. 项目管理计划更新 • 任何组件 4. 项目文件更新 • 成本预测 • 问题日志 • 经验教训登记册 • 风险登记册 • 进度预测
	实施整体变更控制	1. 项目管理计划 • 变更管理计划 • 配置管理计划 • 范围基准 • 进度基准 • 成本基准 2. 项目文件 • 估算依据 • 需求跟踪矩阵 • 风险报告 3. 工作绩效报告 4. 变更请求 5. 事业环境因素 6. 组织过程资产	1. 专家判断 2. 变更控制工具 3. 数据分析 • 备选方案分析 • 成本效益分析 4. 决策 • 投票 • 独裁型决策制订 • 多标准决策分析 5. 会议	1. 批准的变更请求 2. 项目管理计划更新 3. 项目文件更新 • 变更日志

5．收尾过程组

域分类	过程	输入	工具与技术	输出
项目整合管理	结束项目或阶段	1．项目章程 2．项目管理计划 •所有组件 3．项目文件 •假设日志 •估算依据 •变更日志 •问题日志 •经验教训登记册 •里程碑清单 •项目沟通记录 •质量控制测量结果 •质量报告 •需求文件 •风险登记册 •风险报告 4．验收的可交付成果 5．立项管理文件 6．协议 7．采购文档 8．组织过程资产	1．专家判断 2．数据分析 •文件分析 •回归分析 •趋势分析 •偏差分析 3．会议	1．最终产品、服务或成果 2．项目最终报告 3．组织过程资产更新 4．项目文件更新 •经验教训登记册

附录C　五大过程组、十大知识域和49个过程

「★案例记忆点★」

十大管理	启动过程组	规划过程组	执行过程组	监控过程组	收尾过程组
项目整合管理	1．制订项目章程	2．制订项目管理计划	3．指导与管理项目工作 4．管理项目知识	5．监控项目工作 6．实施整体变更控制	7．结束项目或阶段
项目范围管理		1．规划范围管理 2．收集需求 3．定义范围 4．创建 WBS		5．确认范围 6．控制范围	
项目进度管理		1．规划进度管理 2．定义活动 3．排列活动顺序 4．估算活动持续时间 5．制订进度计划		6．控制进度	

续表

十大管理	启动过程组	规划过程组	执行过程组	监控过程组	收尾过程组
项目成本管理		1．规划成本管理 2．估算成本 3．制订预算		4．控制成本	
项目质量管理		1．规划质量管理	2．管理质量	3．控制质量	
项目资源管理		1．规划资源管理 2．估算活动资源	3．获取资源 4．建设团队 5．管理团队	6．控制资源	
项目沟通管理		1．规划沟通管理	2．管理沟通	3．监督沟通	
项目风险管理		1．规划风险管理 2．识别风险 3．实施定性风险管理 4．实施定量风险管理 5．规划风险应对	6．实施风险应对	7．监督风险	
项目采购管理		1．规划采购管理	2．实施采购	3．控制采购	
项目干系人管理	1．识别干系人	2．规划干系人管理	3．管理干系人参与	4．监督干系人参与	